北京工人体育场改造复建项目全过程建设管理实践

THE WHOLE PROCESS PROJECT MANAGEMENT PRACTICE OF BEIJING WORKERS' STADIUM

丁大勇　总策划

丁大勇　宓　宁　宋　鹏
孟繁伟　高德强　牛　奔　著

中国建筑工业出版社

本书编委会

序 言

在历史与未来的交汇点上，工人体育场（老工体）是一座承载着深厚文化底蕴与体育精神的标志性建筑，其改造复建不仅是对历史记忆的尊重与传承，更是对未来发展的创新与探索。老工体作为国庆十周年献礼工程于 1959 年由北京建工集团建设落成，在 20 世纪 50 年代评选为“国庆十周年十大建筑”，是中国体育事业的重要象征，历经风雨并见证了无数辉煌时刻与激情瞬间。在那个百废待兴的年代，北京建工人克服材料和技术困难，用人拉肩扛的方式，仅用了不到 12 个月时间就顺利实现了竣工交付，成为建工人抹不去的情感记忆。随着城市化进程的加速和体育产业的蓬勃发展，北京工人体育场改造复建项目（新工体）成为了满足公众对高品质体育设施需求、推动城市更新的重要举措。作为典型的城市更新项目，它是一项推动城市经济发展、助力国际消费中心城市建设的发展工程。这不仅是对一座建筑的更新，更是一项具有深远社会意义和卓越价值的伟大工程。

这次北京建工通过 PPP 模式（政府与社会资本合作）参与新工体这一重大工程，是以习近平新时代中国特色社会主义思想为指导，深入贯彻党的二十大精神，落实国有企业通过特许经营模式规范参与盘活存量资产，形成了投资的良性循环。同时也是北京建工在体育场馆领域进行业务模式转型、提升综合实力的一次重大革新与挑战。面对高技术标准、庞大工程量和紧张的工期要求，传统的实施方式显然已难以满足需求。新时代北京建工人接过接力棒，勇挑复建重担，从传统的建筑施工转向集投资、设计、建设、运营于一体的全产业链服务模式，在两年多的时间里圆满完成新工体的建设任务，进一步推动了从传统建筑施工企业向城市建设综合服务商的转型升级。

作为首都的大型国有建筑企业，北京建工肩负着培育新质生产力、引领行业发展的重要使命。通过积极探索新领域新科技，充分利用自动化、信息化、新装备和新材料等手段，完美呈现了节能环保特性“近零碳”清水混凝土工艺；国内外罕见的大开口单层拱壳钢结构全覆盖观众席提升了观赛体验；首次采用的以三维摩擦摆为核心的高位减隔震体系实现减钢量千余吨；冷雾降温、座椅送风、屋面融雪等多个子系统助力了体育场品质提升；基于 5G 智能化集成声、光、电系统均达到国际先进水平；过程中大量应用 BIM 技术、绿色施工、智能建造技术，通过建筑机器人、智能装备及智能数字化监控的应用实现了管理创效。

当“传统外观、现代场馆”样貌的新工体重装回归，让每一位回到现场的球迷感到惊艳，高高竖起点赞的大拇指是对建设者们最好的肯定。新工体的成功实践，让北京建工成为首个完成“新中国十大建筑”改造复建的企业。当前北京建工正在转型发展的关键时期，承接新工体对于理解城市文化传承、引领建筑行业发展具有重要意义。从“工体再见”到“再建工体”，新时代的北京建工人勇毅前行、使命必达。将继续在工匠精神薪火相传中，奋力谱写服务新时代首都发展的新篇章！

《北京工人体育场改造复建项目全过程建设管理实践》欣然面世，期待本书能够成为广大施工从业者及社会各界人士的重要参考资料与学习工具，共同推动我国建设管理水平的不断提升与发展。祝愿新工体继续书写新的辉煌篇章！

前　言

北京工人体育场（以下简称“新工体”）改造复建工程作为中央批准的首都城市更新重点项目，是落实新版北京城市总规的重要举措。改造复建后的新工体是国内首批、北京首座专业足球场，能够满足世界杯、亚洲杯等高水平国际赛事的举办要求。

1959 年工人体育场建设完成，是新中国成立 10 周年国庆献礼的“十大建筑”之一。这里举行过国际性及全国重大体育比赛和文艺演出，是新中国成立后体育事业发展历程的见证，更是传承文化记忆、激发城市活力的精神图腾。2020 年经检测，工人体育场的结构安全性已不符合相关标准。经北京市委、市政府研究并报中央批准，对耳顺之年的工人体育场进行改造复建。在严格遵循中央批准的“传统外观、现代场馆”设计理念和改造原则下，新工体的建设者们奋楫笃行，攻克了举不胜举的难关，仅用两年时间圆满完成了建设任务，并实现最大限度保留“十大建筑”的城市记忆。2023 年新工体完成了“历史风貌留存保护”和“功能体验提质升级”的双重任务，完美实现老场新生。自此首都北京再添一处高品质的文体商旅综合地标，新工体将成为推动城市经济发展、提升城市国际影响力的重要引擎。助力北京国际消费中心城市的建设，成为北京的“文体名片、城市地标、活力中心”。

如今，新工体已经投入运营使用两年，先后顺利承接了中超赛事、足协杯赛事、阿根廷 VS 澳大利亚国际足球赛、乐队的夏天演唱会等 50 余场超万人重大体育比赛及文艺演出。已成为 2023 年和 2024 年亚洲上座人数最多的足球场，得到了社会各界一致好评。

在此，衷心感谢北京市委、市政府对新工体项目的支持与关怀，感谢参与项目的院士、专家给予的指导与帮助，感谢所有参建单位的配合与努力！

《北京工人体育场改造复建项目全过程建设管理实践》从建设单位的角度，展现了工体改造复建过程中的建设管理和工程技术，希望对我国以后大型体育场馆的改造、建设有所助益。

丁大勇

中赫工体（北京）商业运营管理有限公司常务副总经理

目 录

01 建设管理篇

第 1 章　项目介绍　014

1.1　工程概况　014
1.2　工体记忆　020
1.3　改造决策　021
1.3.1　项目由来　021
1.3.2　改造原因　021
1.3.3　改造原则　023
1.3.4　建设目标　025

第 2 章　项目公司管理架构　026

2.1　组织架构　026
2.2　部门职责　027

第 3 章　建设工程管理　029

3.1　设计管理　029
3.1.1　设计顾问遴选与标准制定　029
3.1.2　技术和样板管理　029
3.1.3　现场配合　029
3.2　施工管理　030
3.2.1　安全管理　030
3.2.2　质量管理　031
3.2.3　进度管理　031
3.3　成本合约管理　033
3.3.1　招标管理　033
3.3.2　成本管理　035
3.3.3　合约管理　036
3.3.4　工程社会效益　036

02 工程技术篇

第4章　更新规划　040

4.1　上位规划：尊重历史 全面升级　040
4.2　业态规划：文体商娱 资源联动　042
4.3　交通规划：地下贯通 绿色出行　044
4.4　园林规划：公园开敞 活力广场　044

第5章　工程设计　048

5.1　建筑设计：传统外观 现代场馆　048
5.1.1　建筑方案　048
5.1.2　室内设计　057
5.1.3　特殊消防设计　059
5.1.4　建筑声学设计　066
5.1.5　赛时疏散仿真模拟　067
5.2　结构设计：复杂体系 优化设计　072
5.2.1　结构体系　072
5.2.2　屋盖计算分析　073
5.2.3　罕遇地震动力弹塑性时程分析　089
5.2.4　超长混凝土温度分析和新型诱导缝的应用　092
5.3　机电设计：智慧节能 循环利用　098
5.3.1　电气和光伏系统　098
5.3.2　小市政、雨水调蓄、空调冷热水环线和冷雾系统　100
5.3.3　自然通风优化设计　102
5.4　景观设计：桂冠主题 五种空间　107
5.4.1　概念，桂冠元素　107
5.4.2　定稿，大都会气质　110
5.4.3　实现，场地条件与困难解决　114

第 6 章　工程施工　117

6.1　拆除与保护　117
6.1.1　老工体拆除　117
6.1.2　历史记忆构件的保护和复现　123
6.2　罩棚钢结构施工　128
6.2.1　高腹板窄翼缘薄壁超长箱型构件变形控制技术　128
6.2.2　设计施工一体化全过程仿真分析　132
6.2.3　大跨度大开口拱壳屋盖安装技术　138
6.2.4　大跨度单层钢拱壳屋盖卸载技术　153
6.2.5　钢结构厚板低温焊接技术　156
6.3　复杂幕墙系统建造技术　167
6.3.1　罩棚幕墙系统介绍　168
6.3.2　超大三角单元幕墙板块制造技术　169
6.3.3　BIPV 光伏幕墙建筑一体化应用技术　172
6.3.4　幕墙抗风揭性能研究　174
6.4　混凝土结构和基坑支护重点　176
6.4.1　清水混凝土施工技术　176
6.4.2　装配式预制清水混凝土看台施工技术　182
6.4.3　密实砂卵石层水泥土复合管桩设计和施工技术　198
6.4.4　地铁接驳区复杂基坑支护技术　206
6.5　机电工程施工重点　213
6.5.1　弧形管道施工技术　213
6.5.2　装配式制冷机房安装技术　217

第 7 章　体育工艺　222

7.1　体育场草坪系统　222
7.2　体育场照明系统　226
7.3　体育场扩声系统　228

7.3.1 设计参数标准 229
7.3.2 主要元器件要求 229
7.3.3 扩声系统布置 229
7.3.4 声学模拟分析 231
7.4 体育场座椅系统 232
7.5 体育场环屏、端屏系统 235
7.5.1 环屏系统 236
7.5.2 端屏系统 238
7.6 体育场智能化系统 241

第 8 章 绿色低碳技术应用 242

8.1 绿色建筑 242
8.2 海绵城市 242
8.2.1 设计目标及排水标准 242
8.2.2 调蓄空间 243
8.3 节能减碳分析 244
8.3.1 改造前后用能需求对比 244
8.3.2 节能减碳效果分析 248
8.4 节能环保与绿色施工 249
8.4.1 能源节约与循环利用 249
8.4.2 环境保护 250
8.4.3 建筑垃圾零排放及再利用 252

第 9 章 智慧场馆 258

9.1 BIM 技术应用 258
9.1.1 三维场布优化 258
9.1.2 土护降全过程 BIM 应用管理 258
9.1.3 清水混凝土 BIM 建模及深化设计 260

9.1.4 预制清水看台板 BIM 综合应用 260
9.1.5 复杂空间优化和机电管线综合 263
9.1.6 钢结构全过程 BIM 应用 264
9.1.7 装配式幕墙 BIM 综合应用 266
9.1.8 BIM+AR、VR 应用 266
9.2 智慧平台和 AI 应用 267
9.2.1 智慧管理平台 267
9.2.2 人工智能的应用 269
9.3 智慧展厅和智慧运维 269
9.3.1 智慧展厅 269
9.3.2 智慧运维 269

第 10 章 结构健康监测技术 271

10.1 监测系统设计总体思路 271
10.2 “铁杆”球迷看台检测 271
10.3 屋盖钢结构健康监测 272
10.4 健康监测平台 273

参考文献 274

附录 工体大事记 283

附录一 参建单位 284
附录二 工体获奖及成果 291
附录三 建设纪实 296

后记 333

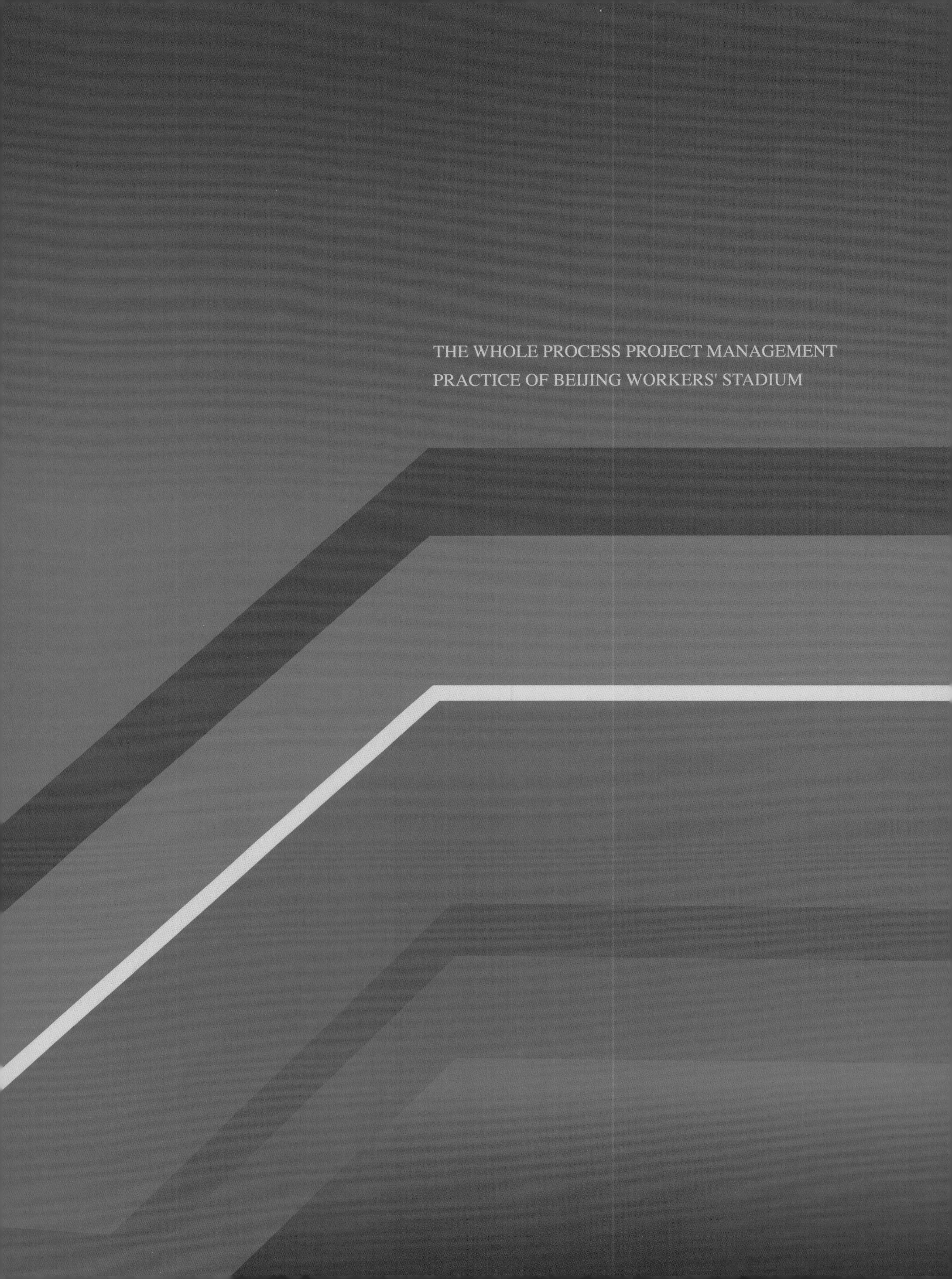
THE WHOLE PROCESS PROJECT MANAGEMENT
PRACTICE OF BEIJING WORKERS' STADIUM

01

建设管理篇

CONSTRUCTION MANAGEMENT SECTION

第1章　项目介绍

1.1　工程概况

北京工人体育场（或称“工体”）改造复建项目建设地点位于朝阳区三里屯地区，建设用地面积191902m^2，北侧为工人体育场北路，东侧为工人体育场东路，南侧为北京工体富国海底世界，西侧为工人体育场西路。体育场效果图和建设完成实拍见图 1.1-1 ~图 1.1-4。

图 1.1-1　工体效果图

图 1.1-3　场内效果图

图 1.1-4　场内实拍图

图 1.1-2　工体建设完成图

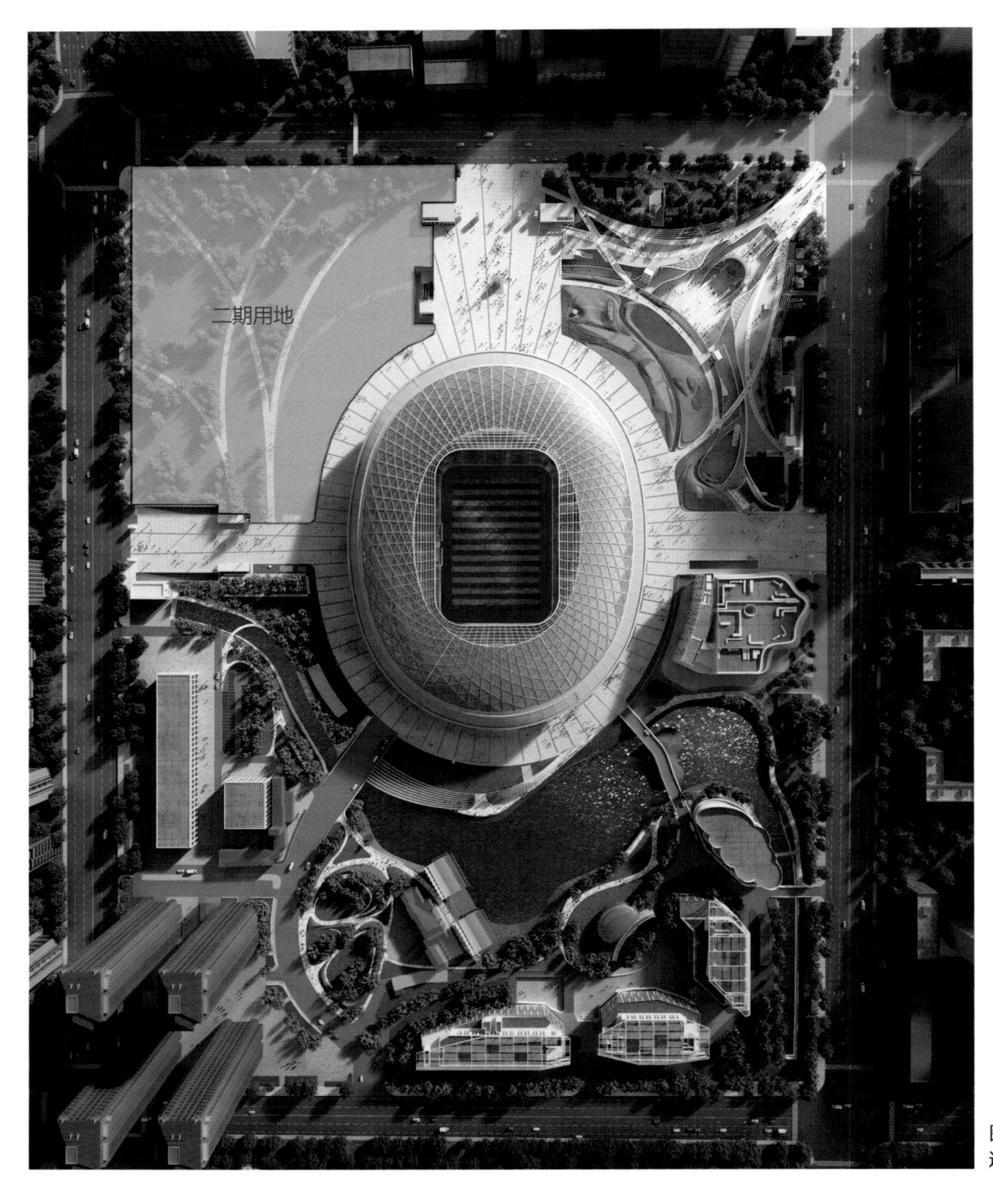

图 1.1-5　工体改造项目总图效果

北京工人体育场改造复建项目总建筑面积约 50 万 m^2，分两期建设（图 1.1-5）。本次建设为一期工程，即体育场主体部分和体育配套部分，总建筑面积 38.5 万 m^2，其中，地上建筑面积 10.7 万 m^2（体育场主体 10 万 m^2，体育配套 0.7 万 m^2），地下建筑面积 27.8 万 m^2（体育场主体 7 万 m^2，体育配套 20.8 万 m^2）。

本工程地下 3 层，地上 6 层。地下部分东西长 495m，南北长 438m。地上部分东西长 215m，南北长 280m，建筑高度 26.69m，罩棚最高点高度 47.3m（含 0.3m 室内外高差），平面造型呈椭圆形。建筑剖面见图 1.1-6。

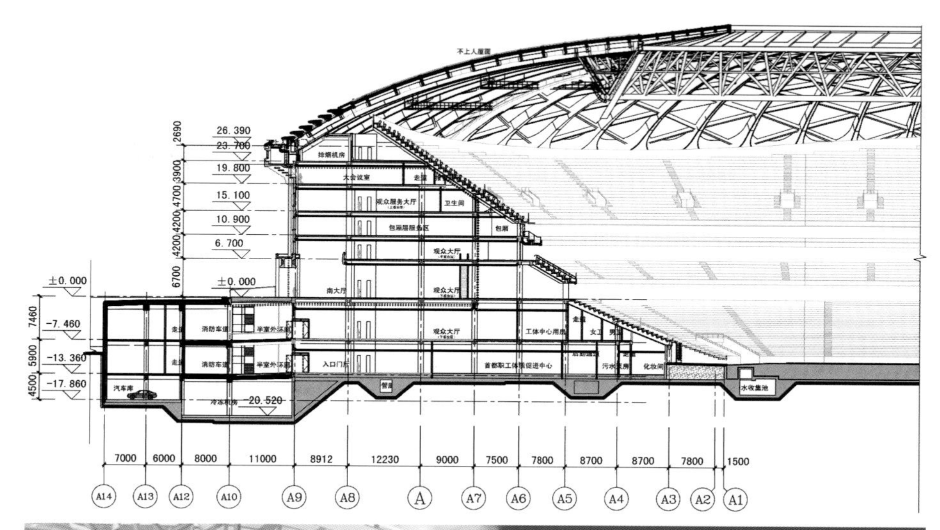
不上人屋面
26.390
23.700
19.800
15.100
10.900
6.700
±0.000
±0.000
-7.460
-13.360
-17.860
-20.520
2690
3900
4700
4200
4200
6700
7460
5900
4500
排烟机房
大会议室
观众服务大厅
卫生间
包厢层服务区
包厢
观众大厅
南大厅
观众大厅
消防车道
半室外环廊
观众大厅
工体中心用房
消防车道
入口门厅
首都职工体质促进中心
化妆间
汽车库
冷冻机房
水收集池
7000
6000
8000
11000
8912
12230
9000
7500
7800
8700
8700
7800
1500
A14
A13
A12
A10
A9
A8
A
A7
A6
A5
A4
A3
A2
A1

图 1.1-6　建筑剖面图

1.2 工体记忆

1958 年 9 月 5 日，北京市副市长传达了中央关于筹备庆祝新中国成立十周年的通知。作为首都工人阶级向新中国成立十周年的献礼工程，仅历经 11 个月零 13 天，由全国总工会投资建设的北京工人体育场建设工程于 1959 年 8 月竣工。体育场为椭圆形混凝土框架混合结构，占地 35 万 m^2，总建筑面积 7.8 万 m^2，在那个物资匮乏、生产条件落后的年代，老一辈建设者手拉肩扛、日夜奋战，只用不到一年时间，就在一片苇塘上建成了一座崭新的体育场。

1959 年，北京工人体育场被评选为 20 世纪 50 年代的“北京十大建筑”之一。2007 年，北京市规划委员会、北京市文物局公布《北京市优秀近现代建筑保护名录（第一批）》，将北京工人体育场评为北京市优秀近现代建筑。北京工人体育场是新中国建设的第一个大型体育建筑，标志着中国体育从此翻开了新的篇章。

第一次使用

为了举办新中国首届全运会，1959 年 9 月 4 日，刚刚落成的北京工人体育场首次公开使用并接待观众。当天下午连续进行了两场全运会的足球比赛：2 点 30 分开赛的第一场，吉林队 5 ：2 大胜黑龙江队；4 点 30 分开赛的第二场，河北队与解放军队 1 ：1 战平。46200 名观众见证了这一历史时刻。

第一届全国运动会

1959 年 9 月 13 日下午 3 时，第一届全国运动会在工体开幕，党和国家领导人出席了开幕式。此后这里又先后成了第二届（1965 年）、第三届（1975 年）、第四届（1979 年）和第七届（1993 年）全运会的主赛场，也留下了朱建华在第五届全运会预赛首破男子跳高世界纪录等经典时刻。

第一次洲际综合赛事

1990 年 9 月 22 日，第十一届亚运会在北京工人体育场举行了开幕仪式。这是中国人第一次在自己的土地上举办综合性国际体育大赛，也是亚运会诞生近 40 年来第一次由中国承办。共有来自亚奥理事会成员的 37 个国家和地区的体育代表团的 6578 人参加本届赛事，代表团数和运动员数都超过了前 10 届亚运会。

由韦唯和刘欢合唱的亚运会宣传曲《亚洲雄风》，虽然并非北京亚运会的主题曲，却凭借激昂的曲调以及契合时代背景的歌词而流传甚广，成了一代人心中的经典记忆。除此之外，北京亚运会提出的“北京欢迎您”和吉祥物熊猫盼盼，在 2008 年的北京奥运会上也实现了跨越 18 年的完美传承与呼应。

第一次世界级综合运动会

进入 21 世纪，第二十一届世界大学生夏季运动会也在 2001 年来到了北京工人体育场。北京大运会设 12 大项、168 个小项比赛，有来自 165 个国家和地区的 6757 名运动员参加。这是中国首次举行世界级综合性运动会，也是中国第一次举办世界大学生运动会。此前于 2001 年 7 月 13 日获得 2008 年奥运会举办权的北京，更是将此次大运会当作 2008 年奥运会的预演，多次公开承诺要将其办成“历史上最成功的一届世界大学生运动会”。

从新中国成立初期的五届全运会到 1990 年亚运会，从 2001 年大运会、2004 亚洲杯到 2008 年奥运会，从全国赛事、洲际赛事到迈入世界级，北京工人体育场在不同的历史阶段都圆满完成了国家与时代赋予的使命。而工体的成长与发展，也折射出城市乃至国家综合实力的提升。

1.3 改造决策

1.3.1 项目由来

2019 年 6 月，亚足联代表大会确定 2023 年亚洲杯将在中国举办 [2022 年 5 月决定易地举行，以下称为“（原）亚洲杯”]，为做好筹办工作，国家体育总局于 2019 年 7 月成立了 2023 年（原）亚洲杯筹办工作领导小组，7 月底启动承办城市遴选工作。2019 年 8 月，经北京市政府研究同意，北京市正式向中国足球协会提交了 2023 年亚足联中国亚洲杯申办意向函、办赛协议等，确定申办（原）亚洲杯的开、闭幕活动和首场小组赛、2 场半决赛、决赛共 4 场比赛，并承诺按期（2022 年 12 月前）新建或改造 1 座专业的足球场作为承接（原）亚洲杯的主体育场。

北京市体育局委托北京市足球运动协会，就北京市新建或改造专业足球场事宜进行了专题研究，经综合考虑，并征求有关专家、俱乐部意见，特别是中国足球协会建议北京利用（原）亚洲杯场地建设或改造的契机，建设或改造一座符合国际足联世界杯开幕式、决赛标准的专业足球场。

2019 年 12 月 25 日，北京市总工会致函北京市主管领导，同意在保留“北京十大建筑”元素不变的情况下，将现状体育场改造为符合国际足球赛事标准的专业足球场，同时建议抓住此次改造契机，结合紧邻北京工人体育场用地正在施工的地铁 3 号线和 17 号线，进行地下空间一体化建设，全面优化工体园区的交通环境，同步整治地上非主导体育功能建筑，将工体园区打造为符合北京城市规划要求的国际体育文化交流综合体，实现体育 + 多业态产业链融合发展的愿景。

1.3.2 改造原因

1.3.2.1 安全原因

北京工人体育场建于 20 世纪 50 年代，受限于当时的建设条件，建设初期未考虑抗震要求，为保证冬期施工，主体结构施工过程中还掺有氯盐，对钢筋和混凝土产生严重锈蚀，结构构件腐蚀严重。自 20 世纪 90 年代以来，先后进行了三次结构加固和一次设施改造。其中，为承办 2008 年北京奥运会相关赛事，工人体育场按照 7 度抗震设防标准（北京地区为 8 度抗震设防地区）进行了全面的结构加

图 1.3-1 老工体看台结构

固，使用年限为 12 年。2018 年，国家建筑工程质量监督检验中心对工人体育场房屋检测鉴定的结果为 Deu 级，即房屋结构安全性和建筑抗震能力整体严重不符合国家相关标准。图 1.3-1 为老工体看台结构。

1.3.2.2 功能原因

旧体育场没有建声设计，应根据提升方案与声学指标，优化设计扩声指标，完善建声指标。图 1.3-2 为改造前的工体场内和外立面，看台视距范围不佳，现状整体看台的视角较为平缓，不符合相关规范的要求。看台罩棚不能覆盖全部观众席，需按照规范要求重新设计。体育场占地面积较大，但配套服务面积与配套功能面积明显不足。旧体育场地面停车位约 800 个，有 85 个 VIP 停车位，无地下停车位，停车规模远远达不到国际足联（FIFA）的要求。旧体育场每个安全出口的平均疏散人数为 2900 人，超出现行规范建议的 2000 人上限；每个安全出口的平均疏散宽度为 5.1m，小于现行规范 5.4m 的标准。体育场罩棚及内部座椅、空调等设备老旧，且缺少停车设施，给使用者带来了较差的体验。受体育场建筑与配套设施的限制，在举行体育赛事及演艺活动时，无法达到理想的使用效果，亟须进行升级改造。

图 1.3-2　改造前工体场内和外立面

1.3.3　改造原则

1.3.3.1　保留原风貌

要保护工人体育场原有风貌，用保护的手法进行改造重建工作，保持体育场主体椭圆形造型和外立面形式基本不变，在设计上更多地采用原有特色元素，在工程建设上尽量利用保存较好的原有构件、原有材料，再现工人体育场的原有风格（图 1.3-3）。

1.3.3.2　提高设计标准

要根据（原）亚洲杯相关需求和各项设计标准、竞赛标准等，满足 2023 年（原）亚洲杯足球赛的办赛要求，符合并引领当下足球观赛和观演建筑的标准和运营需求。既要考虑建筑外观的历史感，又要考虑建筑内部的实用性和时尚性（图 1.3-4），融入新材料、新技术、新工艺，使新工体呈现出新时代的风貌。

图 1.3-3　新老工体风貌对比

图 1.3-4　建筑内部效果

1.3.3.3　注重功能提升

充分利用地下空间，统筹考虑场馆运营和交通组织等需求，建设规模适宜的地下空间，要提高地下空间的公共卫生和消防等设计标准，解决好通风和消防安全等问题；要坚持公交优先，加强与周边轨道交通站点的一体化衔接，引导观赛群众乘坐公共交通特别是轨道交通出行，减轻区域交通压力，同时适当配置停车设施。

建设以球场为核心的开放型城市公园（图 1.3-5），融会更多元、丰富的业态和复合配套功能，在空间、运营、体验方面实现整体升级。通过建设多项体育活动场地和配套设施，满足市民各种体育文化活动需要。做好空间功能转换设计，提高场馆及地下服务设施公共卫生、公共安全设计与建设标准，保障公共安全。

1.3.4 建设目标

图 1.3-6 为改造后工体夜景效果图。改造后的北京工人体育场，不仅将成为世界一流专业足球场，还将服务于北京国际文化体育交往功能建设，成为北京的“文体名片、城市地标、活力中心”。

图 1.3-5 开放型城市公园效果

图 1.3-6 改造后工体夜景效果图

第 2 章　项目公司管理架构

2020 年 12 月 31 日，为落实市委、市政府决策部署，北京建工与中赫置地有限公司、华体集团有限公司、北京中赫工体体育文化发展有限公司组成联合体，与北京市总工会、北京市体育局正式签约北京工人体育场改造复建政府和社会资本合作（PPP）项目。

中赫集团联合北京建工集团、华体集团，共同成立中赫工体（北京）商业运营管理有限公司（简称“项目公司”），负责项目在合作期内（3 年建设期 +40 年运营期）的投资、建设和运营。

2.1　组织架构

工程建设期间项目公司的组织架构如图 2.1-1 所示。

在项目建设期，根据项目公司领导要求，设计部与工程部深度融合，两部门给水排水、暖通、电气专业成立机电小组，共同解决机电问题，形成了设计施工一体化管理，有效加快了工程建设进度。

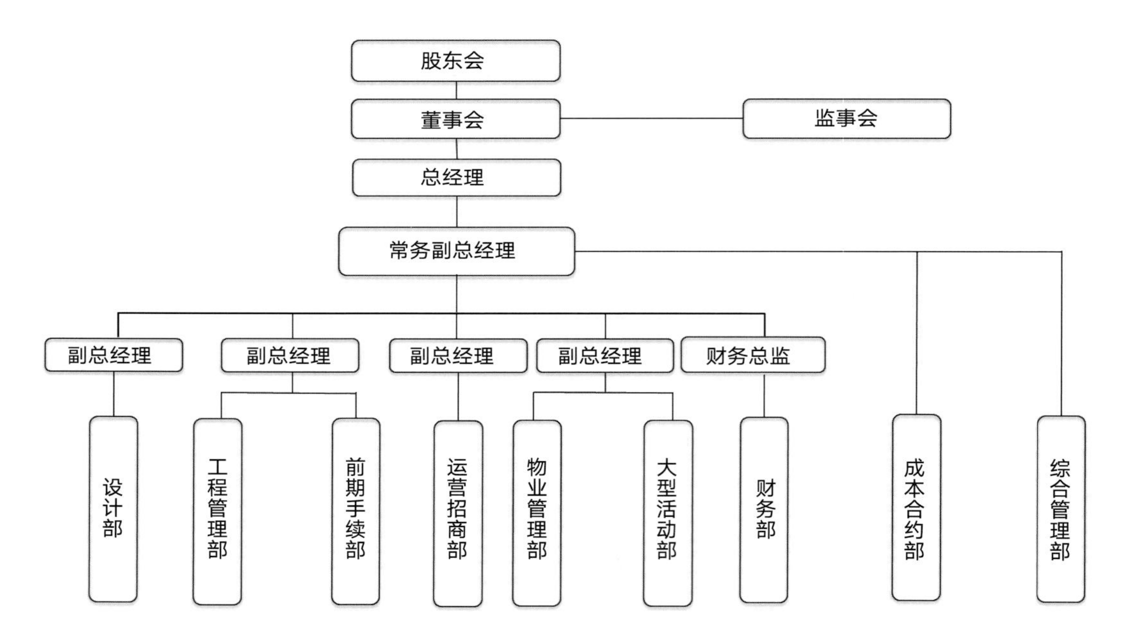

图 2.1-1　建设期间项目公司组织架构

2.2 部门职责

设计部

项目设计管理：项目设计进度计划的制定和把控，设计任务书的编制，设计顾问的协调和沟通，设计合同中设计要求、成果审核；设计技术管理：概念方案、方案、扩初、施工图设计的阶段设计审核、成果的日常跟进及成果质量控制；二次深化图纸的技术配合及审核；现场设计协调：施工样板的审核，项目技术问题协调，现场设计完成度审核；项目会议组织，设计会议组织及成果落实。

工程管理部

根据公司年度经营计划组织编制本部门工作计划，并监督计划的落实；对项目的整体目标明确下达，并对目标完成情况进行监督检查和调整；对项目施工准备、施工进度、质量、安全、文明施工、环保、消防等现场管理并监督检查；负责施工图图纸会审；参与审核施工材料的选用和对材料供应商的评价；参与工程中新材料、新工艺、新结构、新技术的技术论证、审核；参与《施工组织设计/方案》重大技术措施和经济方案的初步审核；组织关键节点验收及移交工作；负责竣工验收后，与运营部门进行承接查验；负责监督检查项目工程档案的管理；负责监理单位、总包单位、分包单位的对接与管控。

前期手续部

根据公司年度经营计划组织编制本部门工作计划，并监督计划的落实；项目的目标管理：对项目的整体目标明确下达，将目标进行分解，做到责任到位，并对目标完成情况进行监督检查和调整；负责项目“一会三函”形式的手续办理工作，从“一会三函”的要求保障现场合法施工；按照相关法律法规，负责办理项目建设的前期手续工作；负责大市政各专业的报装工作。

运营招商部

运营招商：根据计划进行调研，形成市场调研报告，以此作为项目定位、商业业态规划、租金标准测算、物业费测算等的依据；制定定位业态规划方案及招商计划排期，根据定位业态规划方案，进行铺位规划、租金计划及招商排期进行商户储备落位及合作洽谈，做好客户关系的维护与管理。

营销推广：负责项目整体会员体系搭建、会员系统开发需求提报与制定，负责运营会员纳新、会员权益、社群活动的策划与落地执行工作；负责制定项目整体广告位规划，挖掘优质异业资源建立战略合作关系，开展异业商务合作工作。

物业管理部

负责管理整个项目的安全、消防、环境品质、设备设施维护维保、策展/商户进场施工管控、大型活动与外部安保公司对接等工作；负责项目信息化及智慧工体管理相关工作，按照公司要求做好智慧工体需求调研，方案深化设计，软件开发、测试、联调及验收交付等工作；建立项目大型活动保障方案及各项应急预案，对物业辖区安全管理工作负责。

大型活动部

负责场馆运营相关制度、工作流程、商务政策及管理规范的制定；负责体育场年度项目的引入与内容资源合作，包括场地租赁、内容策划与导入、洽谈、签约等相关工作；负责各类主办客户、推广渠道的开发，商务关系的维护；负责体育场各类活动与主办方对接工作，提供全方位的场馆运行服务与管理方案，并推动执行；负责体育场相关大型活动设备设施及物料的管理与维护，对接体育场各类活动相关技术事务，做好技术运行保障工作。

财务部

建立符合公司实际情况的各项财务管理制度和财务核算体系，并监督实施；配合公司对接各金融机构，完成公司年度融资任务；正确进行财务核算，按月出具各项财务报告及报表，开展财务分析并提交财务分析报告；协调各部门做好公司年度预算，并按月做好资金计划的汇总、分析工作；合理、合法进行纳税申报，做好日常税务管理，控制公司税务风险；负责对公司经济合同进行审核，并监督合同付款的合理性。

成本合约部

负责目标成本管理、招标采购管理及合同管理制度流程体系的完善和监督执行；负责目标成本的合理制定和有效控制；负责项目的招标采购工作；负责合同管理工作，包括完善合同管理办法、起草合同范本、审核合同条款、组织合同谈判、建立合同台账、合同付款监管、合同履行监督、协助解决合同争议、归档和保管所有合同原件、合同借阅审核监督等。

综合管理部

企业管理与制度建设：负责搜集汇总、分析企业内外部经济环境，协助公司领导制定发展战略；负责“办公、办文、办会”具体工作的组织协调、落地执行工作；负责企业年度工作计划、工作报告及其他重要文件材料的编制落实工作。

法务管理：从立项、招标、合同订立、合同履行全方位提出合理化法律建议，规避法律风险；负责企业内外部行政文件、函件的草拟，严格按照相关规章制度执行收发文工作；负责企业印章管理工作。

行政及资产管理：办公用品的购置、领用、维护保养、报废等工作，建立更新办公资产使用台账；负责员工餐饮管理、差旅管理、公司后勤管理等。

人力资源管理：根据企业战略发展需要，对企业进行中长期人力资源规划；根据企业战略发展需要，负责建立和完善人才评估及任职资格体系。

第 3 章　建设工程管理

3.1　设计管理

3.1.1　设计顾问遴选与标准制定

在设计顾问方面，项目公司共组织 73 次招标工作，邀请约 150 家设计顾问参与遴选，与 56 家设计顾问签订 73 个设计合约，包括配套区内装设计、半室外环廊设计、配套标识系统设计、停车场标示系统设计、南部外扩方案设计、现场后续方案服务、大师做小品设计、竣工测绘、体育场重点空间设计、灯光（体育场室内、配套室内、室外）设计、泛光（体育场、配套）设计、高科技沙盘设计、东北大草坪设计、雕塑制作等。

制定各专业设计标准，包括建筑结构设计标准、体育场机电系统设计标准、配套商业机电系统设计标准、智能化系统设计标准、室内精装设计标准、室外景观设计标准等，从设计之初保证设计成果的合理性。

制定材料选型标准，包括灯具技术及选型标准、外立面玻璃幕墙技术标准、防火玻璃技术标准、停车场地坪技术标准、卫生间磨石和人造石技术标准等，最大限度把控效果和品质。

3.1.2　技术和样板管理

项目公司组织完成设计咨询 20 类，主要有特殊消防设计评估报告、工体绿色建筑可持续认证分析报告、工体零碳研究报告、赛事疏散方案报告等；设计方案 32 类，主要有体育场罩棚方案、体育场结构比选方案、配套外立面方案、泛光方案、内装方案、标识方案、停车方案等；招标图 28 类，主要有钢结构招标图、幕墙招标图、电梯招标图、弱电智能化招标图、消防工程招标图等；施工图 5794 张，包括建筑、结构、给水排水、暖通、电气、景观、市政等。

除此之外，还共出具审图报告和审查意见 290 多份，审核深化图 60 类，优化技术方案并节约设计成本。

组织多次设计样板交底，提供所有设计样板并确认各类工程样板，图 3.1-1 为部分样板展示。

3.1.3　现场配合

随时关注现场进度，将图纸按区域和层数分别出图，满足现场进度的同时，实现各方对空间品质的需求。从方案到扩初到施工图纸再到设计材料都组织交底，确保施工方充分了解设计意图，保障项目落地的及时性和完整性。每周定期组织设计人员一起巡场，并完成巡场报告。每周组织设计施工例会，设

图 3.1-1　部分样板展示

计部、工程部、成本部、设计院、总包、分包、监理一起参与，及时沟通解决现场问题。

为了尽可能创造更好的空间，多次组织 BIM 协调会，并现场指导优化净高，提升可用高度范围超 17000 余 m^2。

3.2　施工管理

3.2.1　安全管理

项目公司及时传达有关安全生产文件，提高各参建单位管理人员安全意识，有针对性加强安全教育和安全检查，及时消除施工现场安全隐患。共组织参建单位开展安全联合检查 90 余次，主要内容包括生活区食品安全、生活区消防，现场施工临边防护、基坑支护、高处作业、雨施防汛、临时用电、消防安全、起重吊装作业等（图 3.2-1）。在参建各方努力下，项目通过了“全国安全文明样板示范工程”检查工作，获得了“北京市绿色样板工地”“北京市安全文明样板示范工程”等称号。

图 3.2-1　安全联合检查

3.2.2 质量管理

项目公司组织并参加质量联合检查、监理例会等，督促现场问题整改。参与重大方案的评审会、超危大工程论证会、钢结构卸荷、基坑预警等技术研讨会 40 余次，参加了各项验收及奖项评审工作。

组织编制了质量计划，建立质量保证体系。找出影响工程质量的各种因素，确定控制重点，进行分解，责任到人。建立了以项目经理、总工程师的领导控制、专业工程师基层检查、作业层的操作质量管理三级质量管理系统。推行专业工程师和质量工程师责任制，对施工全过程工程质量进行监控。

项目通过了“北京市结构长城杯”金质奖、“中国钢结构金奖”、“国家优质工程金奖”、“建设部绿色科技示范工程”等验收检查，并获得“中国安装协会机电安装 BIM 大赛”一等奖、第三届“工程建设行业建筑工程综合应用类”BIM 一等成果、6 项企业级工法、2 项国家级 QC 成果、2 项北京市 QC 成果及多项工法及专利（图 3.2-2），具体获奖情况和成果见附录二。

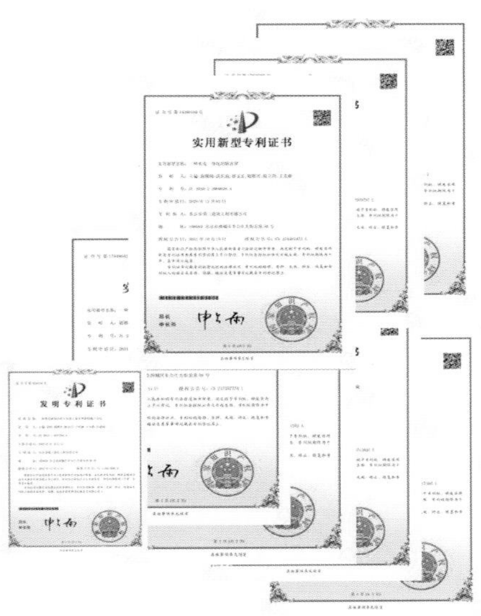

图 3.2-2　钢结构金奖评审会议和各专利证书

3.2.3 进度管理

新工体项目建设期内，项目经历几次现场封闭，无论是从材料加工、运输，人员进场等诸多方面都限制着工体的建设，在各级领导的指导下，项目公司对工程建设进度严格管控。共计巡检 200 余次，参加监理例会 160 次，召开进度专题会、组织协调会、专项工作推进会等共计 100 余次，一旦发现有制约工程进展的问题，第一时间做出响应（图 3.2-3）。

工程先后历经 3 个冬季和 2 个雨季，时间跨度大，几乎所有重要的施工项目都牵涉季节性施工问题，

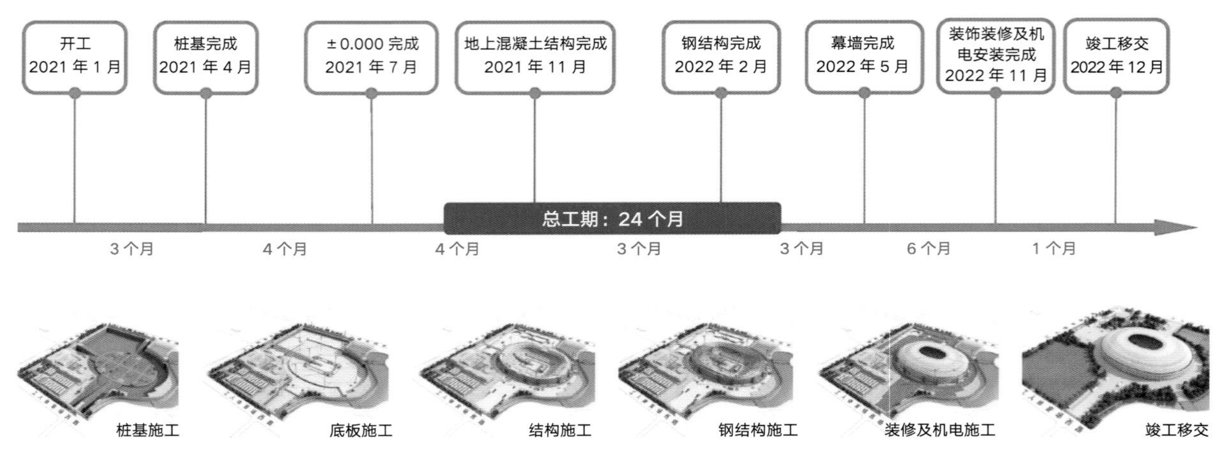

图 3.2-3　体育场工程进度计划

且工程质量要求高，现场环境复杂，所以季节性施工的组织、管理将是影响工程进度和质量的重要因素。为按时完成新工体的建设任务，项目公司组织施工单位采取了如下措施：

（1）提前进行各项工作准备。组织有关管理人员和部分工人，完成部分临时建筑的搭建、场内施工临时道路铺设和施工用临水、临电、排污废水等设施。在人员进场的同时，调进相应的施工机械，购买钢筋、模板、木方等建筑施工材料。

（2）采用大型、先进的施工机械设备。根据工程工期、工作量、平面尺寸和施工需要，现场投入 15 台塔式起重机、12 台双笼室外电梯以满足材料垂直运输和水平倒运。混凝土采用商品混凝土，为保证混凝土的正常浇筑，基础底板混凝土采用地泵进行混凝土的输送；地下室墙板、顶板及以上主体结构混凝土的输送采用地泵及塔式起重机和布料杆配合作业。

（3）制定合理的方案。编制进度计划（图 3.2-4），制定详细、有针对性和可操作性的施工方案，使工程施工有条不紊按期、保质地完成。

（4）资源保证措施。安排充足的劳动力资源，最大限度地提高机械化施工程度，确保各种机械和人员到位。根据建筑工程的施工特点，各阶段的现场平面布置图与物资采购、设备订货、资源配备等辅助计划相配合，对现场进行宏观调控。

（5）加强各部门协调。加强设计与工程之间的联络，将设计意图和图纸及时传达给施工单位。

（6）定期召开建设生产例会。定期召开由各分包方参加的建设生产例会，及时解决工程施工中出现的问题。针对现场存在的问题，提出有预见性的措施，以保证工程顺利进行。

（7）引入竞争机制。选用高素质施工班组的同时，采取经济奖罚手段，加大内部班组承包管理力度，确保工程的进度和质量要求。

（8）处理好季节性施工的影响。制定切实可行的冬雨期施工方案和措施，确保施工的连续性。

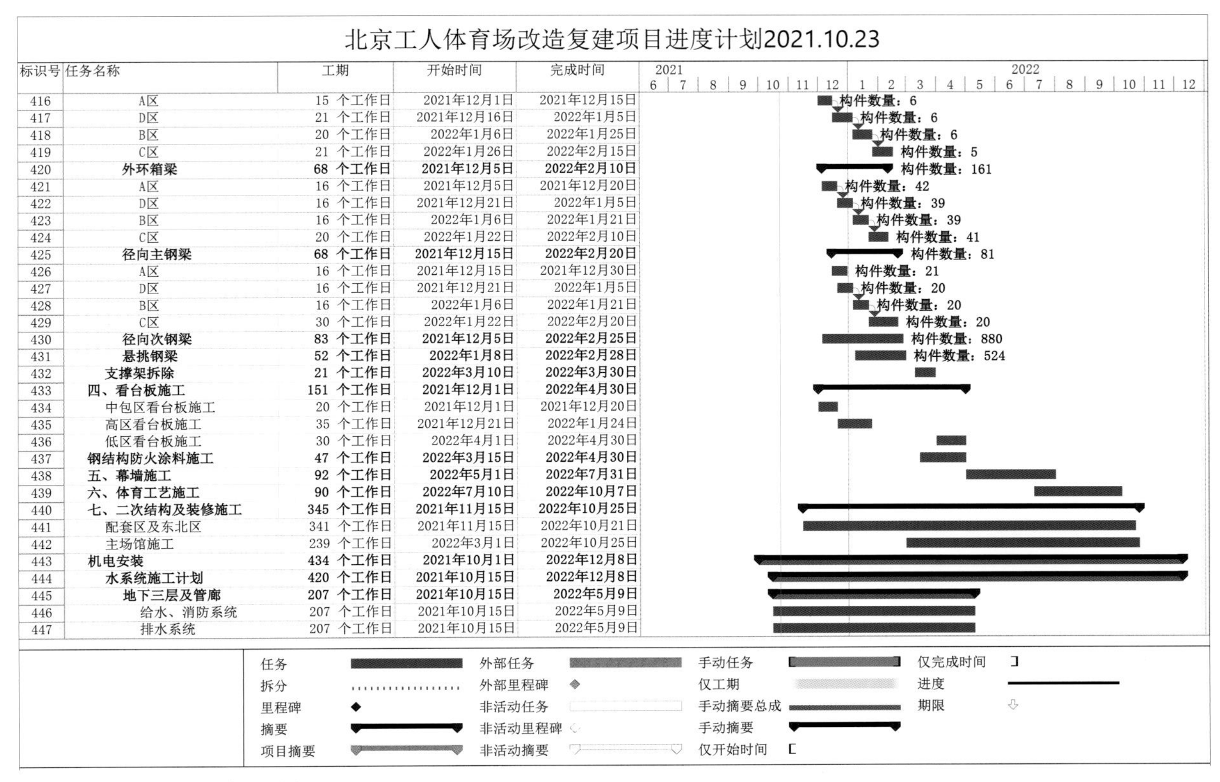

北京工人体育场改造复建项目进度计划2021.10.23

标识号	任务名称	工期	开始时间	完成时间
416	A区	15 个工作日	2021年12月1日	2021年12月15日
417	D区	21 个工作日	2021年12月16日	2022年1月5日
418	B区	20 个工作日	2022年1月6日	2022年1月25日
419	C区	21 个工作日	2022年1月26日	2022年2月15日
420	**外环箱梁**	**68 个工作日**	**2021年12月5日**	**2022年2月10日**
421	A区	16 个工作日	2021年12月5日	2021年12月20日
422	D区	16 个工作日	2021年12月21日	2022年1月5日
423	B区	16 个工作日	2022年1月6日	2022年1月21日
424	C区	20 个工作日	2022年1月22日	2022年2月10日
425	**径向主钢梁**	**68 个工作日**	**2021年12月15日**	**2022年2月20日**
426	A区	16 个工作日	2021年12月15日	2021年12月30日
427	D区	16 个工作日	2021年12月21日	2022年1月5日
428	B区	16 个工作日	2022年1月6日	2022年1月21日
429	C区	30 个工作日	2022年1月22日	2022年2月20日
430	**径向次钢梁**	**83 个工作日**	**2021年12月5日**	**2022年2月25日**
431	**悬挑钢梁**	**52 个工作日**	**2022年1月8日**	**2022年2月28日**
432	**支撑架拆除**	**21 个工作日**	**2022年3月10日**	**2022年3月30日**
433	**四、看台板施工**	**151 个工作日**	**2021年12月1日**	**2022年4月30日**
434	中包区看台板施工	20 个工作日	2021年12月1日	2021年12月20日
435	高区看台板施工	35 个工作日	2021年12月21日	2022年1月24日
436	低区看台板施工	30 个工作日	2022年4月1日	2022年4月30日
437	**钢结构防火涂料施工**	**47 个工作日**	**2022年3月15日**	**2022年4月30日**
438	**五、幕墙施工**	**92 个工作日**	**2022年5月1日**	**2022年7月31日**
439	**六、体育工艺施工**	**90 个工作日**	**2022年7月10日**	**2022年10月7日**
440	**七、二次结构及装修施工**	**345 个工作日**	**2021年11月15日**	**2022年10月25日**
441	配套区及东北区	341 个工作日	2021年11月15日	2022年10月21日
442	主场馆施工	239 个工作日	2022年3月1日	2022年10月25日
443	**机电安装**	**434 个工作日**	**2021年10月1日**	**2022年12月8日**
444	**水系统施工计划**	**420 个工作日**	**2021年10月15日**	**2022年12月8日**
445	**地下三层及管廊**	**207 个工作日**	**2021年10月15日**	**2022年5月9日**
446	给水、消防系统	207 个工作日	2021年10月15日	2022年5月9日
447	排水系统	207 个工作日	2021年10月15日	2022年5月9日

图 3.2-4　项目部分进度计划表

3.3　成本合约管理

项目公司的成本合约管理工作包含三个层面：招标管理、成本管理及合约管理。招标工作是控制成本的有效手段和工具，为事先控制；合约管理是成本可控的保证，为事中控制。

3.3.1　招标管理

招标工作分外部招标和内部招标两部分，外部招标是指 PPP 合同中 14 项专业工程暂估价项目；内部招标是指项目公司设计、专业顾问和技术咨询服务、造价咨询服务、工程检验试验、开业筹备采购等事项的招标。针对不同招标项目，参照表 3.3-1 所列适用范围和条件，选择招标方式，并依据实施细则在 OA 上填写表单，办理会签审核批准手续。

招标方式分类及选择指引　表 3.3-1

<table>
<tr><th colspan="2" rowspan="2">项目名称</th><th colspan="4">招标方式</th></tr>
<tr><th>公开招标</th><th>邀请招标</th><th>简易招标</th><th>直接委托</th></tr>
<tr><td colspan="2">招标方式简述</td><td>通过公开平台发布招标公告并按招标法规定程序招标</td><td>邀请 3 家及以上合格投标人参与正式投标</td><td>3 家以上投标人参加竞争性磋商 / 询价 / 比价</td><td>与单一合作对象进行合同磋商</td></tr>
<tr><td colspan="2">适用范围及条件</td><td>按照国家发展改革委 2018 年第 16 号令规定必须采用公开招标的事项</td><td>工程类、材料设备类、勘察设计专业顾问类、营销采购类</td><td>限额以下工程及设备材料类采购及非工程类采购</td><td>垄断及特许经营行业、战略合作伙伴、特定合作伙伴、专项技术、成果沿用等</td></tr>
<tr><td colspan="2">招标流程分类</td><td>标准招标流程</td><td>标准招标流程</td><td>申请部门组织，相关部门参加，成本合约部监督 / 备案</td><td>相关部门配合承办，部门参与谈判</td></tr>
<tr><td rowspan="5">招标事项分类及限额</td><td>工程类发包</td><td>标准招标流程</td><td>标准招标流程</td><td>不适用</td><td rowspan="5">直接委托项目大于 200 万元需总经理批准，不大于 200 万元需常务副总经理批准</td></tr>
<tr><td>设备材料类采购</td><td>标准招标流程</td><td>标准招标流程</td><td>不适用</td></tr>
<tr><td>测绘 / 勘察 / 设计 / 监理 / 专业顾问 / 检测 / 检验等技术服务类委托合同</td><td>标准招标流程</td><td>大于 50 万元采用邀请招标</td><td>不大于 50 万元可采用简易招标</td></tr>
<tr><td>户外广告 / 纸媒 / 网媒 / 宣传 / 营销咨询 / 市场调查 / 全案策划 / 推广活动等营销类</td><td>标准招标流程</td><td>大于 30 万元采用邀请招标</td><td>小于 1 万元财务报销 /1 万 ~ 30 万元简易招标</td></tr>
<tr><td>猎头招聘 / 办公设备 / 软件 / 家具 / 礼品 / 行政劳务 / 保安保洁 / 维保 / 保险 / 法律顾问等办公行政类</td><td>标准招标流程</td><td>大于 20 万元采用邀请招标</td><td>小于 1 万元财务报销 /1 万 ~ 20 万元简易招标</td></tr>
<tr><td colspan="2">报批手续</td><td>1. 招标方案审核会签单；2. 招标结果审批表（附评标报告）</td><td>1. 招标方案审核会签单；2. 招标结果审批表（附评标报告）</td><td>1. 招标方案审核会签单；2. 招标结果审批表（附评审表）</td><td>1. 招标方案审核会签单；2. 招标结果审批表(附磋商谈判纪要)</td></tr>
</table>

3.3.1.1　外部招标工作

工体项目专业工程技术难度大，需要通过招标甄选优秀的承包单位，另外工体项目社会关注度高，为了体现公平公正的原则，确定在北京市政府采购平台公开招标发包的原则，相关招标代理工作委托了造价咨询机构完成。

外部招标工作要按照北京市政府采购招标平台相关法规和流程进行，由招标代理机构在合规方面把关。招标人及合同发包人为工体项目施工总承包单位，要按照建工集团内部流程进行审批。项目公司的职责是“保质控价”。“保质”是指按照设计图纸、规范标准和项目的品质定位，确定采购项目的技术和质量标准，由项目公司聘请的专业顾问出具招标的技术规范。“控价”是指按照北京市现行计量计价原则，结合市场价格水平，委托招标代理机构编制招标控制价，审核原则是招标控制价不能突破 PPP 合同中专业工程暂估价金额。

历经一年半的时间，项目公司完成了 14 项共 18 个标段的专业工程暂估价项目的招标工作，基本保证了招标控制价在 PPP 合同给定的暂定金额之内。

3.3.1.2 内部招标工作

根据PPP合同相关条款，项目公司出于建设和运营需要，聘请了很多专业顾问公司，包括机电、结构、景观、交通、装饰等，对工体项目东北体育配套，从扩大运营收益的角度，进行了大量的优化工作。还聘请了商业项目的顾问公司，进行了大量的市场调研、客户分析、招商策划、商业定位等咨询服务工作。另外，就体育工艺、智慧工体、造价咨询、法律顾问等，也聘请了专业机构提供咨询服务。

截至 2023 年底，共完成 107 项专业技术咨询服务招标，完成 118 项开业筹建采购和运维服务招标。主要工作包括提供及审核招标文件、制定或审核招标控制价、参加评标及合同谈判。确保招标工作合规及归档文件有效，通过询价及有效的市场竞争获得合理价格。

3.3.2 成本管理

为了控制建设成本，实现成本的目标化管理，从项目开始就着手目标成本的制定工作，在不同设计阶段进行造价评估，完成目标成本的编制。目标成本经项目公司内部审核，并报送董事会批准后，作为 PPP 合同重计量、执行合同重计量、竣工结算的成本控制依据，对项目进行过程动态控制。

3.3.2.1 成本优化

项目公司通过造价测算和技术分析，提出降低成本的合理化建议。比如体育场外窗——德国进口系统窗，代理商报价高达 8000 万元，超出 PPP 合同造价的 7 倍。通过用国产优质产品替代，并配德国进口电动开启装置，实现了价格与功能的完美结合，造价降低 5700 万元。

按照价值工程原理，删减或降低性价比不高的内容。如屋面工程的生命线系统，德国进口的体系造价高达 3000 万元，针对设计上高密度布置高强铝合金轨道的问题，项目公司进行了简化，最终将防坠落设施布置到局部最需要的部位，极大地减少了此项造价，节省投资 2000 多万元。

项目公司通过造价测算和技术评估采取优化措施，共节省投资约 2 亿元。

3.3.2.2 认价工作

此阶段的成本控制主要针对执行合同计价模式下的设备和材料的价格控制。

项目建设期正好赶上 2021 年全国钢材市场价格的全面上涨，以建筑钢筋为例，2021 年 7 月信息价为 5656 元 /t，较 PPP 投标报价时钢筋基价 4267 元 /t 高出 1389 元 /t，价格涨幅约 33%。由此导致钢筋和钢结构造价增加 1.62 亿元。另外，受到疫情影响，导致劳务人员短缺，人工单价大幅上涨，建材和设备等材料运费出现较大上浮。

机电和装饰工程涉及数百种设备和材料，认质认价工作非常繁重，几乎贯穿了整个施工过程。根据项目公司材料、设备认价流程（图 3.3-1），通过一轮轮艰苦谈判和不懈努力，整个认质认价工作卓有成效，既保证了现场施工进度，又使工程造价控制在合理范围之内。

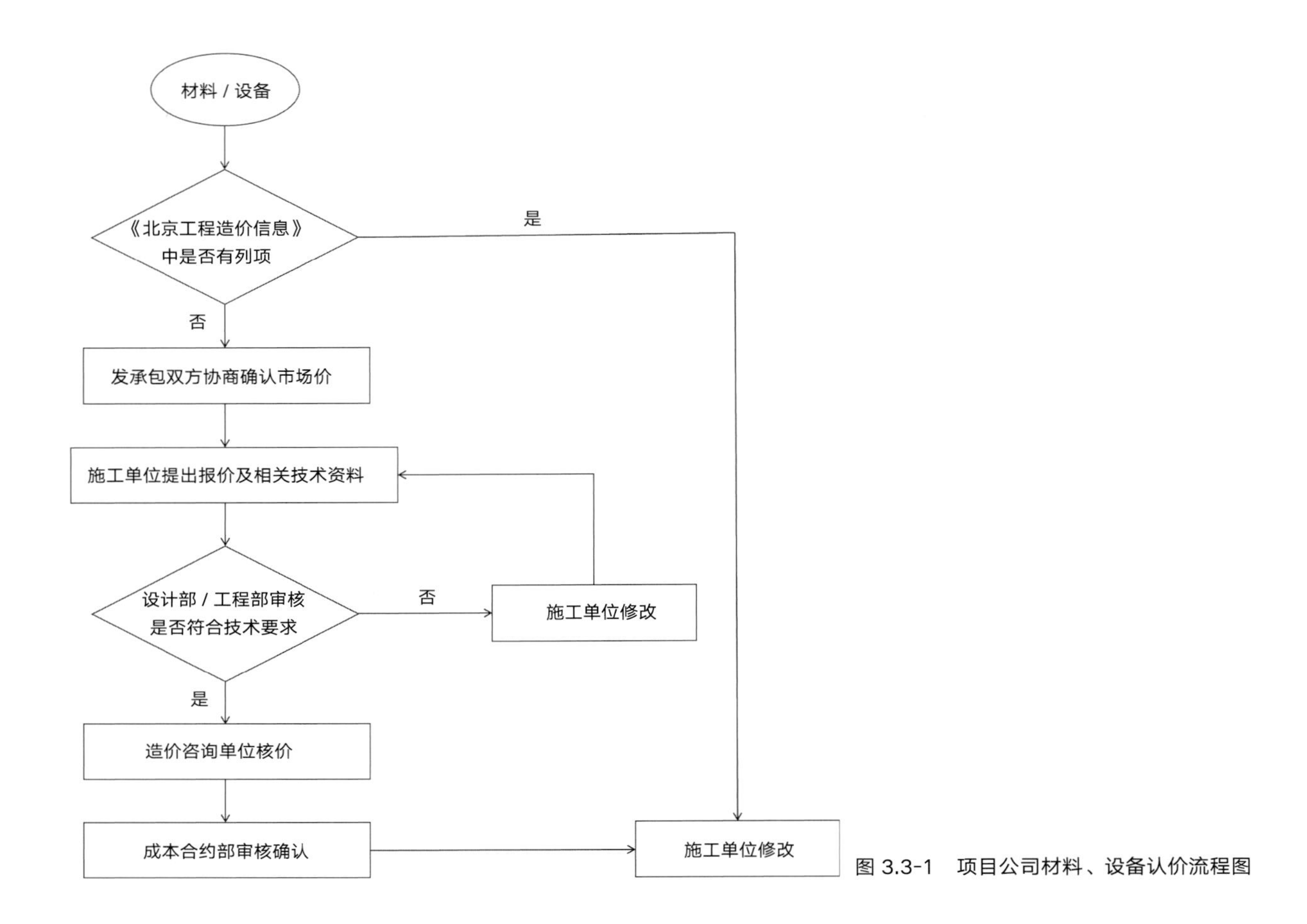

图 3.3-1　项目公司材料、设备认价流程图

3.3.3　合约管理

合约管理工作的目标是确保建设项目合约体系完整准确，合约管理是履约守信的保证，也是成本动态管理的必要环节。

根据公司制定的合同管理办法，审核合同价款的合理性，支付节点的合规性，合同结算的准确性。截至 2023 年底，共签署约 360 份合同，累计付款 1200 多次。

3.3.4　工程社会效益

（1）推动国民身体素质水平提升，助力社会主义精神文明建设

北京工人体育场的更新改造，在承办大型足球赛事之余，可以在很大程度上推广、普及体育运动。吸引国民自发加入全民健身的大潮中，进而促进国民身体素质的提升。作为体育文化交流的综合承载体，北京工人体育场的更新改造为国民开展体育健身活动提供了便利的、多样化的物质环境，创造了良好的文化氛围，为社会主义精神文明建设提供强大助力。

（2）推动足球全产业链形成，助力城市体育产业发展

北京工人体育场的更新改造，可以吸引更多同等级乃至更高水平的足球赛事落地首都，逐步构建全方位、全过程足球产业链。作为全国总工会资产，北京工人体育场承载着推动国民健身发展的社会责任和义务。以足球运动产业为起点，以工体为载体，推动体育消费，带动体育产业多业态融合开发，形成良性循环，从而助力北京体育产业的发展和升级。

（3）推动国际科技文化体育交流区建设，助力打造首都“四个中心”

在总体规划中，北京城市战略定位是全国政治中心、文化中心、国际交往中心、科技创新中心。工体的更新改造，有利于北京承接更多国际高水平足球赛事，符合北京城市发展规划，符合总体规划和分区规划发展要求，符合北京市“四个中心”战略定位，将推动国际科技文化体育交流区的建设，助力北京国际交往中心的建设。

（4）推动城市影响力扩散，助力首都城市形象提升

更新改造后的北京工人体育场将成为符合亚足联标准的专业足球场，将成为展示北京城市形象的文化新地标，更将为北京增加一扇向世界展示的“城市之窗”，为首都北京提升国际知名度、影响力和美誉度提供极大的助力。

THE WHOLE PROCESS PROJECT MANAGEMENT
PRACTICE OF BEIJING WORKERS' STADIUM

02

工程技术篇

ENGINEERING TECHNOLOGY SECTION

第 4 章　更新规划

4.1　上位规划：尊重历史 全面升级

在《北京城市总体规划（2016 年—2035 年）》中，北京城市战略定位是全国政治中心、文化中心、国际交往中心、科技创新中心。为了塑造传统文化与现代文明交相辉映的城市特色风貌，总体规划对中心城区进行特色风貌分区，形成古都风貌区、风貌控制区、风貌引导区三类风貌区。北京工人体育场位于二环与三环之间，属于风貌控制区。按照与古都风貌协调呼应的要求，该区域应细化区域内对建筑高度、体量、立面的管控要求，加强对传统建筑文化内涵的现代表达（图 4.1-1）。

图 4.1-1　特色风貌分区图

为了提升北京举办各类具有全球影响力国际赛事的综合能力，探索大型公共建筑更新改造新模式，在遵循总体规划的前提下，结合工体改造复建的具体情况，本次工体更新改造规划遵循以下原则：坚持“传统外观、现代场馆”设计理念，充分保护和恢复工人体育场建设初期的重要特征，尽量利用或还原历史构筑物，重塑工人体育场庄重典雅的建筑风格，传承首都历史文化风貌，保留北京十大建筑城市记忆。同时按照国际一流专业足球场的功能要求进行设计，实现风貌保护与功能提升的有机结合，传承历史展望未来（图 4.1-2、图 4.1-3）。

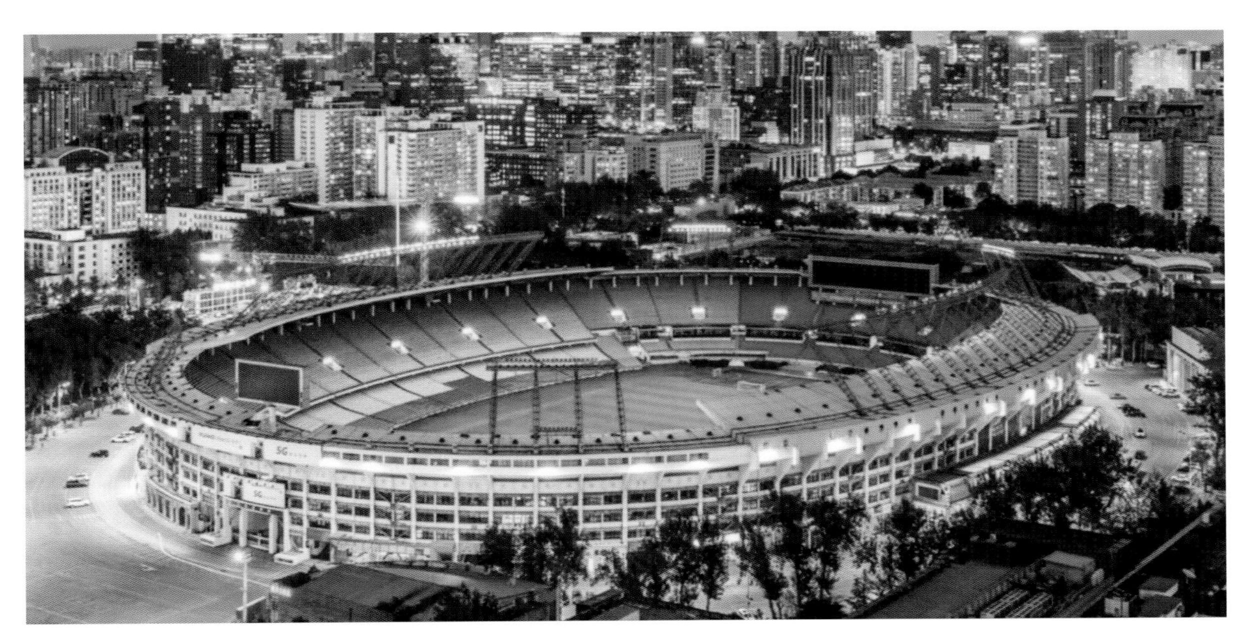

图 4.1-2　2020 年 6 月，改造复建前的工体

图 4.1-3　2022 年 11 月，夜幕下的新工体

4.2　业态规划：文体商娱 资源联动

立足工体深厚的文体积淀，结合顶级专业足球场、高品质商业以及周边文化设施，融合多样的体验型业态，提升系统价值，打造客群更全面、更完整、更多元的活力中心。图 4.2-1 为工体周边商圈分布。

图 4.2-2 为项目辐射圈和周边使馆分布图，北京工人体育场紧邻三里屯商圈，是北京市乃至全国知名的文体地标之一。项目 1km 辐射圈内居民规模约 10.8 万，3km 辐射圈内居民规模约 81.6 万。改造复建后的工体将最大化发挥项目天然独有的文化和体育基因优势，带动国际文化交流，开展国际文体的跨界合作，成为首都的文化交往聚合地和国际会客厅。

同时，立足国内、放眼全球，植入高品质文化项目、文化业态，吸引国际知名品牌、原创自主品牌在京首发，加速培育消费新品牌新模式，打造具有全球知名度的文化商业新地标，使新工体成为北京文体产业消费升级的新引擎，助力北京国际消费中心城市建设。图 4.2-3 为工体配套概念方案。

图 4.2-1　工体周边商圈分布

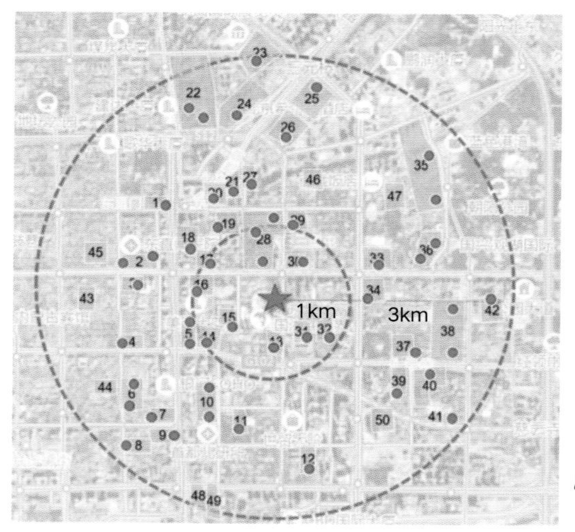

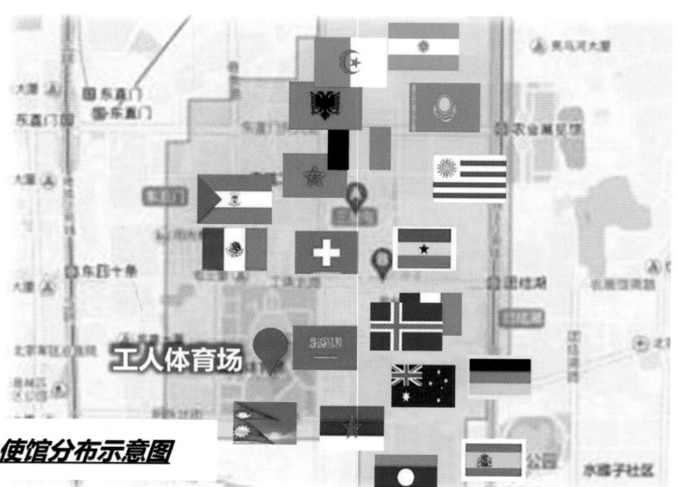

图 4.2-2　项目辐射圈和周边使馆分布图

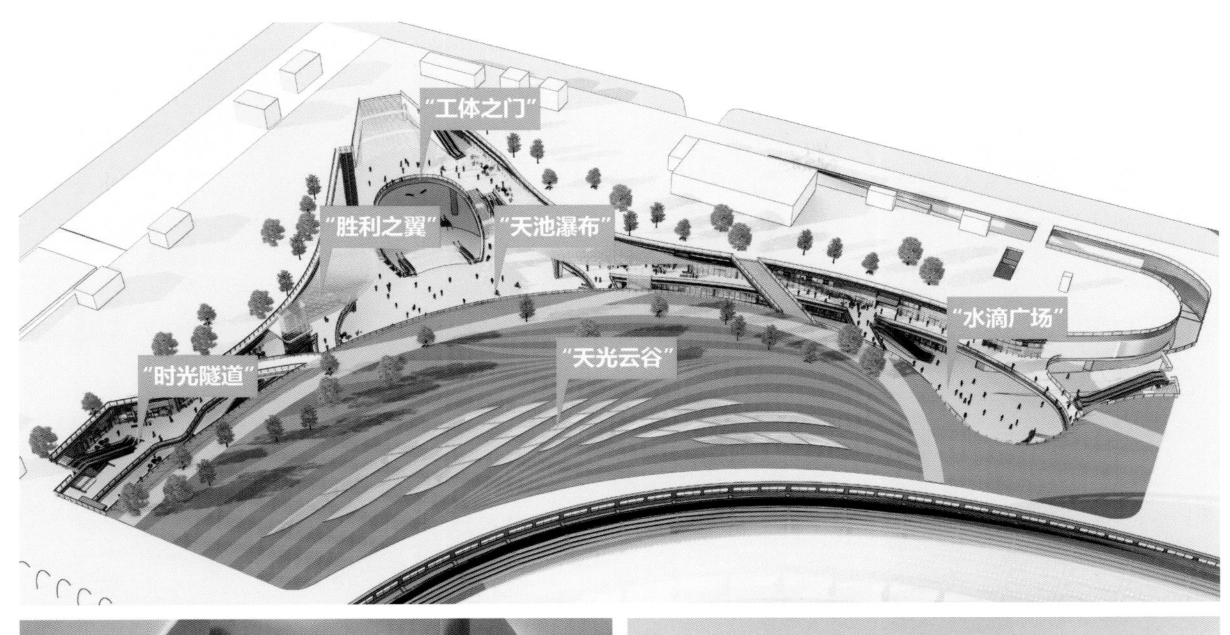

工体之门

天池瀑布

胜利之翼

水滴广场

时光隧道

天光云谷

图 4.2-3　工体配套概念方案

4.3 交通规划：地下贯通 绿色出行

通过方便快捷的一体化空间鼓励市民选择公交出行，助力可持续的城市交通方式。与未来地铁工人体育场站在设计上统筹考虑，通过轨道交通激发商业活力，疏解大型活动带来的人流。改造后的工人体育场在恢复原有开阔、疏朗空间形态的基础上，将与城市地下轨道交通无缝连接，使地下空间资源得到综合开发利用，区域交通协调整合见图 4.3-1。

图 4.3-2 为工体周边交通和主要建筑，以 3 号线和 17 号线 2 条地铁线的建设为契机，在场地东北角设置下沉广场和楼扶梯，满足各个方向的人流集散，激活地下商业，促进形成地上地下一体化的活力街区。

开敞的空间为地下人流提供了观赏工体的新视角，也为周边的商业提供了较多的可视面，使其成为一个集交通、商业、艺术和公共空间于一体的 TOD 广场（图 4.3-3）。

4.4 园林规划：公园开敞 活力广场

工体的改造目标之一为建设世界级城市公园（图 4.4-1）。整个公园占地面积约 13 万 m^2，3 万 m^2 湖区，以及公园内环保健身跑道，成为市民四季休闲健身之地。营造独特的大型城市公园，还空间于城市，在建筑高密度区提供宝贵的绿色空间，将体育、艺术和文化自然地融入公众生活，以开放的姿态整合场地内丰富的功能业态，促进广域城市升级。

1. 地铁接驳部分的强化

· TOD开发模式的重中之重，强化地块和地铁站的连接，将人流引导到地铁站中。
· 本次规划最重要的策略就是设置TOD广场。

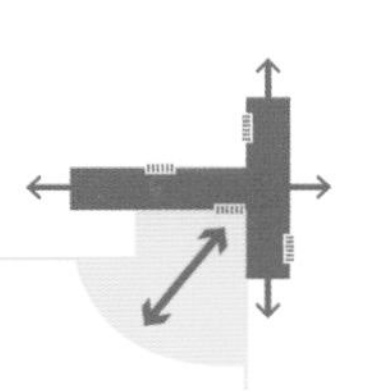

2. 强化周边步行网络

· TOD型的开发不仅仅是形成基地内的流线去引导人群往来于各个设施之间，更是将周边的地块一起引导到流线中去。

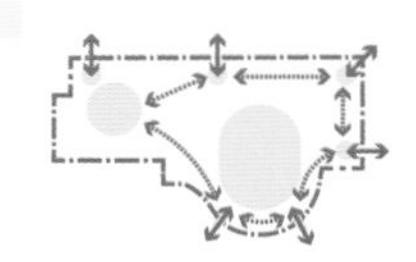

3. 强化公共交通

· 场馆周边平时主要通过一般公交路线组织交通；在赛时则增加往返于机场及主要站点的公交以及观光巴士，并在基地内设置枢纽站。
· 出租车的上下客点设置在周边道路上。

4. 汽车及自行车停车规划

· 考虑到人车分离，停车场的出入口设置在工人体育场西路。
· 体育场自身的相关车辆和VIP车辆的流线与一般车辆分开。
· 自行车停车场分散设置在基地内。

5. 综合交通疏导规划

· 设定目标交通方式和分担率来疏导体育场以及周边的开发所带来的集中交通量。

图 4.3-1 区域交通协调整合

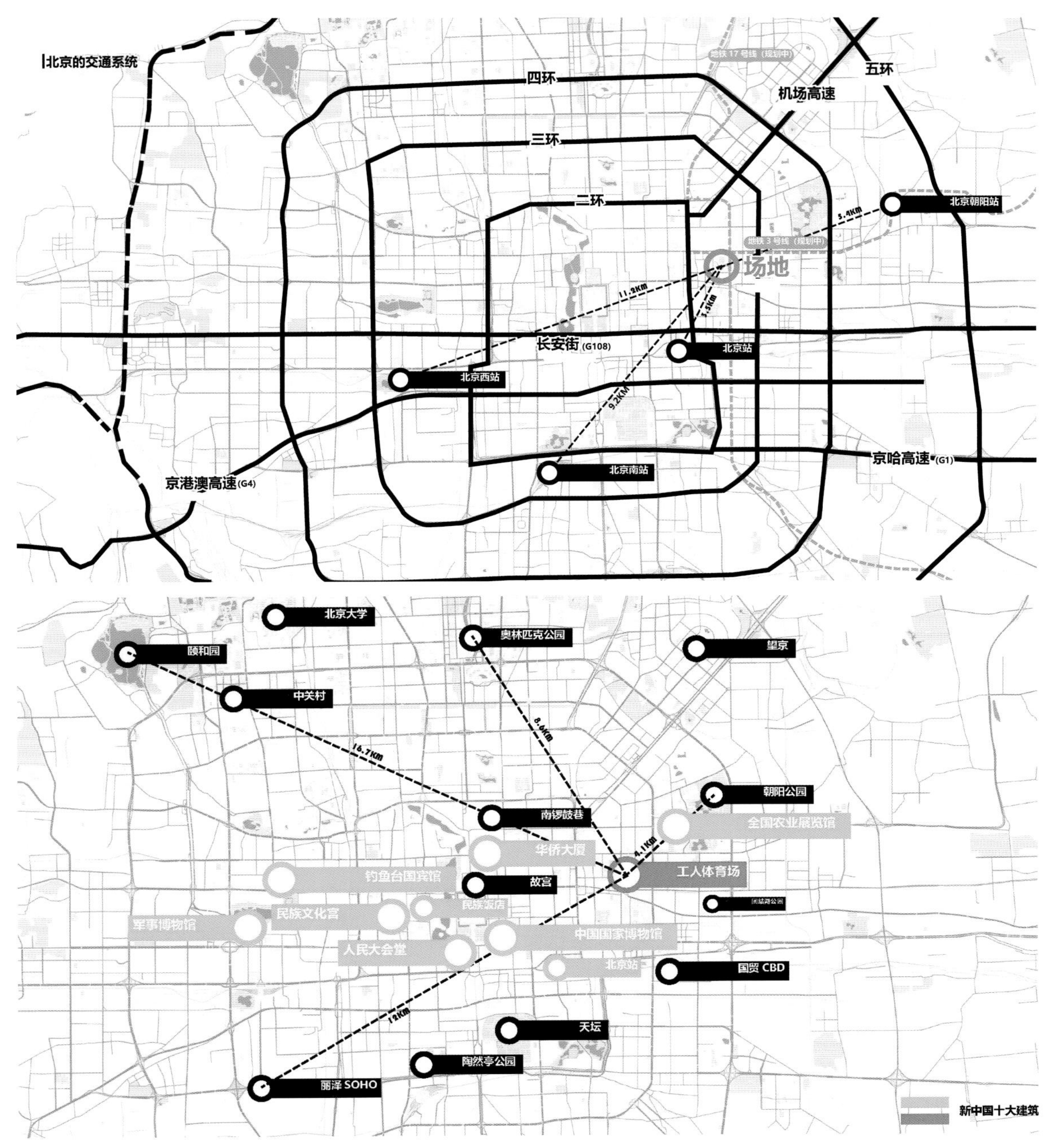

图 4.3-2　工体周边交通和主要建筑

图 4.3-3　TOD 广场初步方案剖面

图 4.4-1　城市公园效果图

第 5 章　工程设计

5.1　建筑设计：传统外观 现代场馆

5.1.1　建筑方案

工体从看台碗造型、专业草坪、增设罩棚、比赛设施配置、功能配套等各方面进行全方位的升级，目标是成为一座具有国际一流水准的专业足球场，达到承办国内、国际大型专业足球赛事的条件。

5.1.1.1　“三不变”原则和清水混凝土造型

建筑设计遵循“三不变”原则，即保持工体原有椭圆造型不变、立面形式基本不变、风格基本不变。在保持椭圆造型基本不变的基础上，外轮廓略微外扩 2.8m，解决椭圆形边界与内部长方形足球场形态冲突问题，满足内部环形通道的需求。同时，每开间增宽 0.177m，从而达到改造后立面高宽比例基本保持不变的效果。图 5.1-1 为建成后的体育场主体。

图 5.1-1　体育场主体

图 5.1-2 为清水混凝土大厅和立面，新工体是迄今为止国内清水混凝土工艺应用规模最大的单体建筑。从建筑设计角度看，新工体不是原封不动地照搬老工体的样式，而是在形似的基调下，通过新理念、新材料、新技术、新功能赋予工体崭新的持久生命力。

清水混凝土工艺的使用，完美呼应了老工体水泥砂浆外观饰面层简约、质朴的调性，而清水混凝土材料本身的纹路、质感、色彩和实施工艺带来全新的视觉效果，于平实处尽显力度美和精致的细节。

图 5.1-2　清水混凝土大厅和立面

图 5.1-3 “铁杆”球迷“GUOAN”Tifo 和东看台“BEIJING FC”Logo 图

5.1.1.2 近 6.5 万个全场座位

和老工体的座位相比，新工体在建筑外立面空间基本不变的情况下，通过观赛坡度设计，将看台和足球场草坪均向下延伸至 -13.8m，同时将看台向上延伸，突破原屋顶高度，增加了近 3000 个座位（图 5.1-3）。

改造后的体育场内部空间也将更加优化。按照国际专业足球场标准，提升看台坡度，加大座椅间隔，使观众进出更加方便，观赛环境更为舒适。第一排球迷座椅，距球场最近距离只有 8.5m。球迷最关注的“铁杆”球迷看台的位置仍保持在北看台，为了容纳更多的座位，北看台取消了包厢层，设置约 14900 个座位，座位之间的密度和空间，与国际比赛标准一致。图 5.1-4、图 5.1-5 为“铁杆”球迷看台剖面和看台座椅视线分析图。

5.1.1.3 兼具功能与气势的球场罩棚

外形保持老工体的椭圆形设计的同时，为提升观赛体验，新工体顶部增加罩棚。罩棚幕墙系统造型取自中国古代宫殿建筑的三交六椀菱花造型，并具备遮阳、照明、排水、融雪、光伏发电和吸声降噪六大功能。罩棚上增设灯光（图 5.1-6），将结合重要庆典活动，呈现更丰富的颜色和样貌，为城市增添亮丽风景。

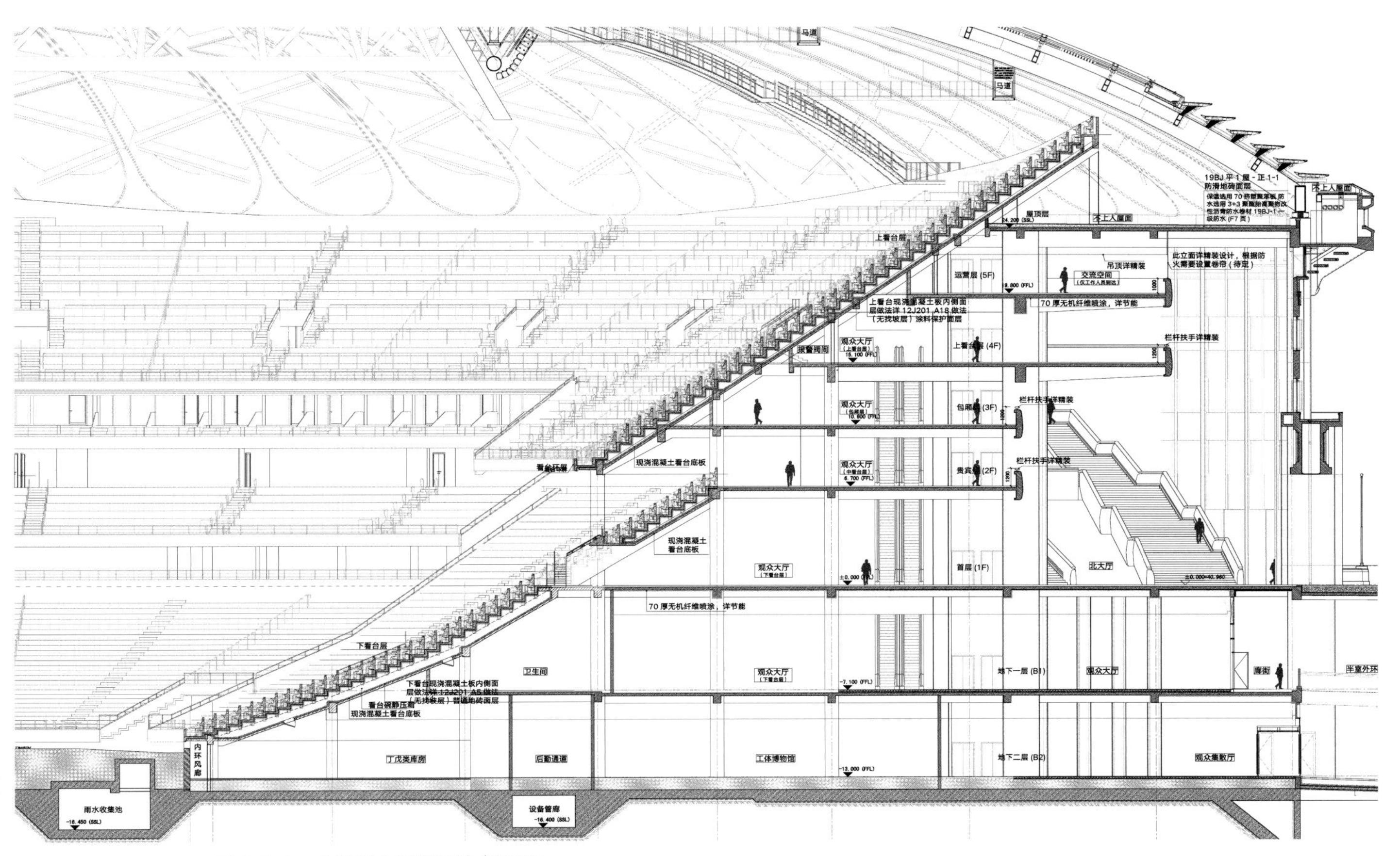

图 5.1-4 “铁杆”球迷看台剖面图

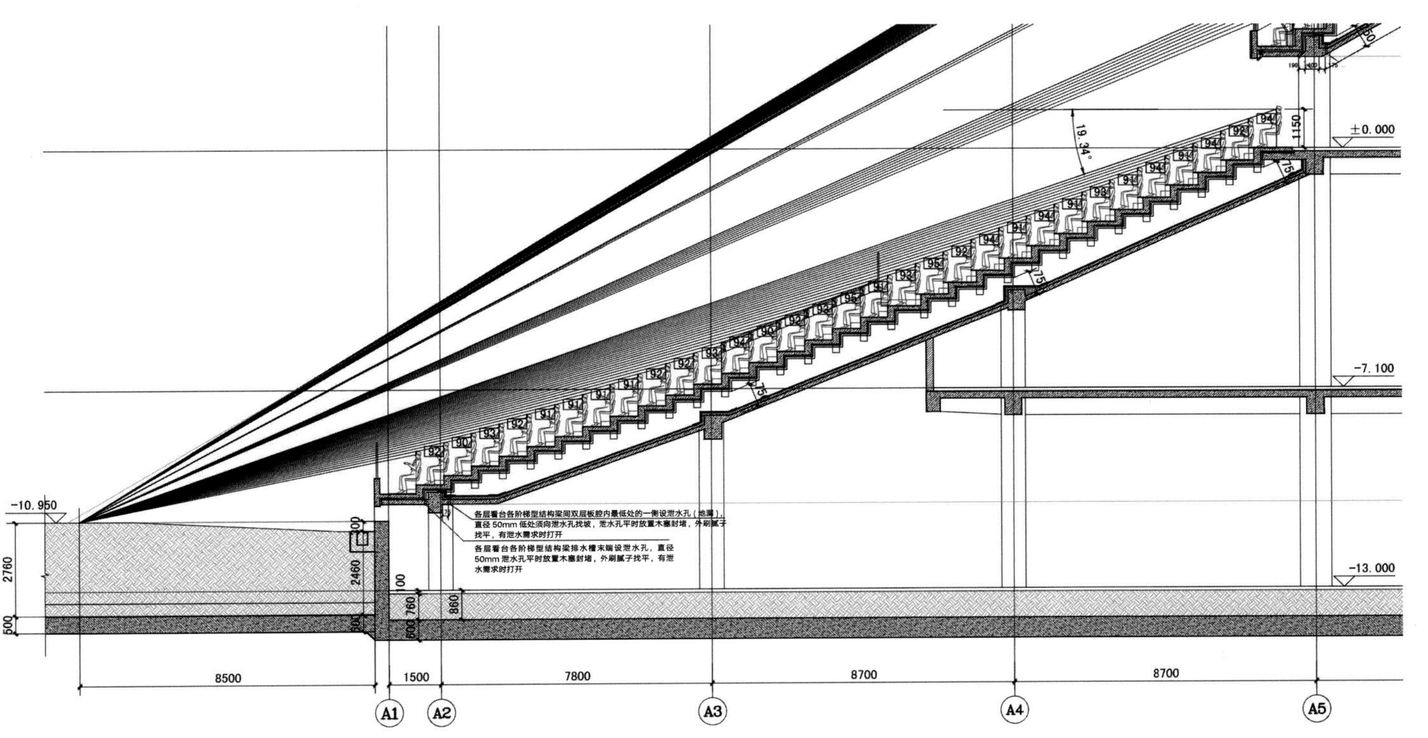

图 5.1-5 看台座椅视线分析图

图 5.1-6　罩棚灯光设置

罩棚的造型也经过多种研究比选（图 5.1-7），最终选择了单层拱壳钢结构形式，顶部主梁为稳定的三角桁架，拱肋从外向内向上凝聚，看上去更具有支撑感和向心力，更能代表作为国家级体育场的庄重和大气，也体现了团结、努力、向上的体育精神。这也将北京精神更好地融入工体建筑造型，展现出强烈的主场氛围。

为尽量保留原有建筑风貌，罩棚的高度尽量降低，控制其最高点，尽量不影响工人体育场原来的建筑外形，尽可能维持建筑外立面原貌不变，建筑物檐口的高度及屋顶罩棚的高度都严格控制，檐口高度增加 2m，形成对罩棚及支撑构件的视线遮挡，与周边区域建筑环境相协调。

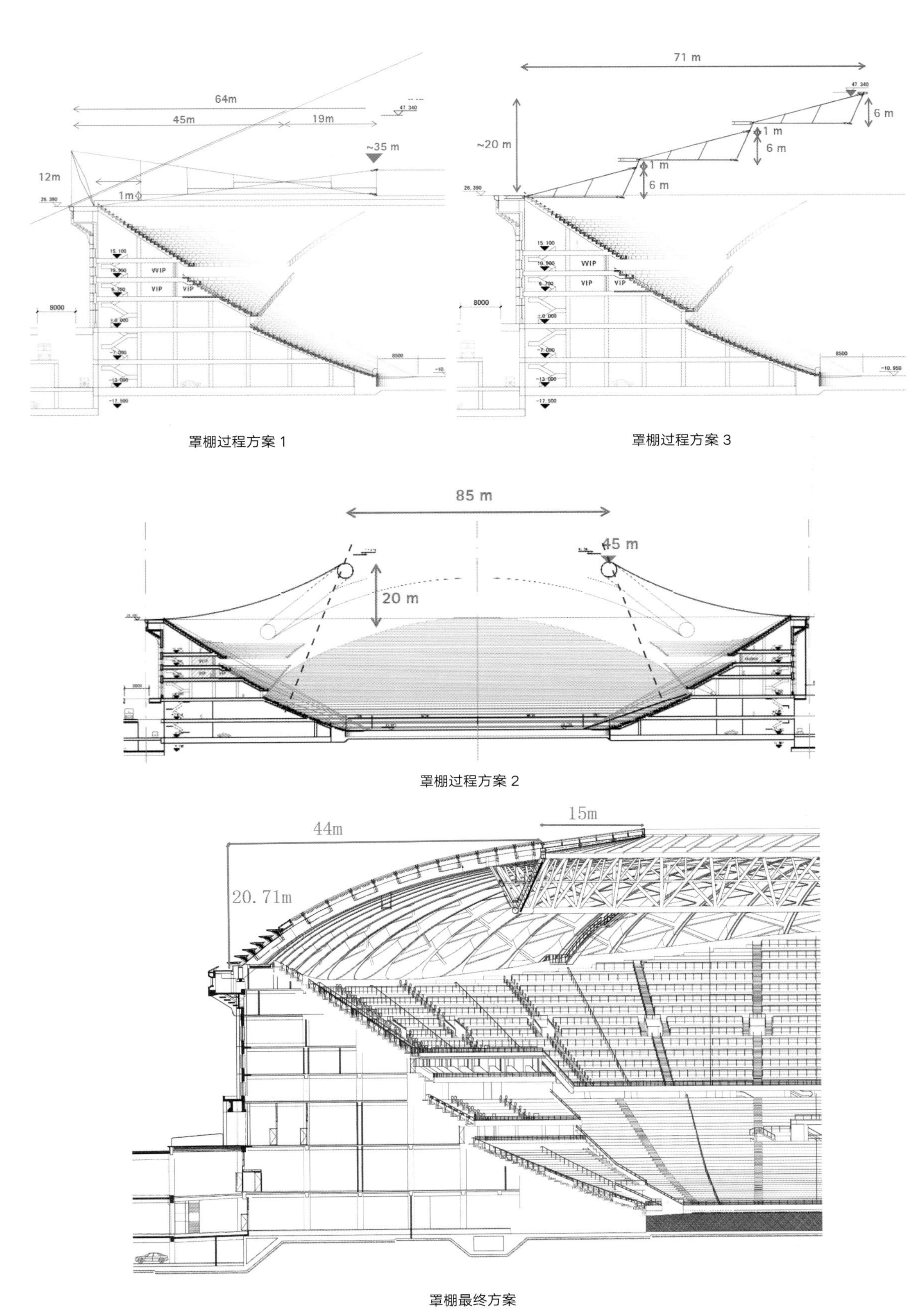

罩棚过程方案 1

罩棚过程方案 3

罩棚过程方案 2

罩棚最终方案

图 5.1-7　罩棚造型比选

5.1.1.4　看台和包厢层

建筑形式上与之前很大的不同是增加了低区地下看台，将原有的2层“盘形”看台，变成了4层“碗形”看台，采用了主流的4层看台设计方案，整个看台分为低区、中区、包厢区和高区四部分，各部分相对独立，满足不同消费群体的多样化需求。图5.1-8、图5.1-9为体育场东侧看台剖面和包厢内景图。

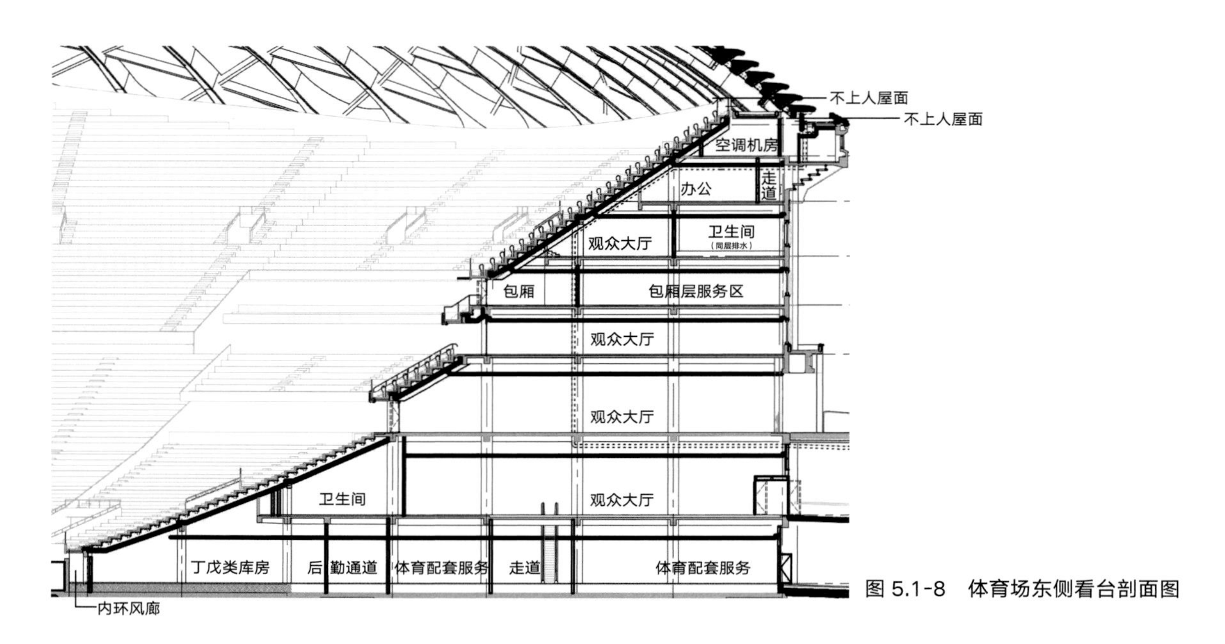

图5.1-8　体育场东侧看台剖面图

图5.1-9　包厢内景图

5.1.1.5 配套建筑设计

图 5.1-10 为体育配套设计效果与实拍。体育场东北配套通过对地下各层进行大开口设计，打造多层仪式感的下层空间，挖潜最大的商业价值。室内中庭空间向室外延伸，面对工体之门形成建筑主入口，室内室外空间视线交融，并对不同的中庭方案进行视线整合度分析及对比，选出最有价值的开洞方案。首层广场至地下商业楼梯及扶梯沿广场边缘布置，更容易将客流导入下沉商业空间。

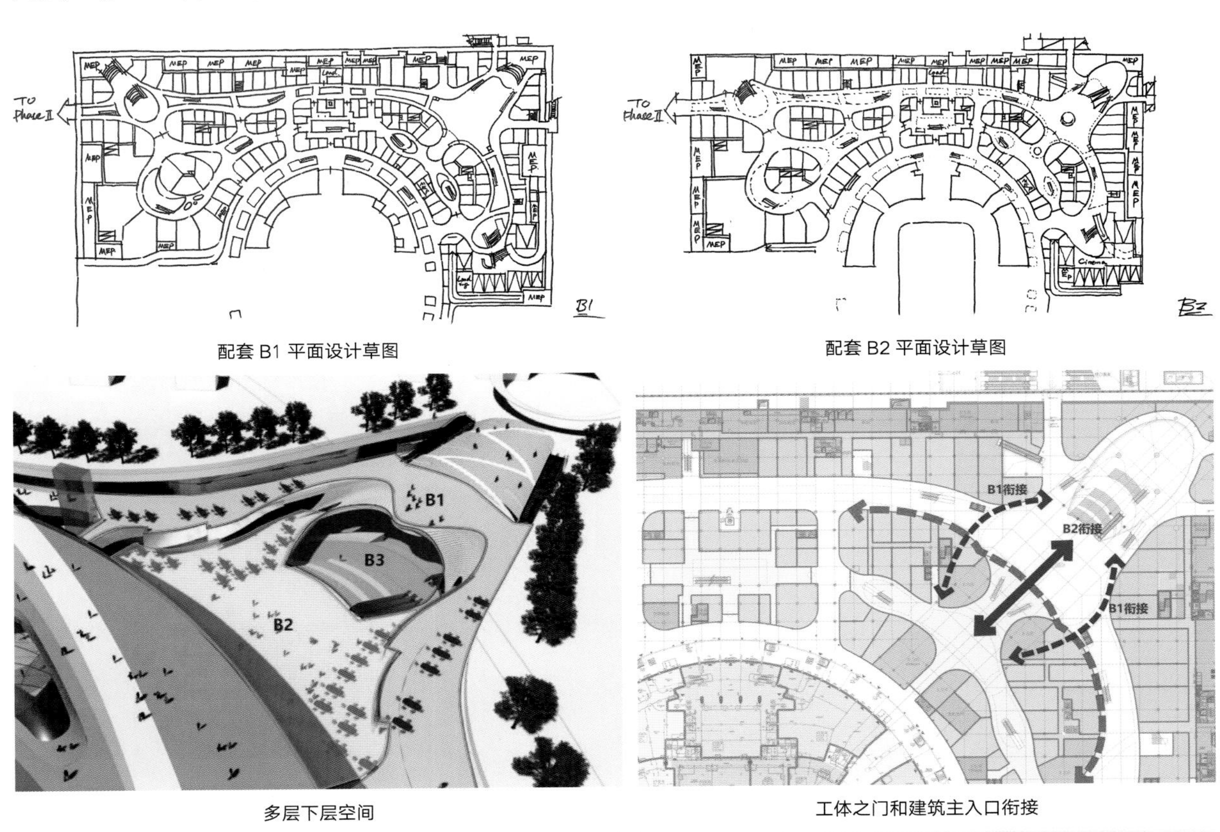

配套 B1 平面设计草图

配套 B2 平面设计草图

多层下层空间

工体之门和建筑主入口衔接

主入口效果

图 5.1-10　体育配套设计效果与实拍（一）

施工中的主入口效果

配套下沉广场实拍

图 5.1-10　体育配套设计效果与实拍（二）

配套与体育场夜景实拍

图 5.1-10　体育配套设计效果与实拍（三）

5.1.2　室内设计

图 5.1-11 为工体室内设计效果和实拍图。新工体的室内设计将饱含记忆的建筑色彩在室内序调延展，以作为室内大体系基调铺陈，内外结合，与工体的旧时记忆与昔日荣光隔空呼应。

室内设计将建筑、创意、色调和北京国安元素融为一体。以“铁杆”球迷入口的“24”号北大厅开展主线设计造型，在室内清水混凝土的基础上，大体块绿色导视数字“24”醒目点睛。重点墙面上铺贴会随光影变化的“国安绿”定制手工马赛克，延续凸显工体精神定制设计的“工字灯”，在细节和寓意上将情怀拉满，灯光、导视、绿色环保，和谐地融为一体。

大厅顶棚部分采用仿阳极氧化铝板的不锈钢板，平衡中凸显精致且不喧宾夺主的设计细节。

地下二层西侧为赛时区，此区域通常为主队球员上场入口，也常作为媒体采访区域。在地下球员通道将灯具作为设计主创意，即示意为向前冲锋的箭头组合条灯，排列方式间断且有序，到达场芯之前更有北京国安 Logo 定制的造型灯，既表达了对应场地的设计语言，又可起到照明作用，一举两得。

“24”号北大厅正视方案图

“24”号北大厅正视实拍图

“24”号北大厅侧视方案图

“24”号北大厅侧视实拍图

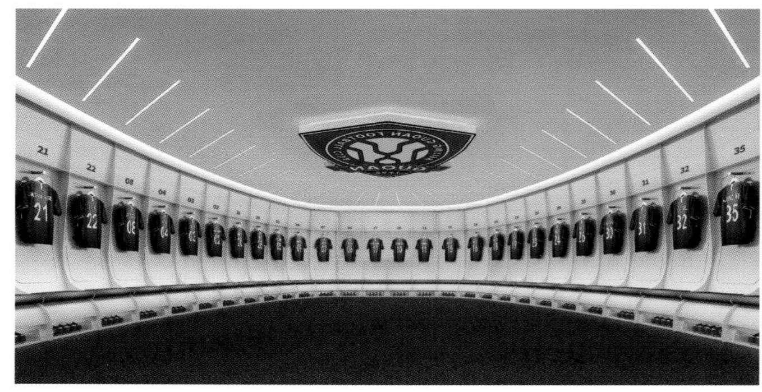

球员更衣室方案图

球员更衣室实拍图

图 5.1-11　工体室内设计效果和实拍图（一）

球员通道方案图

球员通道实拍图

二层西南走廊方案图

二层西南走廊实拍图

图 5.1-11　工体室内设计效果和实拍图（二）

5.1.3　特殊消防设计

工体项目在贯彻落实“保持历史风貌不变”和“不增加地上建筑规模”的规划前提下，统筹考虑赛事竞赛要求、人员安全集散、赛后商业运营等建设需求，在消防设计中采取了以下较为特殊的设计内容和对策。

5.1.3.1　特殊设计内容

（1）体育场建筑定性

体育场地下 2 层，地上 5 层（局部六层为屋顶机房），观众可到达区域为地上四层，顶板标高 19.5m；五层为运营层，为工作人员可到达区域，顶板标高 23.7m；局部六层为屋顶机房，仅作为设备间使用，平时无人且基本无可燃物，建筑地上主体为单层大空间，人员疏散条件与多层建筑相似，消防队员也可以通过消防救援窗进入室内开展灭火救援，疏散和救援条件均优于普通高层建筑（图 5.1-12）。综合考虑，体育场按照单层建筑进行防火设计，建筑的耐火等级为一级。

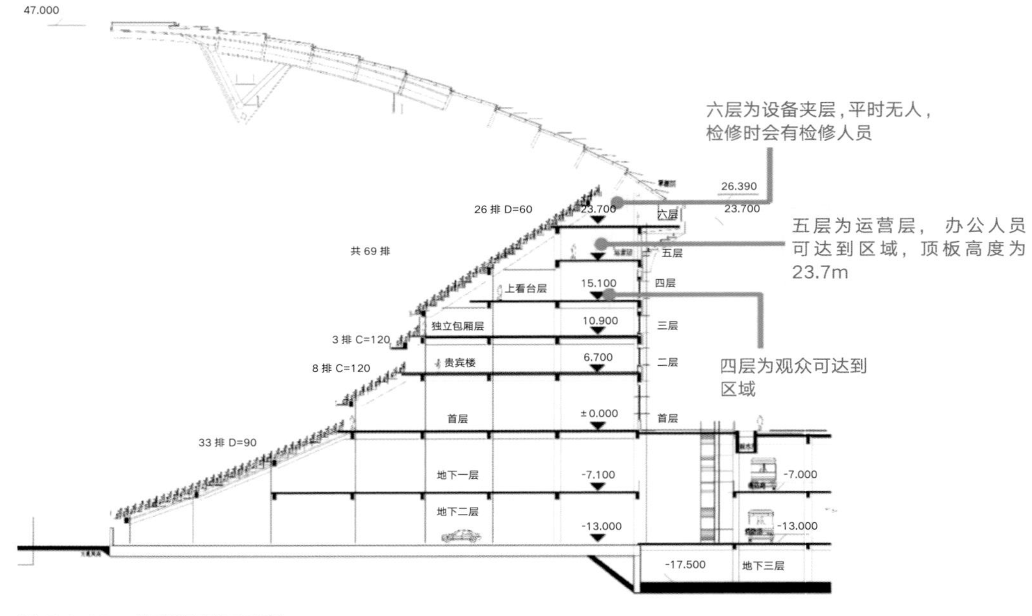

图 5.1-12　体育场剖面示意

（2）体育配套建筑定性

体育配套部分地下 3 层，地上 1 层，地上 7000m²，地下 208000m²，地下部分耐火等级为一级，体育配套设施在地下各层通过下沉空间和下沉广场与地铁接驳（图 5.1-13）。

为了达到与地上建筑同等的自然通风、采光效果，下沉空间除设置回廊、天桥连通外应完全开敞（图 5.1-14）。地下三层地铁接驳区域面积约 4872m²，顶部开口面积约 1669m²，开敞率约 34.3%；地下二层下沉空间投影面积约 12296m²，顶板开洞面积约 6167m²，下沉空间开洞率约 50.2%；地下一层下沉空间投影面积约 13139m²，顶板开洞面积约 8220m²，下沉空间开洞率约 62.6%。

体育配套部分在东北象限大尺寸的下沉空间，其救援、疏散、自然通风机采光条件较好，与下沉空间相邻的建筑参照地上建筑进行防火设计；配套北侧部分区域无法设置开敞条件，与该区域相邻的建筑应按照地下建筑进行防火设计。

（3）地下消防车道解决方案

项目受复建限高条件和座位数的限制，采取下沉式的足球场地，场芯位于地下，按照亚足联要求，消防车等应急车辆应进入场芯，因此需要在地下二层设置消防车道，地下一层车道考虑平时的货车通行，在紧急情况下也可满足 30t 消防车道的通行。为了保证消防车进入地下空间的安全，在地下一层和地下二层沿体育场周边设置顶部开洞的半室外环形通道，解决消防车进入场芯的问题，并要求消防车道在有条件的部位尽量在盖板上按开口面积不小于消防车道地面面积的 25% 开设自然通风排烟口，防止烟气在地下一层、地下二层积聚，避免影响消防车通行和消防救援人员安全作业，同时承担体育场自身及周边商业配套的疏散（图 5.1-15）。

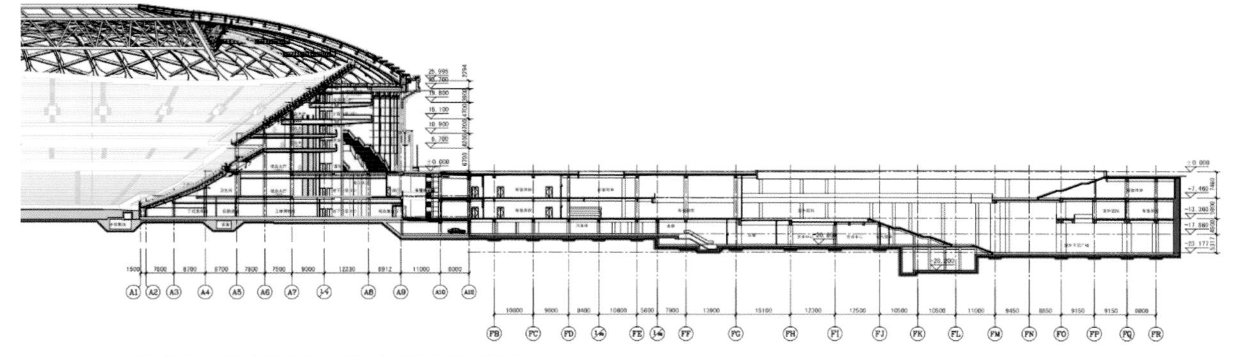

图 5.1-13　体育场、体育配套及下沉空间剖面示意图

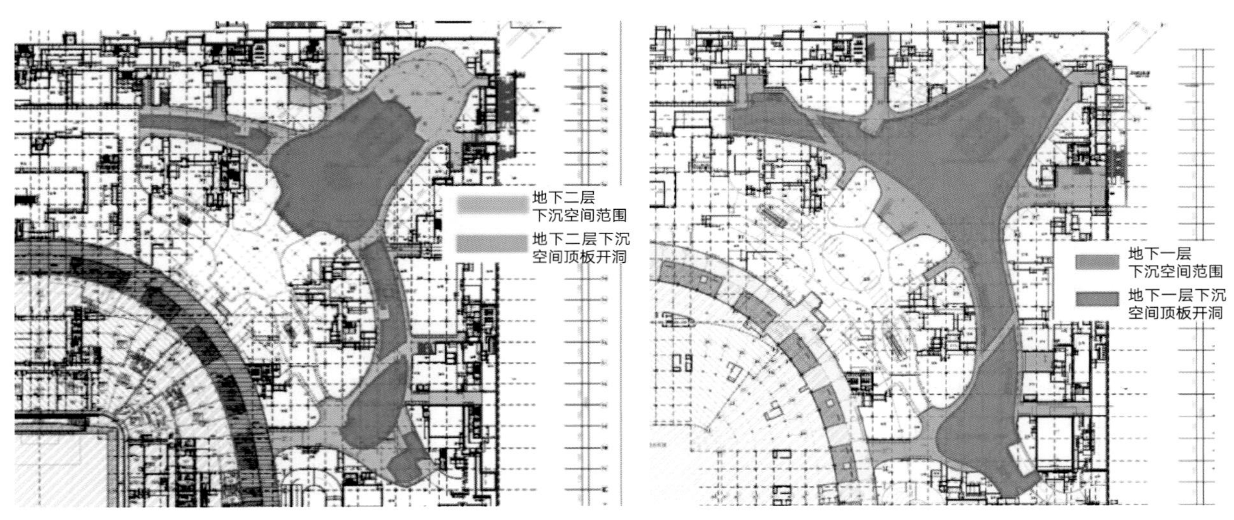

图 5.1-14　配套顶板开洞示意

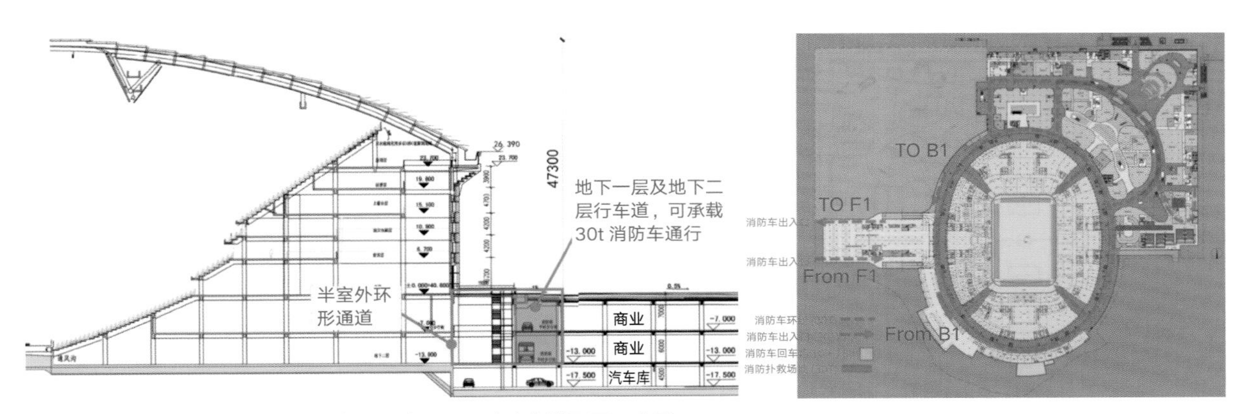

图 5.1-15　地下消防车道剖面示意图和地下二层消防车道平面示意图

（4）人员疏散设计解决方案

项目体育场主体位于看台下方的观众大厅，一层内侧为观众席通道与场地内部连通，外侧为完全开敞的柱廊；二至五层外侧为保持原始风貌的外窗，观众大厅内部通过开敞楼梯进行观众进散场和火灾时的安全疏散，有较好的烟气释放和人员疏散条件，可以视为一个相对安全的空间用于人员疏散（图 5.1-16）。

图 5.1-16　体育场观众大厅透视图

5.1.3.2　数值模拟分析

采用火灾专用模拟软件 FDS（Fire Dynamics Simulator）用于分析火灾中烟气与热辐射情况。FDS 模型的输入数据包括空间环境度、建筑内物品的燃烧特性类型、灭火系统的影响、烟气的性质、网格划分（计算精确度）等。以假设服务台火灾为例进行模拟分析。

案例：火灾场景 C4 模拟结果分析——服务台火灾 3.5MW

（1）场景说明

假设体育场二层局部发生着火，模拟火灾场景和人员疏散情况（图 5.1-17）。火源位于体育场二层北侧观众大厅服务台，火源功率设为 3.5MW，自然排烟。火灾场景说明如表 5.1-1 所示。

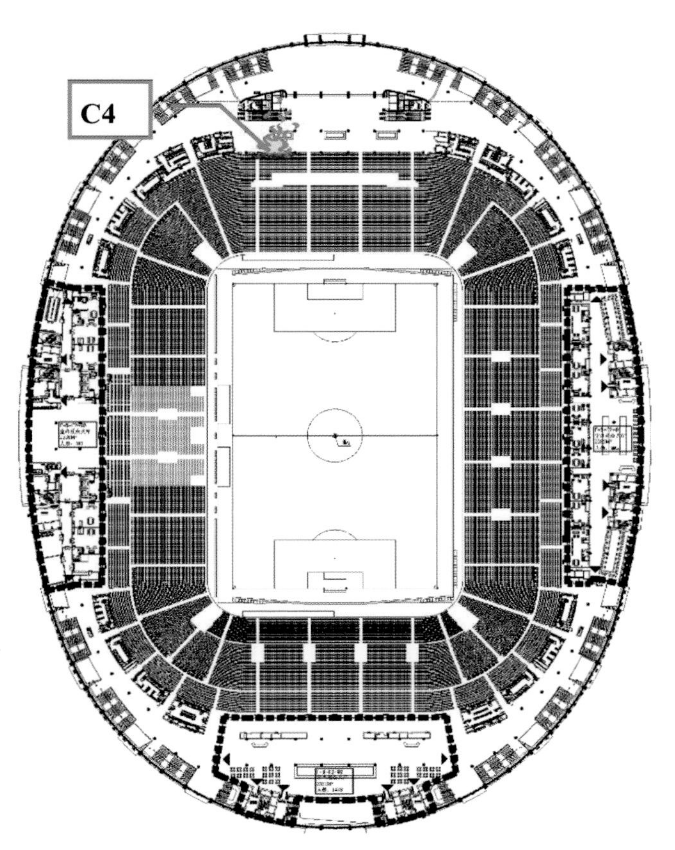

图 5.1-17　火灾场景 C4 火源位置示意图

火灾场景说明表　　表 5.1-1

项目	参数	项目	参数
场景编号	C4	模拟软件	FDS
排烟方式	自然排烟	湍流模型	大涡模型（LES）
最大火灾规模	3.5MW	soot 生成量	0.05
位置	体育场二层北侧观众大厅服务台	模拟时段	1800s
火灾发展趋势	快速 t2 火	环境温度	20℃

（2）烟气蔓延状态（图 5.1-18）

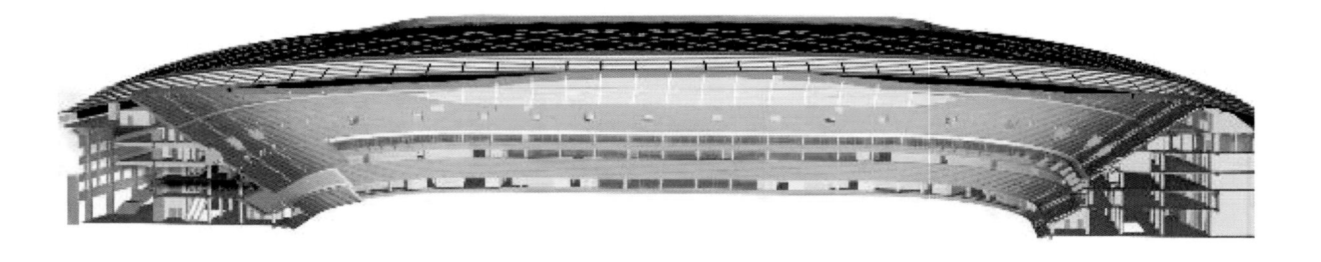

300

t=300s

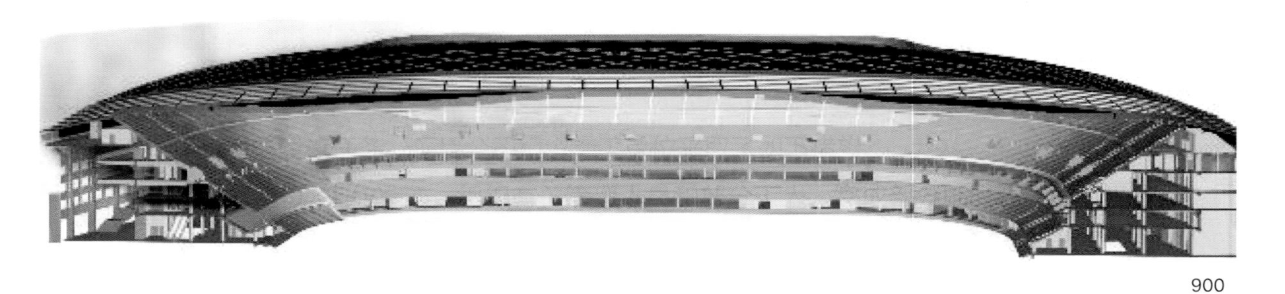

900

t=900s

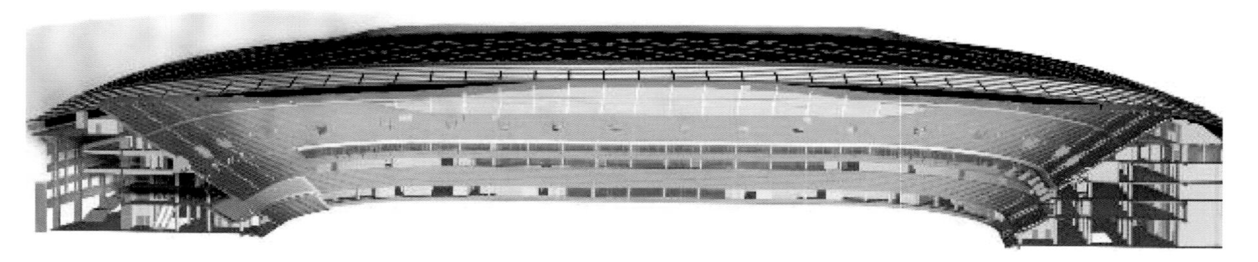

1500

t=1500s

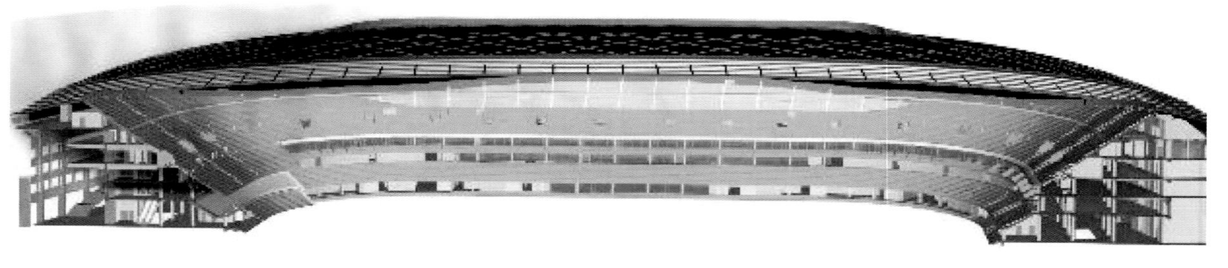

1800

t=1800s

图 5.1-18　烟气横向蔓延状态

（3）温度分布状态（图 5.1-19）

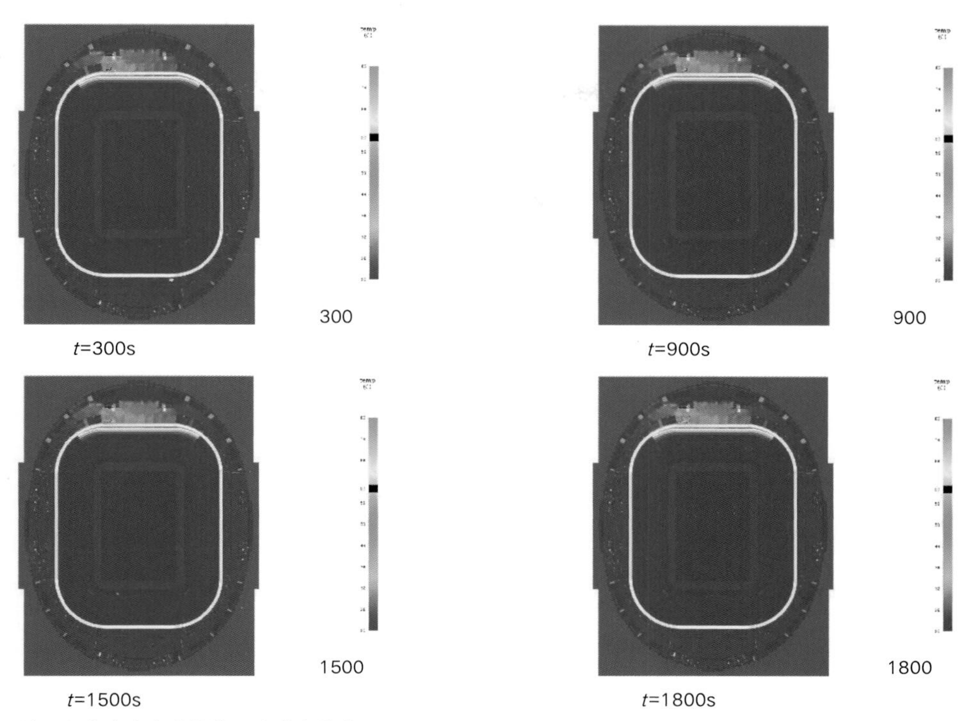

图 5.1-19　二层地面以上清晰高度处的温度分布状态

（4）能见度分布状态（图 5.1-20）

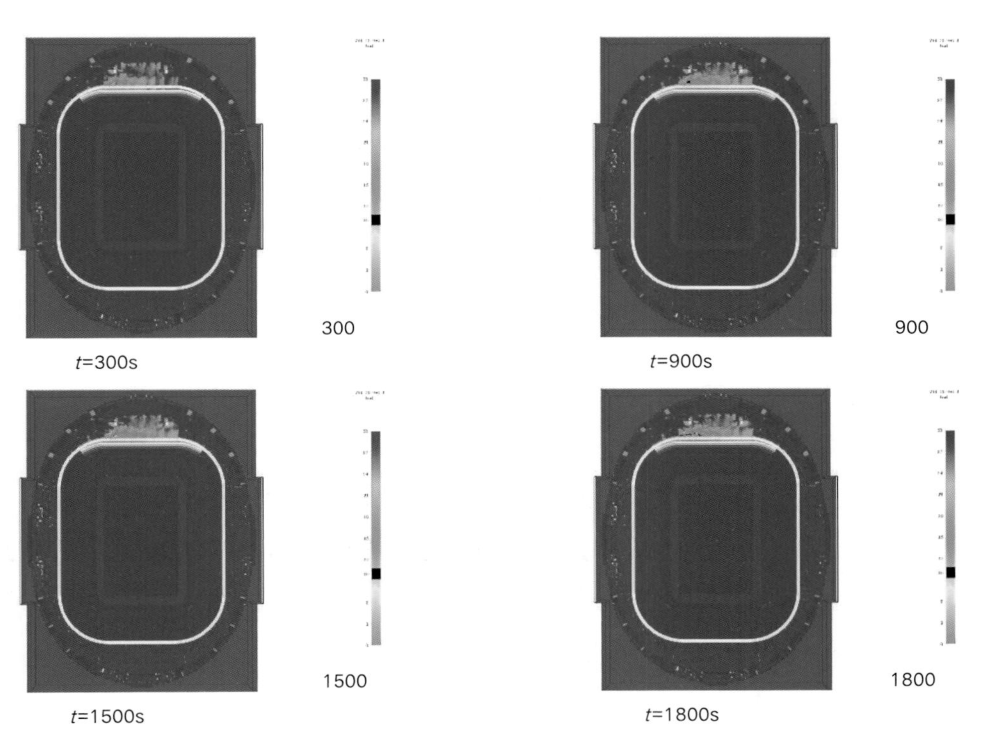

图 5.1-20　二层地面以上清晰高度处的能见度分布状态

（5）CO 浓度分布状态（图 5.1-21）

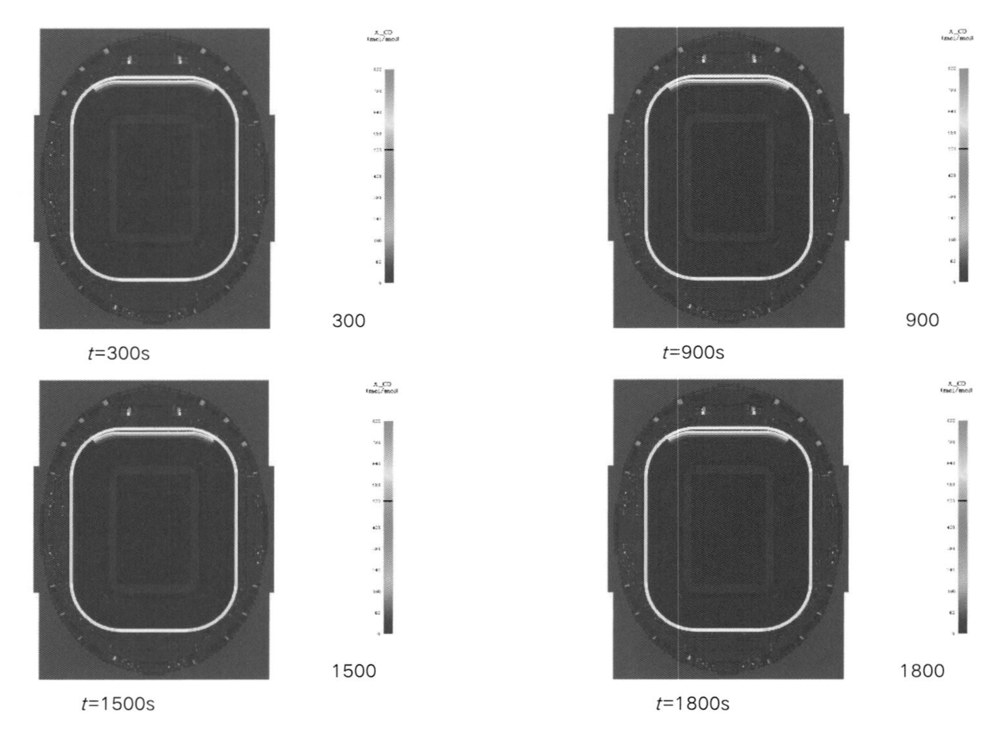

图 5.1-21　二层地面以上清晰高度处的 CO 浓度分布状态

（6）结果分析

由温度分布状态图可以看出，1800s 内，距离二层至四层地面清晰高度处可逃生空间温度未达到 60℃，对人员疏散无影响。

由能见度分布状态图可以看出，1800s 内，距离二至四层地面清晰高度处的能见度除局部能见度低于 10m 外，其他区域能见度均大于 10m，对人员疏散无影响。

由 CO 浓度分布状态图可以看出，1800s 内，距离二层至四层地面清晰高度处的 CO 浓度小于 500ppm，对人员疏散无影响。

5.1.4　建筑声学设计

建筑声学主要研究室内音质和建筑环境的噪声控制，以保证室内具有良好的听闻条件。对于工体项目，体育场建筑规模和罩棚面积巨大，反射声会在观众席和球场形成回声，声衰减过程与封闭空间内的混响时间相似，故需进行专门研究。

根据 FIFA 的技术要求，预制座椅表面、垂直面和顶棚内表面的降噪系数（*NRC*）不小于 0.9，观众席的语言传输指数 *STI* 大于 0.55。根据《体育场建筑声学技术规范》GB/T 50948—2013，罩棚投影面积大于坐席区 1/3 的坐席区空场声衰减时间小于 5.0s。

计算结果显示，声源在地面时观众席的声衰变时间小于 5.0s，大部分观众席 *STI* 均大于 0.55（图 5.1-22）。

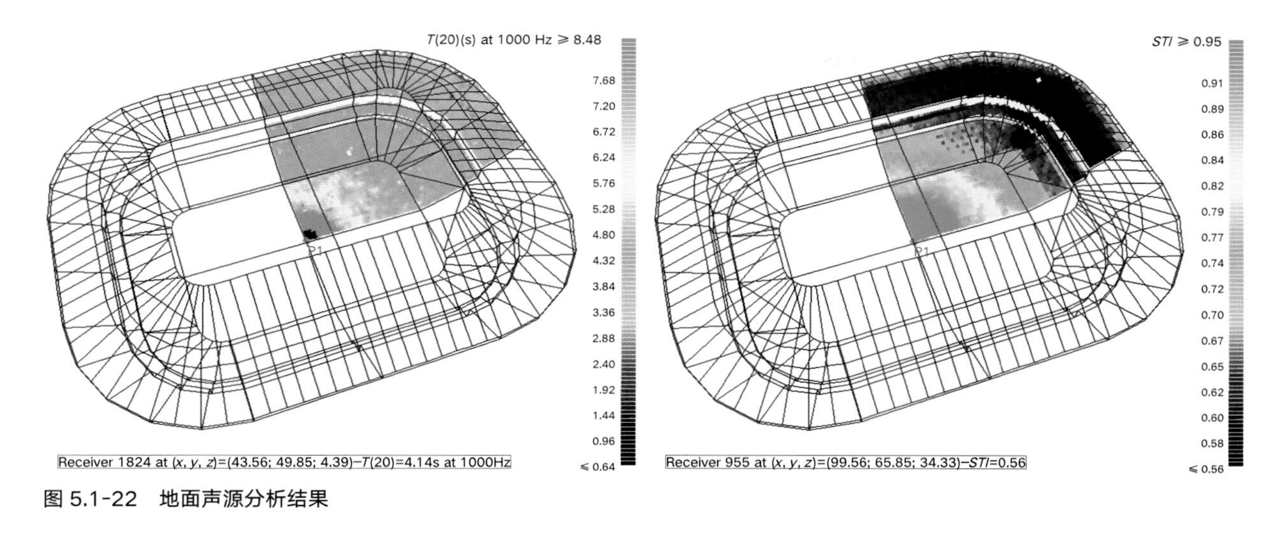

图 5.1-22　地面声源分析结果

计算结果显示，声源在空中时大部分观众席的声衰变时间小于 5.0s，较远的坐席区大于 5.0s，观众席 *STI* 均大于 0.55（图 5.1-23）。

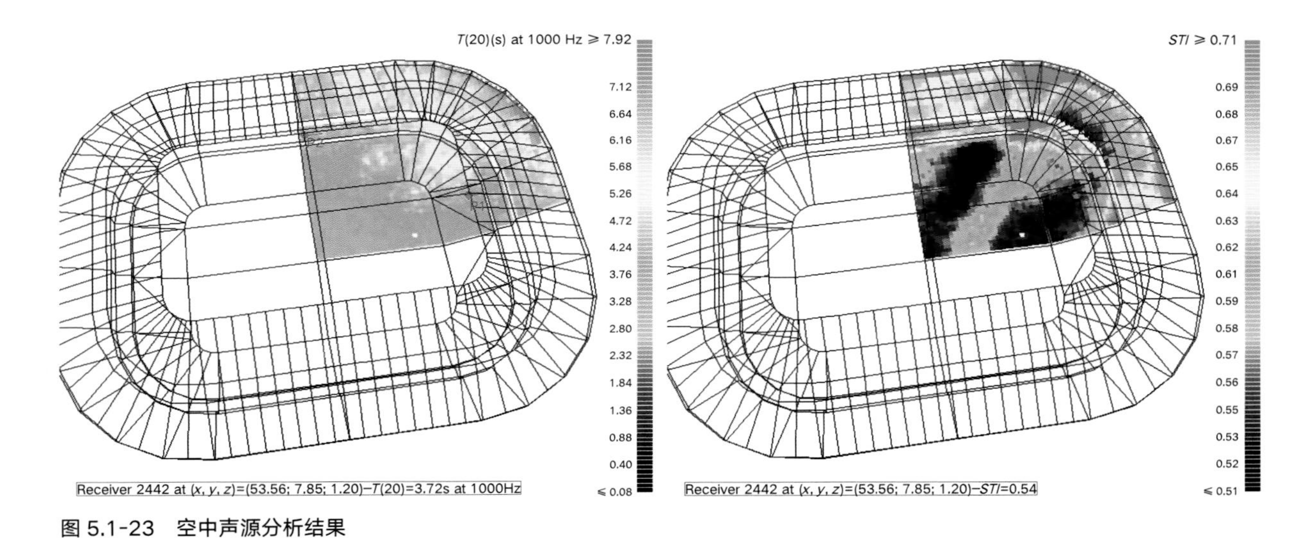

图 5.1-23　空中声源分析结果

5.1.5　赛时疏散仿真模拟

通过赛时疏散仿真模拟可以得知行人和车辆比赛后的疏散条件，从而采取措施进行优化。图 5.1-24 为体育场人车流线。

英国规范第五版《体育场馆安全指南》（*Guide to Safety at Sports Grounds*）规定：一般情况下，运动场所最大离场（到达集散厅）时间为 8min。国际足联《FIFA 体育场馆安全安保规范》

23.3 条款定义的散场能力为：在正常情况下，在合理的时间范围内，不超过 10min 可以安全离开看台区的人数。

疏散分析模型包括工体 L1、B1、B2、B3 层（图 5.1-25）。此外，根据北京地铁 3 号线、17 号线的设计图纸，构建了 3 号线、17 号线站台层模型。

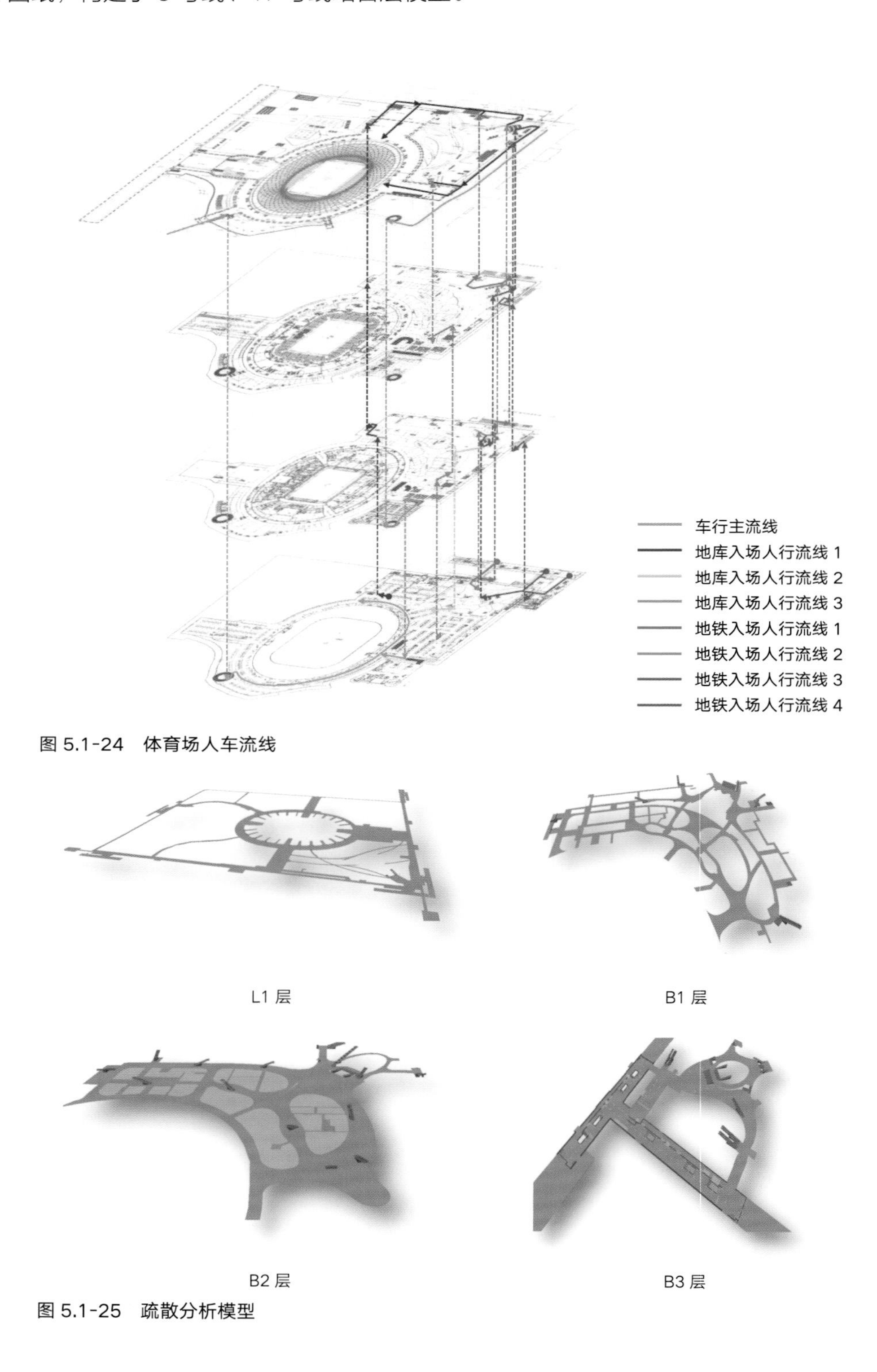

图 5.1-24 体育场人车流线

图 5.1-25 疏散分析模型

5.1.5.1 行人仿真模拟

为了更好地还原疏散场景，避免失真现象，需要对观众的行人类型、行人模型、期望速度进行标定。从以往的大型体育赛事来看，观众以成年男女性为主。设定 6 类人群分布，按照北京行人速度特性，分别为其设定行人速度，具体如表 5.1-2 所示。

人群分布和行人速度 表 5.1-2

类别	占总量百分比 /%	行人速度 /（m/s）
成年男性	40	1.28
成年女性	40	1.21
老年男性	5	1.02
老年女性	5	0.98
男孩（儿童）	5	1.19
女孩（儿童）	5	1.19

社会力模型中的行人期望速度是以一个分布形式来定义的，而不是一个简单的固定值，这样便能够反映出大量行人行走的随机性本质。不同类别的行人期望速度不同，因此需要分别对其期望速度进行标定（图 5.1-26）。

行人在不同场地的期望速度也是不一样的，基于调研数据，设定乘客刷卡通过闸机的时间为正态分布，均值为 1.7s（图 5.1-27）。

从图 5.1-28 分析结果可知，商业区开放时，随着进入商业区的观众越多，首层疏散时间缩短，交通核拥堵状况改善，B2 ~ B3 大楼梯利用提高，B3 拥堵点分散，B3 疏散时间缩短，站厅通向站台楼局部扶梯拥堵增加，站台无明显拥堵，疏散周期内商业区承接流量，上限 15000 人，正常 10000 人，瞬时在线人数 7500 人。

引导部分观众前往商业区，缩短 L1 疏散时间、改善交通核拥挤状况等，但不宜过多，易在进入商业区的楼扶梯产生拥堵；当进入商

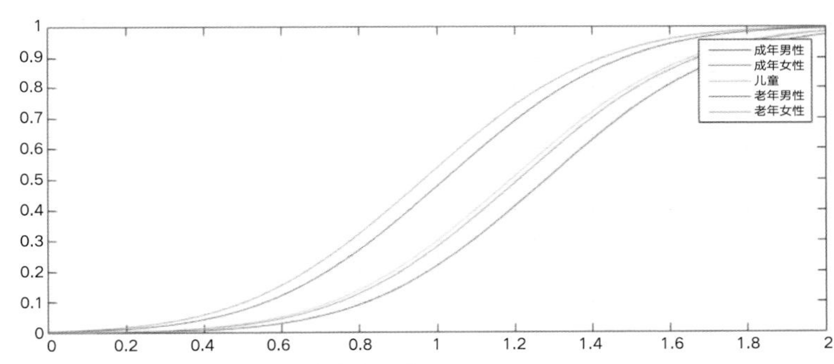

图 5.1-26 各类行人行走速度分布函数

图 5.1-27 闸机排队现象

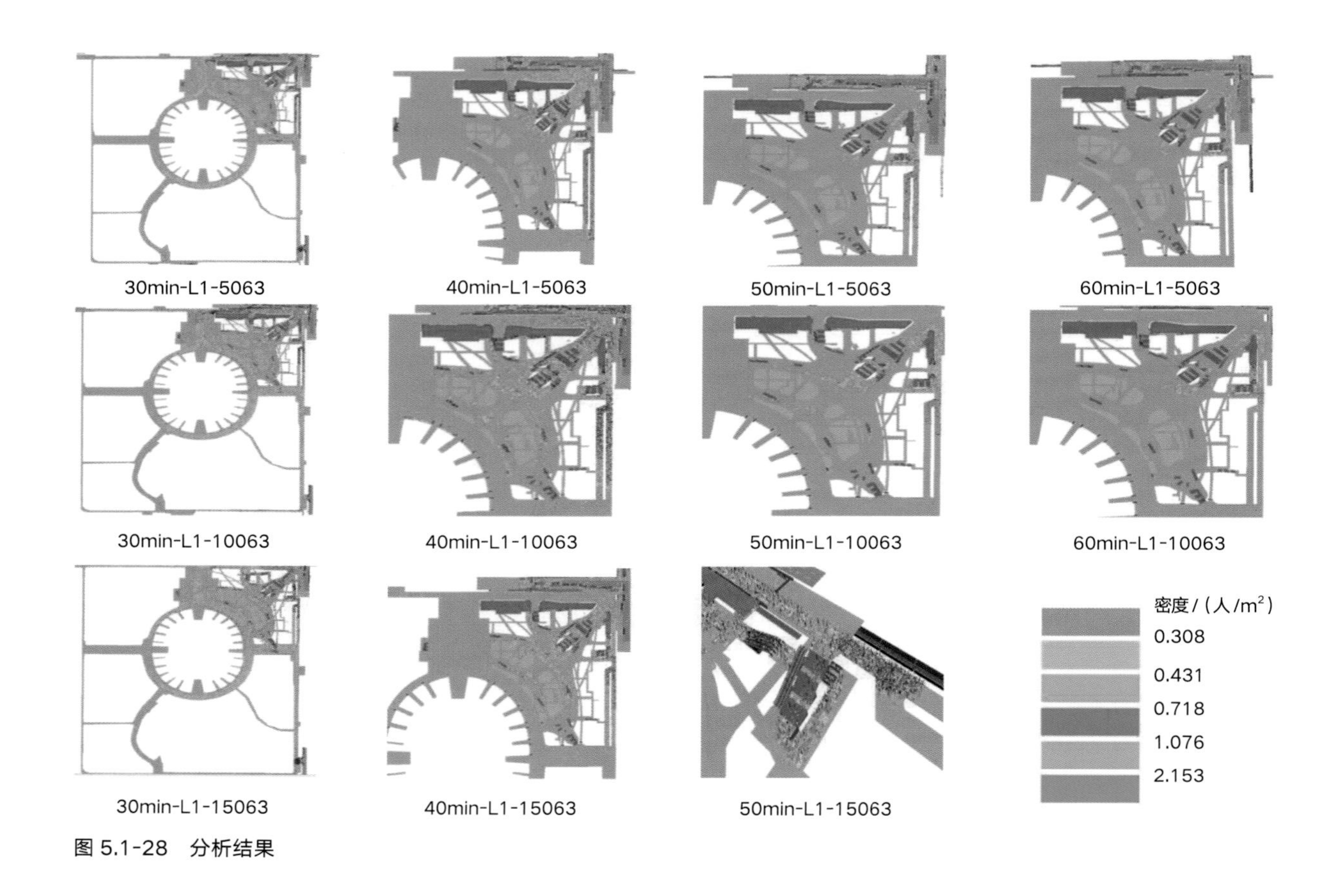

图 5.1-28　分析结果

业区的观众较多时，B3 客流激增明显，局部闸机和楼梯拥堵现象明显，需要站务人员有效引导，必要时在商业区 B2 或闸机前分批放行。

5.1.5.2　机动车仿真模拟

在微观仿真软件中依据相关数据建立项目及周边路网的交通模型，同时对车辆类型分布、各车道车流分配、车辆期望速度、让行规则等关键参数进行标定。对工人体育场周边的信号灯进行调研，最终模型中采用了 22 组信号控制机，均根据实际情况调研所得。图 5.1-29 为主要交通信号机配时。

从图 5.1-30 仿真结果可知，赛后工体北路存在全路段范围的拥堵，并且在工体北路—工体东路、工体北路—工体西路两处尤为严重。此外，工体周边道路（工体东路、工体西路）及三里屯处也存在较大范围的拥堵，延误及排队距离较大。在工体周边的道路中，春秀路（双向两车道）及工体西路（双向四车道）通行能力较弱，因此也存在拥堵现象。

根据仿真运行中出现的问题，从交通管控措施方面进行如下优化：

针对工体北路两处交叉口（工体北路—工体东路，工体北路—工体西路）存在拥堵问题，可在路段外围进行限流，例如在二环、三环接入工体北路的匝道设置疏导点，通过提示牌等方式提醒打算过境的驾驶者选择其他路线。另外对于南北向的非主干道路，可以直接将其封闭。该措施同样可以减缓朝阳门外大街、东直门外大街的拥堵情况。

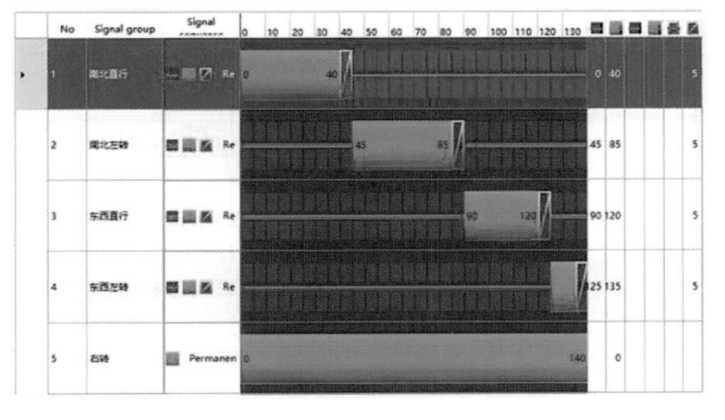

工体西 - 工体北 *1

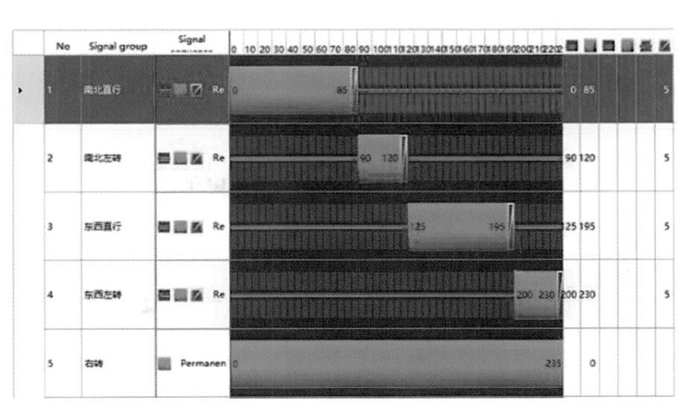

工体东 - 工体北 *2

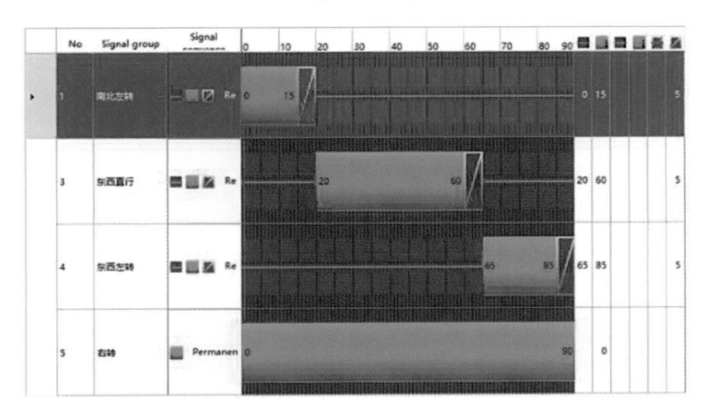

工体西 - 工体南 *3

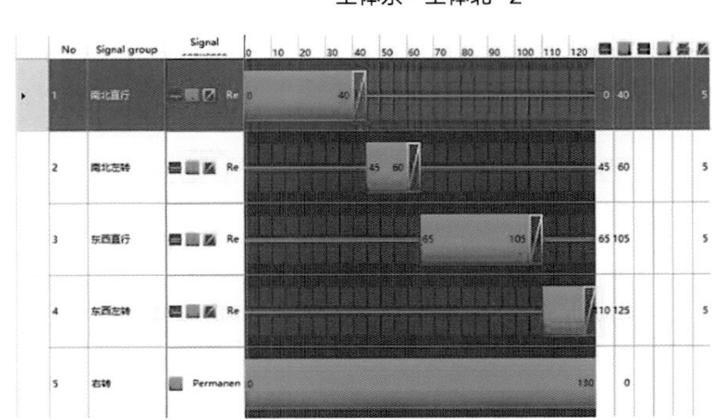

工体东 - 工体南 *4

图 5.1-29　主要交通信号机配时

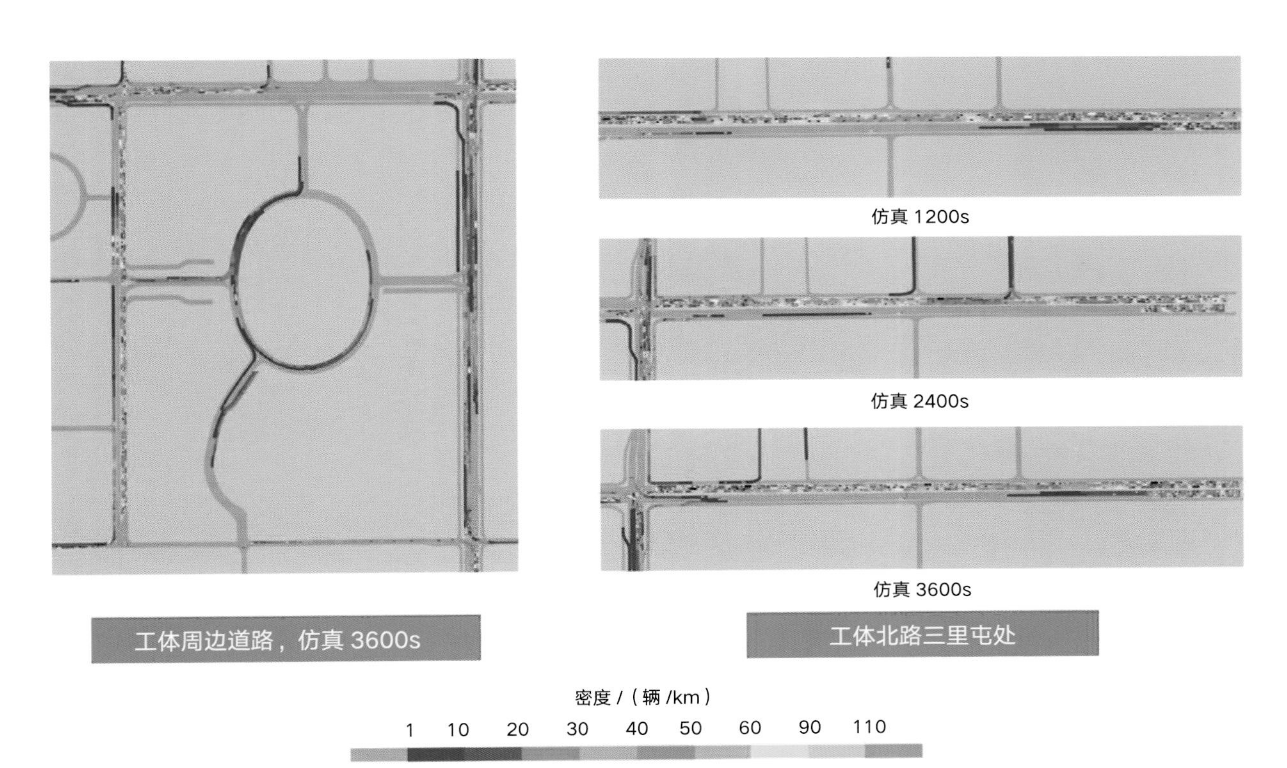

图 5.1-30　仿真结果

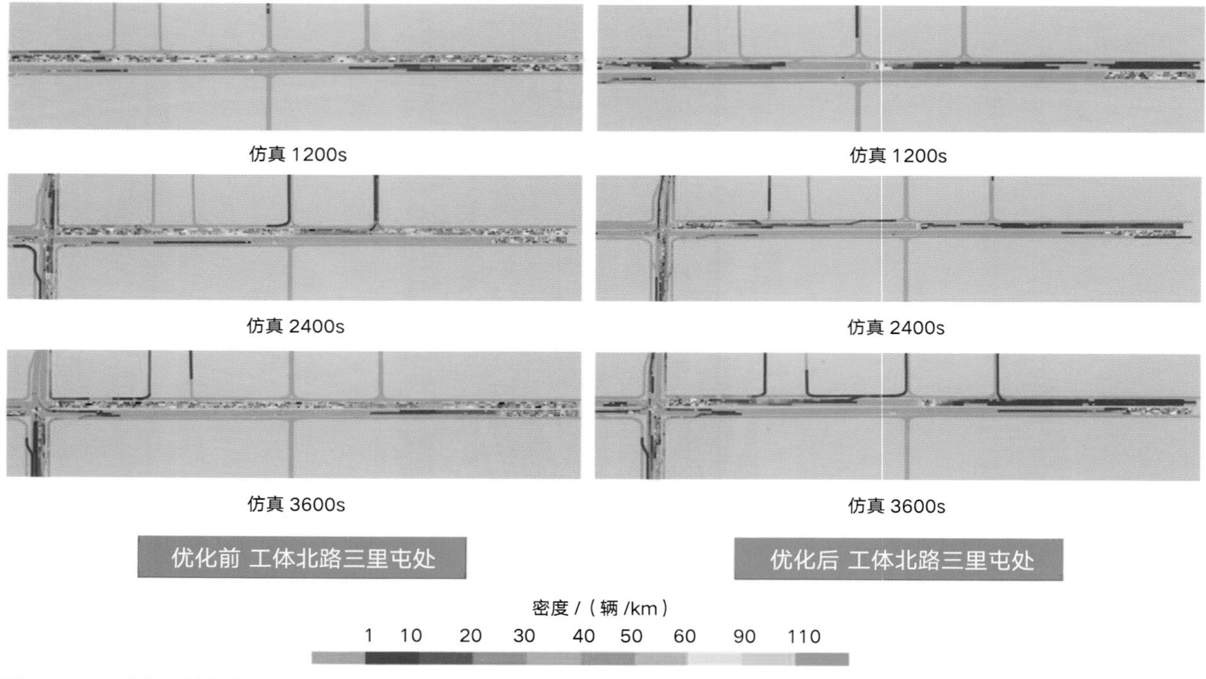

图 5.1-31 优化后仿真结果

针对工体北路三里屯处存在的拥堵问题，赛时可缩减此处人行横道的绿灯时长，或直接将此处人行横道封闭。由于此处交叉口南北向只能供行人通行，因此对机动车交通影响不大，而行人可转而通过东侧或西侧的交叉口绕行。

针对工体西路存在的拥堵问题，可考虑采取交通管制措施，限制社会车辆进入工体西路。在工体西路南、北交叉口设置证件检查点，保证赛事服务车辆能够正常进出场馆。从图 5.1-31 优化后的仿真结果可知，在减少人行横道绿灯时长后，工体北路通行能力大大增加，三里屯处的拥堵情况得到明显缓解。

5.2 结构设计：复杂体系 优化设计

5.2.1 结构体系

图 5.2-1 为体育场和配套结构整体模型。体育场地下室和配套商业连为整体，体育场范围内地下室共 2 层，足球场场芯与地下二层地面同一标高；配套商业地下室共 3 层，与体育场地下室外圈自然衔接。本工程基础采用桩筏基础，由于地下水位较高，抗压桩兼作抗拔使用。

体育场主体结构为钢筋混凝土框架 - 剪力墙结构，全长不设温度缝，通过施加预应力、诱导缝等技术手段来改善超长混凝土结构的耐久性，看台板采用预制看台板，为提高防水密闭性，在预制看台板下设置现浇混凝土板，现浇混凝土板随主体框架同时施工。

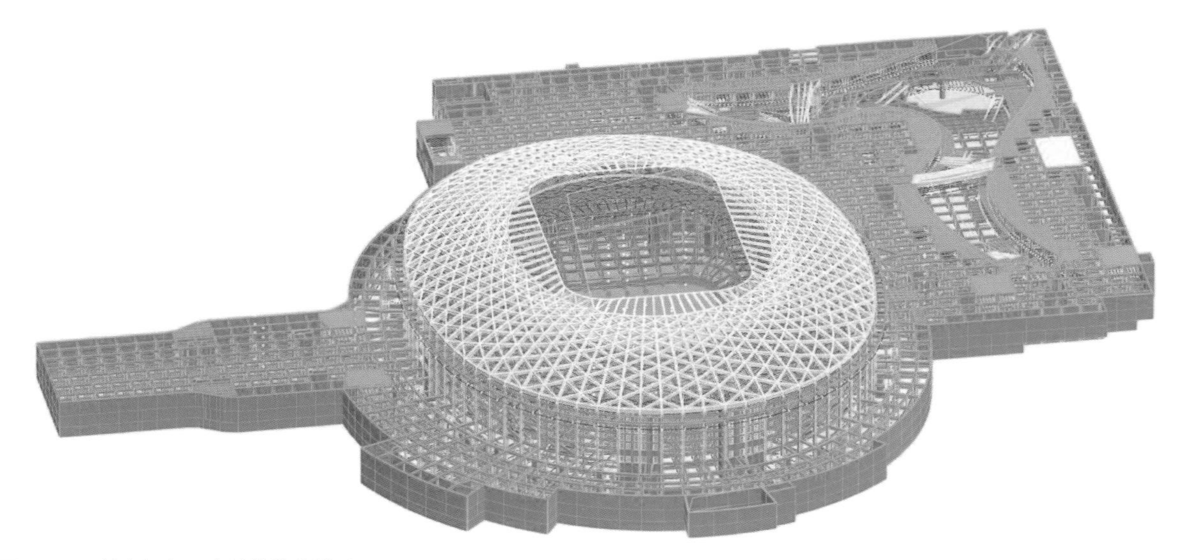

图 5.2-1　体育场和配套结构整体模型图

体育场的屋盖为钢结构大开口单层交叉网格壳体结构，通过减隔震设计降低大跨度壳体屋盖水平地震作用，释放超长屋盖温度作用下的变形。

项目存在扭转不规则、楼板不连续、刚度突变、局部不规则共计 4 项一般不规则项。本工程屋盖跨度 271m×205m，超过抗震规范限值要求，属于超限大跨度屋盖建筑，通过了全国超限高层建筑工程抗震设防审查。

5.2.2　屋盖计算分析

5.2.2.1　屋盖结构概述

体育场的屋盖罩棚为钢结构大开口单层交叉网格壳体结构，由内压环、外拉环、交叉网格壳体组合而成的整体，主要构件为箱型截面。钢屋盖壳体规则双轴对称，平面长轴长 271m，短轴长 205m，中空区域尺寸为 85m×125m，如图 5.2-2 所示。屋盖构件的材料类型分为两类：Q460GJC 钢材应用于内环、外环；Q355C 和 Q345GJC（当构件板厚大于或等于 40mm 时）钢材应用于其余部位。图 5.2-3、图 5.2-4 为屋盖主要构件分布和屋盖钢结构施工鸟瞰图。

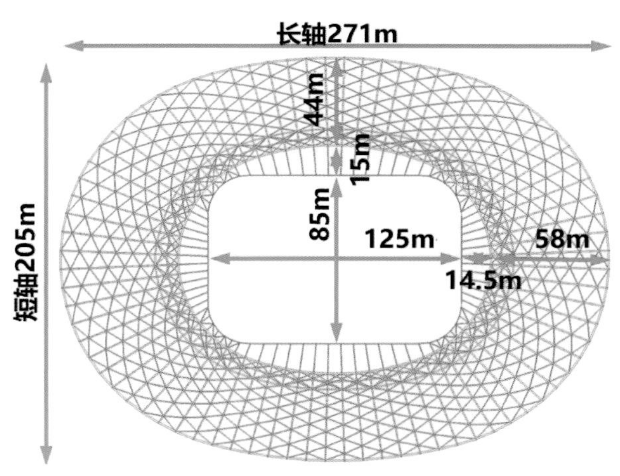

图 5.2-2　屋盖平面尺寸示意图

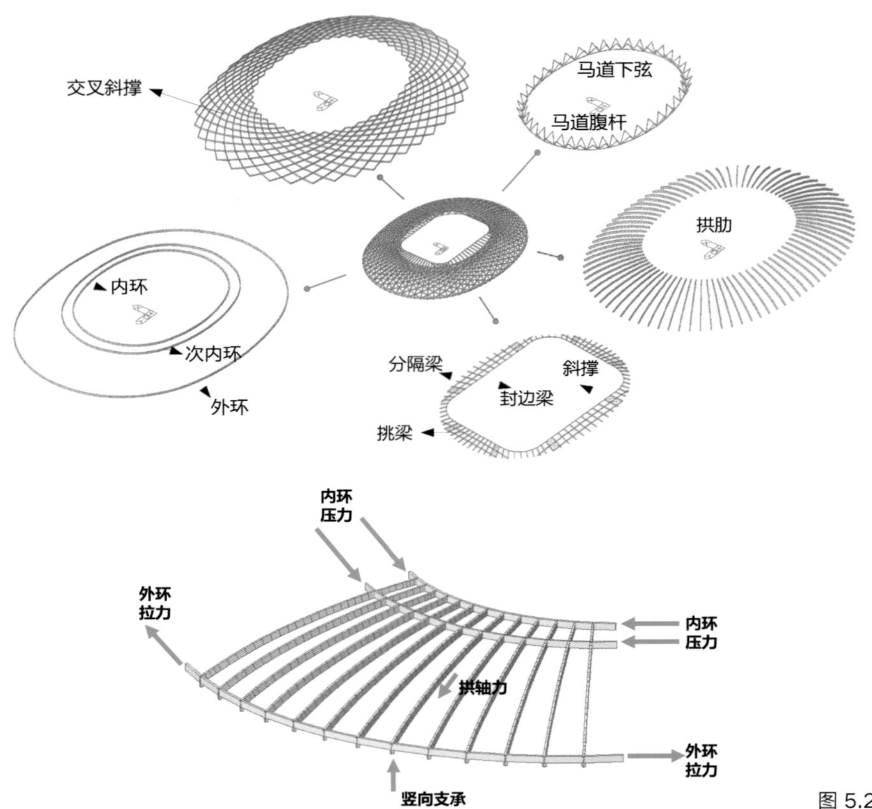

图 5.2-3　屋盖主要构件分布图

图 5.2-4　屋盖钢结构施工鸟瞰图（2022 年 3 月）

5.2.2.2 屋盖温度计算和减隔震设计

本工程钢结构屋盖的隔震目标为设防烈度降低 1 度设计，即隔震后屋盖的设防烈度为 7 度（0.1g），屋盖钢结构的抗震构造措施按照降低 1 度设计，抵抗竖向地震的抗震构造措施不降低。

隔震层由摩擦摆隔震支座和黏滞阻尼器组成，摩擦摆支座在每根柱顶设置 1 个，共计 80 个。阻尼器一端与从环梁底部下伸的牛腿进行连接，另一端连接于下支墩侧面靠上位置的预埋件上。阻尼器在同一跨范围内对称布置，并沿屋盖外环梁隔跨布置，共计 80 个。图 5.2-5 ~ 图 5.2-7 为摩擦摆支座及黏滞阻尼器布置节点、安装图和隔震计算模型。

由于摩擦摆支座布置于结构周边，因此在温度作用下可能产生滑移。按起滑力为 0 进行温度累积行程的评估，并取摩擦摆支座二次刚度作为滑动刚度，采用“月平均最高气温—月平均最低气温”作为本月每天的温差计算支座滑移行程，并假定每天进行一次“最高温—最低温—最高温”的循环，可计算出各月的滑移行程。

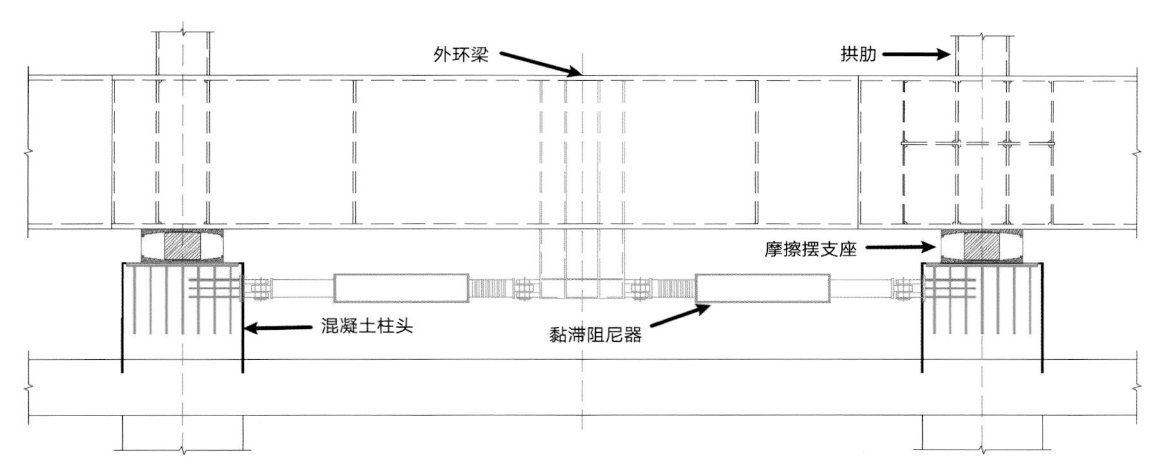

图 5.2-5　摩擦摆支座及黏滞阻尼器布置节点图

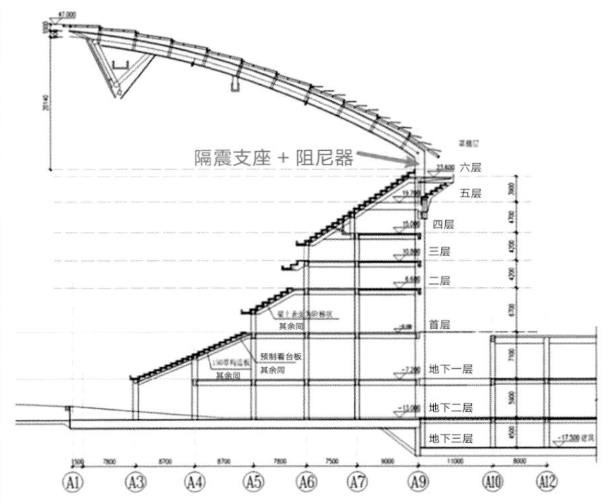

图 5.2-6　摩擦摆支座及黏滞阻尼器布置安装图

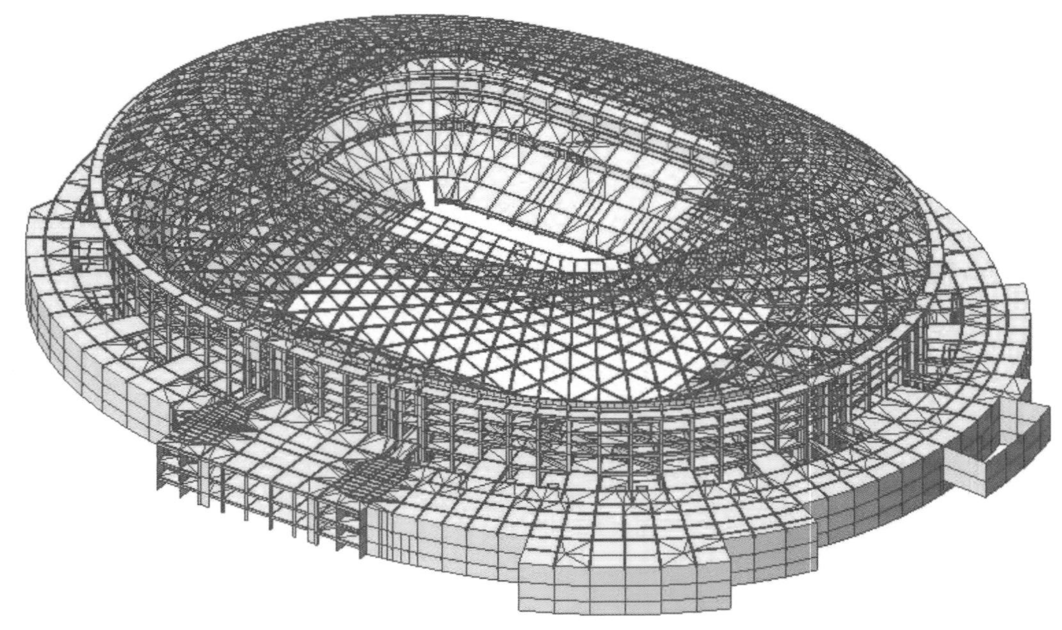

图 5.2-7　midas Gen 隔震计算模型

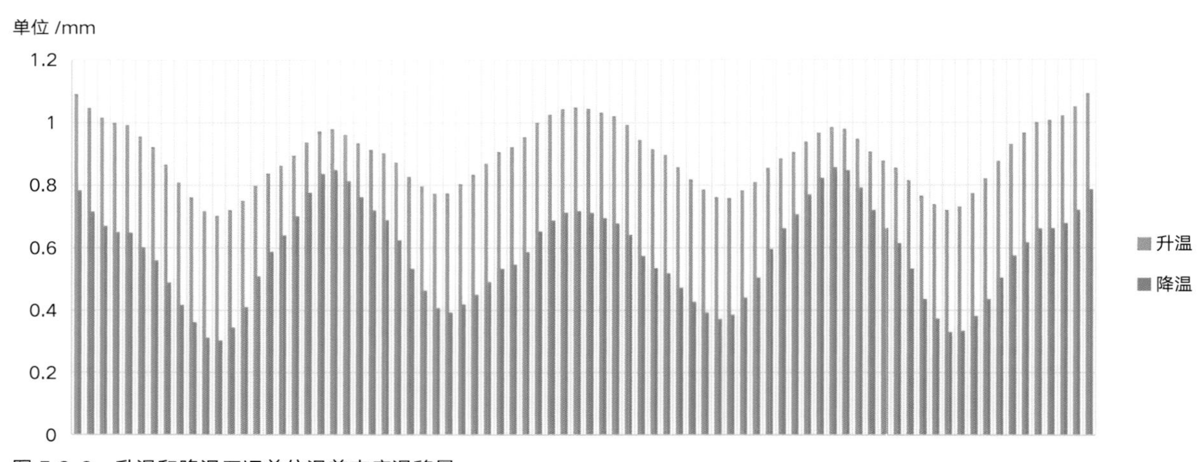

图 5.2-8　升温和降温工况单位温差支座滑移量

根据图 5.2-8 每月累积滑移量统计，可知全年累积滑移量为 8.3m，则 100 年使用期内累积滑移量为 830m。欧洲轴承标准（BS EN1337-2 Structural bearings-Part 2: Sliding elements）规定，聚四氟乙烯衬面—不锈钢滑动曲面的摩擦系数长期性能测试总行程为 2066m，能够满足本工程设计要求。

隔震结构由于设置了摩擦摆支座，屋盖的自振周期明显延长。隔震前屋盖前三阶振型表现为以网壳开口周边的振动为主，隔震后表现为屋盖的整体平动和扭转，具体振型见表 5.2-1。

隔震前后模型前三阶振型 **表 5.2-1**

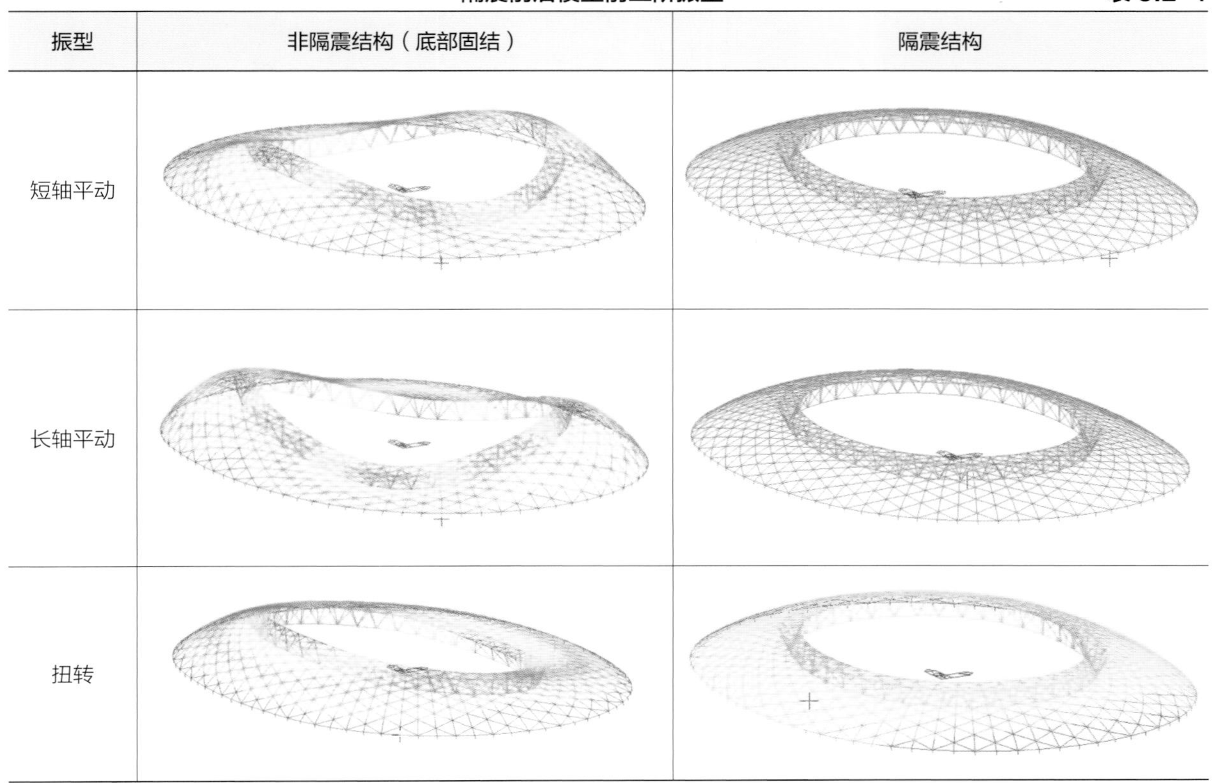

振型	非隔震结构（底部固结）	隔震结构
短轴平动		
长轴平动		
扭转		

表 5.2-2、表 5.2-3 为中震下隔震前后钢结构屋盖底的层间剪力对比，由结果可知，各条地震作用下包络取值的减震系数为 0.216，小于 0.4，满足预设的隔震目标。

隔震前后屋盖底 *X* 向层间剪力对比 **表 5.2-2**

楼层	非隔震结构层间剪力 /kN			隔震结构层间剪力 /kN			隔震与非隔震层间剪力比			
	X 向			*X* 向			*X* 向			*X* 向包络值
	R1	T1	T2	R1	T1	T2	R1	T1	T2	
屋盖底	86418	54312	77624	16171	10456	10006	0.187	0.193	0.129	0.193

隔震前后屋盖底 *Y* 向层间剪力对比 **表 5.2-3**

楼层	非隔震结构层间剪力 /kN			隔震结构层间剪力 /kN			隔震与非隔震层间剪力比			
	Y 向			*Y* 向			*Y* 向			*Y* 向包络值
	R1	T1	T2	R1	T1	T2	R1	T1	T2	
屋盖底	103930	58574	88912	15584	12635	10011	0.150	0.216	0.113	0.216

非隔震模型和隔震模型降温工况下拱肋的轴力分布如图 5.2-9、图 5.2-10 所示。可见，采用滑动支座后，降温引起的拱肋轴力从最大 950kN 下降至 22kN，轴力减小 97.7%。

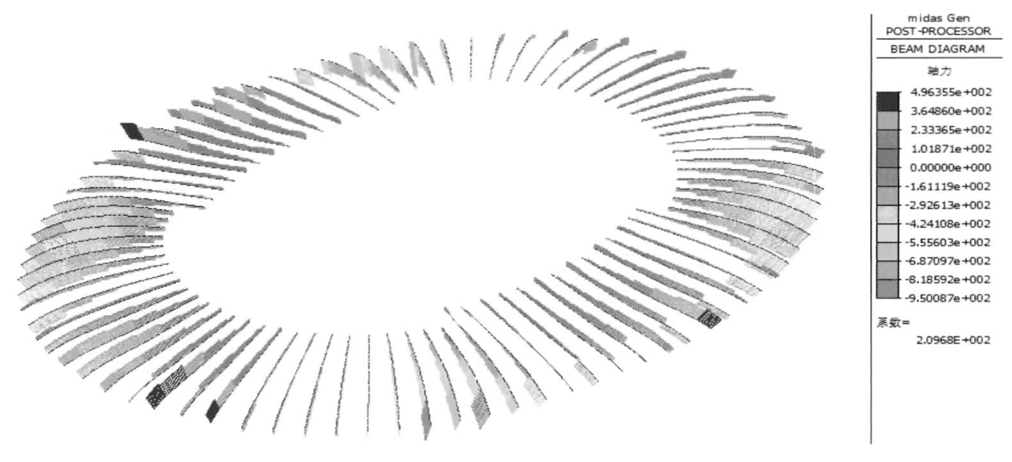

图 5.2-9　降温工况下拱肋中轴力（非隔震模型）

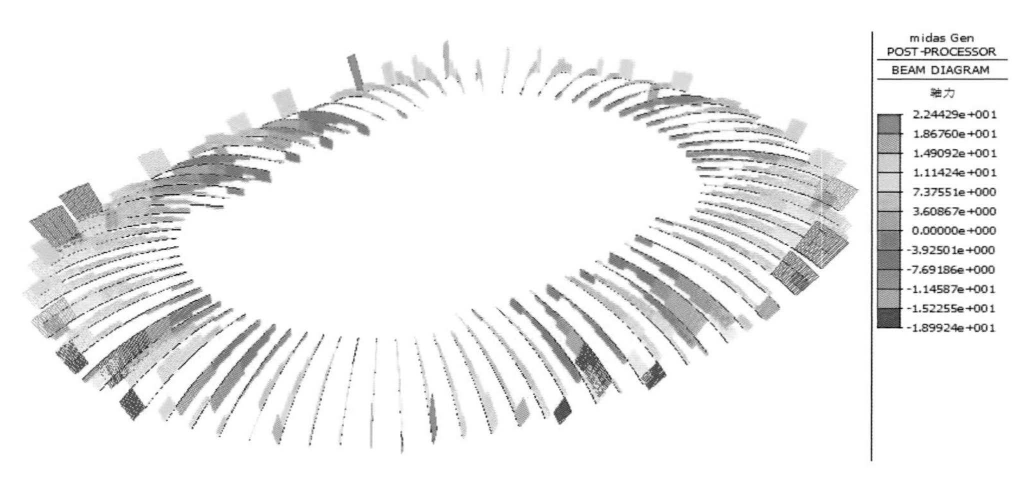

图 5.2-10　降温工况下拱肋中轴力（隔震模型）

工体是国内首个工程应用三维摩擦摆阻尼器减隔震项目，通过屋盖减隔震设计，大幅释放温度应力，主要构件由温度产生的轴力减小 95% ~ 98%；减小水平地震作用，屋盖水平地震作用减小 78%；改善支座竖向变形不均匀性，相邻支座压力差减小约 30%。可见，隔震支座对减小各构件在温度和地震作用下的内力均有明显效果，有助于保障结构安全并节省钢材用量。

5.2.2.3　整体稳定性分析

网壳结构的稳定性是单层网壳分析设计中的关键。为确保单层网壳结构的稳定承载力，按照《空间网格结构技术规程》JGJ 7—2010 第 4.3.2 条的规定，采用 midas Gen 对网壳结构进行弹性屈曲分析和弹塑性全过程分析。

分别计算不同荷载布置方式下的结构临界弹性屈曲系数。荷载布置方式分为满跨均匀布置、长轴半跨布置、短轴半跨布置和斜向半跨布置四类。图 5.2-11 列出了无缺陷模型的弹性屈曲模态。

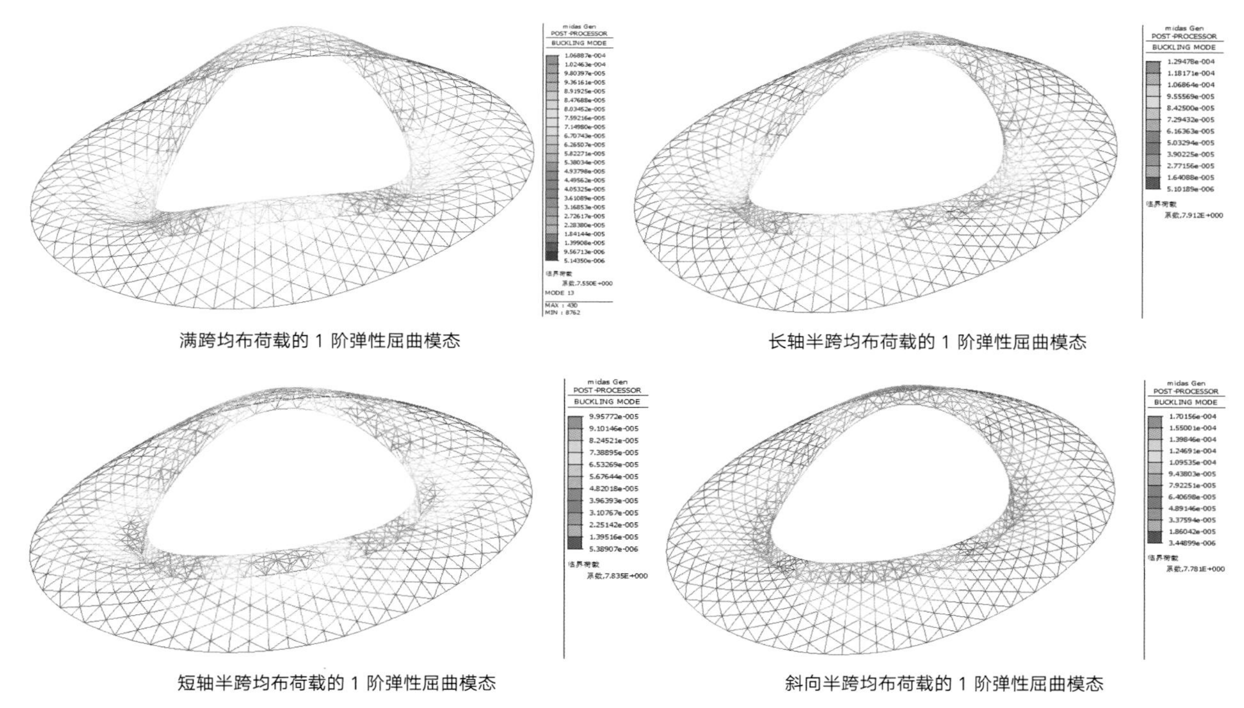

满跨均布荷载的 1 阶弹性屈曲模态　　长轴半跨均布荷载的 1 阶弹性屈曲模态

短轴半跨均布荷载的 1 阶弹性屈曲模态　　斜向半跨均布荷载的 1 阶弹性屈曲模态

图 5.2-11　无缺陷模型的弹性屈曲模态

无缺陷模型的弹性屈曲临界系数统计见表 5.2-4。

无缺陷模型弹性屈曲临界系数统计表　　表 5.2-4

荷载分布形式	满跨均匀布置	长轴半跨布置	短轴半跨布置	斜向半跨布置
临界系数	7.55	7.64	7.84	7.78

带缺陷模型的弹性和弹塑性屈曲临界系数统计见表 5.2-5。

带缺陷模型弹性和弹塑性屈曲临界系数统计表　　表 5.2-5

初始缺陷形态	弹性屈曲		弹塑性屈曲	
	均匀布置荷载	非均匀布置荷载	均匀布置荷载	非均匀布置荷载
斜向对称	4.70	4.73	2.29	2.42
正向对称（长边下压）	4.62	4.62	2.16	2.11
正向对称（短边下压）	4.68	4.66	2.30	2.29
下压变形	4.79	—	2.28	—

可见，结构的弹性屈曲系数最小为 4.62，大于规范规定的 4.2 的限值；弹塑性屈曲临界系数最小为 2.11，大于规范规定的 2.0 的限值。满足稳定性要求。

5.2.2.4 局部稳定性分析

项目构件呈瘦高型，若不设置内部加劲肋，则构件腹板高厚比不满足设计要求。罩棚钢构件设置了单排或双排 T 字形加劲肋（图 5.2-12），将分离式加劲肋分别焊接于两侧腹板后再进行箱型构件的整体组装，采用规范法、有限元模拟和试验研究进行综合分析，既保证了局部稳定又解决了施工难题。

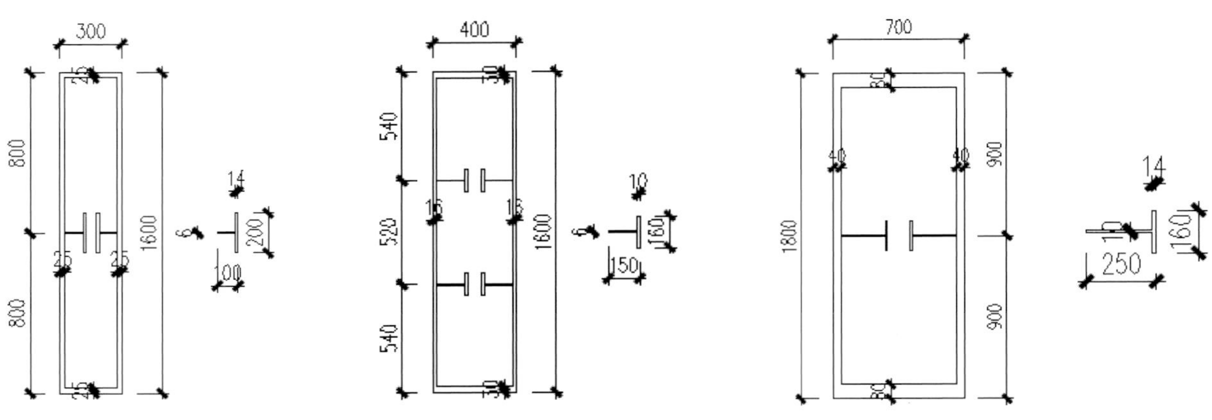

图 5.2-12 部分带肋钢构件截面示意

（1）规范法

参考现行钢结构规范，对采用加劲肋以增强腹板稳定承载力的箱型构件进行设计和验算，按照 S3 等级进行板件宽厚比（高厚比）控制。

（2）有限元模拟

共设计了 3 类 9 个试件进行有限元分析，考虑不同壁厚和加劲肋数量对于局部稳定性能的影响。所分析构件截面如图 5.2-13 所示，利用通用有限元程序 MSC.Marc，对构件施加轴压以进行弹塑性屈曲分析。采用壳单元以考虑板件局部失稳情况，试件长度取截面高度的 3 倍，加劲肋之间不考虑互相接触。

不同板厚、不同加劲肋模型的第 1 阶弹性屈曲模态及临界荷载如图 5.2-14 所示。可见当不设置加劲肋时，随着壁厚减薄，临界荷载迅速下降，局部稳定问题愈加突出；通过增加加劲肋，临界荷载有显著提高，特别是从无加劲肋到设置 1 道加劲肋，临界荷载提高了 3 倍左右。当壁厚较大时，增设第 2 道加劲肋效果并不显著，而随着壁厚减小，第 2 道加劲肋在提高临界荷载、改善屈曲模态方面的效果更加显著。

单调加载全过程曲线及特征值对比如图 5.2-15 所示，当不设置加劲肋时，随着壁厚减薄，临界荷载迅速下降，局部稳定问题愈加突出；通过增加加劲肋，临界荷载有显著提高，设置 1 道加劲肋后临界荷载提高了 1.2 ~ 1.5 倍。当壁厚较大时，第 2 道加劲肋效果并不显著。

整理上述分析成果可知，设置加劲肋能有效提高构件的局部屈曲承载力，可以基本实现构件的全截面屈服。由于薄壁构件的局部稳定更为突出，故设置加劲肋后承载力提高幅度更大，且增加 2 道加劲肋对承载力的提高作用比增加 1 道加劲肋更明显。

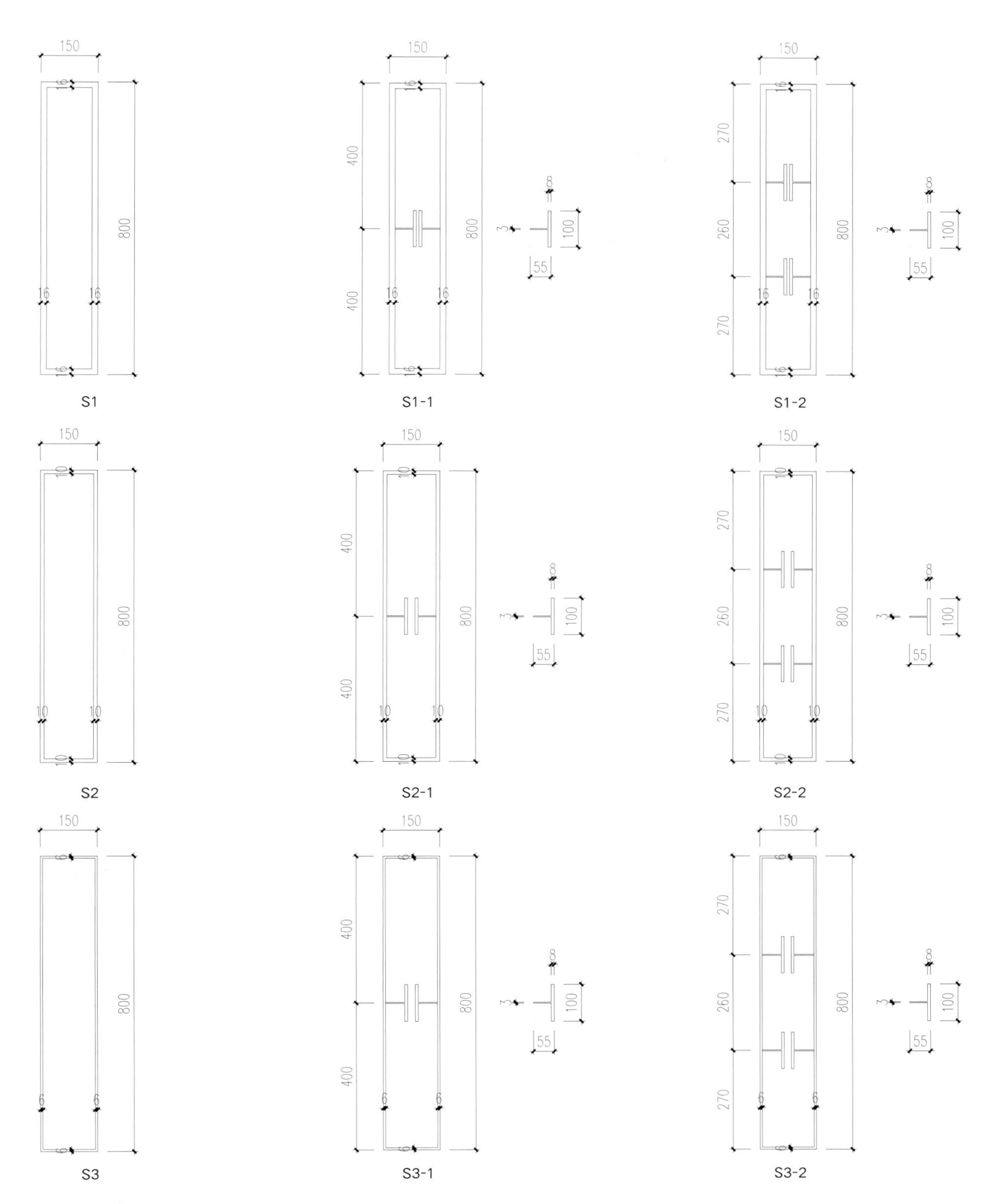

图 5.2-13　有限元分析构件截面汇总

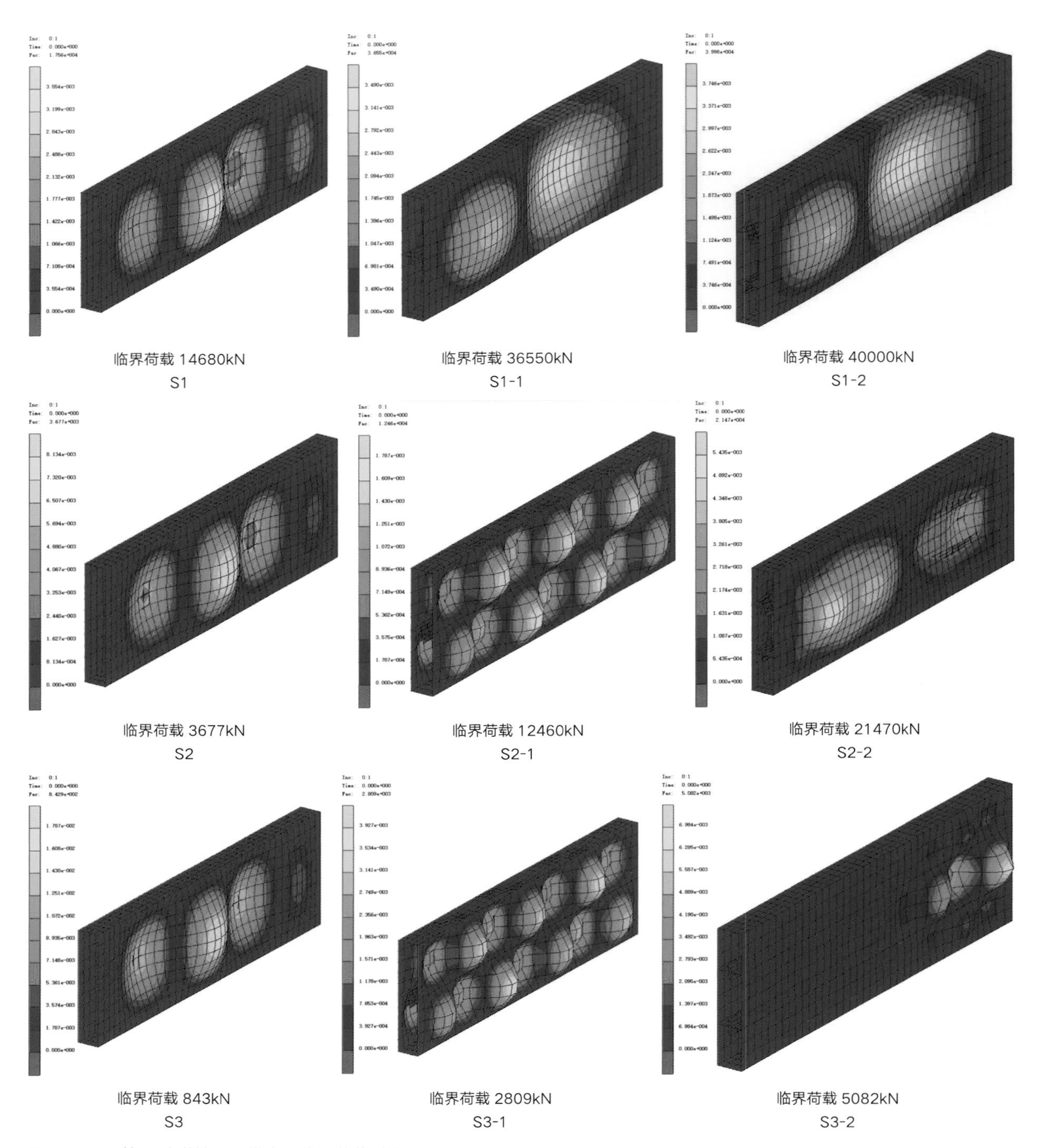

图 5.2-14　第 1 阶弹性屈曲模态及临界荷载对比

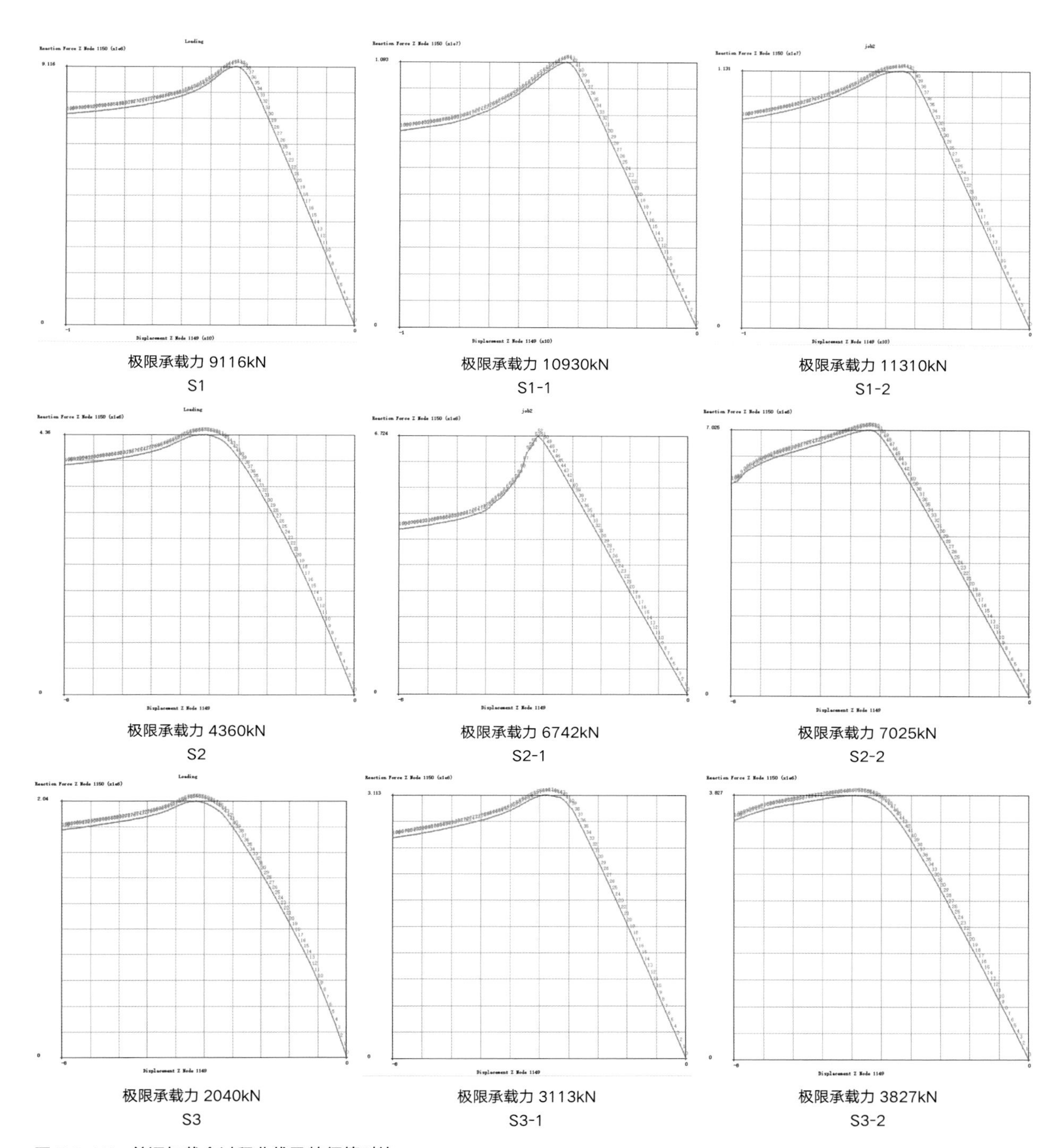

图 5.2-15　单调加载全过程曲线及特征值对比

（3）试验研究

实验模拟工程实际使用的典型试件，获取有无加劲肋轴压箱型钢构件局部稳定力学行为，验证带肋构件的局部稳定增强效果，并进一步验证工程应用的安全性。试件表面漆白漆，并在试验前打上 100mm × 100mm 黑色线网格，以便于观察试件变形。试验采用单调压缩加载，使用微机控制的 2000t 电液伺服万能试验机进行控制。试验数据采集系统主要由加载装置自带传感系统、应变片、位移计及传输导线、数据采集设备、微机系统等组成，采集试验全过程的时间、荷载、位移、应变数据。

主试件材质均为 Q355，各组试件参数见表 5.2-6，截面示意如图 5.2-16 所示。

构件规格统计表 **表 5.2-6**

编号	截面 /mm	加劲肋 /mm	长度 /mm
S1	箱型 800 × 150 × 16 × 16	—	2400
S1-1	箱型 800 × 150 × 16 × 16	1T55 × 100 × 3 × 8	2400
S2	箱型 800 × 150 × 10 × 10	—	2400
S2-1	箱型 800 × 150 × 10 × 10	1T55 × 100 × 3 × 8	2400
S2-2	箱型 800 × 150 × 10 × 10	2T55 × 100 × 3 × 8	2400
S3	箱型 800 × 150 × 6 × 6	—	2400
S3-1	箱型 800 × 150 × 6 × 6	1T55 × 100 × 3 × 8	2400
S3-2	箱型 800 × 150 × 6 × 6	2T55 × 100 × 3 × 8	2400

图 5.2-17 为轴压试验现场。

从图 5.2-18 破坏模式进行分析：不带肋构件中部出现鼓曲和凹陷式局部屈曲，而后因腹板刚度下降导致截面抗弯刚度降低而使构件产生整体弯曲变形；带 1 道肋薄壁构件仍会发生局部鼓曲和凹陷，但由于加劲肋的加强作用，局部屈曲变形位置被限制于加劲肋与翼缘间；带 2 道肋薄壁构件发生的变形更加轻微，局部屈曲变形位置被限制于加劲肋间或加劲肋与翼缘间。

从荷载 - 位移曲线（图 5.2-19 ~ 图 5.2-21）进行分析：加载初期曲线基本呈线性，待局部鼓曲或凹陷发生后曲线斜率出现折减，加载至峰值荷载后曲线进入不同程度的下降，带 2 道肋构件比 1 道肋构件的下降趋势相对较缓，说明前者延性较好。

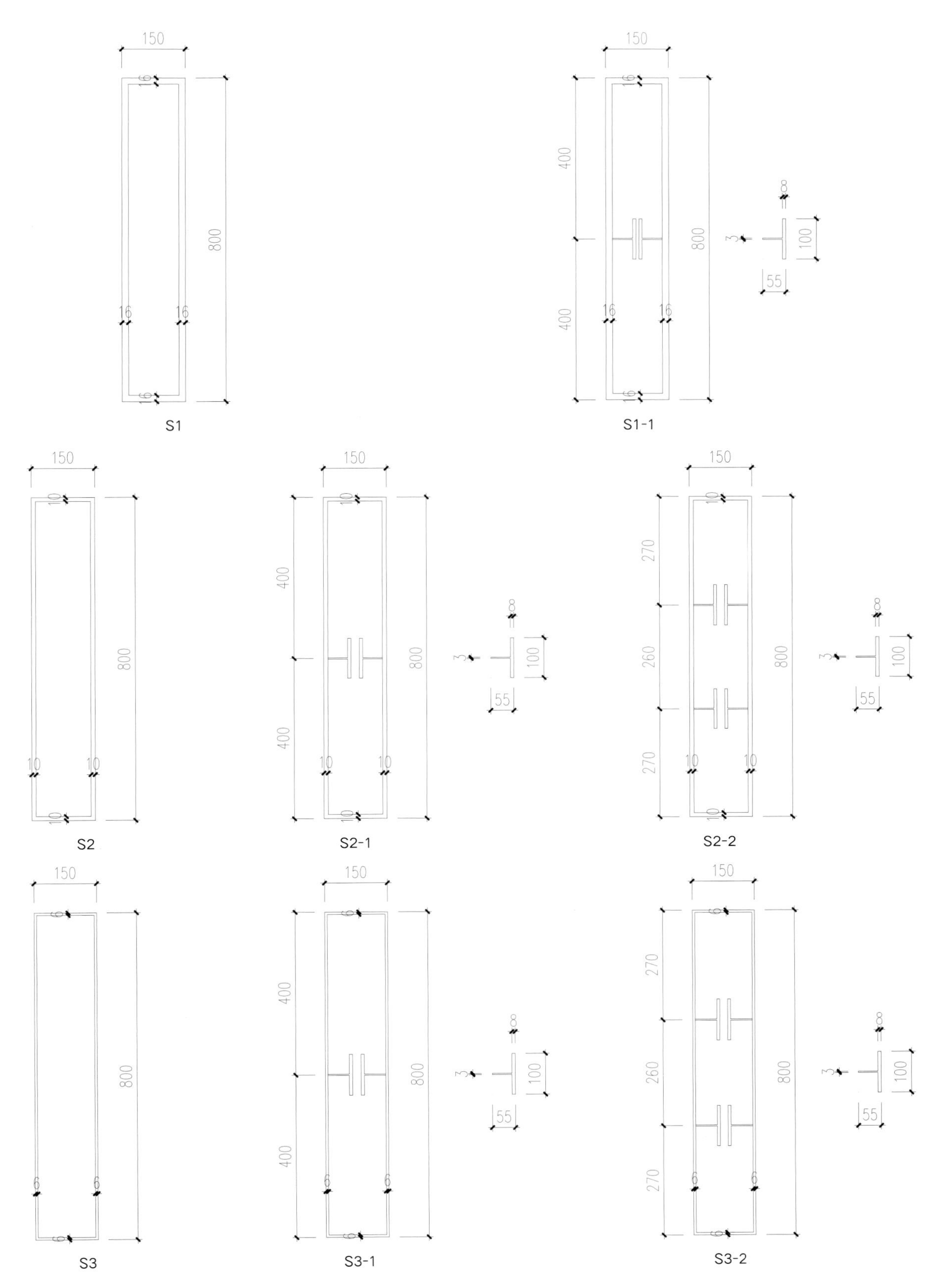

图 5.2-16　各组试件的截面示意

图 5.2-17　构件加载试验

不带肋

1 道肋

2 道肋

图 5.2-18　试件整体加载破坏图

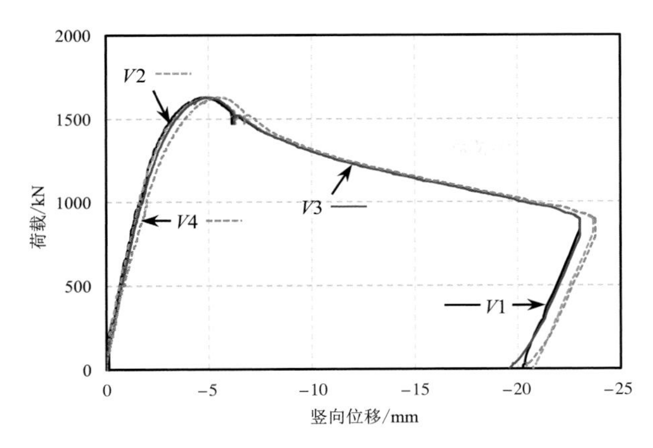

图 5.2-19　不带肋构件荷载 - 位移曲线

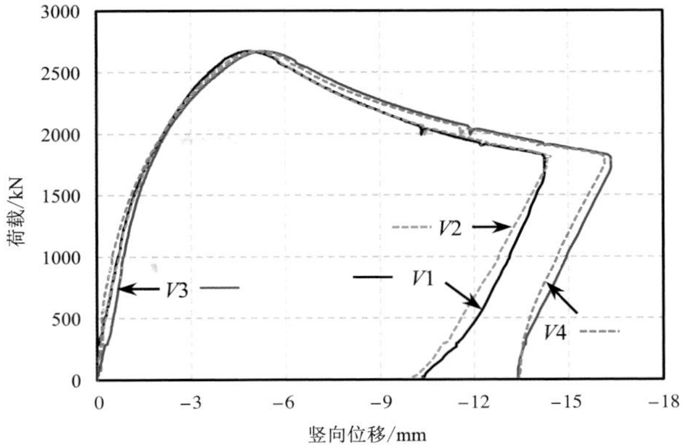

图 5.2-20　带 1 道肋构件荷载 - 位移曲线

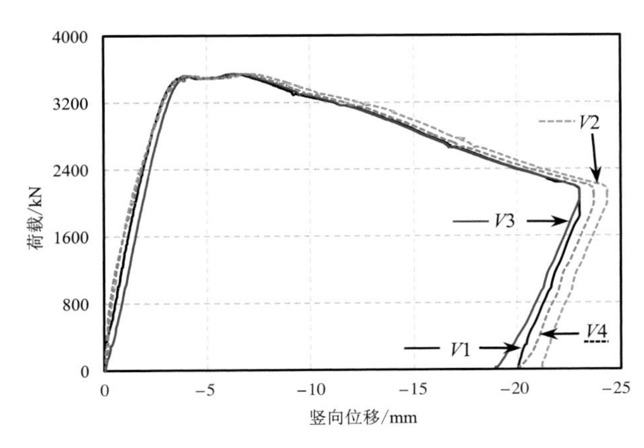

图 5.2-21　带 2 道肋构件荷载 - 位移曲线

（4）综合分析

将试验和有限元分析结果进行综合统计分析，如表 5.2-7 所示。

试件承载力和延性统计表　　表 5.2-7

试件编号	峰值荷载 /kN		峰值荷载 P_{EXP} 提升幅度	P_{EXP}/P_{FEM}
	有限元法 P_{FEM}	试验法 P_{EXP}		
S1	9116	9840	—	108%
S1-1	10930	12081.3	22.8%	111%
S2	4360	3826	—	88%
S2-1	6742	6587.5	72.2%	98%
S2-2	7025	7528.37	96.8%	107%
S3	2040	1628.68	—	80%
S3-1	3113	2673.9	64.2%	86%
S3-2	3827	3546.59	117.8%	93%

针对峰值荷载，试验结果与有限元分析结果相比的偏离程度为 -20% ~ +11%，平均误差为 5%，说明有限元与试验法吻合相对较好。

对各组不配置加劲肋构件进行对比可知：板件厚度越大其抗屈曲能力越强，越不容易出现局部鼓曲或凹陷，厚板构件的承载力相对薄板构件提升显著。

对加肋和不加肋构件进行对比可知：厚壁构件因为具有较强的抗屈曲能力，故配置加劲肋后其承载力提高相对不显著；薄壁构件配置加劲肋后承载力提升显著，S2-1 构件全截面峰值荷载 P_{EXP} 在 S2 构件基础上提升了 72.2%，S3-1 构件在 S3 构件基础上提升了 64.2%；继续增加加劲肋道数对薄壁构件效果更显著，S2-2 构件全截面峰值荷载 P_{EXP} 在 S2-1 基础上提升 24.6%，而 S3-2 构件相对于 S3-1 则提升了 53.6%。

可见，本项目罩棚钢构件设置的加劲肋能有效满足局部稳定的要求。

5.2.2.5 防连续倒塌分析

防止结构连续倒塌是指防止意外事故（爆炸、撞击等）引起的结构连续倒塌问题。鉴于工程的特殊性，不允许初始局部破坏以外的其他构件丧失承载力，防止剩余结构的后续倒塌。

采用非线性静力方式进行拆除构件法设计，通过动力放大系数来放大楼面的重力荷载，考虑构件瞬间失效产生的动力效应，同时采用局部加强法，以验算特定构件直接承受偶然作用的能力。除验算构件强度和稳定性外，还对结构整体稳定承载力进行了验算。

（1）拆除构件法

拆除构件法进行了分别拆除柱、交叉斜撑、拱肋、内环桁架腹杆、内环桁架下弦杆、次内环梁的计算，图 5.2-22 是拆除一支内环桁架腹杆后的计算结果。

可见，拱肋附近桁架腹杆进行拆除后，相邻拱肋及内环内力明显增大，图中红箭头所指拱肋在抗倒塌设计组合下的最大应力比为 0.85，小于 1.0，表明拆除杆件后剩余的屋面钢结构能承受所要求的竖向荷载，从而防止结构发生连续倒塌。

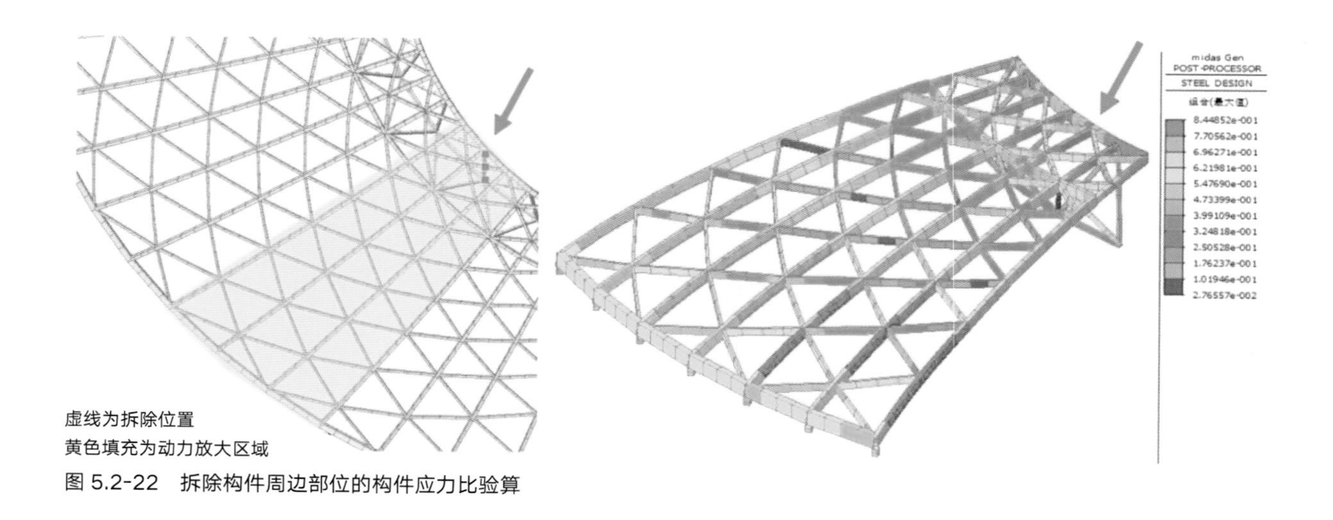

图 5.2-22 拆除构件周边部位的构件应力比验算

进行弹塑性全过程分析，曲线如图 5.2-23 所示，可见弹塑性全过程分析临界系数为 2.28，大于 2.0，满足整体稳定设计要求。

（2）局部加强法

在内环梁侧面沿径向向内附加 80kN/m^2 的侧向偶然荷载进行局部加强法计算，如图 5.2-24 所示。

施加附加荷载后，内环及桁架下弦内力明显增大，图 5.2-25 红箭头所指构件在抗倒塌设计组合下的最大应力比为 0.73，小于 1.0，满足抗连续倒塌要求。

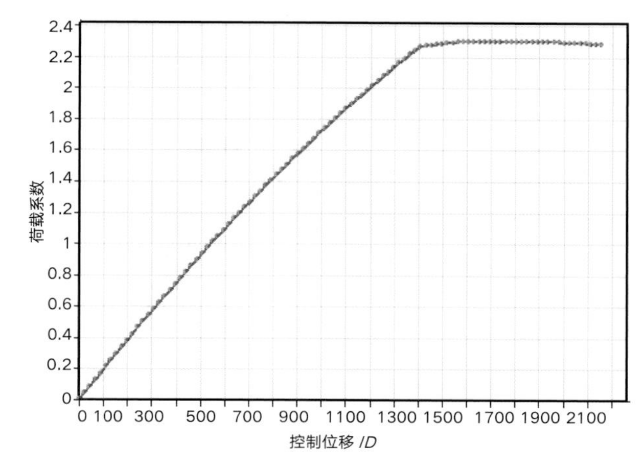

图 5.2-23　弹塑性全过程分析曲线

综上，经抗倒塌概念设计，拆除构件法及局部加强法分析可知，本结构抗倒塌强度及稳定承载力满足抗倒塌设计要求，能够保证极端情况下结构受力性能的稳固性。

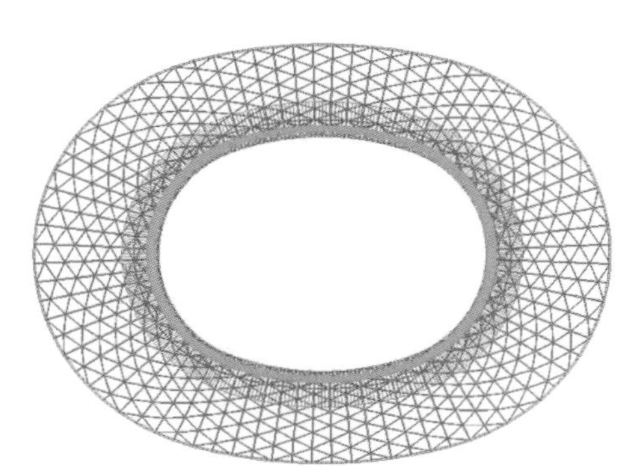

图 5.2-24　内环附加偶然荷载示意图

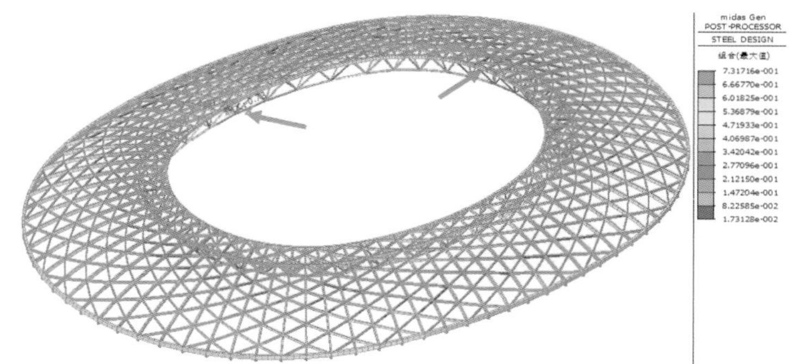

图 5.2-25　构件应力比验算

5.2.3 罕遇地震动力弹塑性时程分析

通过地震动力弹塑性时程分析，论证整体结构在设计地震作用下的抗震性能。按照规范要求，本工程选用了三组地震波，分别为人工波 RH2TG045、天然波 1（TH063TG045）和天然波 2（TH086TG045），地震波反应谱和加速度时程曲线如图 5.2-26、图 5.2-27 所示。

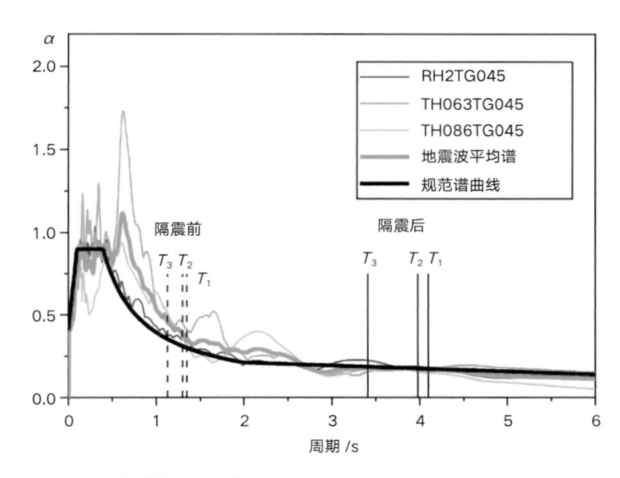

图 5.2-26　地震波反应谱

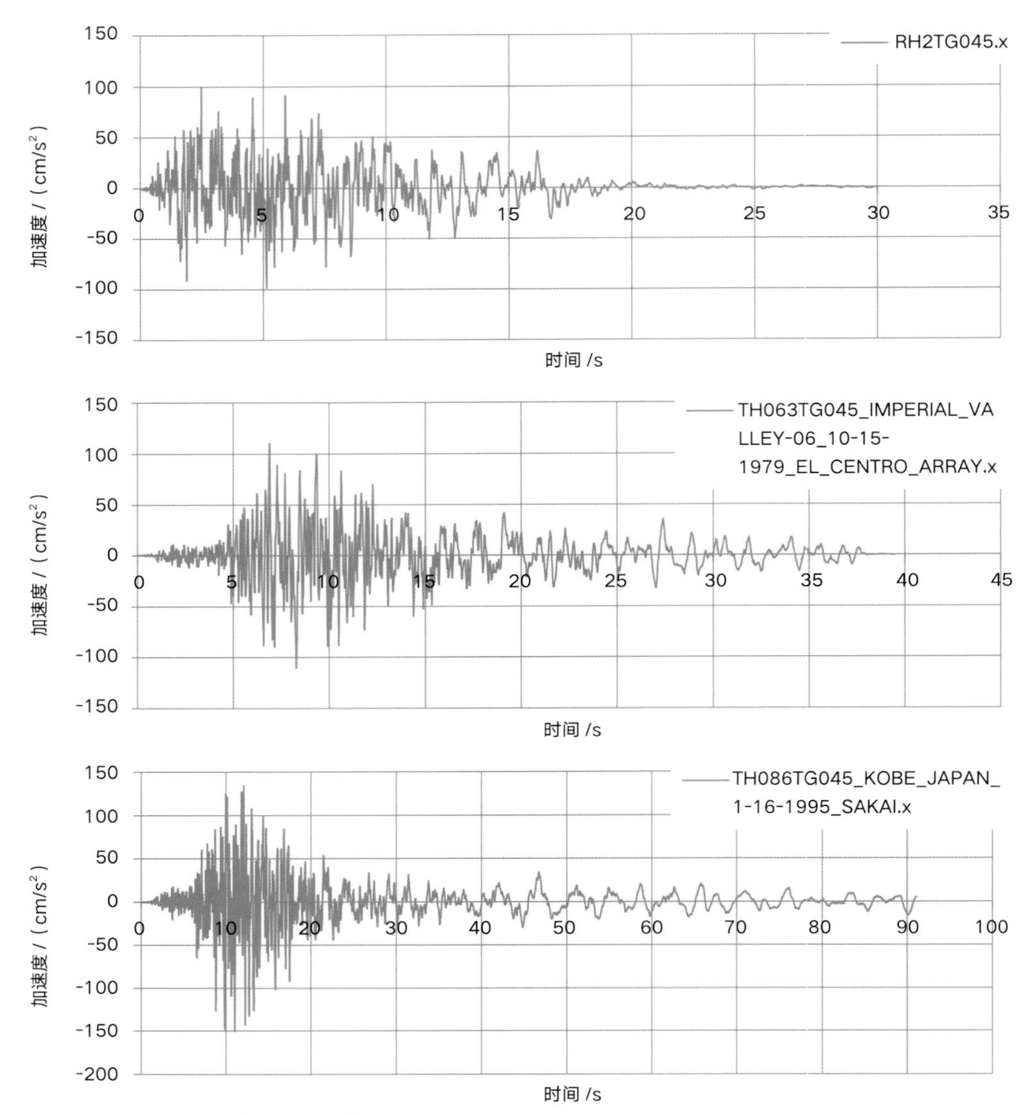

图 5.2-27　地震波加速度时程曲线

在地震弹塑性时程分析之前，首先进行了SATWE模型的静力和模态分析，以及SAUSAGE施工模拟和模态分析，校核了计算模型从SATWE转换到SAUSAGE模型（图5.2-28）的准确无误。

地震波的输入方向，依次选取结构 X 或 Y 方向作为主方向。分析时，混凝土构件初始阻尼比5%，钢构件初始阻尼比2%，峰值加速度取400gal。每个工况地震波峰值按水平主方向：水平次方向：竖向=1 ：0.85 ：0.65进行调整。

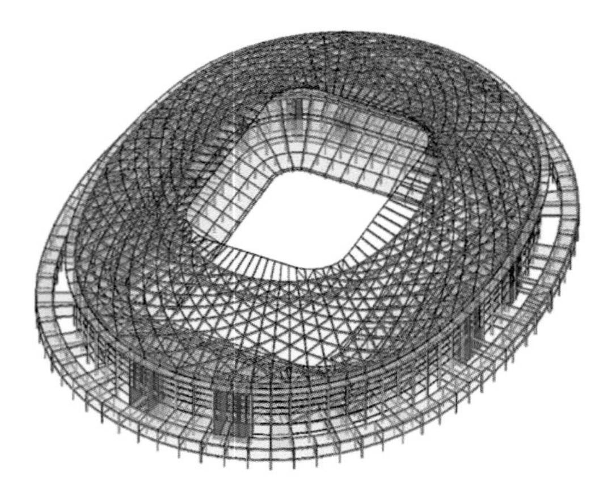

图 5.2-28　弹塑性计算模型

图 5.2-29、图 5.2-30 为三组地震动作用下屋盖钢结构的竖向位移以及隔震层以下结构层间位移角情况。挑篷以外构件竖向挠度最大值约 392mm，位置在南侧内环梁处。挑篷竖向位移最大值发生在南侧。整体上看，结构竖向位移挠跨比满足小于 1/50 要求。隔震层以下结构最大层间位移角均小于 1/200，满足规范要求。

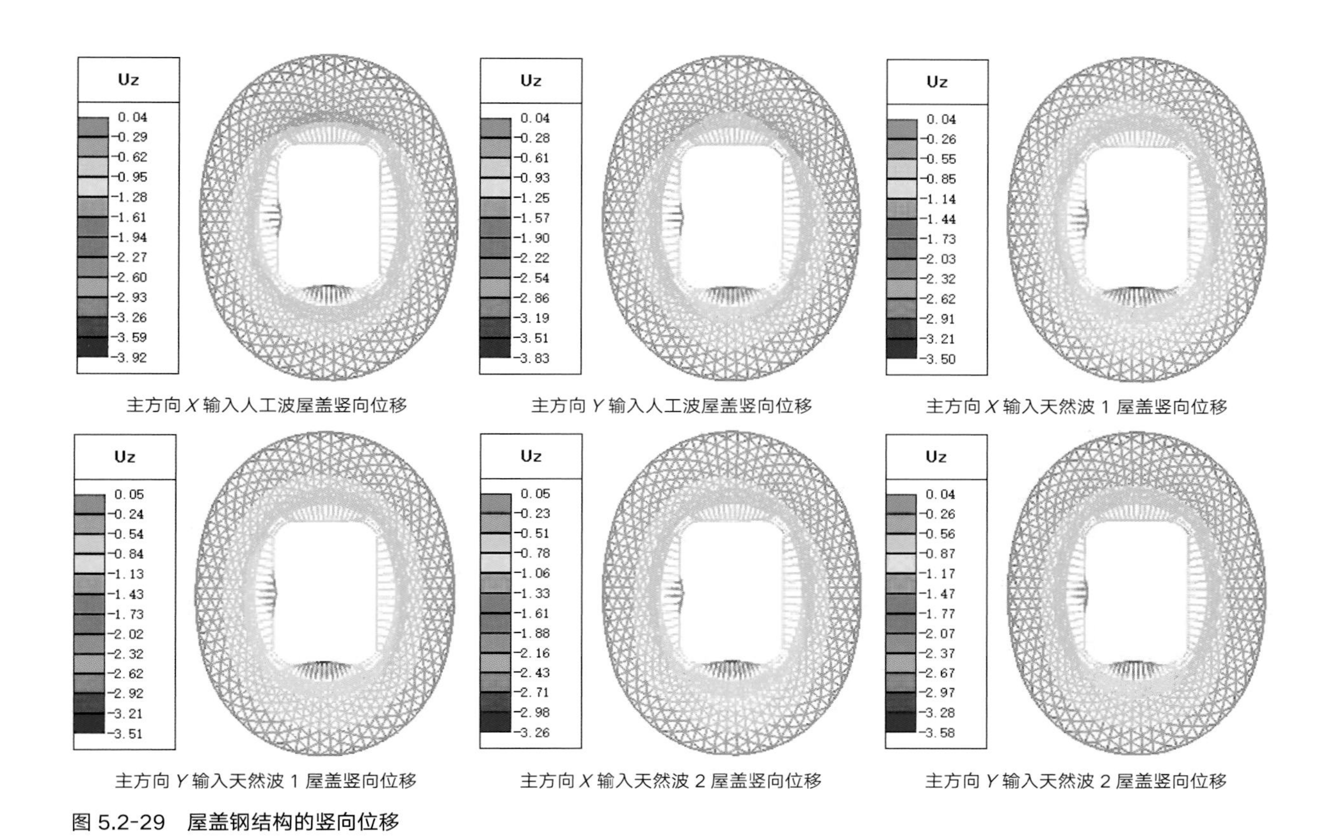

图 5.2-29　屋盖钢结构的竖向位移

罕遇地震下结构各部件的损伤破坏情况如图 5.2-31 所示。可知，网壳部分边缘有少数构件发生轻微损伤，其他构件无明显损伤。钢筋混凝土梁损伤较小，作为第二道防线，绝大多数框架柱损伤因子在 0.2 以下，表明结构尚有足够安全储备。

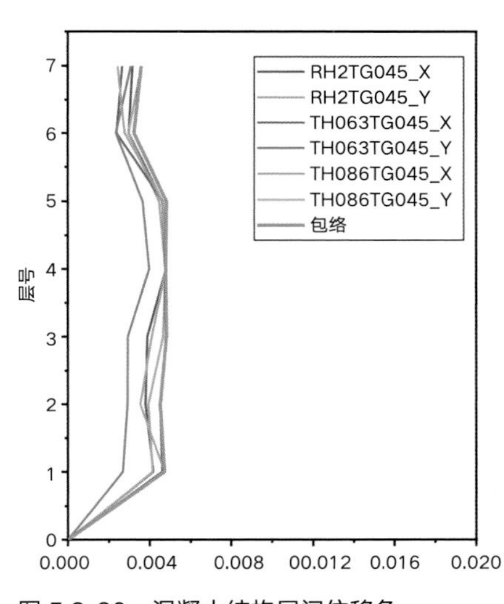

图 5.2-30　混凝土结构层间位移角

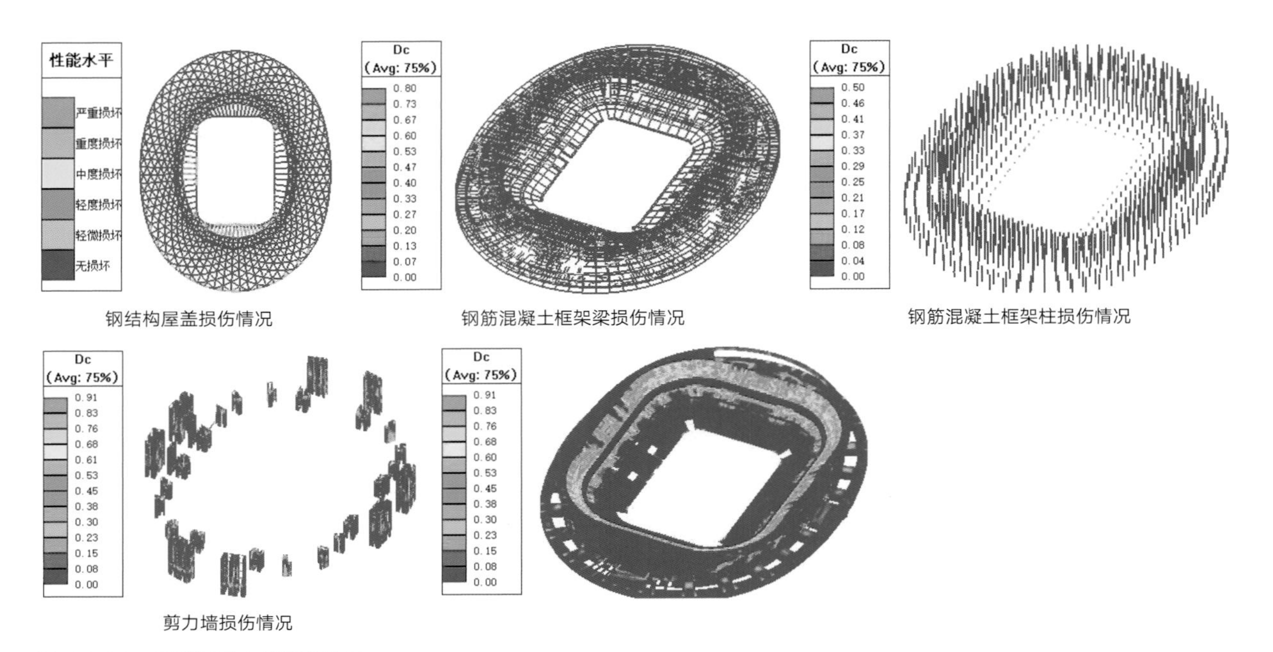

图 5.2-31　钢筋混凝土板损伤情况

综上所述，通过对结构进行地震动力弹塑性时程分析，本结构能够满足《建筑抗震设计规范（附条文说明）（2016 年版）》GB 50011—2010“大震不倒”的设防目标。

5.2.4　超长混凝土温度分析和新型诱导缝的应用

5.2.4.1　超长混凝土楼板温度应力计算

本工程地下室及体育场看台为超长连续板且都处于室外环境，温度作用下可能引起较大开裂，采用盈建科 YJK 进行温度分析。

温度荷载考虑超长结构混凝土收缩应变的当量温降 -10℃，混凝土季节温差折减系数 0.4，混凝土收缩当量温降折减系数 0.3，可计算出温度分析所用的温差如下：

（1）室外

看台、室外平台升温：0.4×（30—10）=8℃；

看台、室外平台降温：-0.3×10+0.4×（-10—20）=-15℃。

（2）室内

考虑使用期间室内温差小，最高和最低温度分别按 20℃和 5℃考虑。

室内混凝土结构升温：0.4×（20—10）=4℃；

室内混凝土结构降温：-0.3×10+0.4×（5—20）=-9℃。

以一层和二层顶板为例，升温工况下最小主应力和降温工况下最大主应力见图 5.2-32、图 5.2-33。

可总结出如下规律：

（1）地面对楼层的约束作用越强，可见楼层越低楼板应力越大。

（2）开洞周边楼板应力不均，楼板呈现平面内受弯状态。需在各楼层四周及开洞周边设置连续构件传递拉压力，并配置相应的楼板拉通钢筋。

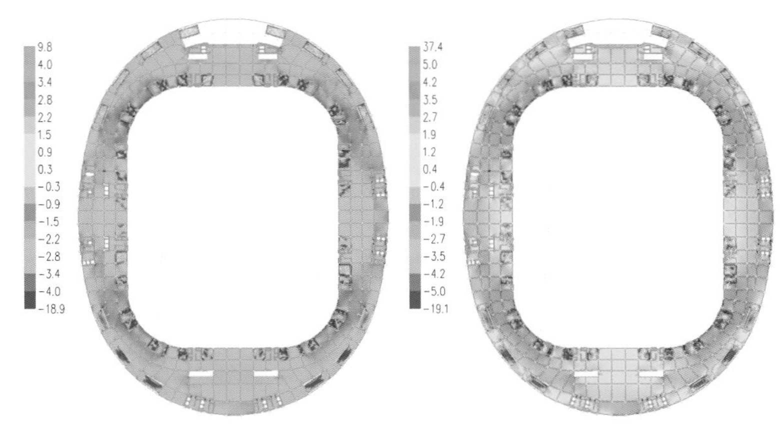

图 5.2-32　F1 层顶板升温（左图）和降温（右图）工况温度应力

（3）升温工况下，各层顶板的典型压应力约为 1 ~ 4MPa，未超过混凝土抗压强度标准值。

（4）降温工况下，各层顶板的典型拉应力约为 1 ~ 3.5MPa，开洞四角最大拉应力约为 4.5MPa，超过混凝土抗拉强度标准值，需采取施加预应力钢筋等措施减小或消除混凝土开裂的影响。

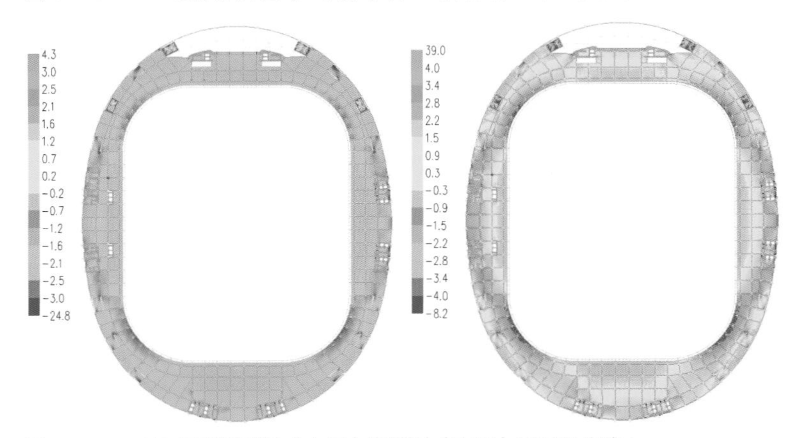

图 5.2-33　F2 层顶板升温（左图）和降温（右图）工况温度应力

5.2.4.2　防裂措施

由以上楼板温度应力计算结果可知，在降温工况下，局部楼板温度应力超过混凝土抗拉强度标准值，为防止楼板出现有害裂缝，采取以下综合措施：

（1）看台结构按双层设计。下层为整体钢筋混凝土现浇层，上层为预制看台层，上下层间完全脱开，图 5.2-34 为工人体育场双层看台示意。

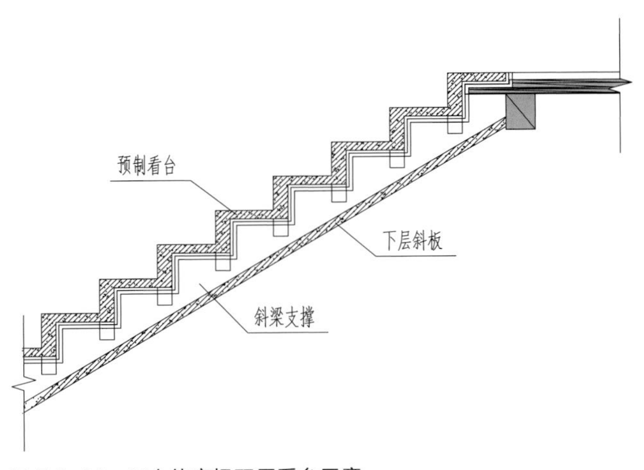

图 5.2-34　工人体育场双层看台示意

（2）施工时设临时后浇带。每隔 120m 左右设一道宽 1.5m 钢筋完全断开的后浇带、40m 左右设置一道 0.8m 宽钢筋连续的后浇带，后浇带混凝土应在其两侧混凝土龄期达到 60 天后用微膨胀混凝土浇筑。图 5.2-35 为工人体育场后浇带位置示意。

（3）控制水泥用量，要求施工不能随意在混凝土配合比中增加水泥用量，并采用低热水泥。在混凝土中掺加抗裂性能好的活性掺合料或适量掺加粉煤灰等降低水化热，可采用 60 天强度作为混凝土的抗压强度。

（4）按照温度应力计算结果，增加超长楼屋面梁、板的通长构造钢筋。并在体育场梁板中沿环向施加预应力，根据温度应力分析结果对预应力值进行优化。梁中预应力筋部分节点如图 5.2-36 所示。

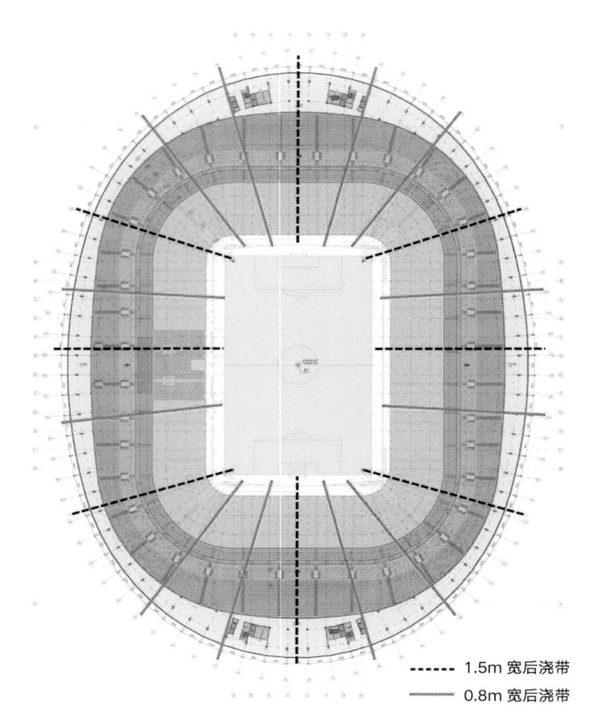

图 5.2-35　工人体育场后浇带分布

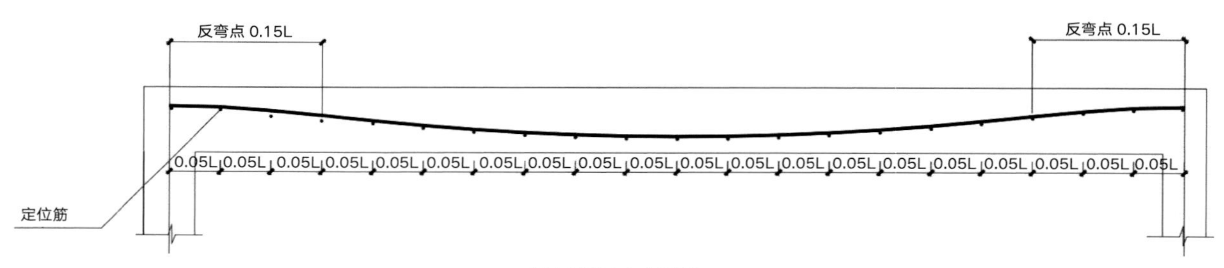

梁中预应力矢高示意

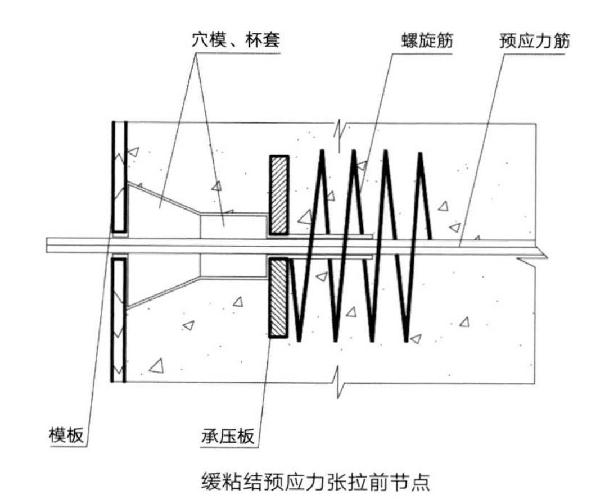

缓粘结预应力张拉前节点

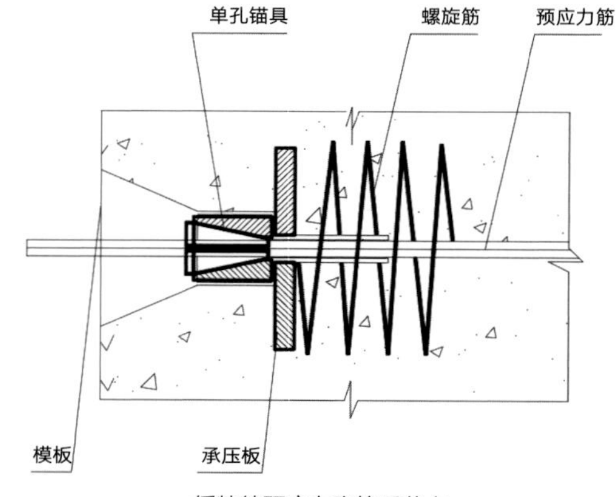

缓粘结预应力张拉后节点

图 5.2-36　梁中预应力筋部分节点示意图

（5）在薄弱部位且受重力荷载较小的部位设置 S 形弯折钢筋的新型诱导缝（图 5.2-37），混凝土表面开槽，水平分布钢筋在开槽处弯折成 S 形，在浇筑完成后使用防水胶膏将槽封闭，将可能产生的裂缝集中诱导，从而释放楼板温度应力。

5.2.4.3　新型诱导缝研究

和常规诱导缝相比，新型诱导缝通过开槽和 S 形弯折钢筋，同时削减了混凝土和钢筋的受力面积。构件受拉时，诱导缝位置和其他截面相比属于“薄弱面”，能引导裂缝在诱导缝产生。此外，诱导缝槽内填充防水胶膏可解决裂缝产生后可能存在的漏水、渗水以及混凝土构件耐久性问题，且施工方便。

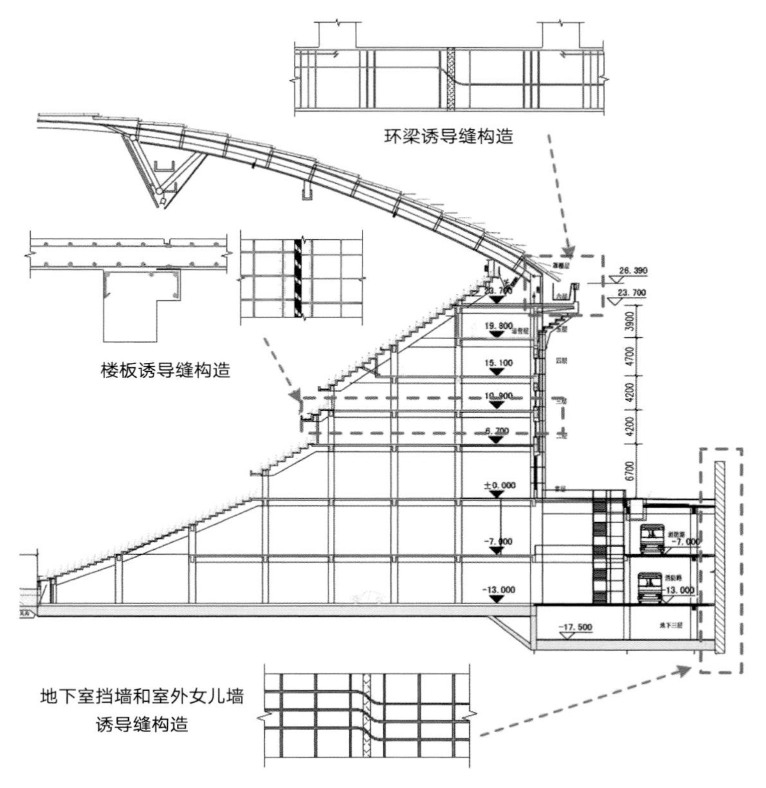

图 5.2-37　S 形弯折钢筋的新型诱导缝布置示意

（1）理论计算

图 5.2-38 为带约束边界条件的混凝土构件示意图，在降温时构件整体受拉，在构件任意点 x 处，取微元体进行分析。构件高度为 H，长度为 L，厚度为 t，降温引起的内力为 σ_x，约束边界对构件作用力为 Q。

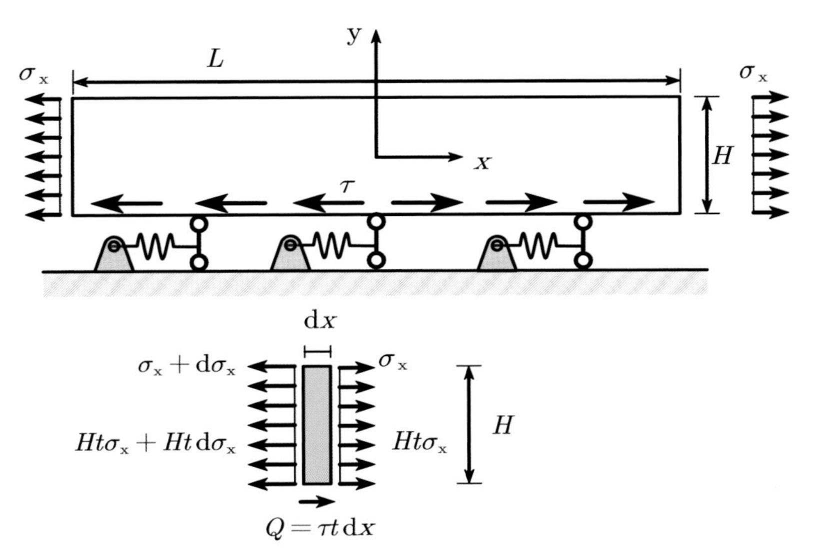

图 5.2-38　诱导缝间距计算示意图

经理论计算并结合工程经验，本项目诱导缝实际布置的最大间距见表 5.2-8。

诱导缝布置间距　　　　表 5.2-8

构件	高度 /mm	计算间距 /m	实际设置最大间距 /m
地下室外墙	5000	20.82	11.00
环梁	1200	10.62	9.925（跨中）
室外女儿墙	1500	11.41	9.00

使用有限元分析软件 ABAQUS 对环梁诱导缝结构进行分析，诱导缝附近混凝土梁单元使用实体单元 C3D8R 模拟，网格在开槽位置加密。檐口环廊的其他梁柱构件使用 B31 梁单元模拟，梁单元与实体单元之间使用多点约束（MPC）连接。图 5.2-39 为环廊计算模型。

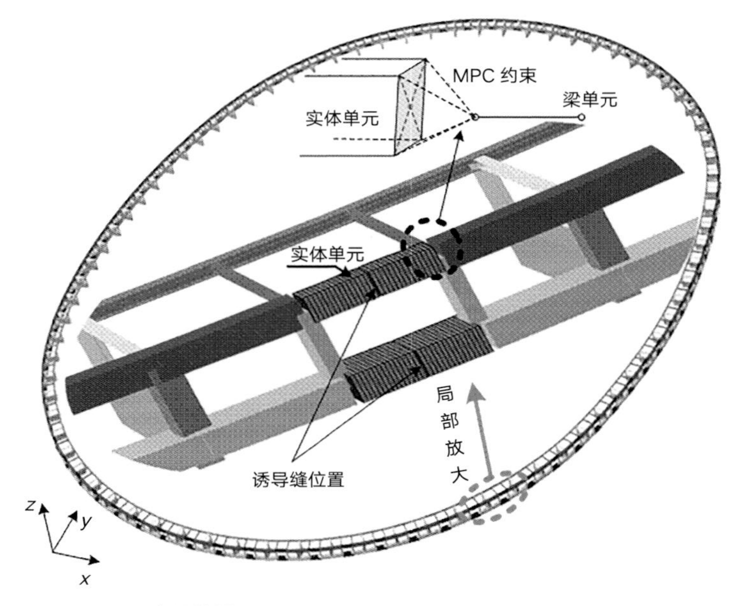

图 5.2-39　环廊计算模型

图 5.2-40、图 5.2-41 为降温工况下不同位置诱导缝处混凝土应力和现场诱导缝开裂情况，诱导缝混凝土受拉，混凝土梁内侧和外侧的最大拉应力位置均出现在诱导缝槽内。由于诱导缝处混凝土面积被削减，在相同拉力作用下，应力更大。因此，当诱导缝处的混凝土达到混凝土极限抗拉强度时，该处混凝土率先开裂，当拉应力增加时，裂缝会进一步发展，同时释放温度应力，达到定向诱导缝开裂的目的。

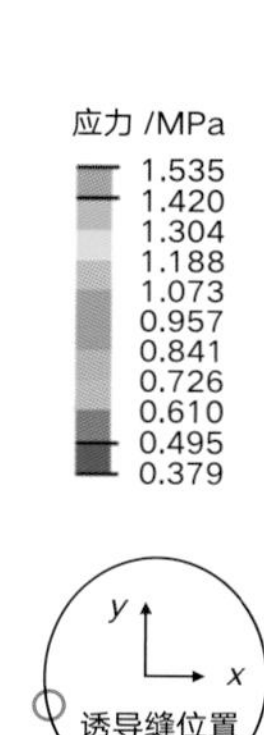

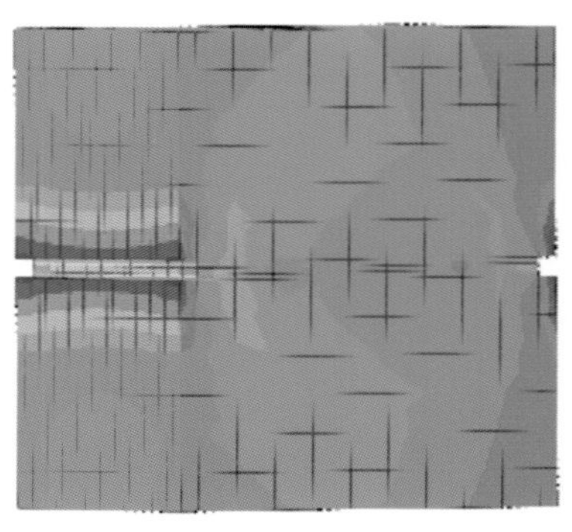
图 5.2-40　诱导缝处混凝土应力情况

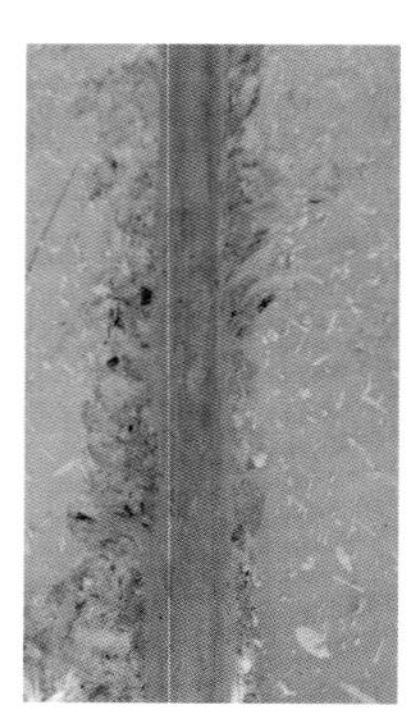

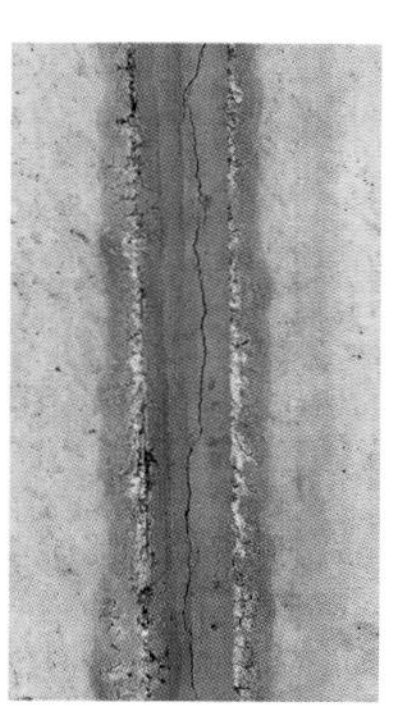

图 5.2-41　现场诱导缝开裂情况

（2）试验研究

试验设计 6 个诱导缝钢筋混凝土受拉试件（图 5.2-42），试件水平非受力钢筋分别采用弯折 0°、30°、60° 三种工况，试件混凝土强度等级为 C40，试件内受力钢筋以及箍筋等级为 HRB400，埋件钢板采用 Q345B 钢。试验选用受力钢筋的公称直径分别取 10mm 和 8mm，箍筋公称直径为 6mm。

将构件放入拉力试验机中，粘贴好应变片，拉力机与试件固定。采用 201 型 MTS 作动器，配备动态数据采集系统。图 5.2-43 为试验加载情况，试件通过销轴与加载设备连接，试件底部设置两个可滑动的千斤顶支座。

在正式加载的初始阶段，试件无明显试验现象。随着水平力增加，试件表面未观察到裂缝产生。当水平力达到一定数值时，伴随巨响，6 组试件均在诱导缝开槽位置产生首条贯穿裂缝。继续加载，诱导缝位置裂缝宽度不断扩大。随着荷载增大，新的裂缝在诱导缝开槽位置两侧对称产生，呈现由中间向两边发展的分布模式。试件首条裂缝如图 5.2-44 所示。

试件的开裂荷载及首条裂缝宽度见表 5.2-9。

试件制作成品

试验前试件吊装就位

图 5.2-42　诱导缝试验研究

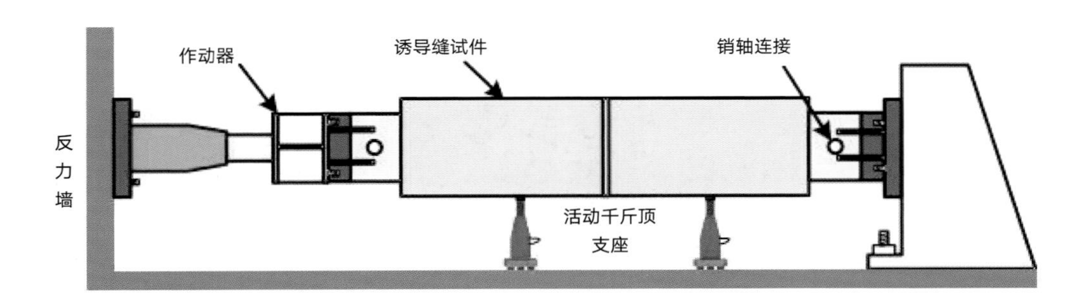

图 5.2-43　试件加载示意图

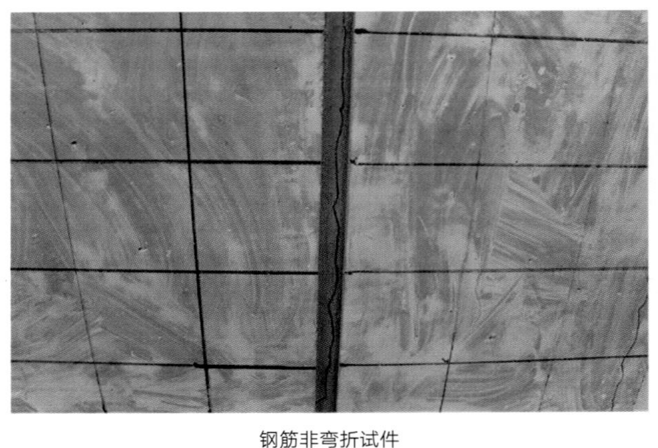
钢筋非弯折试件

钢筋弯折试件

图 5.2-44　S 形弯折钢筋诱导缝首条裂缝

试件开裂荷载及裂缝宽度　　**表 5.2-9**

编号	开裂荷载试验值 /kN	开裂荷载计算值 /kN	首条裂缝宽度 /mm
CJ0-6-8	270.00	215.51	0.20
CJ0-4-10	260.00	218.39	0.24
CJ30-6-8	210.00	215.51	0.31
CJ30-4-10	260.00	218.39	0.36
CJ60-6-8	250.00	215.51	0.33
CJ60-4-10	260.00	218.39	0.36

可见，整体上 6 组试件开裂荷载较为接近，开裂荷载不受钢筋弯折角度的影响。假定钢筋与混凝土在开裂前变形协调，计算试件的理论开裂荷载值均小于试验值。此外，随着试件弯折钢筋的角度增大，首条裂缝的宽度呈现增大的趋势。在配筋率相近的情况下，减小分布钢筋间距（即分布钢筋数量增多）有利于减小裂缝宽度。通过设置新型的诱导缝，可将可能产生的裂缝集中诱导，释放楼板温度应力。

5.3　机电设计：智慧节能 循环利用

5.3.1　电气和光伏系统

电气系统主要分为强电系统、消防系统、信息化应用系统、智能化集成系统、信息设施系统、建筑设备管理系统、公共安全系统、机房工程、室外智能化系统等。图 5.3-1 ~ 图 5.3-3 为体育场地下一层主要电气用房分布、供配电和电气消防系统主干。

除上述系统外，还进行了体育工艺专项电气设计，包含体育场专用照明、LED 大屏幕信息显示及控制系统等。

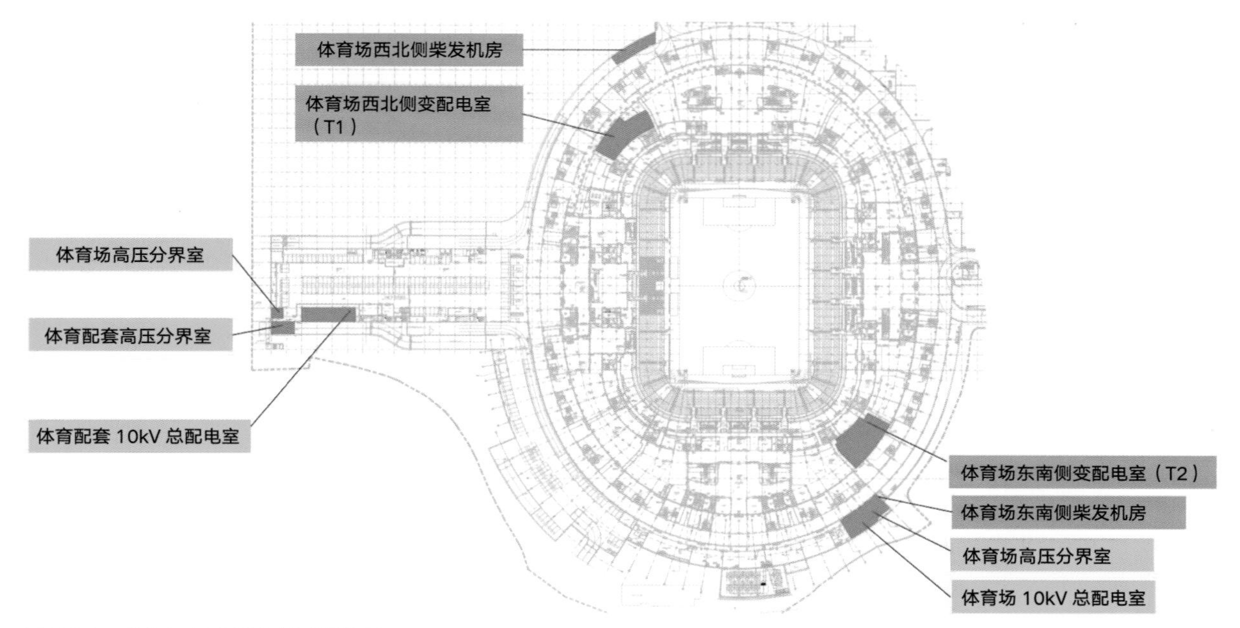

图 5.3-1　地下一层主要电气用房分布

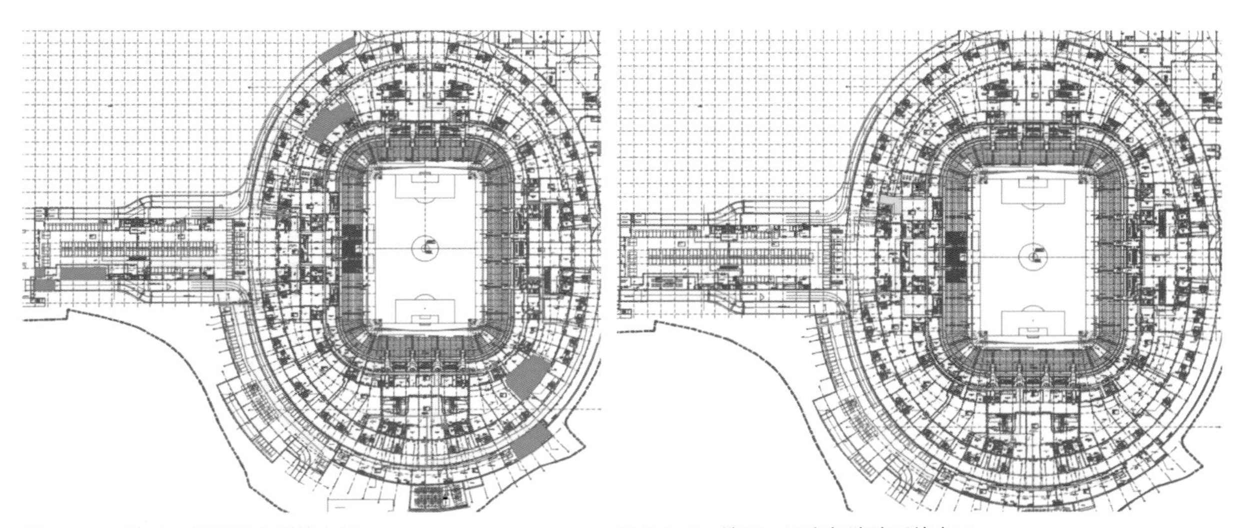

图 5.3-2　地下一层供配电系统主干

图 5.3-3　地下一层电气消防系统主干

在体育场罩棚幕墙金属导风翼设置低压并网型的太阳能光伏发电系统，光伏组件线路三维示意如图 5.3-4 所示。系统配设计量装置、防逆流和防孤岛效应保护，结合体育场屋面罩棚设置，光伏材料采用高效单晶硅电池形成的幕墙光伏组件形式，面积不小于 $5000m^2$，系统总功率不低于 650kW。

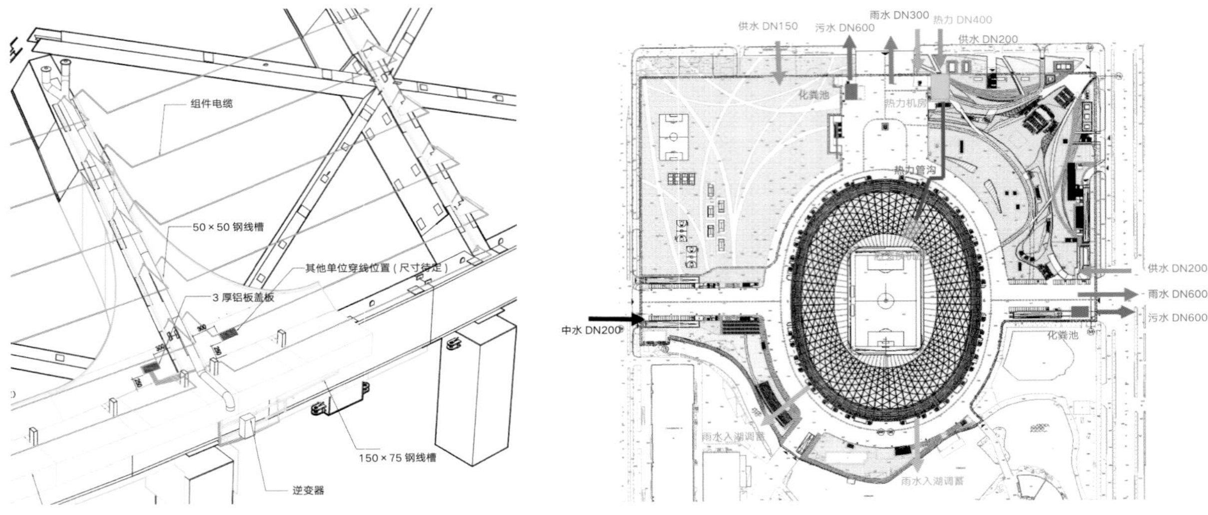

图 5.3-4　光伏组件线路三维示意图

图 5.3-5　小市政接口方案示意图

5.3.2　小市政、雨水调蓄、空调冷热水环线和冷雾系统

给水排水系统分为室内生活给水、热水系统、室内污废水、雨水排水系统、中水系统、雨水收集与利用系统、消防给水系统和灭火设施等。

5.3.2.1　小市政接口方案

图 5.3-5 为小市政接口方案示意图。水源为从市政给水管网引入 3 路生活给水，其中从本项目东侧路引入 1 路 DN200、从北侧路东段引入 1 路 DN200、从北侧路西段引入 1 路 DN150，水压为 0.25MPa。热源为市政热力管道从工体北路引入本项目热力站，再通过管沟，引至体育场地下二层生活热水交换机房，进行生活热水热交换后使用，冬季供回水温度为 150℃ /90℃。夏季供回水温度为 70℃ /40℃。排水为在用地红线内的北侧、东侧，分别设置化粪池，污水经化粪池处理后排入市政污水管网。

5.3.2.2　雨水调蓄系统

图 5.3-6 为体育场雨水调蓄系统图。体育场罩棚屋面采用虹吸雨水排水系统，通过集水天沟进行雨水汇集至管道，雨水立管紧贴体育场周圈结构柱安装，由地下一层顶板下引出室外。屋面雨水设计重现期 50 年，加溢流管道系统，总设计重现期 100 年，天沟、雨水立管及地下一层雨水出户管做电伴热防冻保护。足球场草坪雨水集水池设置位置在足球场南北两侧，下面集水池内设置雨水泵将雨水提升排至室外，利用南侧的泄湖和地下雨水调蓄池作为整个地块的雨水调蓄使用，满足 80% 年径流总量空置率指标。足球场草坪雨水排水系统按设计重现期 100 年，降雨历时 2h 设置雨水集水池。

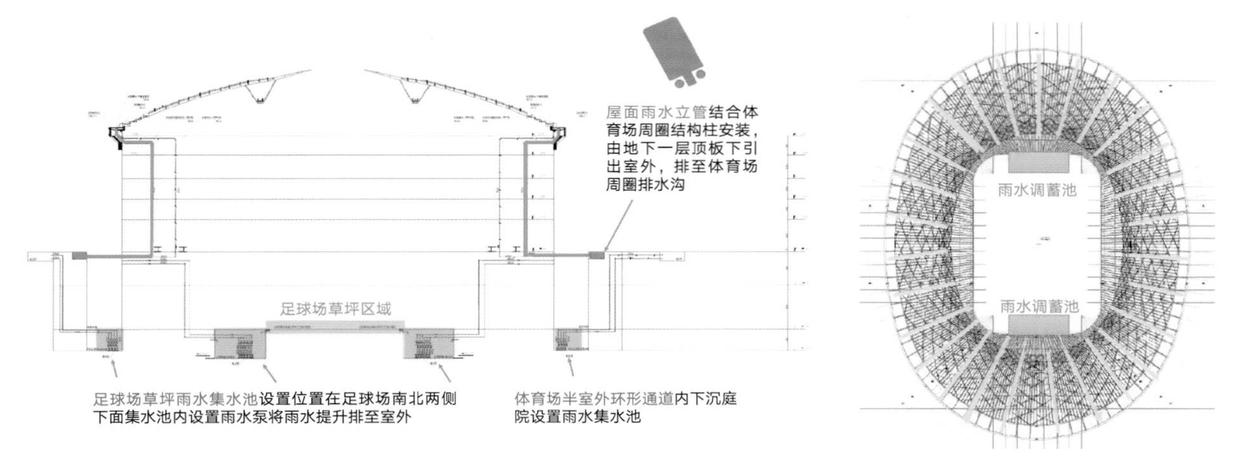

图 5.3-6　体育场雨水调蓄系统图

5.3.2.3　空调冷热水环线系统

图 5.3-7 为体育场空调冷热水环线系统图。体育场地下二层室内管沟（3.5m×4m）形成 DN600 两条供回水环线。环状供水母管和环状回水母管均相当于双路供回水，均能够为空调末端供回水，结构形式简单，设计合理，便于实现系统水力平衡，降低系统输配能耗，并能够有效提高供回水可靠性。

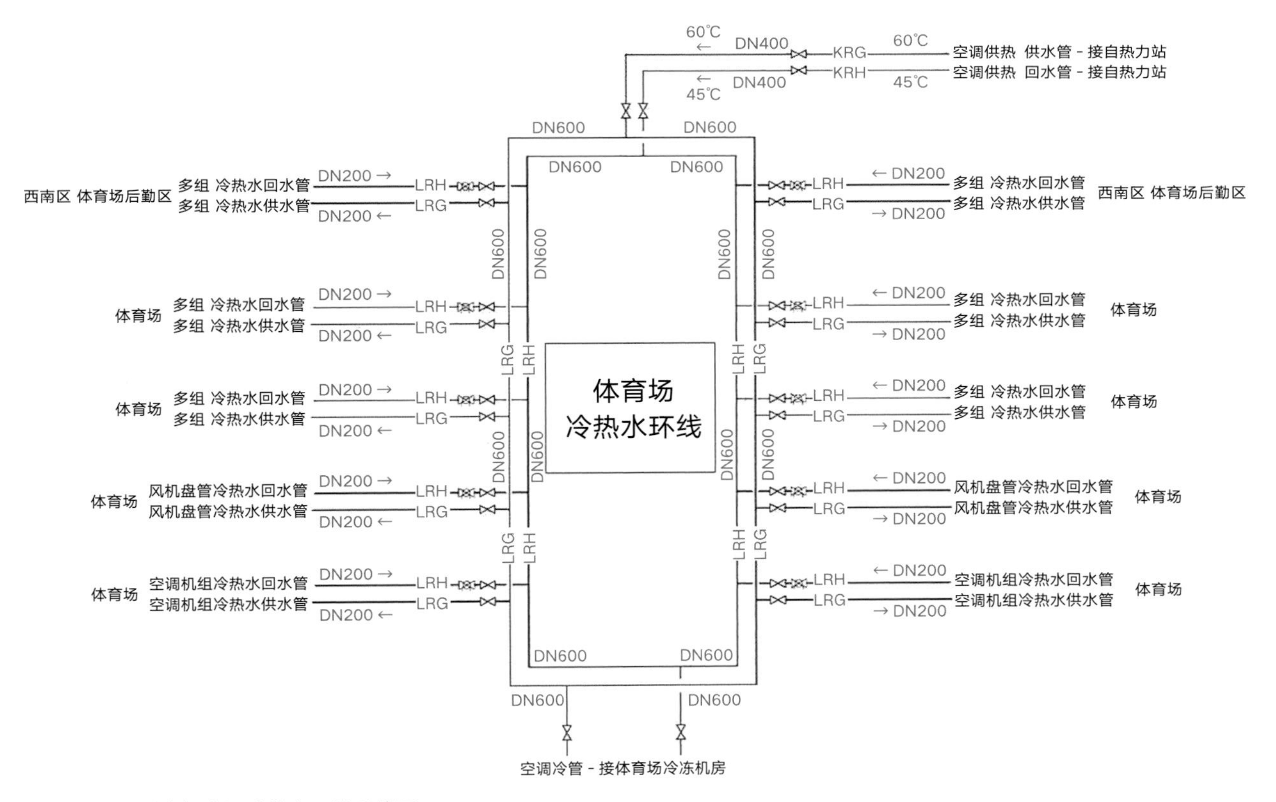

图 5.3-7　体育场空调冷热水环线系统图

5.3.2.4 冷雾降温降尘系统

在体育场内座椅区人员密集场所，设置冷雾降温降尘系统，如图 5.3-8 所示。采用高压水喷雾造雾工艺，经过处理的清洁水在高压泵作用下，从喷头高速射出，经过特殊喷头破碎成细小液滴，形成极细密雾化效果，雾在空气中蒸发吸收大量的热量，可以使水雾周围温度下降 5 ~ 8℃。

雾化粒径 70% 小于或等于 4μm，喷口压力为 7 ~ 10MPa。每个喷雾头控制间距为 0.8 ~ 1.2m，喷出雾型控制在长度不小于 5m、宽度（距喷头 5m 远处）不小于 2m，喷雾头水平角度根据设置位置与观众席的垂直高差经校核验算确定。

冷雾系统由净化水机 + 制雾主机 + 管道 + 喷头及智能化控制系统组成。系统具备卫生自清洁运行程序，冷雾系统在主机房以外的管道能够实现冬季排水泄空的措施，防止管道及喷雾头冻裂。

冷雾系统水质，依据《高压冷雾工程技术规程》CECS 447—2016 的要求，采用离子交换水处理工艺去除水中钙、镁离子。控制总硬度不大于 80mg/L（以 $CaCO_3$ 37 / 44 计）。水源使用生活给水并设置计量水表，引入冷雾机房的生活给水管设置防污染隔断阀等防污染措施。图 5.3-9 为现场冷雾系统调试。

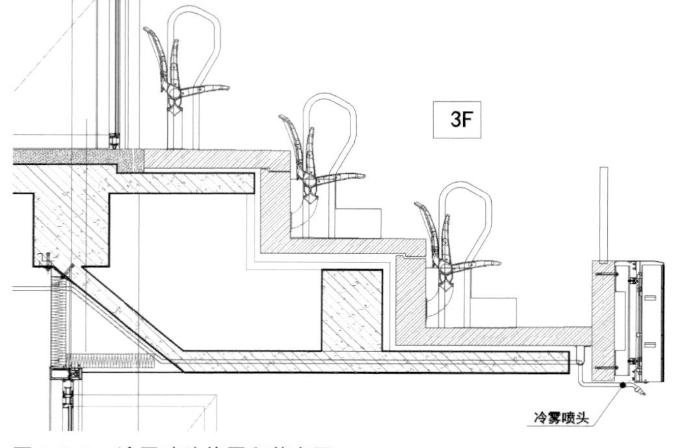

图 5.3-8 冷雾喷头位置和节点图

图 5.3-9 现场冷雾系统调试

5.3.3 自然通风优化设计

因体育场为开敞高大空间，群集密度高，负荷特性特殊，区域要求差异明显，且草坪设置在地下，球场进风、排风位置受限，为保证使用区实时性需求，需对气流组织进行 CFD 模拟，实现自然通风优化设计。

模拟优化方向及主要解决的问题如下：

（1）总进风量不足。优化进出风位置及尺寸，解决自然通风不畅导致的室外风无法进入场馆问题。

（2）地下空间气流不畅。优化地下空间进风形式、位置及尺寸，解决无法到达地下球场及观众席区域问题。

（3）流线不合理。优化导流方向，解决局部通风死角、局部温湿度积聚问题。

5.3.3.1　模拟技术路线

方案论证阶段，构建简化几何模型，分析场馆内风环境，判断方案可行性及可优化方向；细化模型分析阶段，从草坪、观众席等角度风速场、温度场分布分析查找各工况气流组织存在的问题，为后续优化方案的选取提供指导；方案优化阶段，分析细化模型方案存在的问题，并对优化设计工况下场馆进行养草工况及赛时工况进行模拟分析，根据验证结果分析气流组织效果，对于局部问题逐步优化验证，以达到设计需求。图 5.3-10 为 ANSYS 建模。

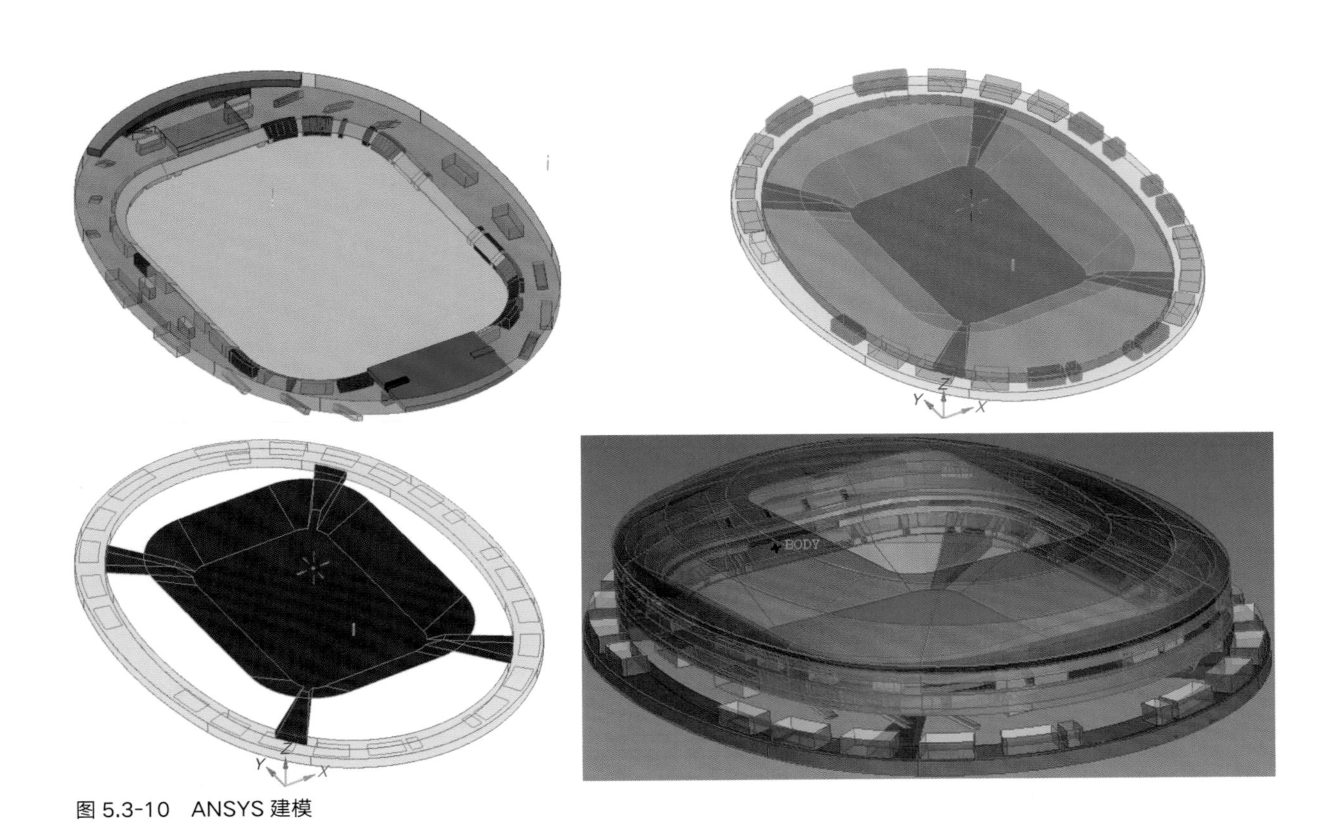

图 5.3-10　ANSYS 建模

5.3.3.2　赛时工况分析

（1）模拟边界

室外风速场，根据北京历史气象参数，选取夏季主导风向及风速中位数，东南风 2.5m/s；室外温度，根据北京市 7—8 月 18:00—20:00 平均室外温度，取值 27.4℃；室内负荷，观众席 65000 人均布，轻度劳动状态，50kcal/h，184g/h；球场 25 人，重度劳动状态，115kcal/h，408g/h；照明负荷，50% 对流，50% 散热均布。

（2）整体流场分析

风自东南方向从迎风面屋顶百叶、一层观众通廊以及通风竖井进入场馆，经过换热后，大部分从背风侧屋顶百叶、一层观众通廊以及屋顶中间露天区域排出场馆（图 5.3-11）。

（3）观众席矢量图

观众席上方 1m 高斜面和草坪上方 1.5m 斜面矢量图，来流覆盖区域风速较高，最高可达 2m/s 以上，局部区域风速较低，低于 0.1m/s（图 5.3-12）。

（4）速度云图

速度场分区较明显，局部风速高达 2m/s 以上，主要集中在一层进、出风位置。草坪上方 1.5m 高平面平均风速 0.572m/s，地下观众区平均速度 0.736m/s；地上观众区平均速度 0.524m/s，局部存在通风死区，点选位置风速在 0.05 ~ 0.1m/s 之间（图 5.3-13）。

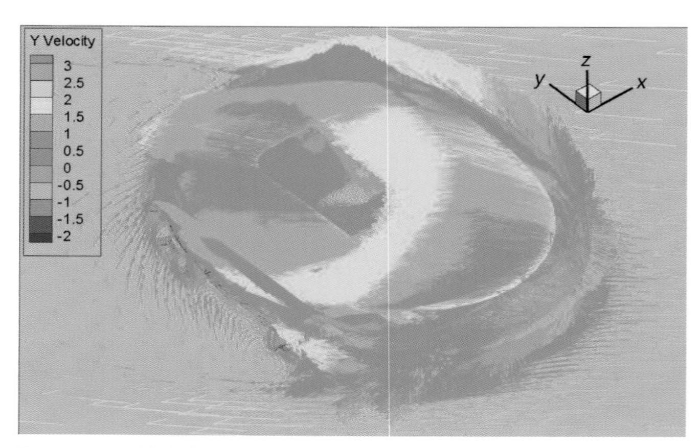

图 5.3-11　整体流场模拟结果（*y* 北向，*x* 东向）

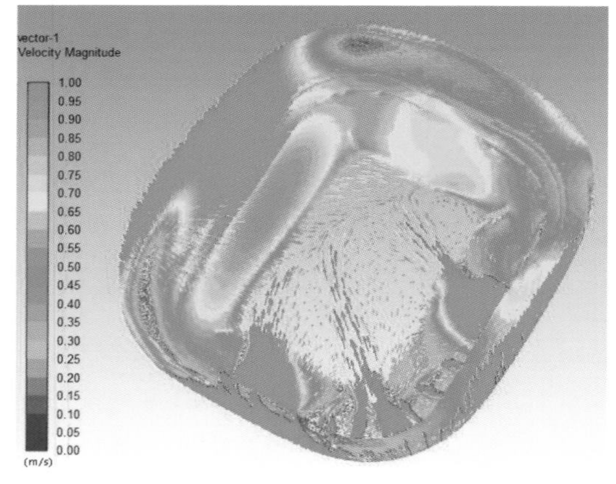

图 5.3-12　观众席矢量图

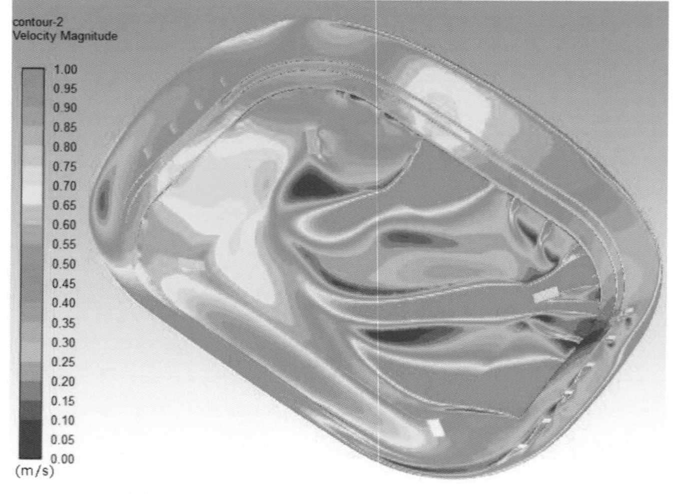

图 5.3-13　速度云图

Area-Weighted Average Velocity Magnitude	(m/s)
downpeople	0.73639585
grass1.5	0.57237538
up-people	0.52360094
uppeopleslipt	0.64937849
Net	0.62913285

（5）温度云图

温度局部分区较明显，局部温度达到 29.6℃，进风位置温度较低，在 27.2℃左右。草坪上方 1.5m 高平面平均温度 28.3℃；观众区平均温度 28.3℃（图 5.3-14）。

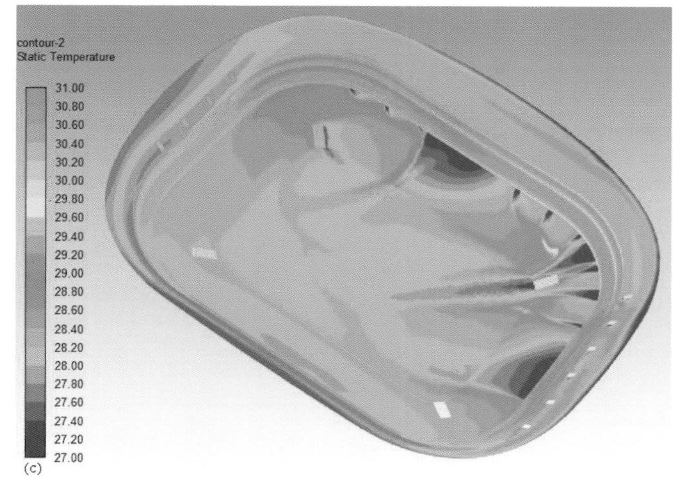


```
Area-Weighted Average
   Static Temperature                      (c)
---------------------------- --------------------
           downpeople                28.356456
             grass1.5                28.273369
            up-people                28.354919
      uppeopleslipt                  28.073874
  ---------------- --------------------
                  Net                28.283393
```

图 5.3-14　温度云图

5.3.3.3　养草工况分析

（1）模拟边界

根据模拟时间点北京历史气象参数，选取夏季主导风向及平均风速；根据模拟时间点北京市 7—8 月历史平均室外温度选取平均温度（表 5.3-1）。

北京夏季平均温度与风速　　**表 5.3-1**

时间	室外平均温度 /℃	室外平均风速 /（m/s）	草坪平均温度 /℃	草坪平均风速 /（m/s）	1.5m 平面平均风速 /（m/s）
9:00	26.3	1.8	29.9	0.12	0.35
11:00	28.3	1.85	31.2	0.22	0.48
13:00	29.8	2.5	31.4	0.26	0.64
15:00	30.2	2.66	31.6	0.32	0.67
17:00	29.5	2.78	31.3	0.26	0.43
19:00	27.4	2.28	29.4	0.15	0.35

（2）速度矢量图

B2 层矢量图显示：风在通风环廊内部存在回流现象，环廊风主要进风为东南侧楔形口，不同高度风速不同，综合整个楔形口流向，西北口为出风口，其他三个风口为进风口（图 5.3-15）。

（3）温度云图

风自东南方向进入场馆向下，与观众席避免相撞，环绕场馆观众席，最终排出场馆。地上观众席主要受百叶进风影响，地下主要受一层及 B2 层进风影响，在一层及 B2 层位置风耦合较多（图 5.3-16）。

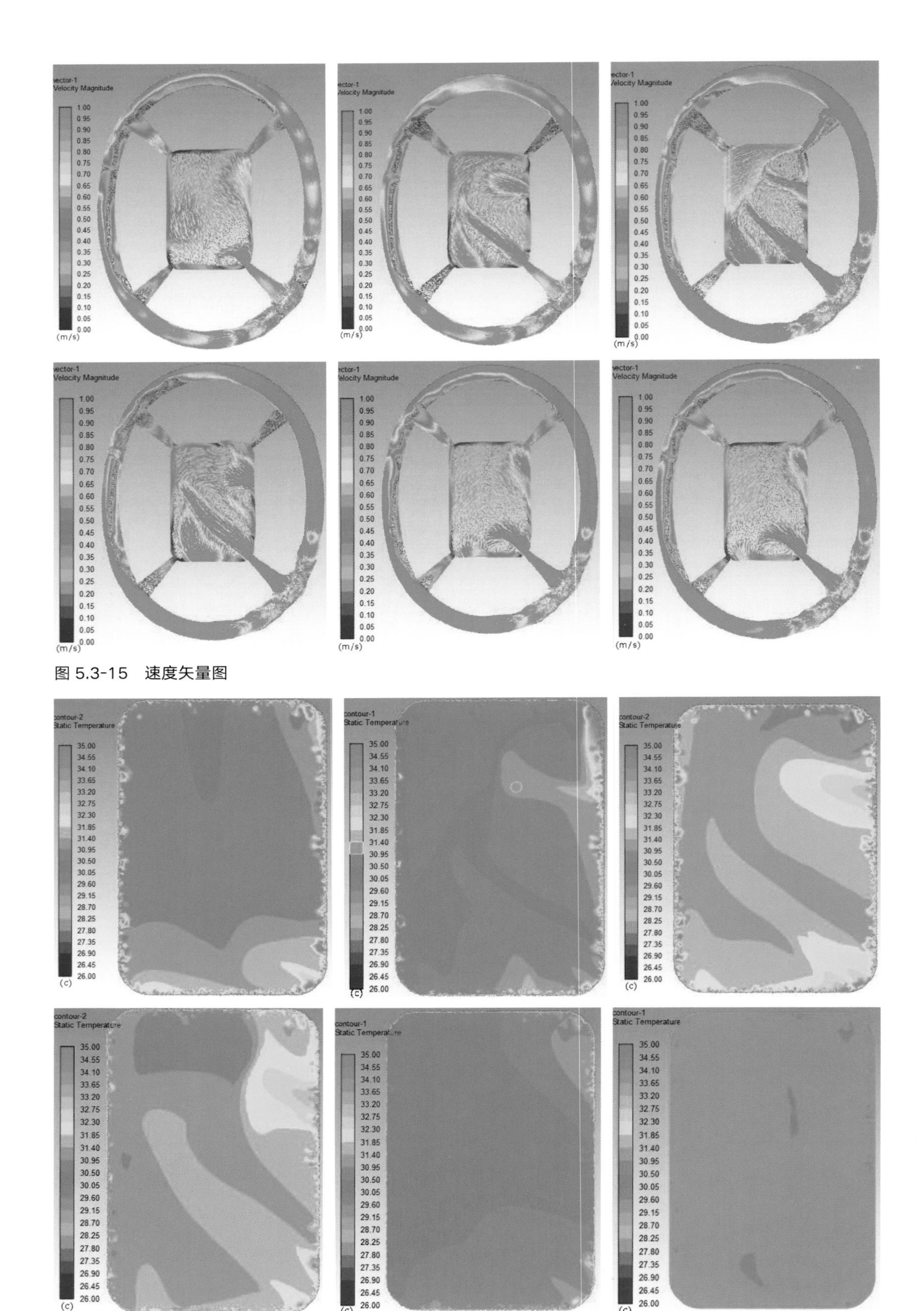

图 5.3-15 速度矢量图

图 5.3-16 温度云图

可见，通过体育场自然通风的数值模拟，解决了地下空间气流不畅、排风不畅导致室外风无法进入、后排座椅遮挡百叶进风等问题，实现自然通风优化设计。

5.4 景观设计：桂冠主题 五种空间

工体整体坐落在一个长方形的地块中，占地 40hm^2。在南侧，有一座面积约为 3.5 万 m^2 的人工湖，北侧则是广场和主入口。东北象限属于一期实施的范围，占地约 14.7hm^2，该区域将与地铁站相连，地下将建设商业建筑且地面开洞，同时地面上将设通风风井、人防疏散口、冷却塔通风口等设备箱体。图 5.4-1 中标注的工体改造范围（4.4hm^2）暂不实施。

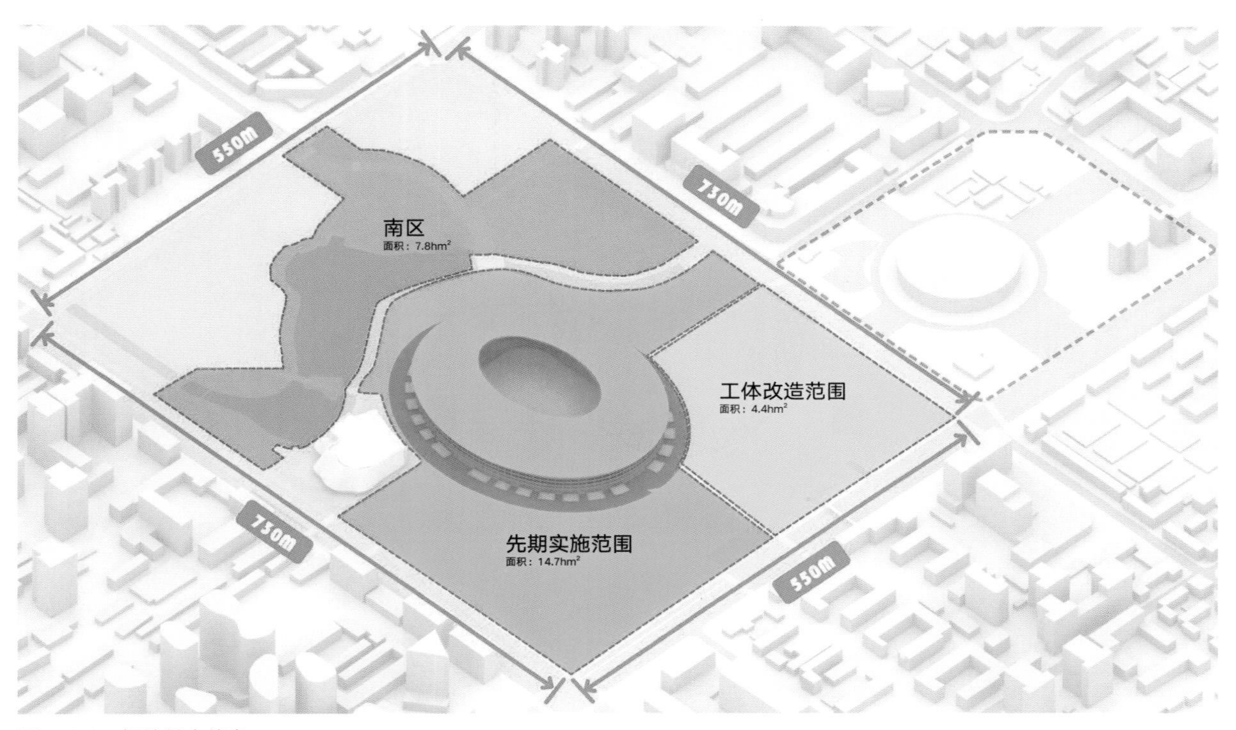

图 5.4-1 场地基本信息

5.4.1 概念，桂冠元素

结合现场条件和规划，考虑到工体建筑将按照原有的风貌进行复建，景观也需要延续这种气质，确定了四个设计策略来打造工体的景观：文化重塑、体育激活、生活融入和自然感知。文化重塑意味着创造一个独特的文化聚集地，体育激活旨在打造一个充满活力的体育空间，生活融入的目标是创造一个与城市生活融为一体的开放空间，自然感知则追求在城市中感受自然的绿色空间。

为给场地的景观设计注入一些独特的记忆点，基于体育场的属性，选择象征竞技精神荣誉的“桂冠”作为设计主题（图 5.4-2）。

“桂冠”指的是由月桂叶枝条制成的花环，象征着竞技体育的荣誉，它是一种光荣的象征。希望用桂冠的造型托起工体，以桂冠元素重新塑造场地结构，形成舒展对称的构图。桂冠的枝叶线条将转化为道路，划分出场地的各个节点和功能区域，桂冠的寓意也代表着对工体的美好祝愿（图 5.4-3）。

图 5.4-2 “桂冠”主题设计

图 5.4-3　景观整体效果

5.4.2 定稿，大都会气质

工体景观追求的是一张独特的地标名片，一种醒目的、气势恢宏的城市形象，是现代简约、富有时间感、经典而包容的，未来空间的使用应该具有更多的可能性。据此，采用白灰色调的混凝土和石材与工体建筑进行对话，植物选择了银杏品种，通过纯粹的色彩让人们感知时间的流转，铭记这个空间的存在。同时，老的雕塑和将军林也在这个空间中得到保留和展示，工体的重要事件被铭刻在工体建筑周围，这是一种让景观承载场地历史的方式（图 5.4-4、图 5.4-5）。

在功能空间方面，将工体区域划分为五种不同类型的空间，以满足不同规模和需求的活动使用，景观活动空间分区如图 5.4-6 所示。

中轴内环空间：包括 5.5 万 m^2 的环形广场和主轴广场，可用于举办大型赛事、庆典花车活动，也可以作为马拉松赛事的起止点，举办时装秀、发布会等活动（图 5.4-7）。

沿街林下空间：这里有数个面积为 300 ~ 500m^2 的小空间，供游人休憩、艺术装置展览等小规模活动使用（图 5.4-8）。

图 5.4-4 统一设计语言

图 5.4-5 总体调性控制

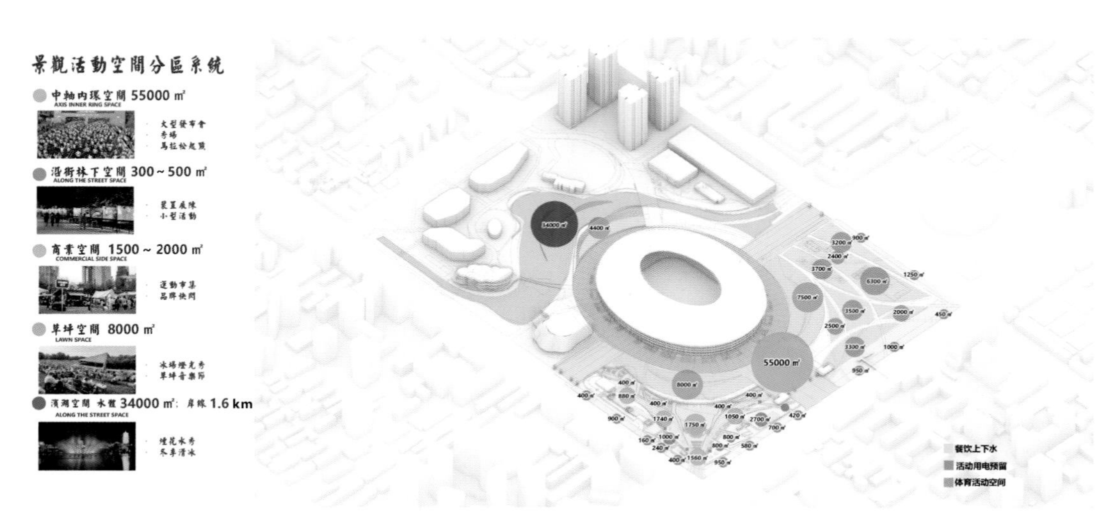

图 5.4-6　景观活动空间分区

图 5.4-7　中轴内环空间效果

图 5.4-8　沿街林下空间四季变化效果

洞口商业空间：这里有数个面积为 1500 ~ 2000m² 的广场，采用硬质铺装，无遮挡物，非常适合举办商业快闪活动和各类市集（图 5.4-9）。

大草坪空间：这个约 7000m² 的开阔场地以工体为背景，是一个完整的草坪空间，非常适合举办草坪音乐节、灯光秀等活动（图 5.4-10）。

沿湖滨水空间：约 3.5 万 m² 的水体和 1.6km 长的岸线是城市中难得的自然资源，可以举办烟花水秀表演，也可以在冬季打造冰雪运动场。疏浚河道，整治湖面，对滨水步道以及连桥更新改造，形成连续一体的滨水游线（图 5.4-11）。

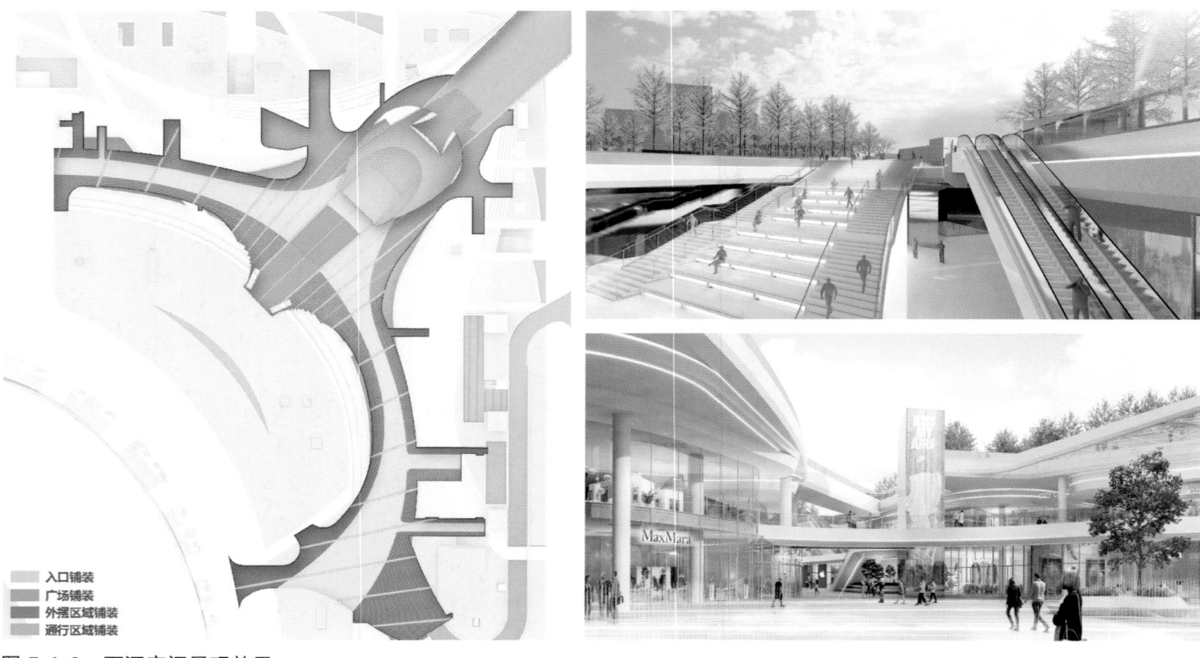

图 5.4-9　下沉空间景观效果

图 5.4-10　大草坪空间效果

图 5.4-11　南侧沿湖景观效果

场地景观在城市尺度上带来积极影响，与城市和谐共生，使工体成为一个具有吸引力和丰富性的经典场所。

5.4.3 实现，场地条件与困难解决

方案确定后，落地的细节遇到了一系列问题和难点。

首先，场地上散布着几十个大小不一的风井箱体，在构图时尽力将这些箱体隐藏在绿化植物之中，以确保人们使用的空间不受其负面影响。对于一些较大体量的箱体，无法完全隐藏时，研究将其改造成具有观赏性和互动性的艺术品（图 5.4-12）。

其次，场地的高差问题需要在景观设计中得到妥善解决和衔接。考虑到无障碍需求，尽量保证活动场地的平整性。通过座椅、草阶、台阶、坡道等多种形式，将高差融入场地边缘，使整个景观与周边自然环境完美融合（图 5.4-13）。

图 5.4-12　大师做小品方案研究

图 5.4-13　场地高差衔接效果

图 5.4-14　场地银杏剖面图

此外，为了营造壮观的树林效果，选择高度超过 10m 的银杏品种，形成气势恢宏的树阵。树木的分支点在 2m 以上，以确保人们的视线通畅，能够透过银杏林欣赏到工体的景观（图 5.4-14）。

同时，还必须满足绿地率、停车位数量、消防车道等一系列规范要求。在深化设计的过程中，各专业保持密切的交流和合作，以确保地铁出风口、建筑洞口的形状与景观线条相协调，并使建筑幕墙与景观挡墙无缝衔接。通过各个专业的紧密配合，发挥各自的优势，努力使项目整体达到高度协调和统一（图 5.4-15）。

图 5.4-15　景观现场图（2023 年 8 月）

第 6 章　工程施工

工体改造复建项目施工时间短，体量大，设定的预期质量标准为“鲁班奖”，如何在有限的工期内高标准完成全部施工任务，是本工程的一大难点。施工可分为体育场和体育配套两个范围。本章以体育场施工任务为主线，主要包括基坑支护、主体结构、罩棚屋盖、幕墙、机电安装等（图 6.0-1、图 6.0-2）。

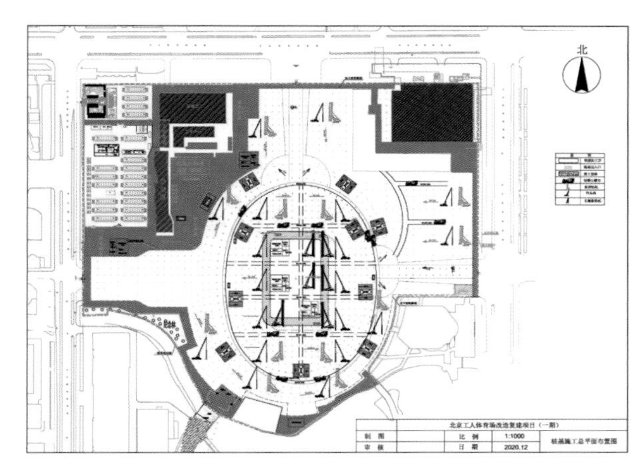

图 6.0-1　基础施工阶段总平面布置图

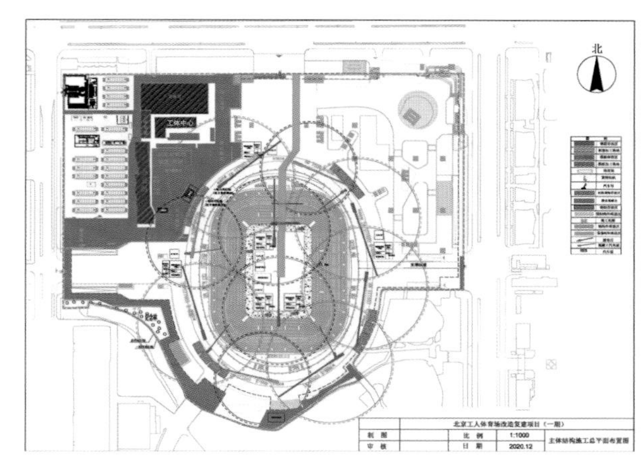

图 6.0-2　主体结构施工阶段总平面布置图

6.1　拆除与保护

6.1.1　老工体拆除

原北京工人体育场［图 6.1-1（a）］单梁最重约 18t，长约 18.3m，挑棚悬臂梁总重约 1600t，结构钢筋混凝土总量约 14000 万 m^3，砖砌体约 28000m^3。同时体育场灯架为预应力梭形柱，拆除面积达到 10.3 万 m^2。拆除项目多，交叉工作面大，现场切割产生火花、钢结构拆除、防止高处坠落伤害、触电等都是施工的重点难点。通过有限元软件建立体育场地上部分整体模型［图 6.1-1（b）］，对拆除施工进行力学仿真与优化，分析机械拆除过程的可靠性和安全性，为制定老工体可靠的拆除技术方案提供支撑。

针对北京工人体育场改造工程，可采用的拆除方案有爆破拆除施工、静力拆除施工、机械拆除施工。综合考虑，采用机械拆除施工，在保证周边商业、居民活动正常有序的前提下，采用隔声屏与中水降尘的方式配合机械拆除进行施工。

（a）原结构照片

（b）整体模型

图 6.1-1　老工体地上部分

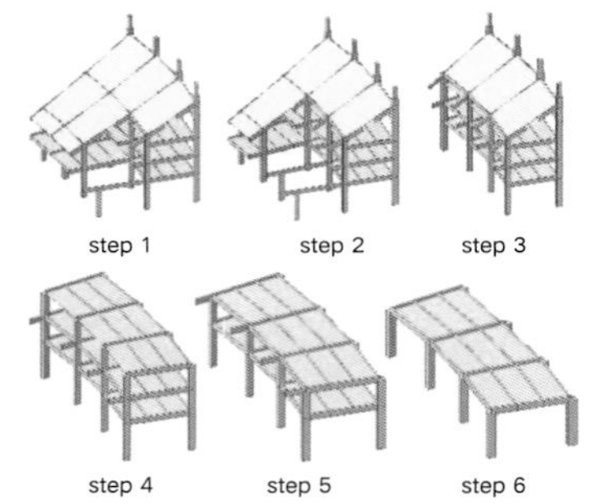

图 6.1-2　工况一拆除步骤示意图

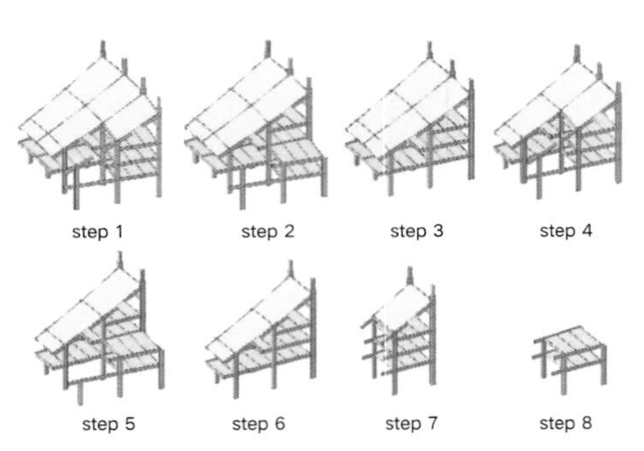

图 6.1-3　工况二拆除步骤示意图

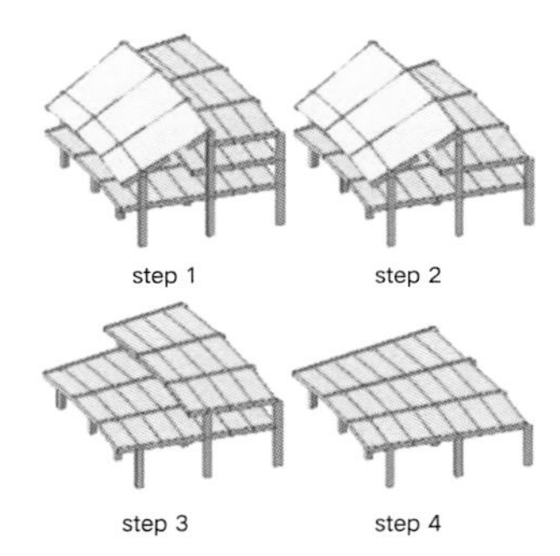

图 6.1-4　工况三拆除步骤示意图

6.1.1.1　有限元仿真计算

通过有限元软件 midas Gen 对拆除施工过程进行静力计算。整个体育场为椭圆形混凝土框架混合结构，南北长 282m，东西宽 208m，体育场主体由 24 个伸缩缝分割成 24 个独立区域，每个区域 4 跨。取其中 1 个看台对拆除钢结构及挑檐的主体结构进行模拟计算。由于小看台与大看台互相独立，对其分别采取移除构件法进行模拟计算。对移除构件后的结构进行静力分析，当最大应力或最大变形大于允许值时，认为该构件或结构发生破坏。

针对大看台，采取 3 种不同顺序的拆除方法进行模拟计算。工况一（图 6.1-2）采取从内至外，先逐跨拆除内侧低区看台，再从上至下逐层拆除外侧高区看台。工况二（图 6.1-3）采取从内至外，从上至下逐跨拆除。工况三（图 6.1-4）采取从外至内，从上至下逐层拆除。

取Ⓐ轴和Ⓑ轴柱底的应力、径向主梁的应力和挠度做拆除过程分析，柱编号分别为 AZ1 ~ AZ3、BZ1 ~ BZ3；梁编号分别为 AL1 ~ AL3、BL1 ~ BL3（图 6.1-5、图 6.1-6）。

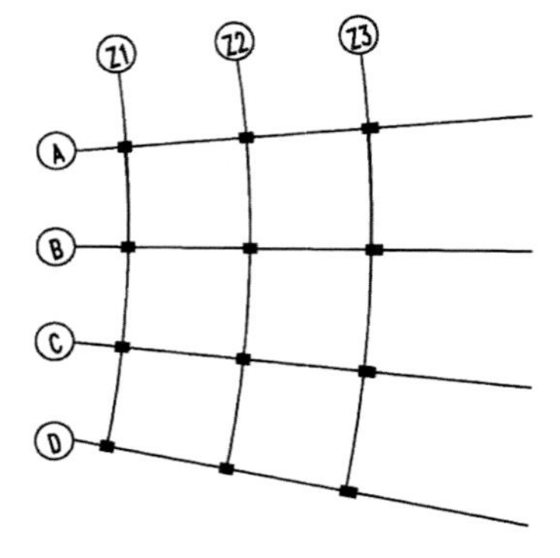

图 6.1-5　单台轴网平面图

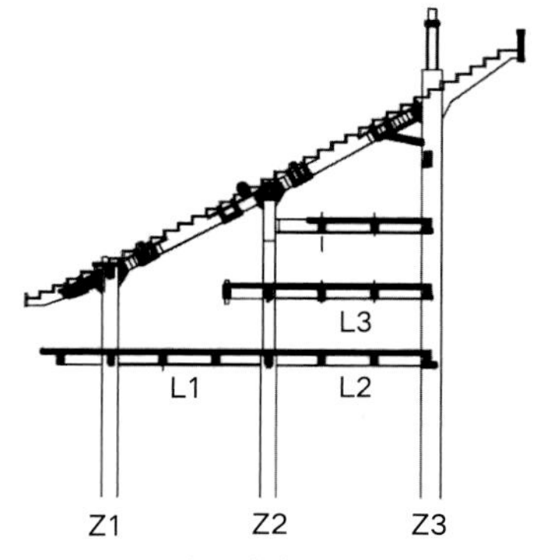

图 6.1-6　大看台剖面图

表 6.1-1、表 6.1-2 为各工况下不同拆除步骤对应的柱应力和梁应力，其中第 0 步（step0）为拆除前初始状态，拆除前最大柱应力出现在 BZ3，为 2.9MPa；最大梁应力出现在 BL3，为 8.37MPa。表 6.1-3 为梁挠度对比，拆除前梁最大挠度出现在 BL3，为 2.10mm。

工况一拆除过程中柱应力在前 5 步均逐级递减，但在第 6 步拆除时均有大幅增大；AL2、BL2 的梁应力则在第 5 步拆除时有增大；梁挠度整体保持递减的趋势。 工况二每 3 步拆除一跨，其柱、梁应力和梁挠度在拆除一跨时，基本保持稳定，仅有极小的幅度波动。工况三拆除过程其柱、梁应力表现为先增大后减小，梁挠度变化较为稳定。

从三种工况的结果可以看出，采取工况二逐跨逐间的拆除方式，结构相对更为稳定，拆除施工过程更为可控。最终拆除方案采用工况二方案。

各工况下不同拆除步骤对应的柱应力对比 /MPa　　表 6.1-1

拆除步骤	AZ1			AZ2			AZ3			BZ1			BZ2			BZ3		
	一	二	三	一	二	三	一	二	三	一	二	三	一	二	三	一	二	三
step0	1.35	1.35	1.35	1.90	1.90	1.90	1.94	1.94	1.94	1.84	1.84	1.84	2.75	2.75	2.75	2.90	2.90	2.90
step1	1.24	1.24	1.31	1.99	1.99	1.84	1.63	1.63	1.24	1.79	1.79	1.80	2.73	2.73	2.48	2.42	2.42	1.83
step2	1.18	1.25	1.35	1.86	1.99	1.68	1.59	1.64	0.99	1.22	1.78	1.84	2.48	2.75	2.17	2.36	2.42	1.45
step3		1.27	1.11	1.63	1.96	1.09	1.48	1.65	1.05		1.76	1.19	2.48	2.78	1.43	2.22	2.42	1.52
step4		1.16	1.02	1.26	1.86	1.11	1.06	1.59	1.14		1.22	1.10	1.92	2.48	1.23	1.62	2.38	1.78
step5		1.19		0.91	1.87		0.77	1.58			1.20		1.38	2.19		1.18	2.06	
step6		1.22		1.74	1.85		1.26	1.65			1.23		2.59	1.90		1.95	1.61	
step7					1.45			1.52						1.47			1.48	
step8					0.85			0.81						0.89			0.78	

注：一、二、三分别表示工况一、工况二、工况三。

各工况下不同拆除步骤对应的梁应力对比 /MPa　　表 6.1-2

拆除步骤	AL1			AL2			AL3			BL1			BL2			BL3		
	一	二	三	一	二	三	一	二	三	一	二	三	一	二	三	一	二	三
step0	4.46	4.46	4.46	4.97	4.97	4.97	4.95	4.95	4.95	7.04	7.04	7.04	8.15	8.15	8.15	8.37	8.37	8.37
step1	4.55	4.55	4.72	4.91	4.91	5.00	4.95	4.95	5.29	7.11	7.11	7.28	7.97	7.97	8.17	7.96	7.96	8.42
step2	4.41	4.53	4.79	4.73	4.91	5.12	4.73	4.95	5.21	4.25	7.14	7.35	7.64	7.97	8.33	7.64	7.99	8.29
step3		4.50	4.20	4.09	4.86	5.01	4.17	4.93	5.15		7.18	6.85	7.12	8.17	8.25	7.21	8.18	8.23
step4		4.41	3.55	4.16	4.72	4.65	4.38	4.73			4.24	6.55	7.18	7.78	7.93	7.45	7.80	
step5		4.42		4.71	4.72		4.20	4.78			4.30		7.33	7.84		7.10	7.81	
step6		4.40		4.58	4.84			4.89			4.43		6.63	4.90			4.92	
step7					4.70			4.33						4.94			4.37	
step8					4.78			4.35										

注：一、二、三分别表示工况一、工况二、工况三。

各工况下不同拆除步骤对应的梁挠度对比 /mm　　表 6.1-3

拆除步骤	AL1			AL2			AL3			BL1			BL2			BL3		
	一	二	三	一	二	三	一	二	三	一	二	三	一	二	三	一	二	三
l_0/300	26.7	26.7	26.7	27.3	27.3	27.3	27.3	27.3	27.3	26.7	26.7	26.7	27.3	27.3	27.3	27.3	27.3	27.3
step0	0.96	0.96	0.96	1.17	1.17	1.17	1.26	1.26	1.26	1.61	1.61	1.61	2.02	2.02	2.02	2.10	2.10	2.10
step1	0.95	0.95	0.92	1.14	1.14	1.09	1.23	1.23	1.12	1.62	1.62	1.55	1.95	1.95	1.88	2.03	2.03	1.88
step2	0.96	0.95	0.92	1.12	1.14	1.05	1.21	1.23	1.16	0.98	1.62	1.54	1.94	1.95	1.81	2.00	2.03	1.94
step3		0.95	0.89	1.04	1.14	1.01	1.15	1.22	1.12		1.62	1.47	1.93	1.99	1.76	1.95	2.06	1.89
step4		0.96	0.75	1.04	1.12	1.02	1.03	1.21			0.98	1.29	1.84	1.98	1.82	1.77	2.03	
step5		0.97		0.98	1.12		1.06	1.21			0.94		1.75	1.92		1.85	1.97	
step6		0.98		1.08	1.17			1.35			0.99		1.94	1.19			1.36	
step7					1.13			1.19						1.15			1.19	
step8					1.01			1.10						1.03			1.11	

注：一、二、三分别表示工况一、工况二、工况三。

l_0 为梁长度，l_0/300 为梁挠度限值；AL1 ~ AL3 梁长度为 8.2m，BL1 ~ BL3 梁长度为 8m。

提取工况二 step2、step4、step7 拆除过程，对其分别进行拆除构件后的倒塌分析。step2 拆除内侧 2 根柱后，应力云图 [图 6.1-7（a）] 显示，在径向主梁处最大应力为 31.2MPa，大于其破坏强度 30MPa，表明此处发生破坏，移除该构件后再进行下一次计算 [图 6.1-7（b）]，结构最大应力为 15.6MPa，小于破坏强度。再移除外侧柱，根据结果 [图 6.1-7（c）] 对破坏构件再进行移除直至结构各构件应力均小于破坏强度。经过数次迭代计算，最终结果表明该跨待拆除构件均已全部破坏，但对相邻的两跨影响较小。step4 拆除内侧 2 根柱后结果如图 6.1-8（a）所示，对破坏构件进行拆除后结果如图 6.1-8（b）所示，各构件应力均小于破坏强度 30MPa，移除外侧柱，经过迭代计算，结果表明 [图 6.1-8（c）] 该跨待拆除构件均被破坏，相邻一跨部分梁、柱也受影响被破坏。由于该跨结构上部较为完整，该拆除方法倒塌不可控因素大，对结构影响大，不适合直接拆除底柱。step7 拆除内侧第 1 根柱后 [图 6.1-9（a）]，最大应力为 63.56MPa，拆除内侧第 2 根柱后 [图 6.1-9（b）]，外侧底柱应力为 43MPa，已发生破坏，位移云图 [图 6.1-9（c）] 表明，结构内侧竖向位移最大，即结构整体向内侧发生倒塌。

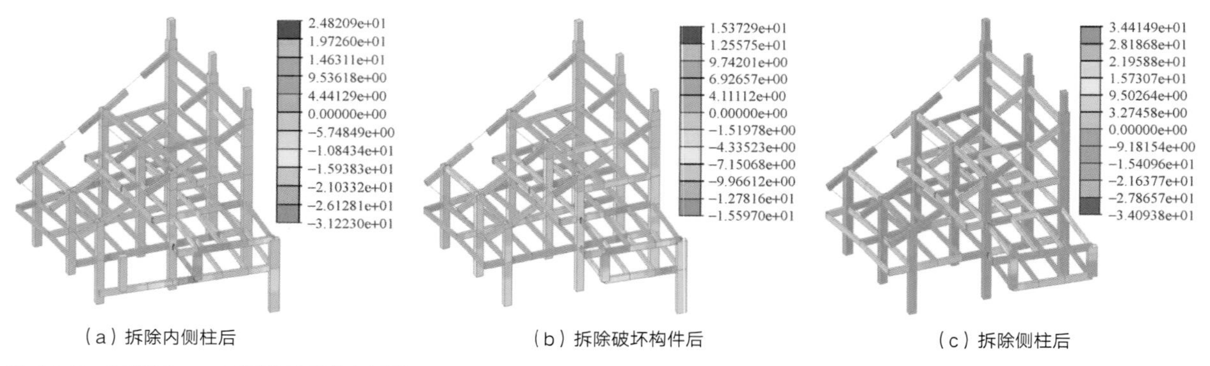

（a）拆除内侧柱后　（b）拆除破坏构件后　（c）拆除侧柱后

图 6.1-7　工况二 step2 拆除过程应力云图 / MPa

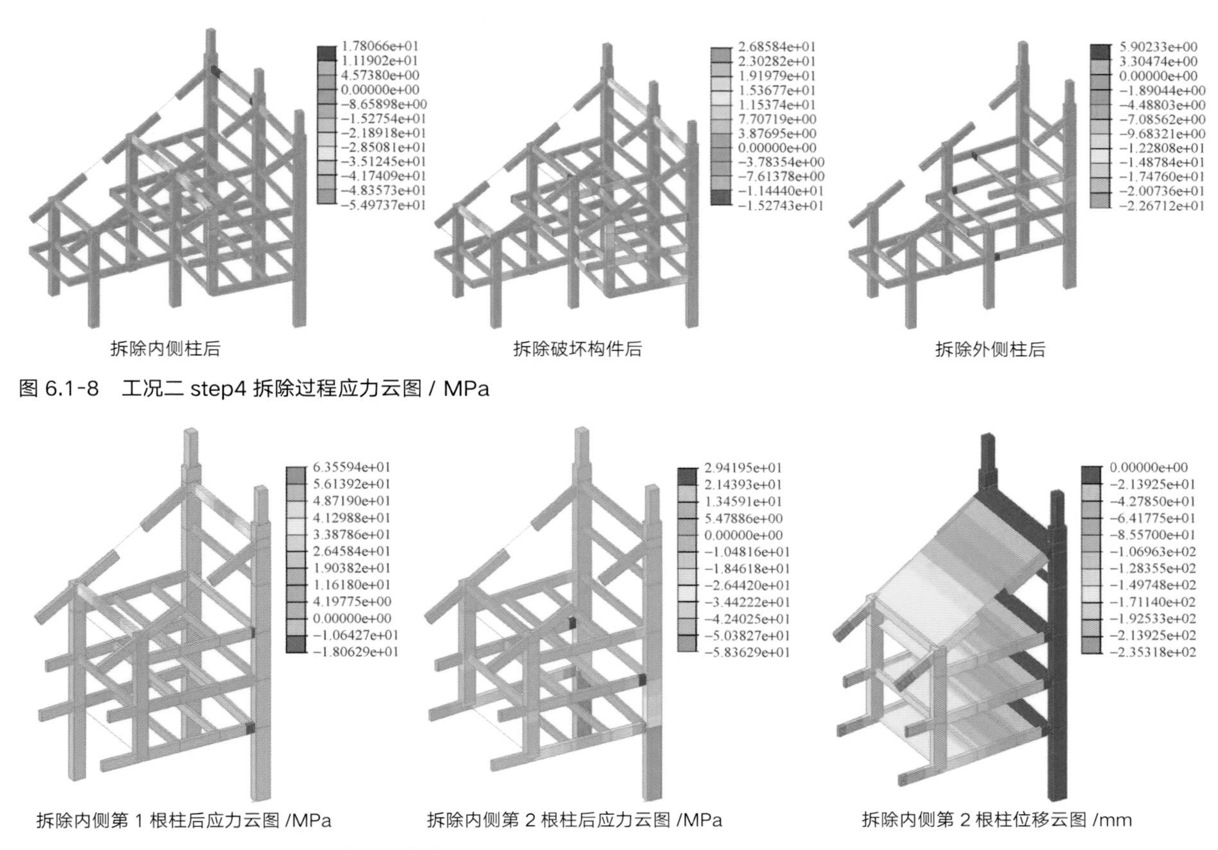

图 6.1-8 工况二 step4 拆除过程应力云图 / MPa

图 6.1-9 工况二 step7 拆除过程应力及位移云图

6.1.1.2 拆除施工工艺

在主体结构拆除前，需进行预拆除和钢结构拆除，预拆除包括座椅、草皮、通风、热力、电气、给水排水等专业拆除；钢结构拆除包括灯架、挑棚等拆除。

（1）钢结构拆除

①预应力梭形柱灯架拆除。灯架拆除（图 6.1-10）的过程是预应力释放的过程，采用双台 300t 吊车进行吊装作业，吊点设置在梭形柱柱下圆盘处。通过吊装带连接吊车，采用捯链拉紧稳定索，从中间两个梭形柱稳定索向两边稳定索依次卸掉稳定索力，然后松掉销轴。汽车式起重机抬臂，使吊带完全受力，使背索逐步卸力，然后使得梭形柱竖直，松掉梭形柱柱脚销轴。两台汽车式起重机同时吊起灯架和拉索，缓慢吊装至地面指定位置，对灯架进行二次切割，装车运至消纳场地。

②挑棚拆除。首先对次梁采用气割方式进行拆除，主梁之间的次梁使用电焊切断。切割位置为：沿第 1 根主梁根部切割次梁，沿第 3 根、第 5 根主梁根部切割次梁，依次跳梁切割。挑棚钢梁采用两台 300t 汽车式起重机拆除。主梁拆除前，电焊设置 2 处吊装孔（图 6.1-11），切割主梁根部及后部连接点，使主梁脱离约束，汽车式起重机全部受力。汽车式起重机吊运至地面，使用电焊对地面上的主梁、次梁进行二次切割。

图 6.1-10　预应力梭形柱灯架拆除照片

图 6.1-11　钢结构挑棚拆除照片

图 6.1-12　外檐拆除照片

图 6.1-13　主体结构拆除照片

（2）主体结构拆除

拆除采取自上而下、先拆板、再拆梁、最后拆柱子和墙的原则进行施工。拆除同时，随时洒水，以降低粉尘污染，达到环保施工要求。

①拆除外檐：采用长臂液压剪站在场馆外侧拆除（图 6.1-12）。长臂液压剪拆除施工中遵循先非承重、后承重的原则，从高到低、从上至下、先内后外、逐跨逐间拆除，拆除纵向一跨间后将外墙向内处理一层外墙，确保拆除外墙时，没有碎渣石溅出施工围挡。

图 6.1-14　小看台拆除照片

②采用长臂液压剪拆除大看台上部及外围的墙、柱、楼梯及大看台（图 6.1-13）。

③小看台采用液压剪拆除（图 6.1-14），将主体结构拆除至地面。

④原地二次破碎：液压锤配合挖掘机进行翻渣和二次破碎施工（图 6.1-15），使渣土块大小适合运输，并用挖掘机进行渣土归堆。拆除完成后，建筑垃圾分类装车及时清运出场（图 6.1-16）。

图 6.1-15　原地二次破碎照片

图 6.1-16　拆除建筑垃圾分类装车外运

6.1.2　历史记忆构件的保护和复现

历史记忆构件指的是旧体育场中具有人文与艺术价值且主要起装饰性作用的构件，包括旧体育场外墙窗花、浮雕以及场馆外围雕塑等。对于历史记忆构件需要满足《文物运输包装规范》GB/T 23862—2009 的要求，对于在重建施工过程中可以直接拆除的历史性构件，除了要保证拆除和储运过程中构件整体外观的完整性，还要在拆除前记录好构件的原貌及朝向位置等信息；对于重建施工过程中无法保留的历史记忆构件，则需要利用技术手段记录其原貌，并在重建过程中对这一类构件实现完整复现。

记录历史记忆构件原貌信息可以通过三维激光扫描技术，形成数字资产；而对于无法在重建施工中保留的历史记忆构件，则需要在三维激光扫描模型的基础上利用 3D 打印技术，在新建体育场上重建构件。

6.1.2.1　雕塑保护性挪移和复现

工体重建施工过程中需要挪移的历史记忆构件包括体育场外围道路侧共 9 座雕塑。9 座雕塑中，其中 8 座为表现具体运动种类的雕塑，高度为 2.8 ~ 3.7m。雕塑人像下部为 2 步混凝土地台，尺寸为 2.5m×2.5m×0.2m；地台下为基础，尺寸为 3m×3m×1.5m。北门雕塑为群像雕塑（编号为 9），高 8.4m，下部为 1 步多边形混凝土地台，尺寸为 3.6m×3.8m×0.25m，基础尺寸为 5.4m×3.8m×2.5m。雕塑的整体分布位置和编号如图 6.1-17 所示。

使用 Trimble TX5 手持三维激光扫描仪（图 6.1-18）对体育场外雕塑进行扫描，并制作了相应的数字模型。最大扫描距离 120m，精度可达 2mm，能够以 976000 点每秒的速度进行测量，同时还集成了彩色相机，可以与扫描形成的数字模型合并贴图得到三维彩色模型。

图 6.1-17　雕塑分布位置和编号示意图

图 6.1-18　Trimble TX5 手持三维激光扫描仪

表 6.1-4 展示了 9 座雕塑三维扫描结果。根据 9 座雕塑的数字模型，可以进一步分析得到雕塑的整体体积及预估重量，为后续复制的新雕塑吊装工作提供参考。

雕塑三维扫描结果　　表 6.1-4

编号	描述	三维激光扫描图像	原图像	雕塑体积 /m^3
1 号	女篮运动员			1.022210
2 号	男足运动员			1.277963

续表

编号	描述	三维激光扫描图像	原图像	雕塑体积 /m³
3 号	标枪 运动员	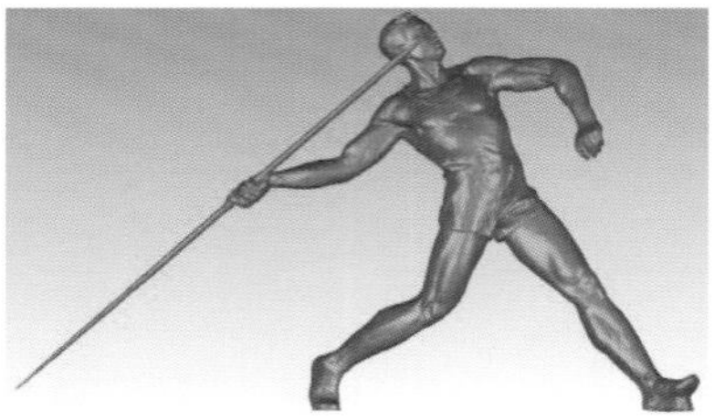		0.524006
4 号	铁饼 运动员			0.756221
5 号	武术 运动员			0.925402
6 号	体操 运动员			0.473382
7 号	健美 运动员	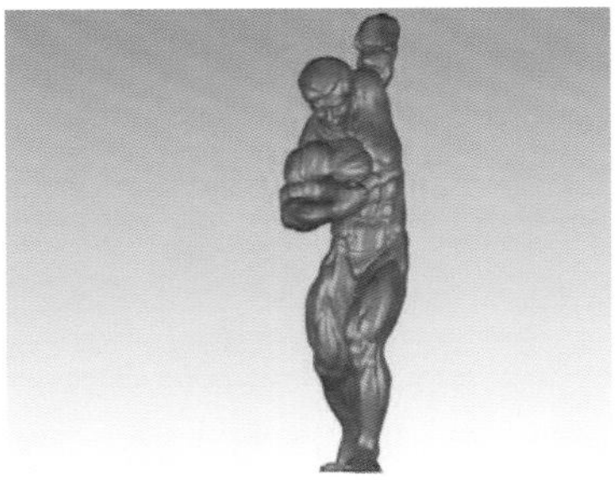		0.487858

续表

编号	描述	三维激光扫描图像	原图像	雕塑体积 /m^3
8 号	球体操运动员			0.344762
9 号	群像			12.847373

雕塑挪移施工前在雕塑外侧搭设盘扣脚手架，使用 50mm 厚橡塑海绵对雕塑进行包裹，在基座处打孔安装工字钢，采用千斤顶或钢管架顶平钢梁，使雕塑底座受力均匀，并搭设上部防倾覆架，架体内填充挤塑聚苯板以保证雕塑稳定，在架体上焊接吊耳，安装吊具，使吊车受力，拆除砖结构基座破拆至雕塑与基座分离，转运雕塑并拆除剩余基座。雕塑外侧防护施工完成后，汽车式起重机平稳起吊，运输至集中存放点，新的雕塑复建完成后运输现场进行吊装。雕塑保护性挪移和重建见图 6.1-19。

图 6.1-19　雕塑保护性挪移和重建

6.1.2.2 窗花保护性拆除和复现

为了保持与旧工人体育场传统外观一致，新体育场外墙窗花需要根据旧场馆进行原貌复现。考虑到原窗花具有复杂的三维内部构造，在施工中首先利用三维激光扫描仪对单个窗花结构进行建模，之后采用了高精度数字化模型技术，通过使用触变性好、凝结时间可控和强度发展快的混凝土，实现无模板布料逐层堆叠成形，进而达到窗花原貌复刻的效果。

老工体单个窗花尺寸约为 950mm × 950mm × 280mm，位于体育场挑檐下方距离地面 18m 高的位置。采用 16t 吊车、升降车、电锤等工具，人员通过升降车上升到窗花位置，对原有窗花进行保护性拆除取样，对窗花四周进行开空，之后在窗花内侧对窗花内附着的墙体进行凿除，使窗花与内附着墙体形成分离，同时外侧对窗花进行实时保护。内侧墙体全部分离后，外侧继续对窗花四周进行钳孔切割，直至使窗花与原墙面完全分割分离。窗花的保护性拆除施工取样过程见图 6.1-20。

图 6.1-20　窗花保护性拆除照片

窗花与原有墙面完全分割后分成上下两部分，将窗花用毛毡包裹，用汽车式起重机运至地面，通过三维激光扫描将窗花各项数据进行搜集汇总。窗花的三维激光扫描采取了与雕塑的三维激光扫描相同的做法。当信息采集完成后，用 50mm 厚橡塑保温包裹放入专用文物箱进行保护，之后将三维激光扫描后的模型进行处理并转化为 3D 打印模型，采用三维绘图软件 Rhino 对重建的模型进行 3D 打印。导入的三维窗花模型见图 6.1-21。

图 6.1-21　导入 3D 打印装置的窗花数字模型

打印原材料包括专用水泥、耐碱玻璃纤维、水、石英砂，并采用玻璃纤维增强混凝土（glass fiber reinforced concrete，简称 GRC）板专用抗老化剂，

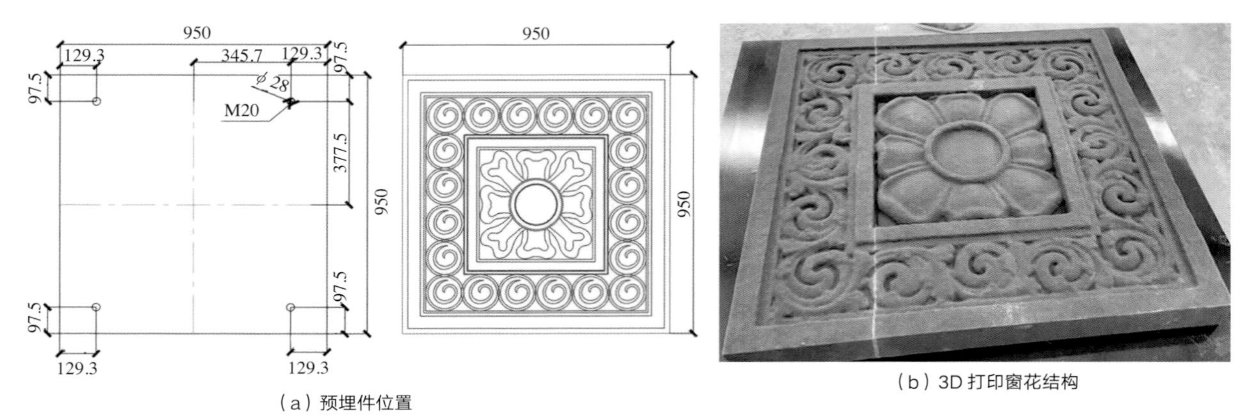

（a）预埋件位置

（b）3D 打印窗花结构

图 6.1-22　预埋件位置及 3D 打印窗花示意图

使用 GRC 板专用乳液作为封闭剂，增加制品的强度并降低吸水率。为保证结构层的整体性，在结构料喷射完成后、初凝前预埋了螺纹钢加工成的套筒，预埋件长度为 80mm，内螺纹为 M20，内丝长度不小于 40mm，套筒底部安装防拉拔加固钢筋，加固钢筋长度为 100mm，外径为 8mm，预埋件位置如图 6.1-22（a）所示。3D 打印喷射成形后需要对打印件进行养护，温度为 25 ~ 35℃。GRC 板初凝后用塑料薄膜覆盖，养护时间 28 天以上，打印好的窗花结构如图 6.1-22（b）所示，施工完成的窗花如图 6.1-23 所示。

图 6.1-23　窗花施工完成图

可见，利用三维激光扫描技术对外侧 9 座雕塑进行数字建模，包括扫描环境处理、布站选点、外业扫描、点云数据拼接。三维激光扫描技术生成的数字模型准确性较高，3D 打印技术在制作复杂的结构构件上具有较强的实用性，二者结合可以用于保护和复现历史记忆构件。

6.2　罩棚钢结构施工

体育场屋顶罩棚钢结构采用了大开口单层拱壳结构，结构平面长轴 271m，短轴 205m，钢结构、支座和阻尼器布置见图 6.2-1、图 6.2-2，屋盖钢结构相关设计内容见 5.2.2 节。

6.2.1　高腹板窄翼缘薄壁超长箱型构件变形控制技术

针对大跨屋盖特点，通过钢结构深化设计和采取一系列工艺措施控制钢结构的组装精度及焊接变形。

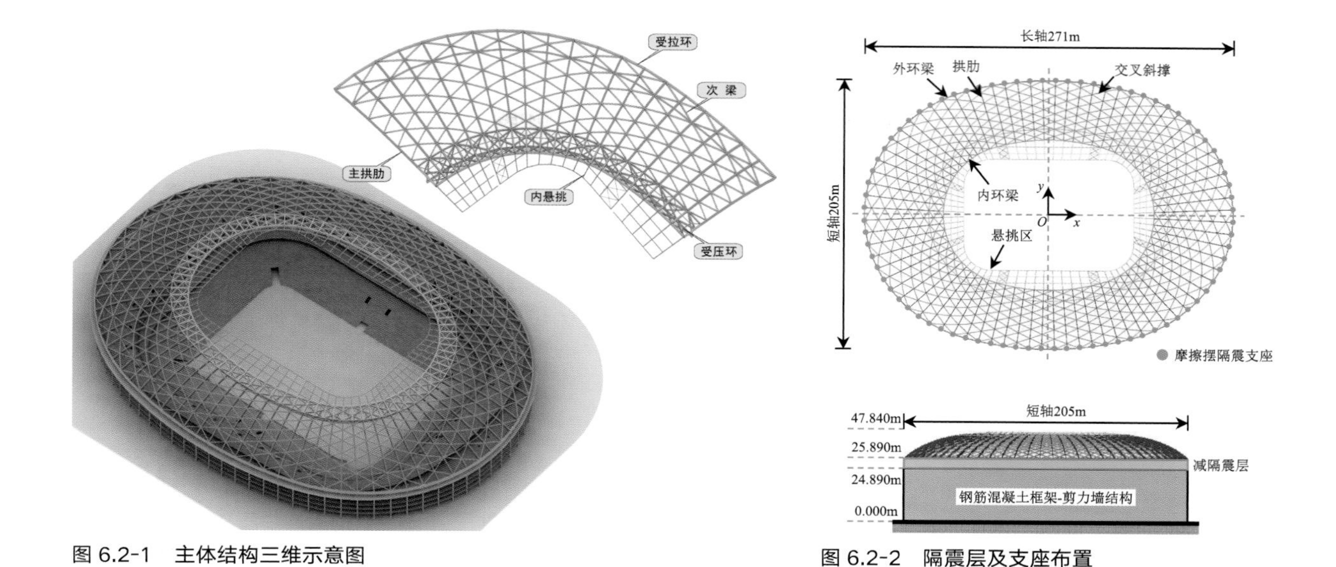

图 6.2-1 主体结构三维示意图

图 6.2-2 隔震层及支座布置

6.2.1.1 高腹板窄翼缘薄壁超长箱型构件概况

钢结构屋盖为曲面拱壳结构，压力环和主拱肋等构件均为弧形构件，且大部分构件为外露构件。屋盖斜撑次梁、金属屋面幕墙等均需现场连接，且数量巨大，如果精度达不到要求，现场施工无法顺利进行，因此弧形构件的加工精度控制要求非常高。

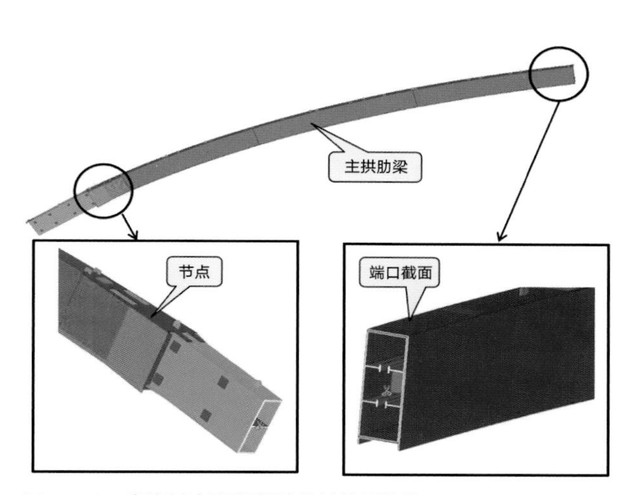

图 6.2-3 高腹板窄翼缘薄壁超长箱型构件

主拱肋为变高度弧形箱型构件，截面尺寸为 600mm×（1600~1800）mm。箱型截面板厚 20 ~ 40mm，材质 Q355C。主拱截面内部腹板通长设置 T 形肋，见图 6.2-3。主拱平面投影长度 36 ~ 47m。外露的拱肋梁高 1600mm，而腹板厚度只有 20mm，需采取措施控制加工焊接的变形。

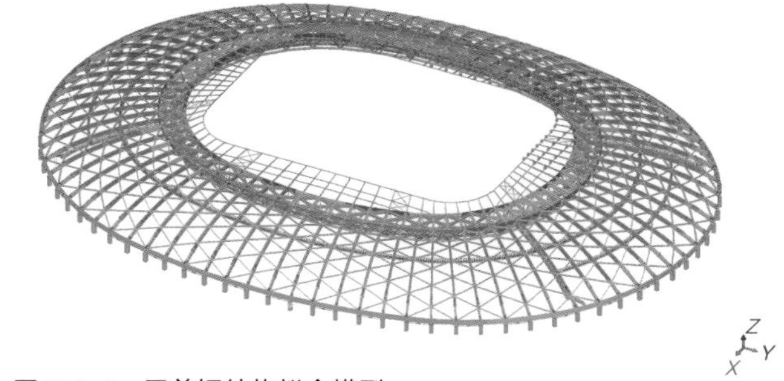

图 6.2-4 屋盖钢结构拟合模型

6.2.1.2 钢结构深化设计技术

屋盖钢结构为一空间曲面的拱壳结构，钢结构深化设计需根据建筑形体采用曲线对主拱、压力环、受拉环等结构进行拟合，最终使得深化模型图纸满足结构受力和建筑整体效果的要求（图 6.2-4）。同时协调处理细部构造节点设计，对空间异形节点，应结合实际加工及现场安装可行性，

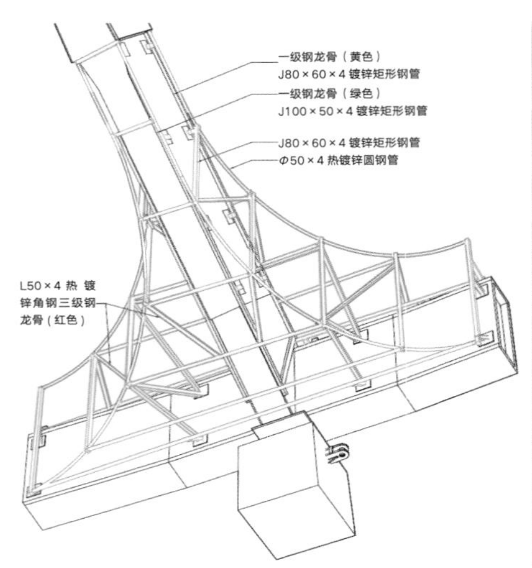

图 6.2-5　拱肋根部龙骨三维布置图

图 6.2-6　拱肋根部施工完成图

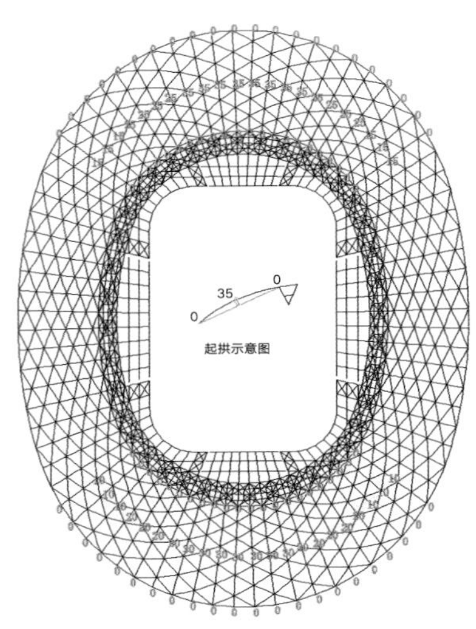

图 6.2-8　施工工况对应的主拱起拱值

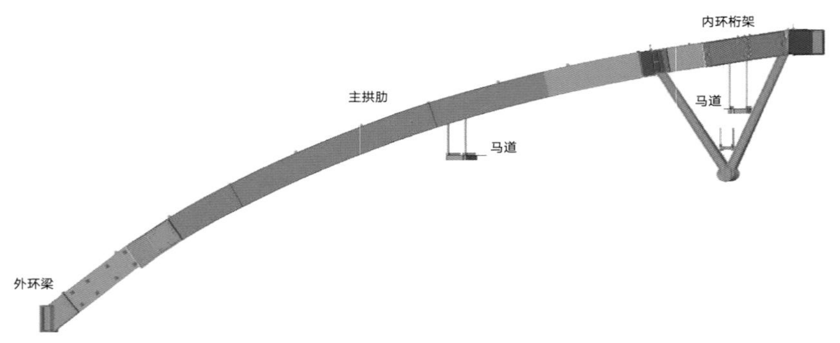

图 6.2-7　拱肋将不同挠度起拱值建入曲线模型

优化节点构造，如拱肋根部钢结构节点与幕墙包裹建筑效果的衔接，完美达到了建筑效果（图 6.2-5、图 6.2-6）。

主拱肋在满足建筑外观要求状态下局部分段优化为：直线段 + 弧线段 + 直线段，为缩短工厂加工制作时间，深化时需结合现场施工模拟分析进行，首先根据钢结构安装施工顺序，进行施工模拟验算，将主拱验算下挠值起拱代入计算模型后再次进行模拟验算（图 6.2-7），多次迭代验算直至施工下挠值与结构一次成型下挠值误差不超过 1mm，对弧形进行预先模型起拱，主拱起拱值见图 6.2-8。拱肋根部变截面处外包无外观要求采用直线加工，拱肋中部放样后发现拱高值较大，采用弧线加工。

根据施工模拟分析结果，结合现场安装实际施工条件，对整个钢结构屋盖进行线性调整，钢结构深化模型按此进行拟合调整，构件出厂状态为预起拱形态，确保现场安装的准确性和便利性。

6.2.1.3　大跨度、大截面弧形薄板窄面箱型加工制作技术

罩棚钢结构大多为超重、超高、超长构件，为满足运输要求及安装需要，所有构件拆分为散件进行加工制作。为确保现场对接精度，需要对复杂构件及桁架进行整体放样和试拼装，拼装均应在精确定位

的钢平台或钢支架上进行，确认准确无误后方可进行施工。图 6.2-9 为弧形拱肋梁的制作工艺，基本步骤如下：

第 1 步：先合拢 T 形肋，胎架在重型平台上搭设，胎架上口水平度不大于 1mm。

第 2 步：在拱肋面板上划出 T 形肋的安装线，先合拢板单元。

第 3 步：在底板上划出横隔板的安装线，安装内部隔板。

第 4 步：安装另一块面板，组合成 H 形，安装隔板电渣焊条。焊接前，根据板厚上的位置线将横隔板的位置线划出来，并划出对合位置线，作为端铣时的对合标记。

第 5 步：拼制箱体 U 形。

第 6 步：安装箱体最后一个盖板，内隔板采用电渣焊。

第 7 步：安装构件外部其余附件，箱体组装完成以后，对箱体两端进行端铣加工。加工前必须对箱体进行定位，保证箱体中心线水平，并用钢针划出端铣余量，敲上洋冲，端铣后必须留半只洋冲印。

第 8 步：其余分段均按照以上步骤进行组装，完成后进行整体交验。

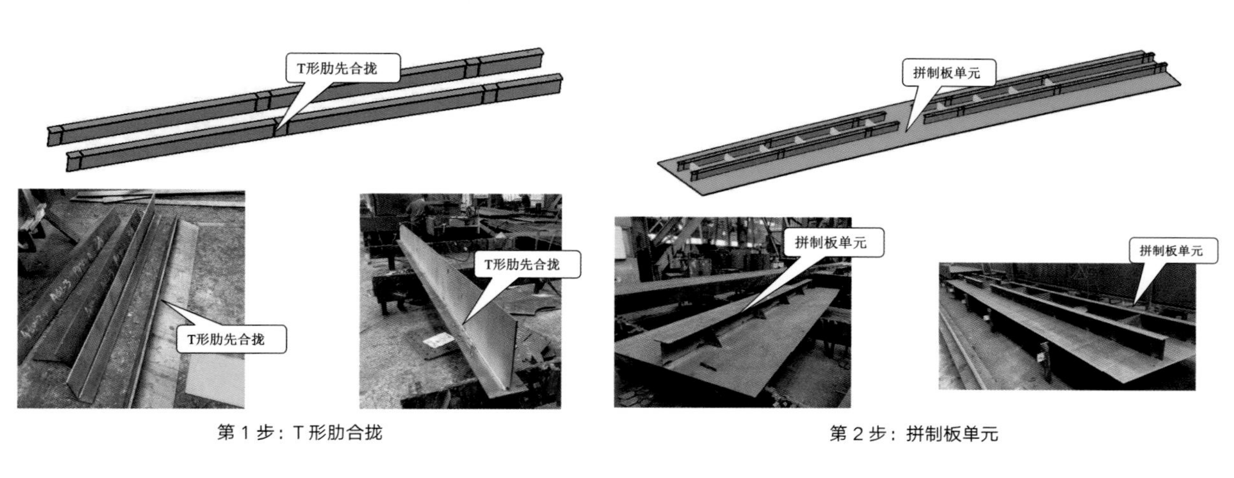

第 1 步：T 形肋合拢

第 2 步：拼制板单元

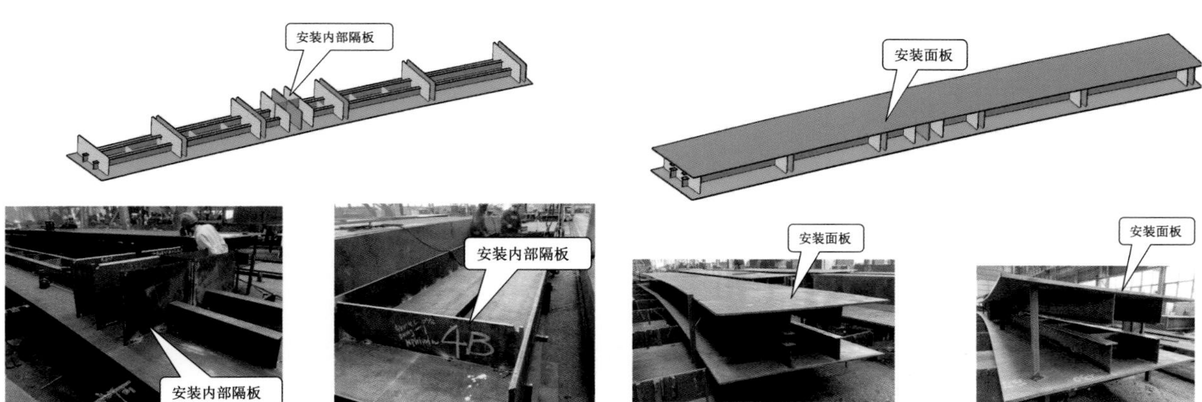

第 3 步：安装内部隔板

第 4 步：安装面板

图 6.2-9　弧形拱肋梁的制作工艺（一）

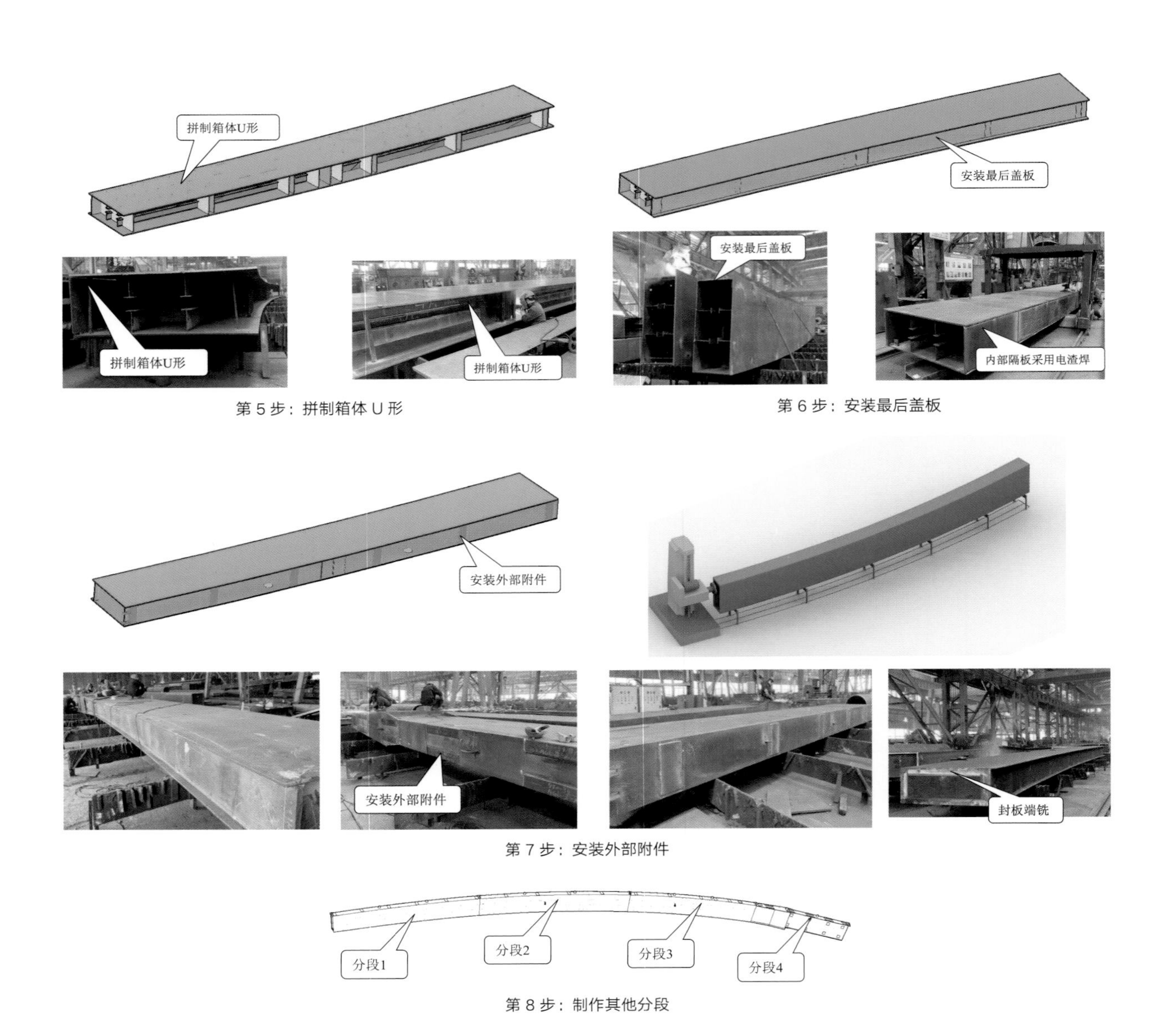

图 6.2-9 弧形拱肋梁的制作工艺（二）

6.2.2 设计施工一体化全过程仿真分析

由于施工状态下的结构体系和原设计状态结构体系不同，会导致原设计分析结果与实际结构效应存在差异。

工程创新性地联合设计和施工单位对结构全生命周期进行精准仿真模拟，采用有限元软件 midas Gen 对钢结构设计和施工进行分析，根据实际施工条件变化进行不断更新，用动态分析结果来指导结构设计、施工及监控，使结构成型后受力状态精准符合设计规范要求。

6.2.2.1 施工工况模拟

根据施工方案流程，共计算了 CS1 ~ CS20 共 20 个安装施工工况，XZ1 ~ XZ7 共 7 个卸载施工工况下的结构受力和变形，图 6.2-10 是 CS5、CS7、CS19、XZ1、XZ3、XZ6 的工况模拟。

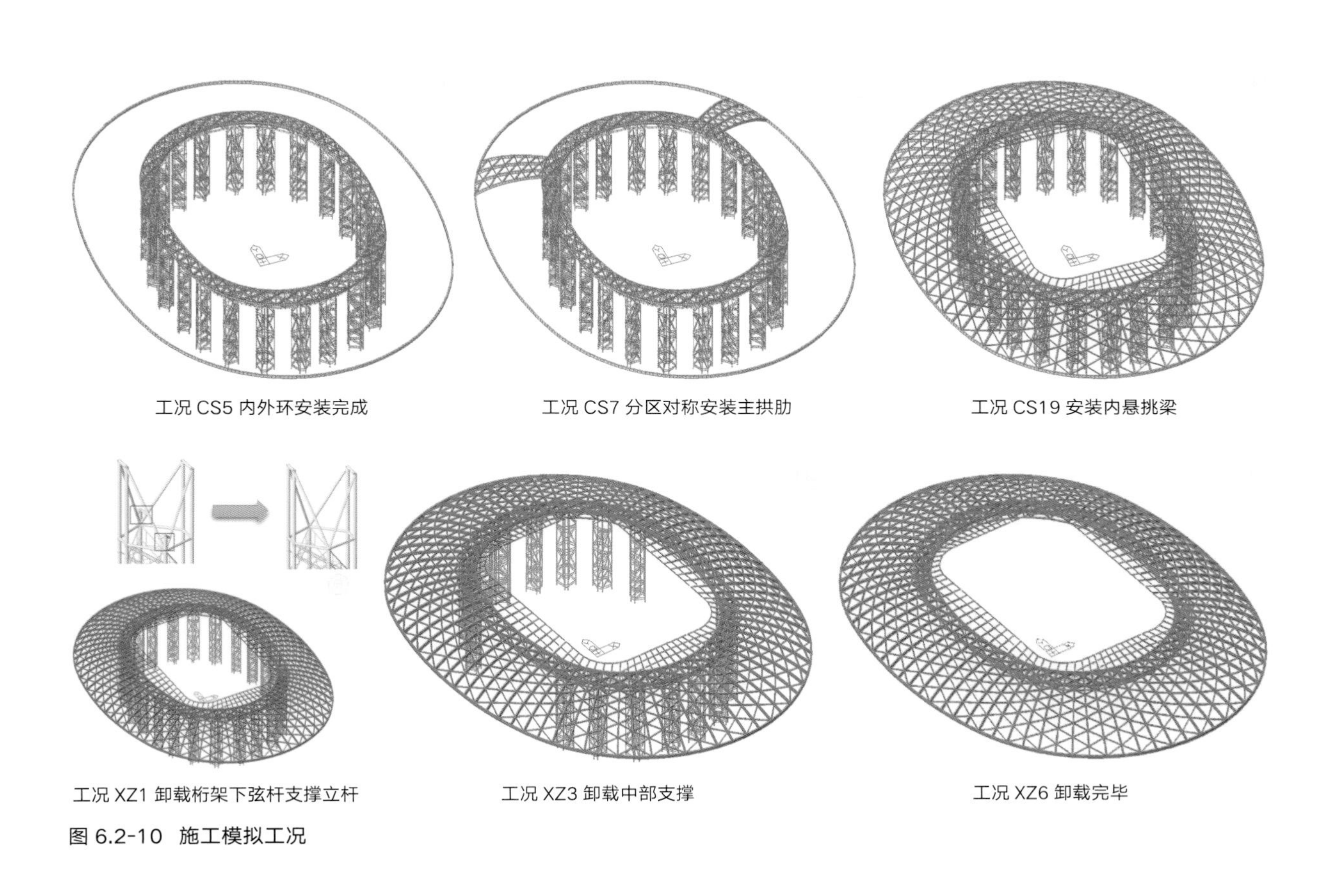

工况 CS5 内外环安装完成　　工况 CS7 分区对称安装主拱肋　　工况 CS19 安装内悬挑梁

工况 XZ1 卸载桁架下弦杆支撑立杆　　工况 XZ3 卸载中部支撑　　工况 XZ6 卸载完毕

图 6.2-10 施工模拟工况

6.2.2.2 施工全过程分析结果

计算各工况下结构 X、Y、Z 方向的变形和应力，均满足要求。上述工况的计算结果见表 6.2-1。

施工模拟工况计算结果　　**表 6.2-1**

序号	工况	X 向最大变形 /mm	Y 向最大变形 /mm	Z 向最大变形 /mm	结构最大应力 /MPa	支撑最大应力 /MPa	支撑最大反力 /t
5	CS5	47	44	-13	-43	-174	139
7	CS7	47	37	-33	-54	-164	147
19	CS19	52	-32	-67	-80	-140	145
21	XZ1	-25	-28	-73	-83	-94	97
23	XZ3	33	-22	-102	145	-191	198
26	XZ6	83	-40	-478	-118	—	—
27	设计状态	-82	-34	-457	-104	—	—

6.2.2.3 原设计状态位移应力

根据《钢结构工程施工质量验收标准》第 12.3.6 条，从各工况的计算结果与原设计状态位移应力计算结果（图 6.2-11）对比，可以看出：钢结构施工过程中的最大 X 向变形 99-82=17mm，不大于 30mm；最大 Y 向变形 64-34=30mm，不大于 30mm；最大 Z 向变形 473mm，不大于 L/400=205000/400=512.5mm，钢构件最大应力为 119MPa，小于 305MPa，处于设计允许范围内。支撑结构施工过程中的最大应力为 174MPa，小于 305MPa，处于设计允许范围内。

工程通过上述全过程模拟，对结构状态根据实际施工条件变化进行不断更新，并将全过程计算结果与设计结果进行对比分析，满足设计规范要求。

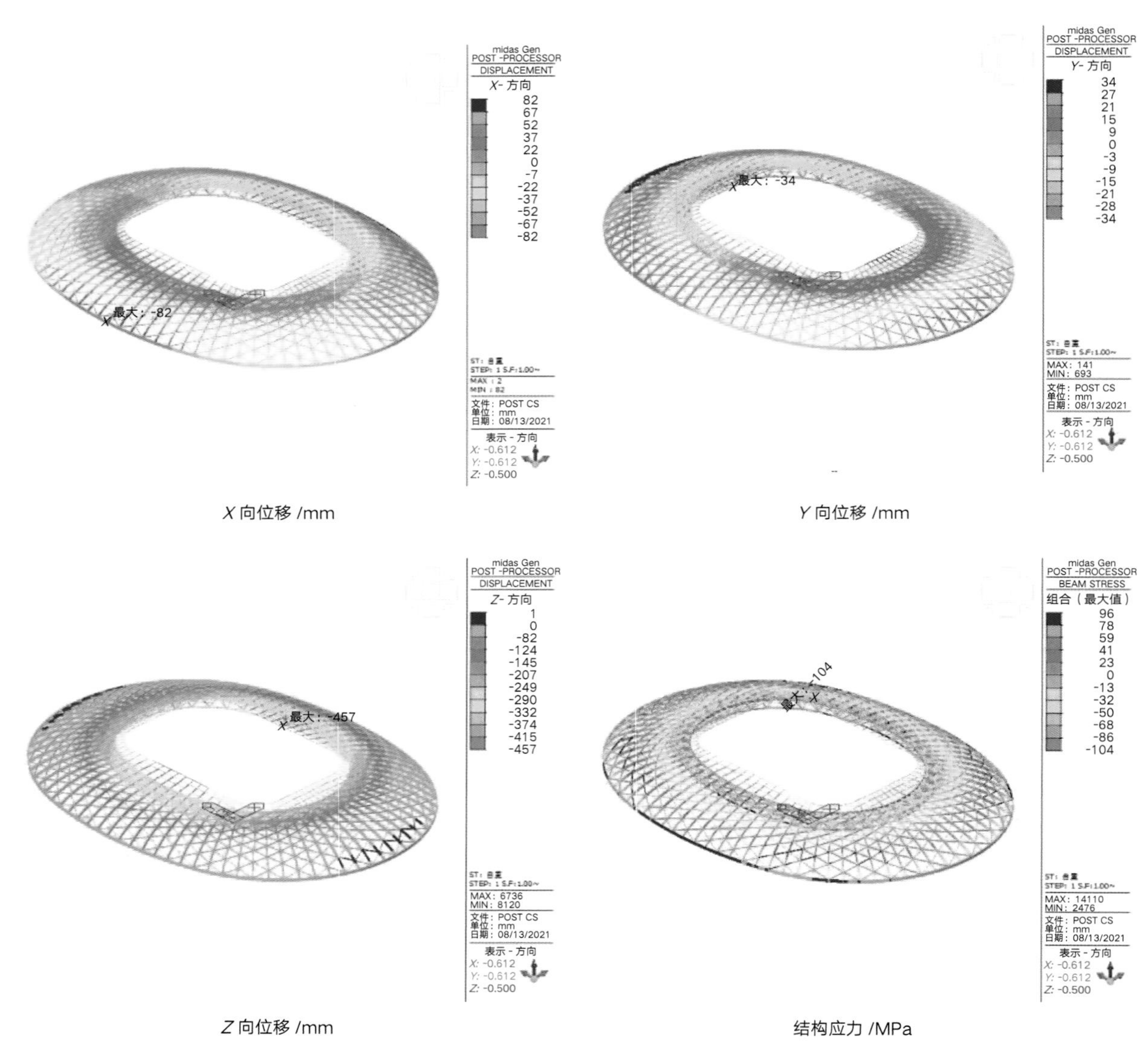

图 6.2-11 原设计状态结果

6.2.2.4 温度对单层钢拱壳屋盖合拢影响分析

（1）合拢缝位置

根据本工程结构特点和结构体系要求，结合本工程拟定的吊装方案，在屋盖结构短对称轴压力环、受拉环分段位置共设置两条焊接合拢缝（图 6.2-12）。结构从一侧顺序安装，焊接合拢缝位置分段安装但不焊接，待结构全部安装完成，室外温度达到设计要求的合拢温度时，再对合拢缝进行焊接。合拢缝位置的屋面次梁暂缓安装，待合拢缝焊接完成后再安装，焊接完成后再统一卸载。

为保证结构使用过程中的安全，必须选择合适的合拢温度，以减小结构使用过程中的温度变形和温度应力。考虑到钢结构安装周期较短，集中在 12 月至次年 1 月，安装过程温度变化较小，因此根据设计要求及结合施工计划，合拢温度定为 5℃ ±5℃，合拢日期拟定在 2022 年 2 月下旬，合拢时间定为午间 10:00—14:00。

（2）合拢温度验算

①温度作用及荷载组合

根据《建筑结构荷载规范》GB 50009-2012，结构温度作用按如下要求计算：

结构最大升温工况：$\Delta T_k^{+}=T_{max}-T_{0,min}$

结构最大降温工况：$\Delta T_k^{-}=T_{min}-T_{0,max}$

其中，ΔT_k^{+}、ΔT_k^{-} 分别为最大升温、降温作用；T_{max}、T_{min} 分别为极端最高气温（24℃）、极端最低气温（-18℃）；$T_{0,max}$、$T_{0,min}$ 分别为合拢温度最高值（10℃）、合拢温度最低值（0℃）。

②温度作用变形和应力计算结果

图 6.2-13、图 6.2-14 列出了支撑卸载前后升温工况下的计算结果，可见，升温工况下最大水

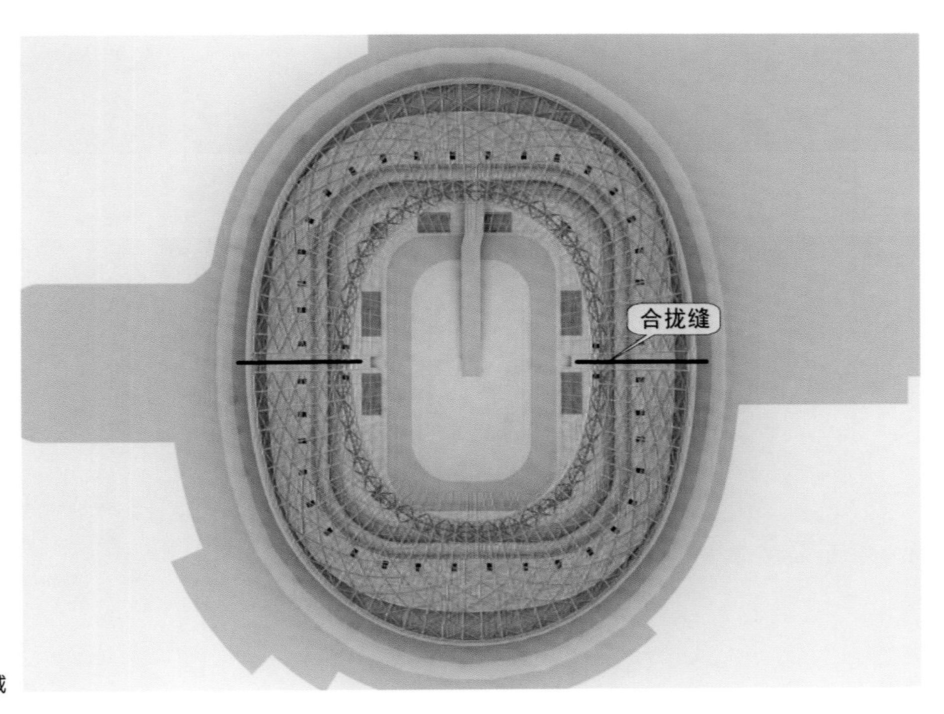

图 6.2-12 屋盖结构合拢区域

平变形 133mm，最大竖向变形 577mm，最大杆件应力 195MPa，小于 305MPa，满足要求。经计算，降温工况下最大水平变形 -111mm，最大竖向变形 -493mm，最大杆件应力 202MPa，小于 305MPa，满足要求。

通过在最不利温度荷载作用下对屋盖结构进行施工模拟分析，在结构两侧设置两道合拢缝可有效减小结构因累积施工引起的变形和应力，可为今后大跨度开口式单层拱壳建造提供指导。

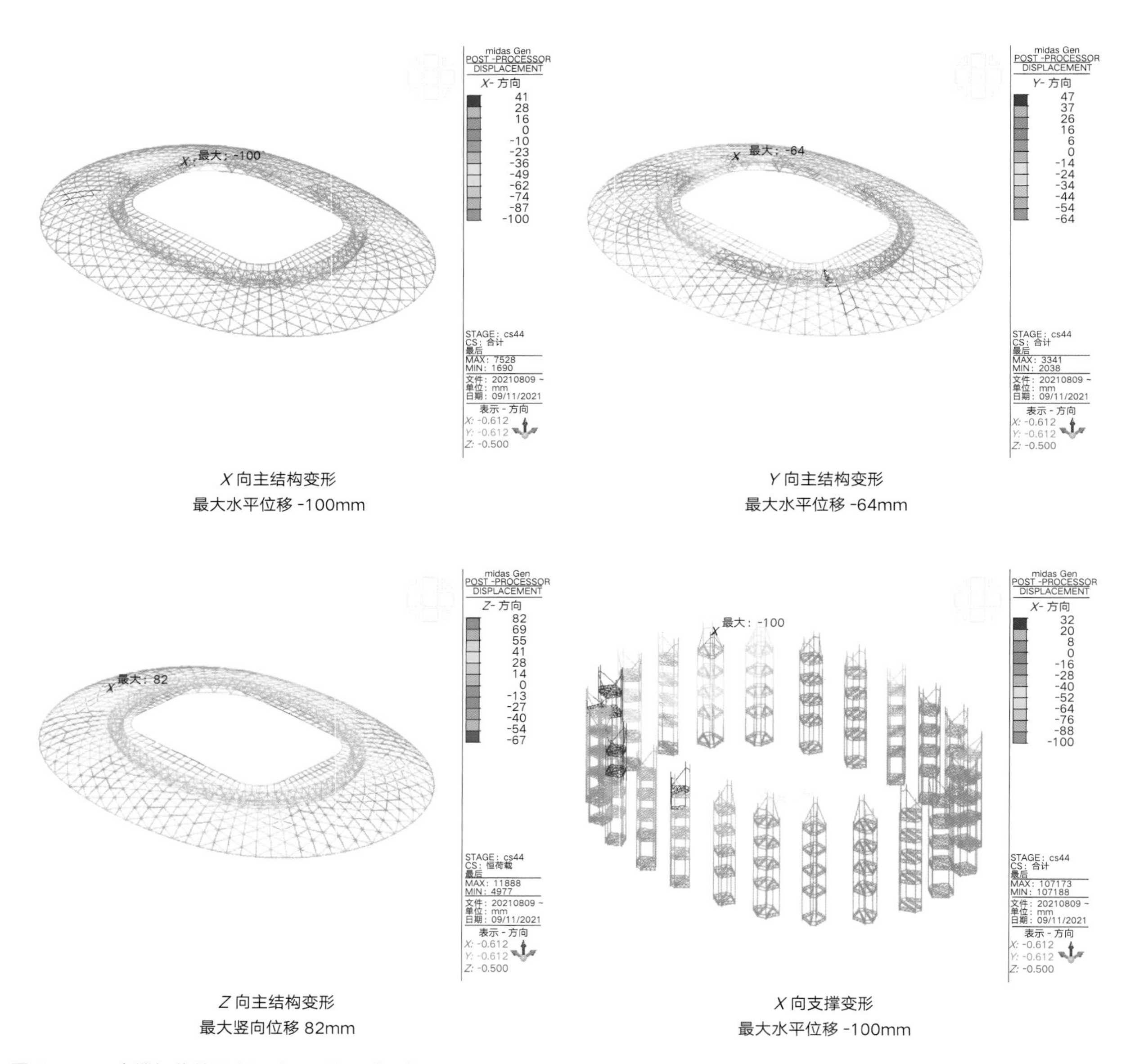

X 向主结构变形
最大水平位移 -100mm

Y 向主结构变形
最大水平位移 -64mm

Z 向主结构变形
最大竖向位移 82mm

X 向支撑变形
最大水平位移 -100mm

图 6.2-13　支撑卸载前最大温升工况结果（一）

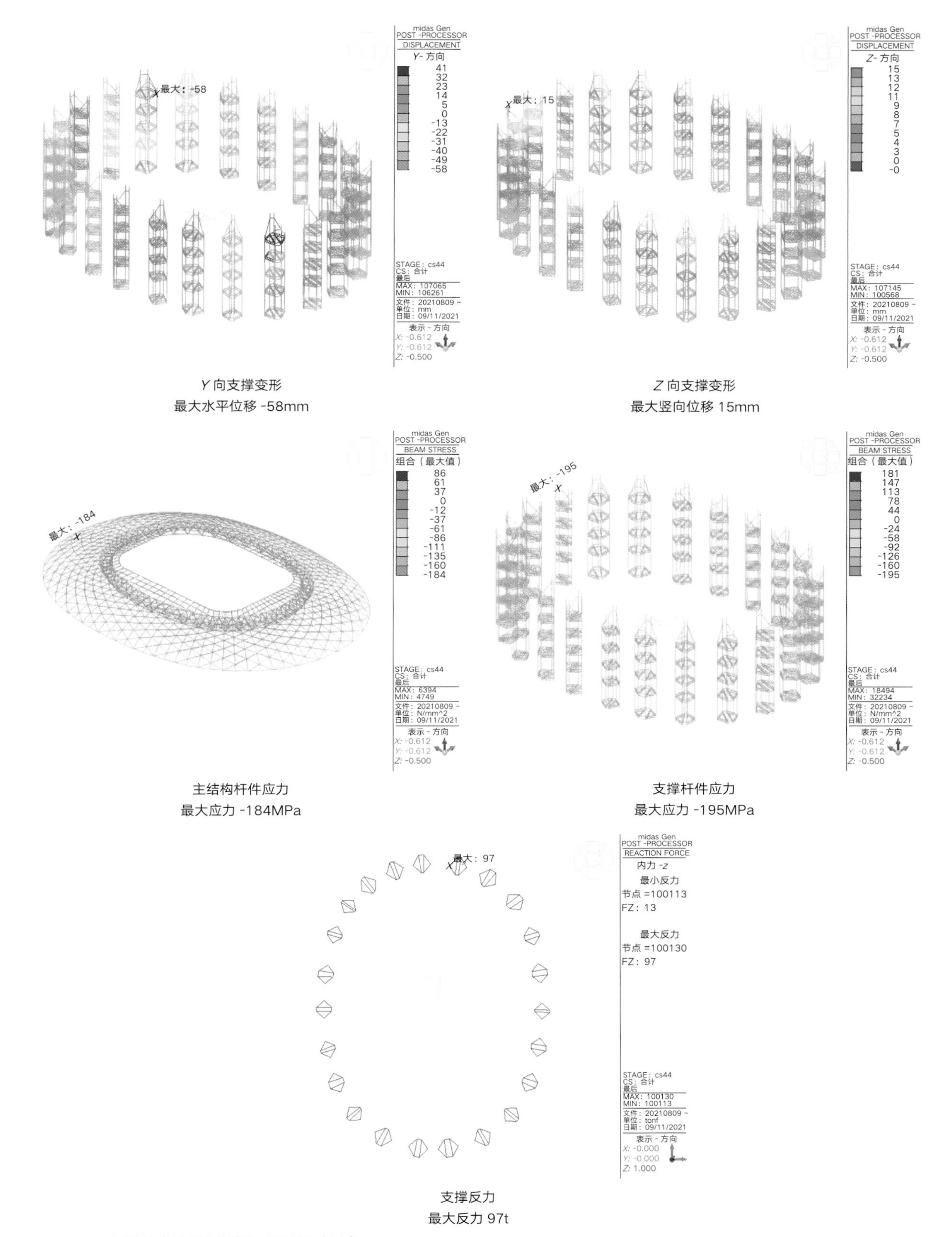

Y 向支撑变形
最大水平位移 -58mm

Z 向支撑变形
最大竖向位移 15mm

主结构杆件应力
最大应力 -184MPa

支撑杆件应力
最大应力 -195MPa

支撑反力
最大反力 97t

图 6.2-13　支撑卸载前最大温升工况结果（二）

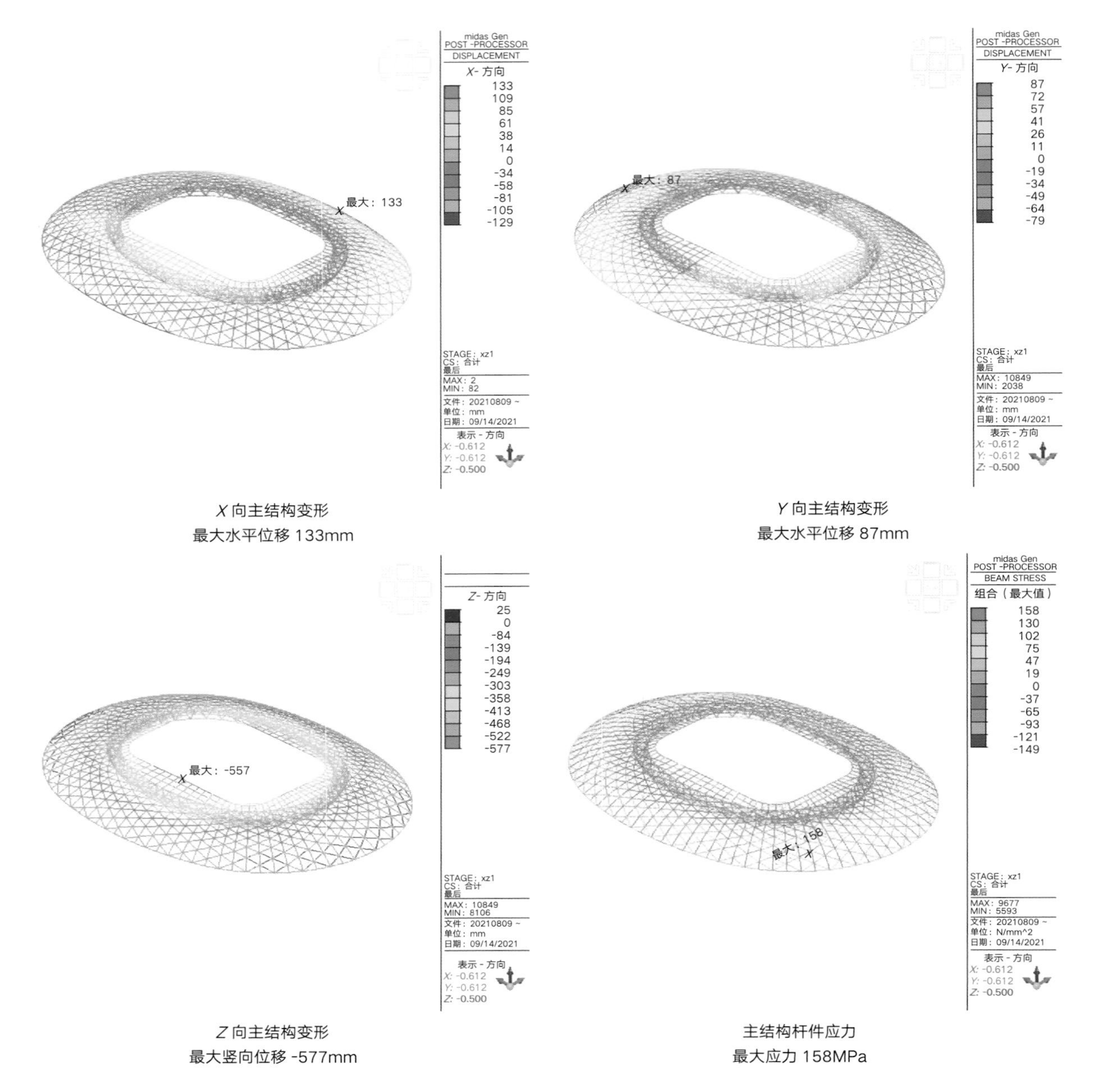

X 向主结构变形
最大水平位移 133mm

Y 向主结构变形
最大水平位移 87mm

Z 向主结构变形
最大竖向位移 -577mm

主结构杆件应力
最大应力 158MPa

图 6.2-14 支撑卸载后最大温升工况结果

6.2.3 大跨度大开口拱壳屋盖安装技术

罩棚钢结构下部为混凝土预制看台，内部为下沉式足球场，场馆外侧设有地下室结构。钢结构安装高度高，跨度大，安装作业半径大，整个屋盖钢结构安装在下部混凝土主体结构施工完成后实施，大型安装机械无论在结构场外还是场内进行覆盖吊装，需选取合适的钢结构安装方案。

6.2.3.1　单层拱壳屋盖安装方案

综合工程特点和现场施工条件，屋盖安装采用“受压环分段吊装 + 主拱肋整体吊装”施工方案。安装模拟流程见图 6.2-15。

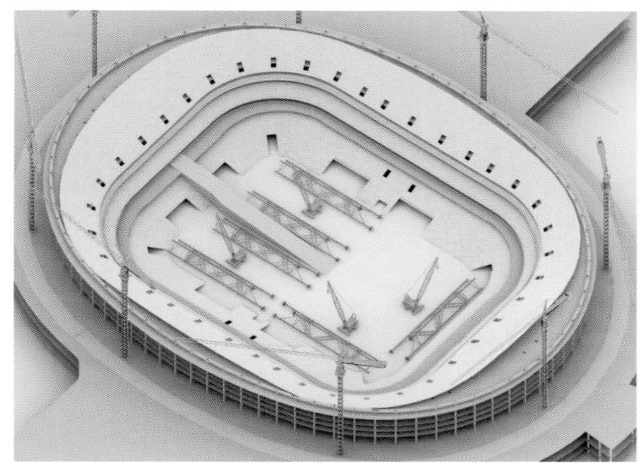

1. 大底板移交场地进行支撑拼装

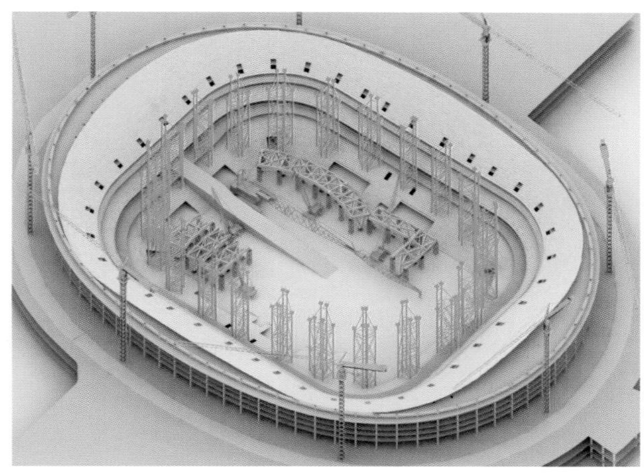

2. 支撑安装，1250t 履带式起重机进场组装，压力环分段拼装

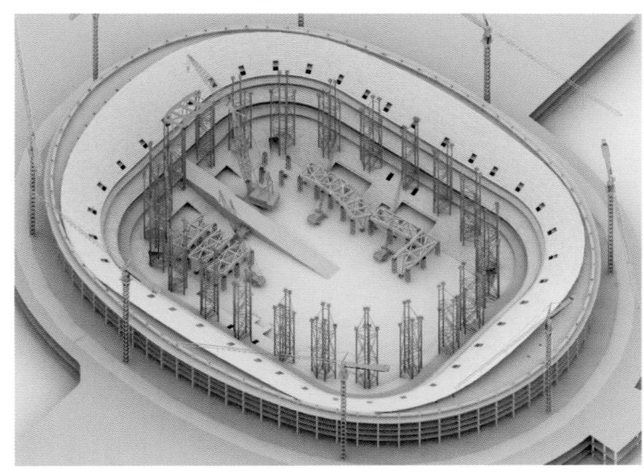

3.1250t 履带式起重机吊装北侧通道上方的受压环分段

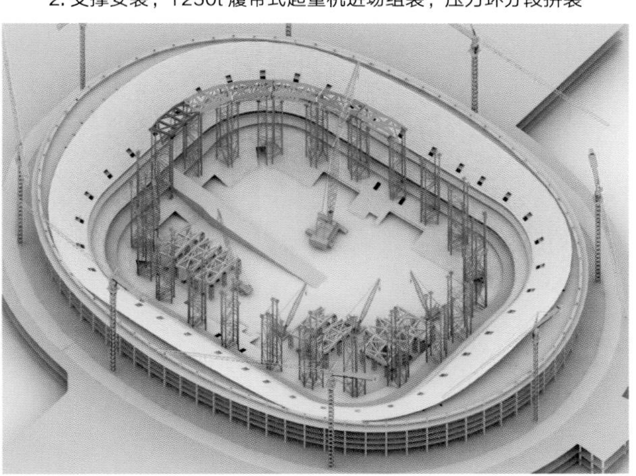

4.1250t 履带式起重机吊装 A 区压力环分段

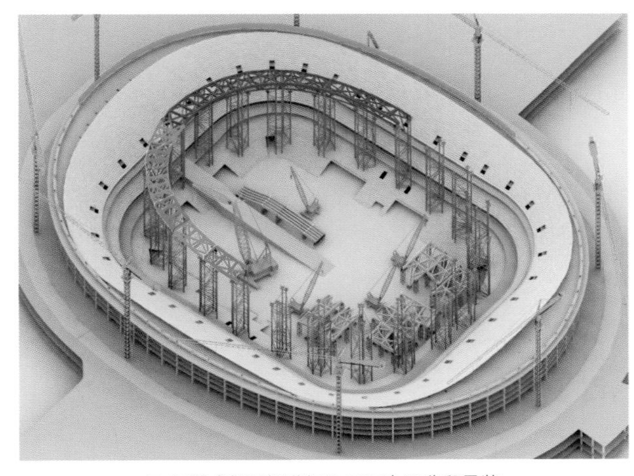

5. 履带式起重机进行 D 区压力环分段吊装

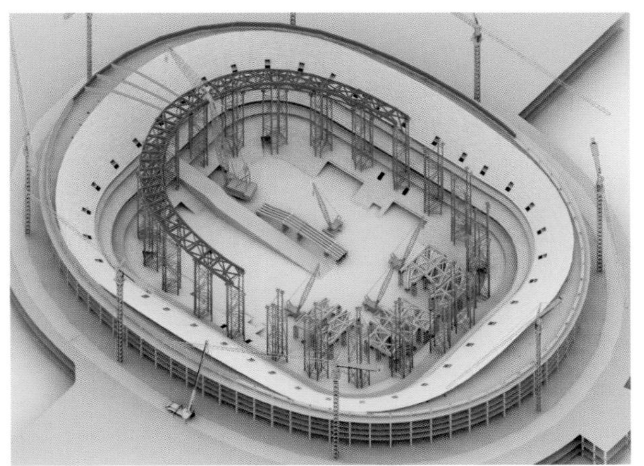

6.1250t 履带式起重机吊装北侧主拱肋

图 6.2-15　屋盖结构安装模拟流程图（一）

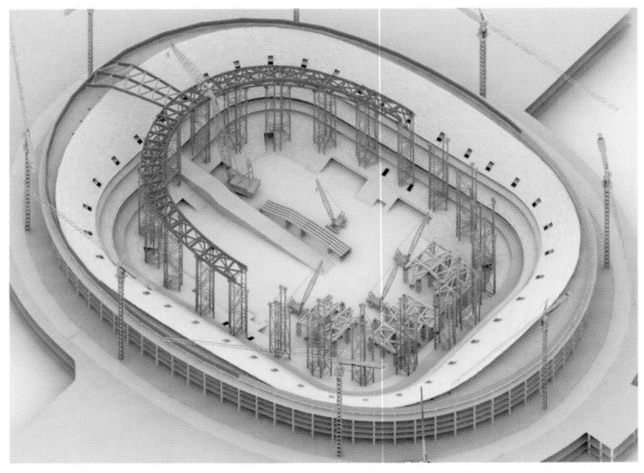

7. 利用塔式起重机吊装主拱肋间的次梁

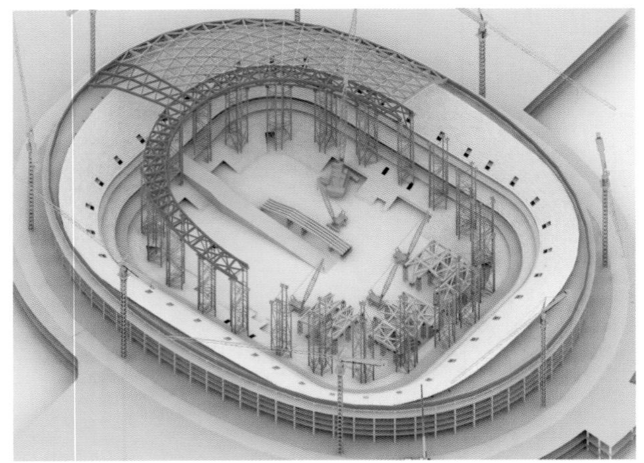

8. 履带式起重机与塔式起重机完成 A 区主拱和次梁安装

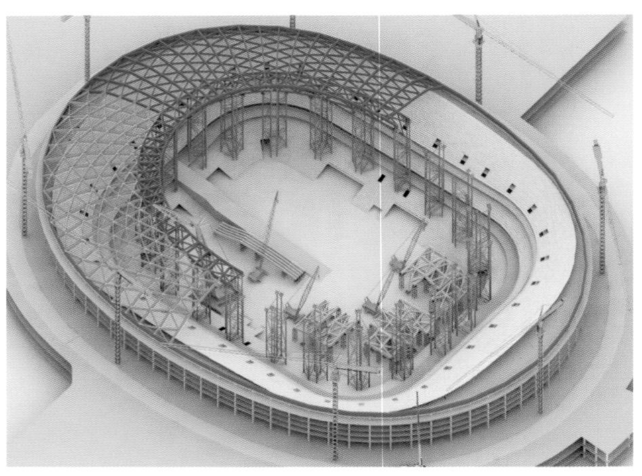

9. 履带式起重机与塔式起重机完成 D 区主拱和次梁安装

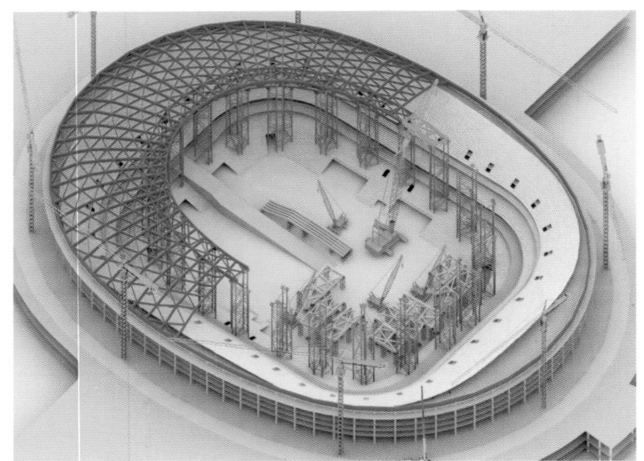

10.1250t 履带式起重机开始进行 B 区压力环分段吊装

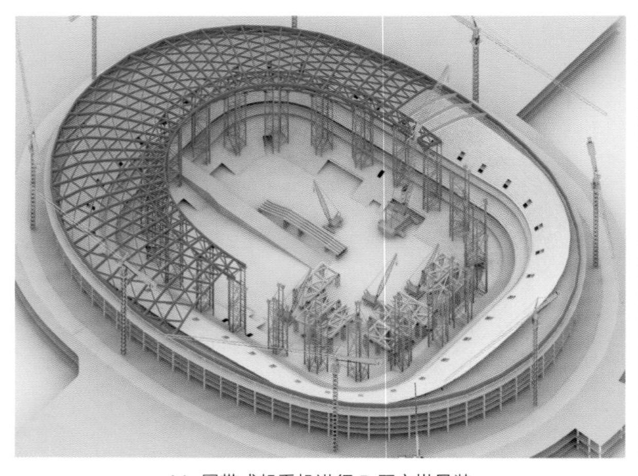

11. 履带式起重机进行 B 区主拱吊装

12. 塔式起重机进行次梁的安装

图 6.2-15　屋盖结构安装模拟流程图（二）

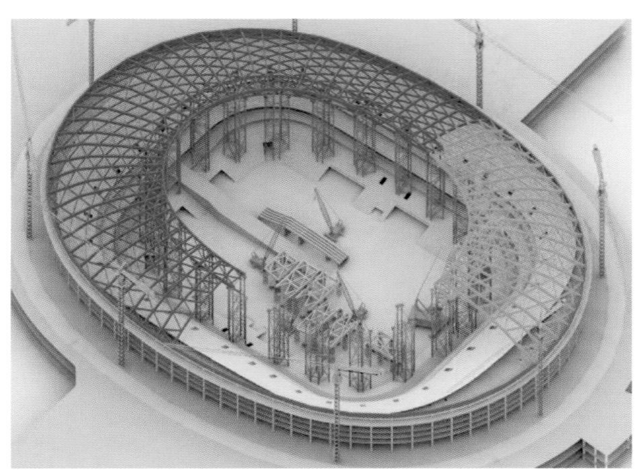

13. 履带式起重机与塔式起重机完成 B 区主拱和次梁安装

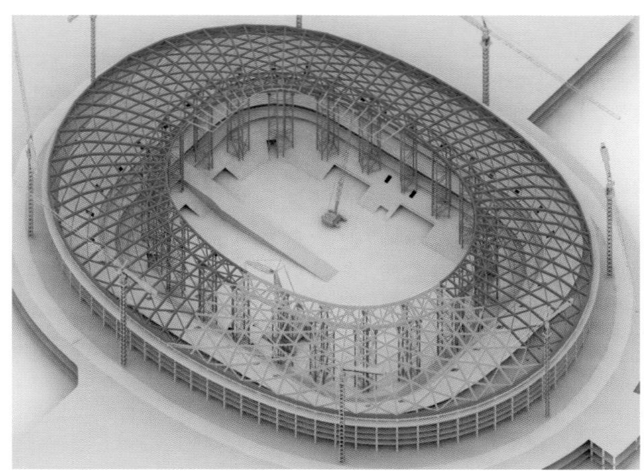

14. 履带式起重机与塔式起重机完成 C 区主拱和次梁安装，并开始安装内悬挑结构

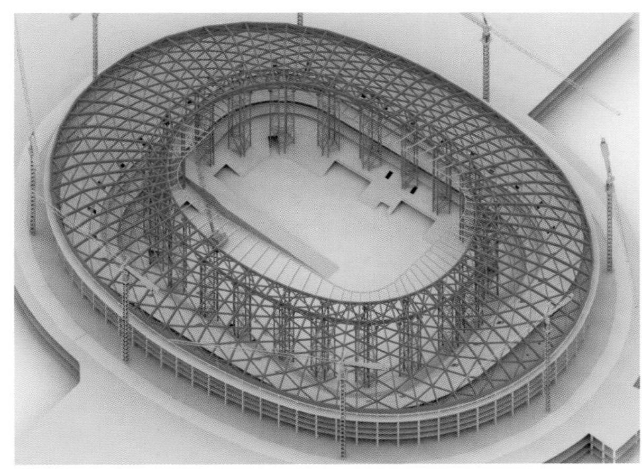

15.150t 履带式起重机完成内悬挑结构的安装

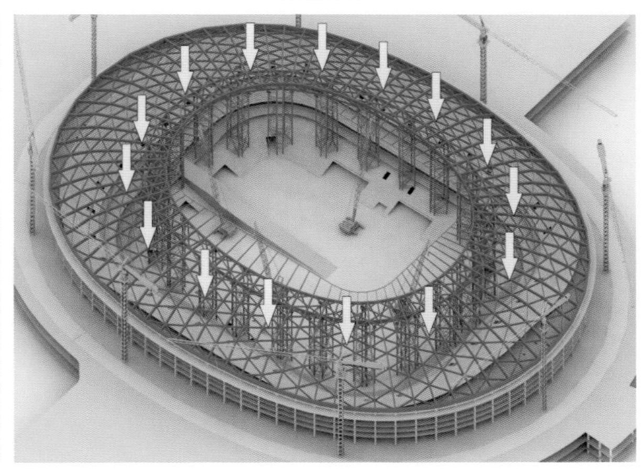

16. 焊接完成后进行支撑整体卸载

17. 拆除临时支撑后完成罩棚钢结构安装

图 6.2-15　屋盖结构安装模拟流程图（三）

将大悬挑开口空间拱壳钢结构进行合理的单元分块划分，利用钢结构开口下方的场地作为拼装及吊装施工平台，节约施工场地。在不影响土建施工的同时提前插入单元体组装施工与支撑体系安装以节约施工工期，利用大吨位吊装机械将分块安装就位减小高空安装焊接工作、降低安全风险，最后进行支座焊接锁定和支撑体系卸载。现场安装施工见图 6.2-16。

主拱肋和次梁安装

内挑梁安装

现场安装图（2022 年 2 月）

图 6.2-16　屋盖结构安装现场

6.2.3.2 超高重载巨型临时支撑

临时支架在整个结构吊装过程中起着十分重要的作用，在结构吊装阶段，所有重量都将由临时支架承担，吊装结束后通过临时支架对结构进行卸载，临时支架的设置和连接加强措施是确保钢结构安全施工的前提。

（1）临时支撑构造

临时支撑底部生根于结构大底板，顶部支撑于桁架弦杆。为了确保支撑稳定，临时支撑设计由两个三角形格构支架组成 10m × 10m 超大截面六支支撑立柱的组合支撑架，每个三角格构架支撑一个受压环桁架的一端上下弦共三个点，支撑高度近 60m，单个支撑最大受力 540t。图 6.2-17 为临时支撑整体构造。

（2）临时支架下部与看台构造

根据临时支撑平面布置，临时支撑布置于低区看台，预制看台板待钢结构施工完成后安装。由于支撑受力较大，支撑立柱位于看台板位置时，看台板预留施工洞口，洞口尺寸 0.8m × 0.8m，使得支撑立柱向下支撑于结构底板，与底板预埋件焊接固定；当支撑立柱作用于看台梁上时，则在看台梁下设置反

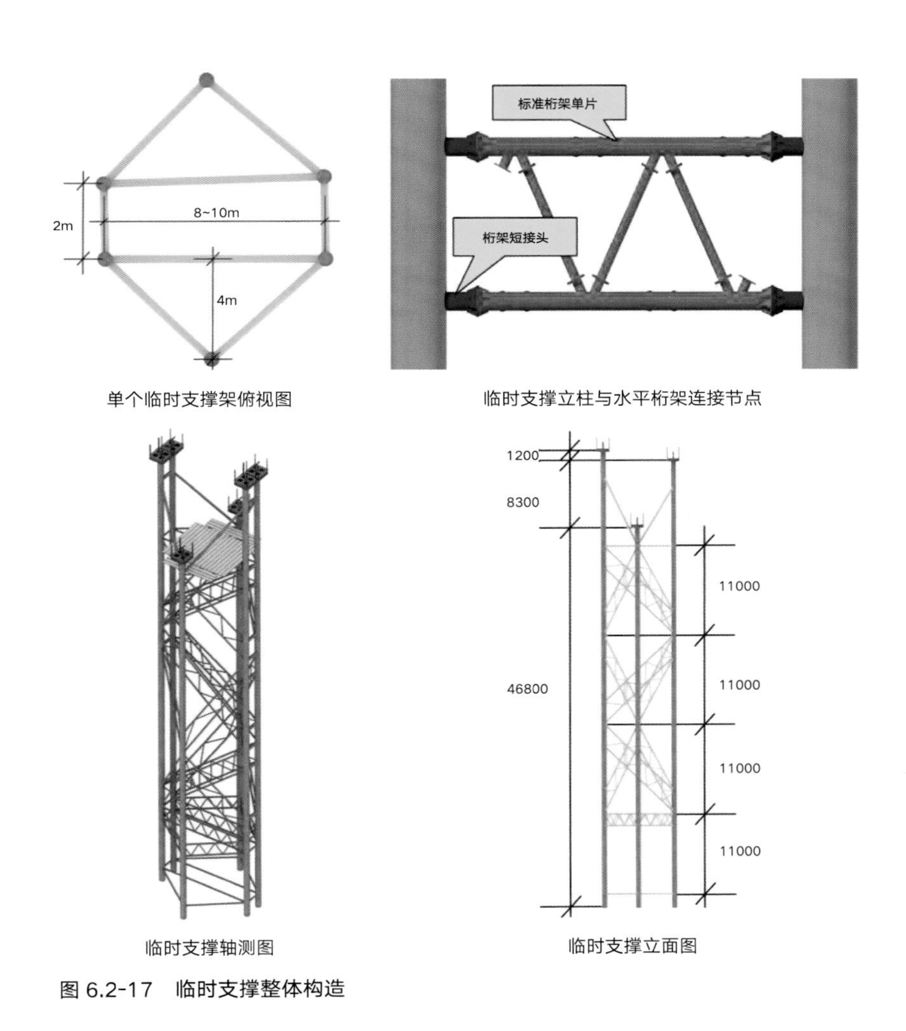

图 6.2-17 临时支撑整体构造

顶支撑钢管，使得施工荷载垂直向下传递至结构底板，钢管与底部预埋件焊接固定（图 6.2-18）。

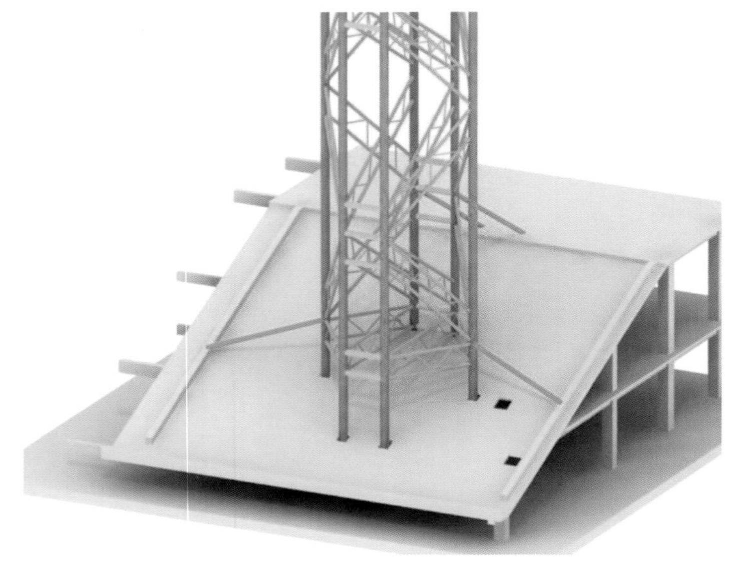

图 6.2-18　低区看台与临时支撑底部转换措施示意图

（3）临时支架顶部节点设计

通过施工模拟分析及卸载验算，临时支撑承担荷载较大，因此临时支架顶部的模板支撑结构需具有足够的刚度。

临时支撑立管顶部设置端封板，并采用插板加强，钢板厚度 20mm；支撑横梁采用双拼的 HN500×200×10×16 型钢梁传递结构荷载，在横梁上焊接角钢 L75×5 作为龙骨，上铺钢跳板作为操作平台，平台四角设置 L50 角钢立杆，平台临边防护应拉设双道安全绳。结构支撑模板立管采用双 D273×25 的圆管，并针对压力环下弦为圆管的形式，在支撑钢管上部设置 300mm×1000mm×20mm 弧形垫板的支撑模块，钢材材质 Q345B，所有连接节点通过焊接固定，如图 6.2-19 所示。

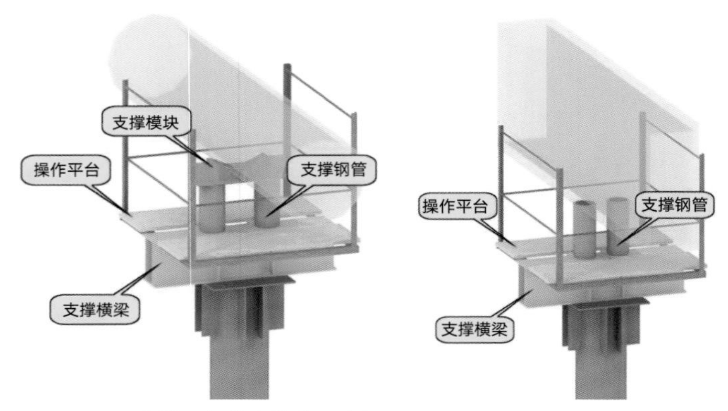

图 6.2-19　支撑顶部节点构造示意图

图 6.2-20 为支撑顶部计算，可知支撑胎架的最大变形为 1.09mm；最大应力为 179.9MPa，小于 305 MPa，满足要求。

（4）临时支撑安装

临时支撑材料进场后，在场内按图组拼成三角格构支撑，采取 150t 履带式起重机拼装机械整体拼

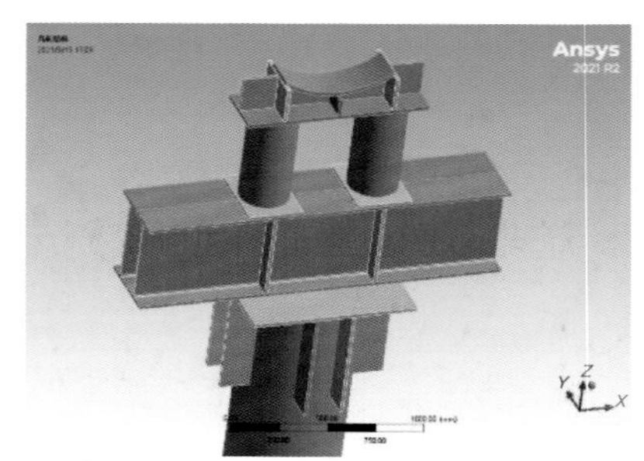

支撑顶部计算模型

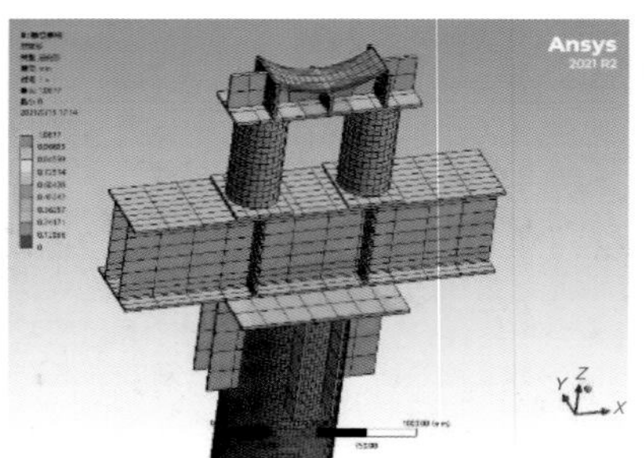

支撑顶部模板变形图

支撑顶部模板应力图

图 6.2-20　支撑顶部计算

装的形式，单个三角临时支撑拼装场地需 60m × 10m，布置拼装胎架定位三根立管，而后连接联系桁架，联系桁架与支撑立管采用相贯线焊接连接或插板焊接连接。临时支撑拼装完成后，采用 150t 履带式起重机分两段吊装就位，分段间采用法兰连接，由 12 个 8.8 级 M24 螺栓连接，临时支撑安装如图 6.2-21、图 6.2-22 所示。

图 6.2-21　临时支撑安装

图 6.2-22　安装中的临时支撑（2021 年 11 月）

6.2.3.3　压力环桁架吊装技术

（1）压力桁架分段划分

综合履带式起重机起重性能，对内环梁和下弦杆进行分段，以 3 ~ 4 个节间为一个压力环吊装单元，整个压力环共分成 23 个分段，其分段如图 6.2-23 所示，表 6.2-2 为压力环分段参数。

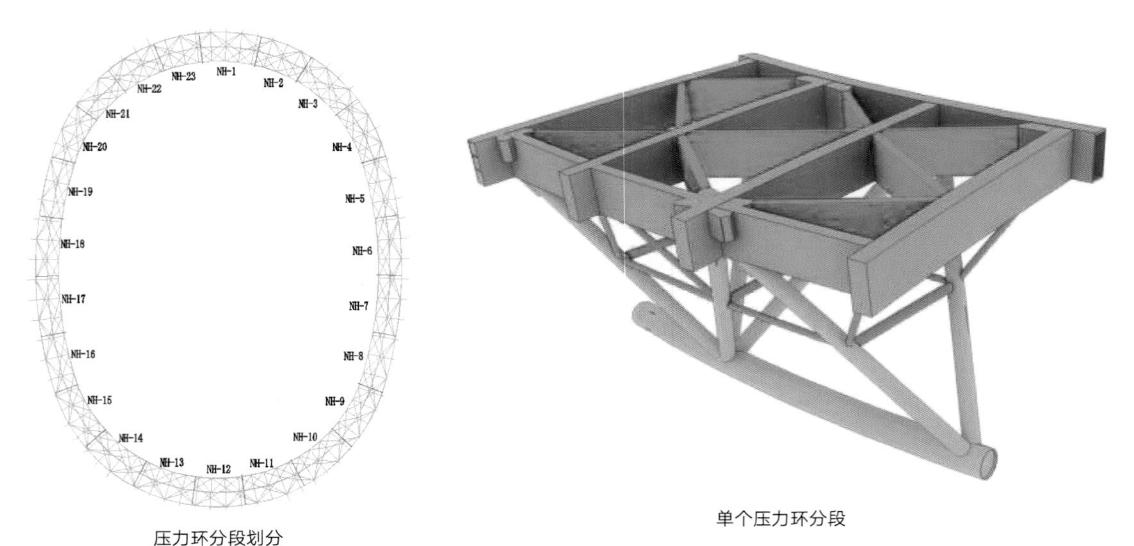

压力环分段划分　　单个压力环分段

图 6.2-23　压力环分段示意

压力环分段详情　　**表 6.2-2**

分段编号	分段长度 /mm	分段重量 /t	分段编号	分段长度 /mm	分段重量 /t
NH-1	22560	204.0	NH-13	22314	203.1
NH-2	22190	186.0	NH-14	22472	202.0
NH-3	22776	203.3	NH-15	23002	251.0
NH-4	23705	254.2	NH-16	20273	207.5
NH-5	21278	206.3	NH-17	23790	219.7
NH-6	23794	208.0	NH-18	21295	212.2
NH-7	21290	204.0	NH-19	23783	220.9
NH-8	22777	202.1	NH-20	21224	220.6
NH-9	23007	251.6	NH-21	18591	157.3
NH-10	22475	202.8	NH-22	17705	172.2
NH-11	22327	203.1	NH-23	15546	152.7
NH-12	18178	174.4			

（2）压力环桁架地面拼装

由于压力环桁架结构自身高度大，上下弦最大高差 11m，因此拼装支撑采用格构式立柱和 D609×10 钢管立柱，立柱下部设置钢路基箱，路基箱之间可拉设型钢连续梁，以增加桁架分段拼装时胎架的稳定性。拼装胎架和压力环桁架地面拼装如图 6.2-24 所示。

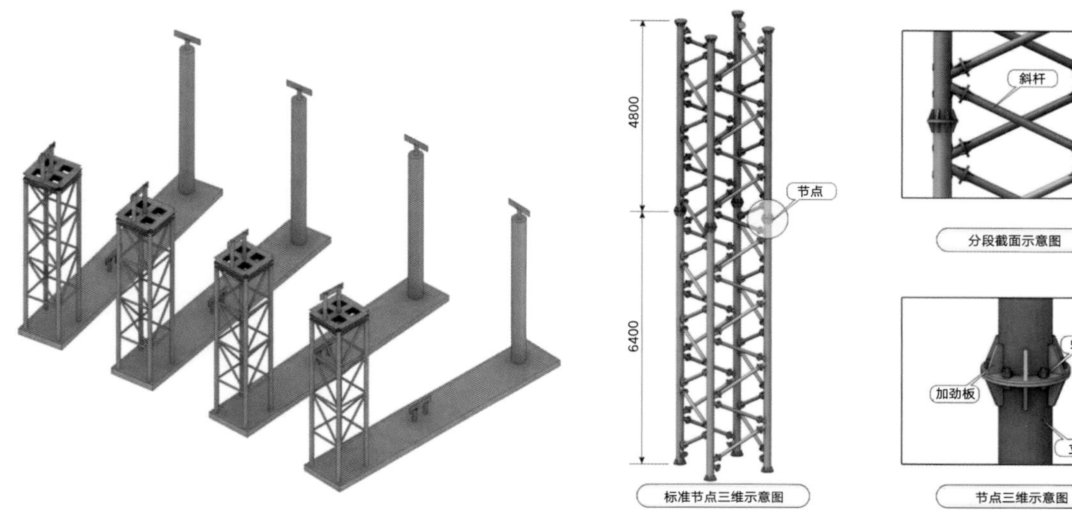

拼装胎架　　　　格构支撑标准节点示意图

临时支撑胎架安装

内环梁和下弦分段的定位

径向拱肋的定位

腹杆的拼装定位

图 6.2-24　拼装胎架和压力环桁架地面拼装（一）

径向拱肋的定位

上弦水平交叉杆件的定位

拼装验收

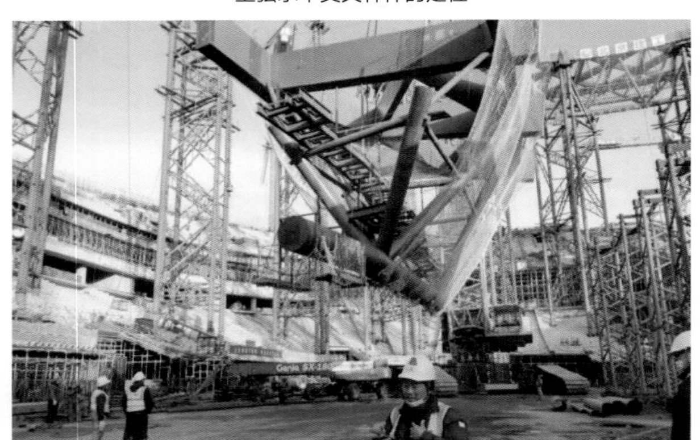

吊装前准备

图 6.2-24　拼装胎架和压力环桁架地面拼装（二）

（3）压力环桁架吊装

采用 1250t 履带式起重机 4 点 8 根钢丝绳吊装方法进行分段吊装，安装半径 22m，起重能力 227t。对于重量超过 207t 的分段，采取部分上平面斜杆高空散装的方案，确保拼装分段重量满足起重吊装要求。

经计算，压力环分段构件最大竖向变形 1mm，最大应力为 19MPa，小于 305MPa，构件吊装满足承载力及变形要求，计算结果如图 6.2-25 所示，压力环分段吊装如图 6.2-26 所示。

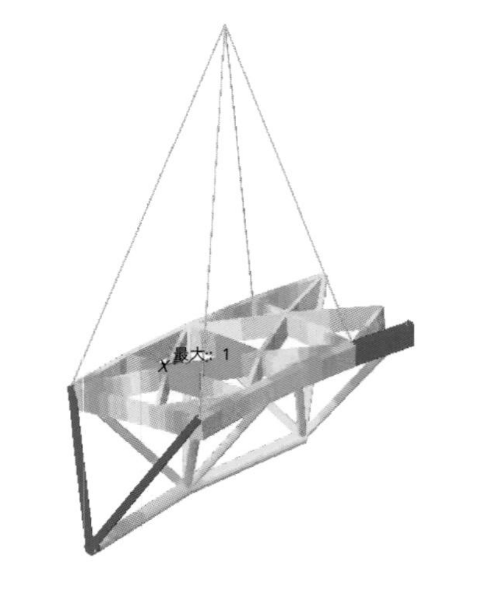

图 6.2-25　压力环分段竖向变形计算结果

图 6.2-26　压力环分段吊装（2021 年 11 月）

6.2.3.4　主拱肋整体吊装技术

（1）分段划分

径向主拱吊装分段长度超长，最长的分段达 47m，单根最重 56t，因此在工厂加工制作时拆分 3 ~ 4 个运输分段，分段避开节点位置，分段长度 10 ~ 13.5m，分段重量 12 ~ 18t，其分段示意如图 6.2-27 所示。

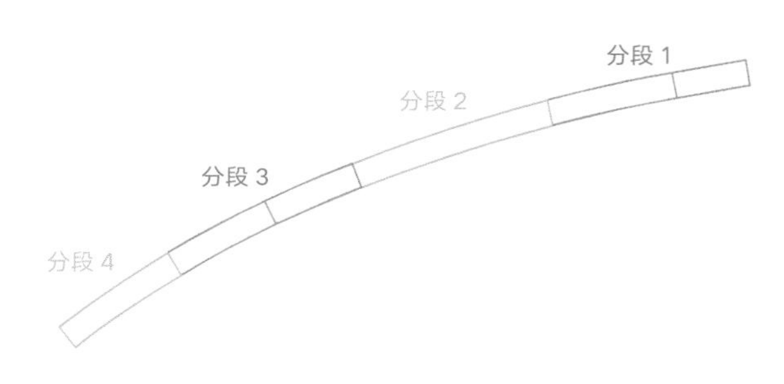

图 6.2-27　主拱肋分段

（2）地面拼装

主拱肋加工分段运输至现场后，在场内进行分段对接拼装，拼装采取正拼的施工工艺（图6.2-28）。

主拱肋拼装

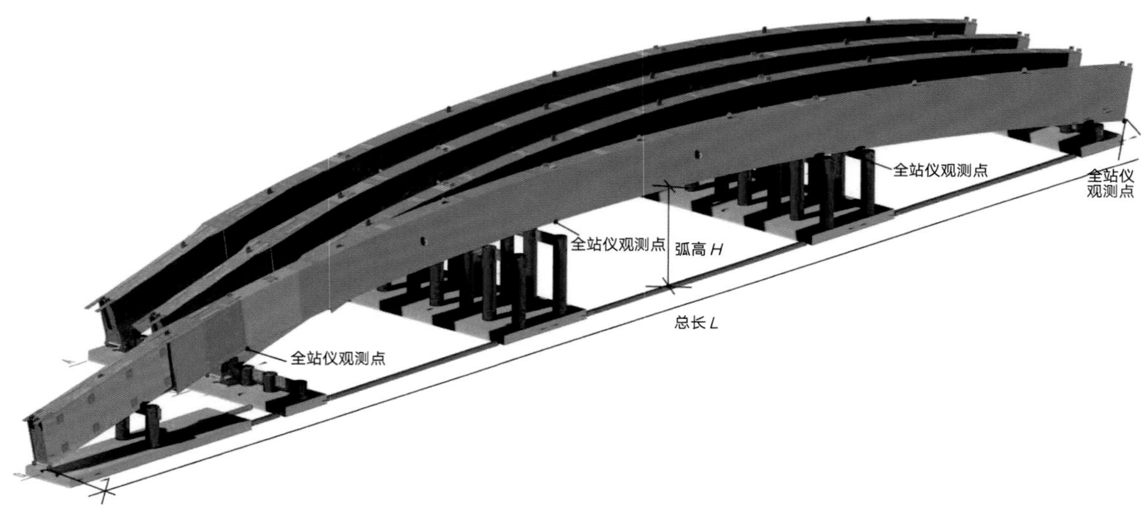

拼装示意

图 6.2-28 主拱肋箱梁拼装

（3）主拱肋吊装

主拱肋对接拼装验收合格后，采用 1250t 履带式起重机进行整根吊装。采用 4 根钢丝绳四点吊装的方式，和内环桁架吊装相同，通过固定钢丝绳长度（8m+14m）通过计算机重心模拟分析精准放样吊点位置，吊耳设置在主拱肋的侧立面，对应主拱内部 T 形肋的位置，确保桁架分段整体的空间相对位置与安装形态（角度）一致。主拱肋吊点布置示意和现场拼装施工见图 6.2-29、图 6.2-30。

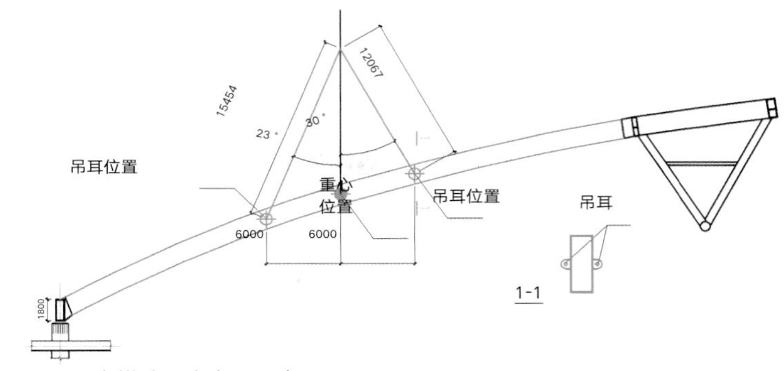

图 6.2-29　主拱肋吊点布置示意图

图 6.2-30　主拱肋现场拼装施工图（2022 年 2 月）

吊装定位后，立即将两端固定焊接，同时采取拉设缆风绳或同步安装屋面次梁的方式增强主拱的稳定，即最先安装的两根主拱，左右各拉设两道缆风绳，后续安装的主拱，利用塔式起重机同步安装两根交叉次梁，严格控制端口空间位置坐标，安装就位后进行焊接固定，形成稳定体系。

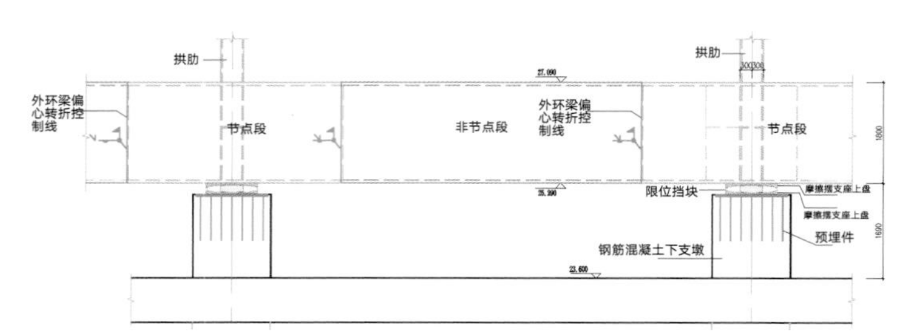

图 6.2-31　受拉环梁分段划分图

6.2.3.5　外环梁安装技术

混凝土看台柱顶设置一圈受拉环梁结构，环梁通过下部的抗震支座与混凝土柱顶连接，混凝土柱间距约 9.5m，箱型环梁截面尺寸 1800mm × 700mm × 90mm × 90mm、1800mm × 700mm × 60mm × 80mm，采取 130t 汽车式起重机在看台结构外围地下室顶板就近吊装。

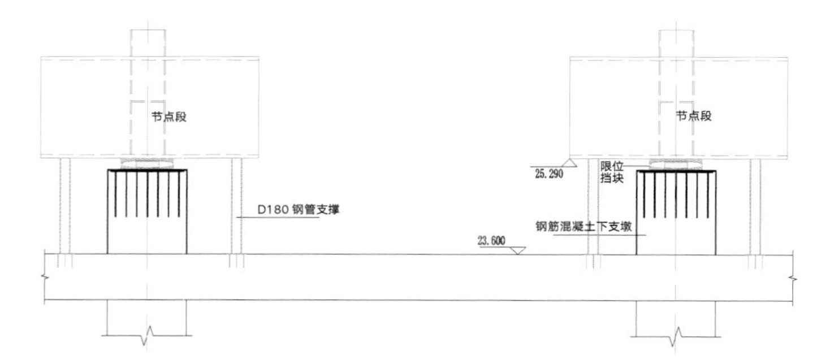

图 6.2-32　节点分段安装

（1）分段划分

根据 130t 汽车式起重机起重性能和吊装半径，对受拉环梁进行分段划分（图 6.2-31）。将受拉环梁在每个柱间划分成柱顶节点段和非节点段，分段重量约 16t。

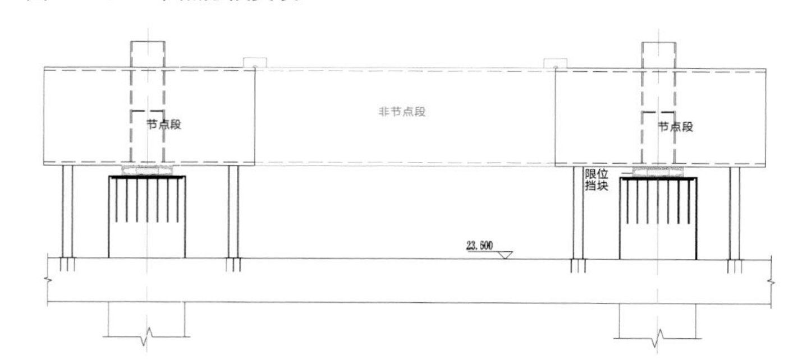

图 6.2-33　非节点分段安装

（2）环梁吊装

柱顶节点段环梁分段安装。采用 130t 汽车式起重机站位在看台结构外侧地下室顶板吊装，分段定位在抗震支座上，定位完成后，焊接分段与支座的焊缝。为确保节点分段安装稳定，在分段两端设置单管临时支撑，支撑采用 D180 × 10 的圆钢管，支撑高度 1.69m，支撑底部混凝土楼面设置固定预埋件（图 6.2-32）。

图 6.2-34　外环梁节点段吊装完毕

图 6.2-33 为非节点段钢梁安装示意。为了安装方便，构件加工时在钢梁上翼缘端部中间设置定位卡板，规格为 20mm × 150mm × 250mm，一端设置两块，卡板间距 400mm，居中对称布置。外环梁节点段吊装见图 6.2-34。

6.2.4 大跨度单层钢拱壳屋盖卸载技术

卸载过程是主体结构和临时支撑相互作用的一个复杂过程，是结构受力逐渐转移和内力重新分布的过程。支架由承载状态变为无荷状态，而主体结构则是由安装状态过渡到设计受力状态。结构安装过程中设置有 23 组格构支撑架，每个支撑架设置有 6 个支撑点，卸载点数量多工作量大。支架的设计、卸载方案的选择、卸载过程的有效控制等均会对结构本身产生很大影响，因此卸载是本钢结构施工过程中的一个关键重要环节。

6.2.4.1 支座预偏移研究

为保证屋盖在温度、风、地震等不同荷载作用下的稳定，在钢结构外环梁下设置 80 个滑动支座与混凝土看台结构柱连接。在屋盖安装、卸载、金属屋面施工等各施工阶段，曲面拱壳结构势必产生径向的水平力。为消除该水平力对结构的影响，在屋面荷载加载过程中，支座可径向滑移，屋盖施工完成后支座锁定前，支座基本滑移至混凝土柱顶中心位置，因此钢结构安装需对支座预偏移一定距离定位，该预偏值需根据结构自重及施工工况进行多次迭代验算最终确定。

根据卸载施工受力分析计算及以往施工经验，项目隔震支座的安装、限位、焊接采取如下步骤及措施。

（1）隔震支座安装前，先将埋件板和支座底部打磨光滑。

（2）根据卸载计算支座水平位移数据，支座安装定位时，预先径向进行内缩一定的数值，并在支座底部中心位置涂抹黄油（焊缝位置不涂抹）。

（3）外环梁下部设置的滑动支座根据受力计算，预偏一定距离定位（42 ~ 113mm），卸载过程中，支座能水平滑动，待屋面荷载加载后，支座滑动至柱中间位置。因此支座安装时设置限位板，径向设置 3 块限位板，环向各设置 1 块限位板，与埋件的焊缝位于支座就位状态之外，如图 6.2-35、图 6.2-36 所示（隔震支座自身的上盘和下盘在钢结构施工阶段均自锁定，后续根据设计要求的释放阶段再解锁自身锁定装置）。

（4）安装外环梁，外环梁定位后，进行外环梁与支座上顶板的焊接，而后进行项目罩棚其他结构的安装。

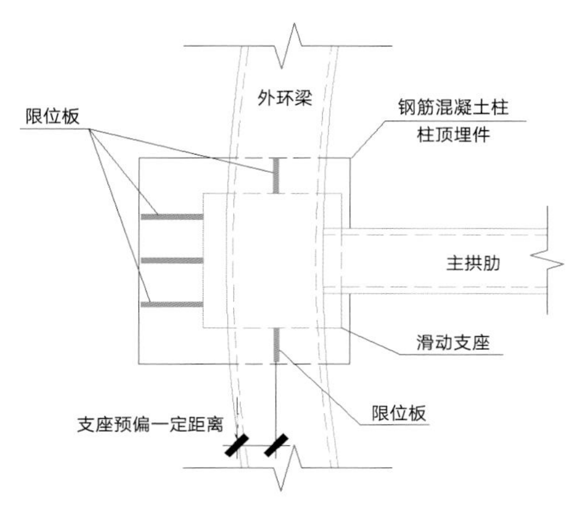

图 6.2-35 支座固定示意图

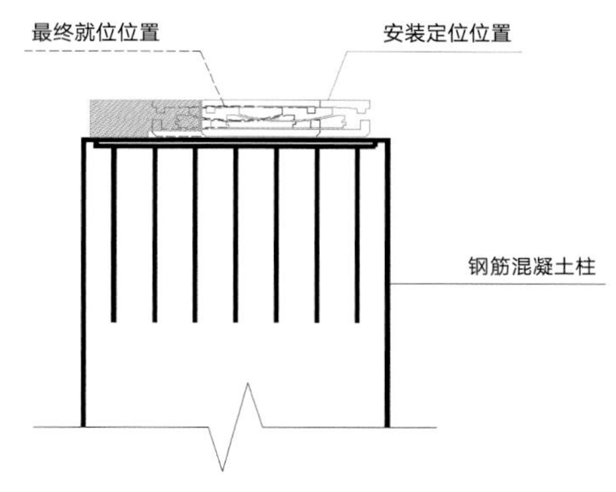

图 6.2-36 支座预偏示意图

图 6.2-37　支座限位板设置

图 6.2-38　卸载完成后支座滑移

（5）在结构长、短轴方向各设置 2 个滑动限位板（图 6.2-37），使得这 8 个隔震支座只能径向滑动。

（6）结构安装完成后进行整体卸载，卸载前需拆除第三步设置的支座滑动限位板，8 个导向的支座限位板先不解除，在卸载过程中需观察支座的滑动情况。

（7）当卸载完成，屋面幕墙施工后，支座达到焊接锁定条件，进行支座与埋件板的焊接。图 6.2-38 中黑色区域为卸载完成后支座滑移区域。

6.2.4.2　卸载方案

临时支撑拆除过程中由于无法做到绝对同步，支撑点卸载先后次序不同，必然造成轴力增减。为确保整个结构经过卸载后，平稳地从支撑状态向结构自身承受荷载的状态过渡，必须对整个卸载过程进行周密的分析计算，确定合理的施工方案。临时支撑卸载包括同步卸载和多级循环卸载等方式。同步卸载又可分为等比例同步和等值同步两种，对于大型工程而言，同步卸载操作方式较为复杂。多级循环卸载指的是按照一定的顺序对临时支撑进行卸载，循环操作直至卸载完成。对于对称的大型工程，可以按照对称轴划分区域再进行多级循环卸载。结合工体屋盖的特点，最终确定采取分区分级对称卸载方法，卸载分区的示意图如图 6.2-39 所示。卸载过程遵循结构构件的受力与变形协调、分区分级均衡缓和、便于现场施工操作原则。

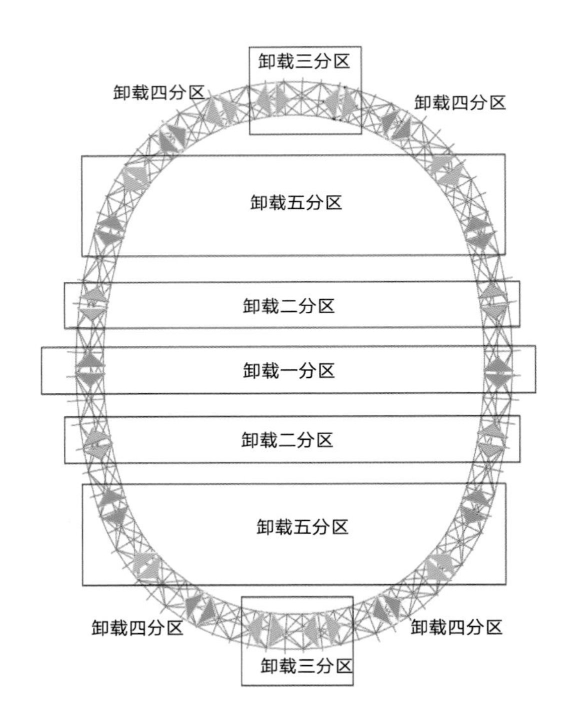

图 6.2-39　临时支撑卸载分区示意图

具体的卸载顺序如下：①对 23 组临时支撑所有下弦支撑点（中部立杆）一次切割卸载完成[图 6.2-40（a）]；②按卸载分区顺序，卸载一分区（短轴两个临时支撑）内支撑上弦支撑点（指定区域内外支撑）的卸载[图 6.2-40（b）]；③卸载二分区南北共 4 个临时支撑上弦支撑点卸载；④卸载三分区长轴共 4 个临时支撑

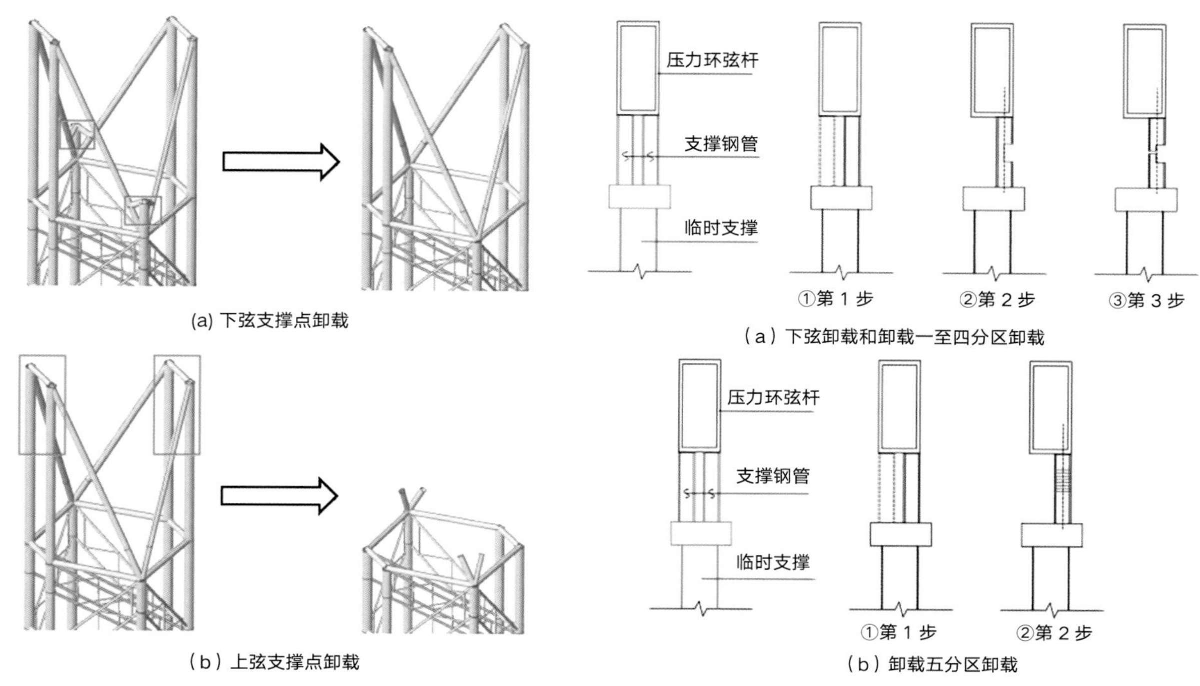

图 6.2-40　临时支撑上下弦支撑点卸载示意图

图 6.2-41　卸载方法示意图

上弦支撑点卸载；⑤卸载四分区南北共 5 个临时支撑上弦支撑点卸载；⑥卸载五分区共 8 个临时支撑上弦支撑点卸载。

卸载方法示意图如图 6.2-41 所示。下弦卸载和卸载一至四分区卸载采取火焰切割侧面开豁口的方式、两次卸载完成的方法：①切除支撑钢管中的其中一根；②切除一半支撑钢管，切割长度 70mm 左右；③拆除支撑顶部钢管。卸载五分区卸载采取火焰环向切割分级卸载的方法，分七级等比例卸载完成，每级卸载量为 37 ~ 44mm。

6.2.4.3　工程实际变形与模拟结果对比

钢屋盖的实际卸载时间为2022年3月20日—4月29日，每级卸载完成后，需采用全站仪对测量点同步观测临时支撑及内环桁架的卸载变形情况，以及各支撑立柱顶面与压力环弦杆接触情况。根据卸载计算，在变形较大的受压环内环梁上设置卸载变形观测点，各观测点的位置如图 6.2-42 所示。观测点张贴测量专用的反射贴片，每步每级卸载完成后全站仪测量观测点变形值，如变形值与卸载施工验算变形趋势不符或异常，立即停止卸载，分析原因并研究对策，确保卸载施工安全。

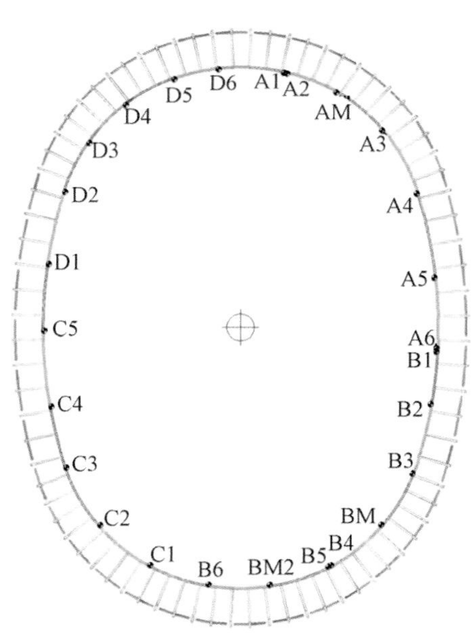

图 6.2-42　变形观测点布置图

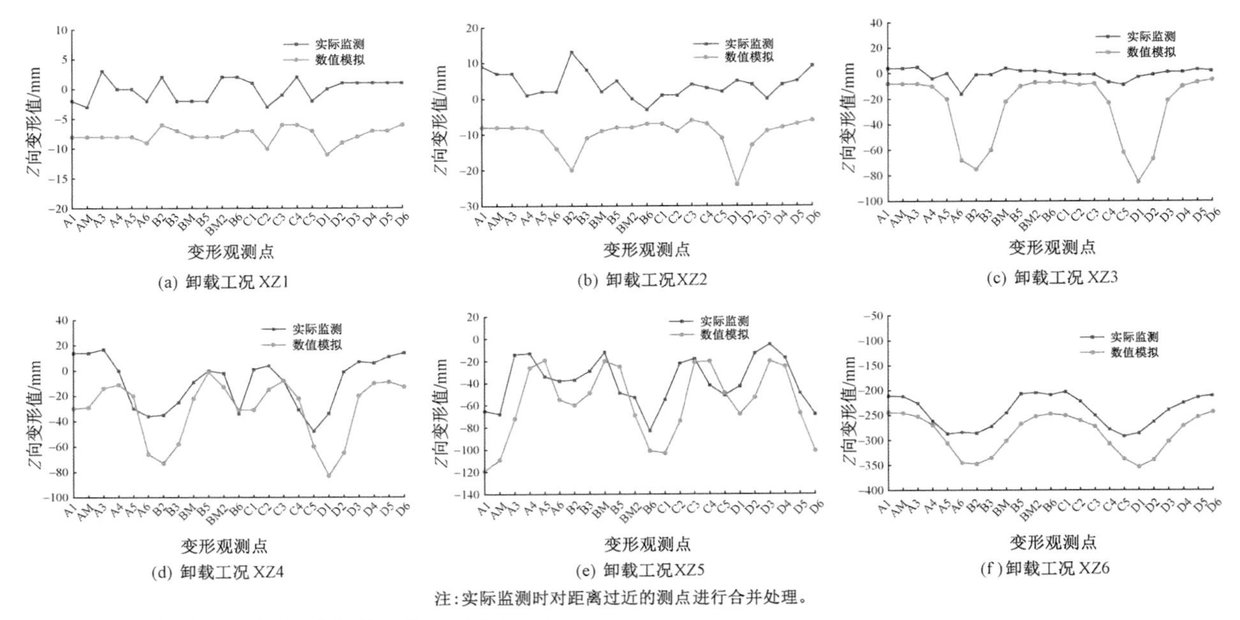

图 6.2-43 观测点 Z 向监测数据与数值模拟结果对比图

图 6.2-43 为各卸载工况下观测点 Z 向实际变形监测数据与数值模拟结果的对比图。由图 6.2-43（a）~（c）可知，在卸载初期，观测点 Z 向变形较小，因此受到温度、风荷载等因素的影响更为明显，导致内环桁架变形的实际监测数据和数值模拟误差较大，甚至规律相反。随着卸载的进行，观测点 Z 向变形增大，受到温度、风荷载等因素的影响变小，因此观测点的实际监测数据和数值模拟误差变小，且规律基本一致，如图 6.2-43（d）~（f）所示。根据卸载后期实际变形监测数据与数值模拟结果差距较小可知，结构整体施工质量良好，满足设计与规范要求，同时也证明了施工模拟分析的准确性。

6.2.5 钢结构厚板低温焊接技术

罩棚钢屋盖主要受力较大和受力复杂的外环梁、压力环桁架等位置，采用 Q460GJC 高力学性能的钢材，最大板厚 90mm。钢板强度高、厚度大，焊接接头处焊缝填充量大，且易产生焊接变形。同时由于本工程外环梁、压力环桁架等构件受外形尺寸和安装重量的限制，均需分段进行吊装，造成现场高空焊接工作量较大。由于项目工期所限，需要在冬季低温、大风等恶劣气候环境下进行焊接施工，进一步加大了焊接施工的难度。

针对冬季现场低温环境下高强厚板复杂钢结构焊接作业难度大的情况，开展了低温、大风环境下焊接工艺试验研究和低温环境 Q460GJC 厚板焊接接头组织性能数值模拟研究。

6.2.5.1 热源模型

电弧焊接热源的模拟采用双椭球热源模型，如图 6.2-44 所示。模型将体热源分为前后两部分，能够更好地模拟焊接过程中移动热源的前端和后端不同的温度梯度。前半部分（先焊接）和后半部分（后

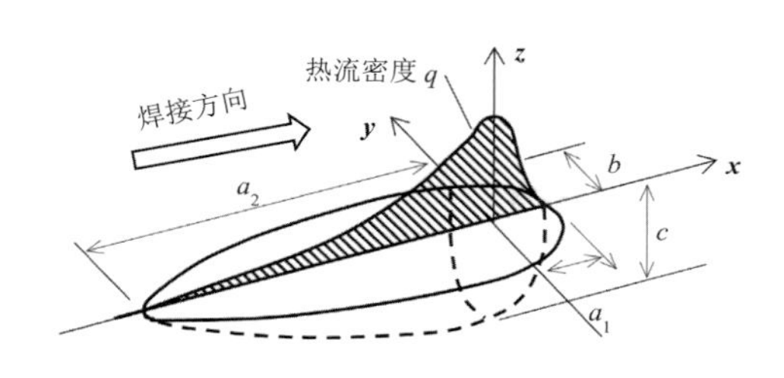

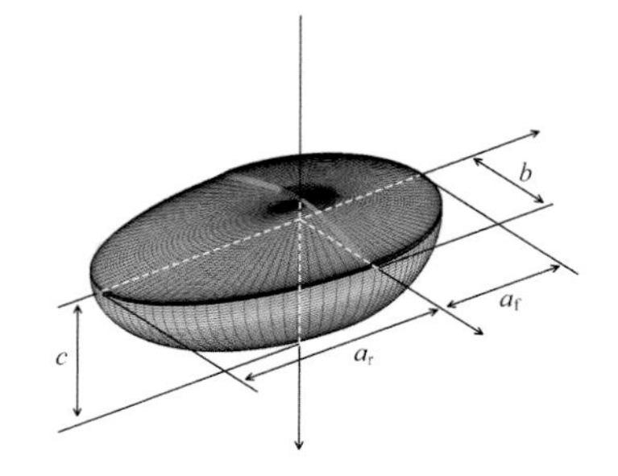

图 6.2-44　热源模型示意图

焊接）椭球内热源分布表达式分别为式（1）、式（2）。

$$q(x,y,z)=\frac{6\sqrt{3}f_1Q}{\pi a_1bc\sqrt{\pi}}exp(-3\frac{x^2}{a_1^{\ 2}})exp(-3\frac{y^2}{b^2})exp(-3\frac{z^2}{c^2}) \quad (1)$$

$$q(x,y,z)=\frac{6\sqrt{3}f_2Q}{\pi a_2bc\sqrt{\pi}}exp(-3\frac{x^2}{a_2^{\ 2}})exp(-3\frac{y^2}{b^2})exp(-3\frac{z^2}{c^2}) \quad (2)$$

式中：焊接热源 $Q=\eta UI$，η 为热源效率，U 为焊接电压，I 为焊接电流；a_1、a_2、b、c 为椭球形状参数；f_1、f_2 为前后椭球热量分布函数，$f_1+f_2=2$。

6.2.5.2　温度场计算

焊接过程中，电弧在工件中热传导控制方程：

$$\rho c_p\left(\frac{\partial T}{\partial t}\right)=\nabla(\lambda\nabla T)+\frac{\partial q_{arc}}{\partial t} \quad (3)$$

式中，ρ 为材料的密度，c_p 为比热，T 为温度，t 为时间，∇ 为拉普拉斯算子，q_{arc} 为焊接热源热流密度。

焊接件在加热和冷却过程中，材料通过对流和辐射的方式与周围的环境进行热量交换，其中，焊接件与环境的对流传热遵循牛顿定律：

$$q_a=-h_a(T_s-T_a) \quad (4)$$

式中，q_a 为焊接件与环境之间的热量交换，h_a 为对流交换系数，T_s 为焊接件表面温度，T_a 为环境温度。

辐射所损失的热量可通过以下控制方程计算：

$$q_h=-\varepsilon\sigma[(T_s+273)^4-(T_a+273)^4] \quad (5)$$

式中，ε 为辐射系数，σ 为斯蒂芬—玻尔兹曼常数。模拟过程中的焊接参数如表 6.2-3 所示。

焊接热模拟计算过程关键参数　　　　表 6.2-3

参数	取值
对流传热系数	50（W/m^3 · K）
接触传热系数	1000 或 2000（W/m^3 · K）
辐射换热系数	0.6
钢材热导率	30 左右（W/m · K）
钢材比热容	0.8 左右（J/g · K）
热量损耗系数	0.9

6.2.5.3　有限元模型建立

母材钢号为 Q460GJCZ35，板厚 90mm，焊接试件采用单面 V 形坡口，根部加钢衬垫，坡口形式如图 6.2-45、图 6.2-46 所示，焊接工艺参数如表 6.2-4 所示。

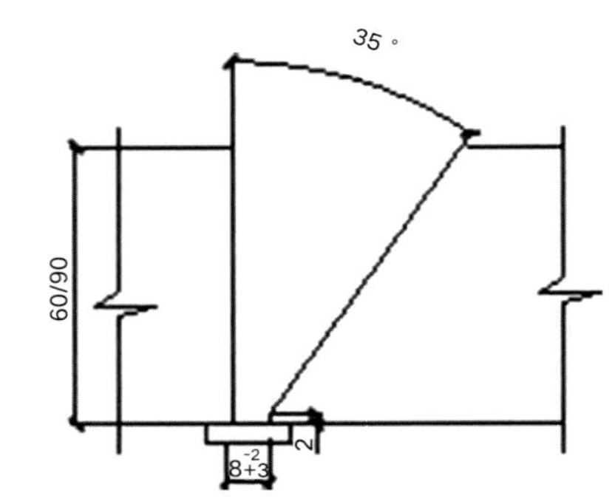

图 6.2-45　Q460GJCZ35 接头形式及尺寸

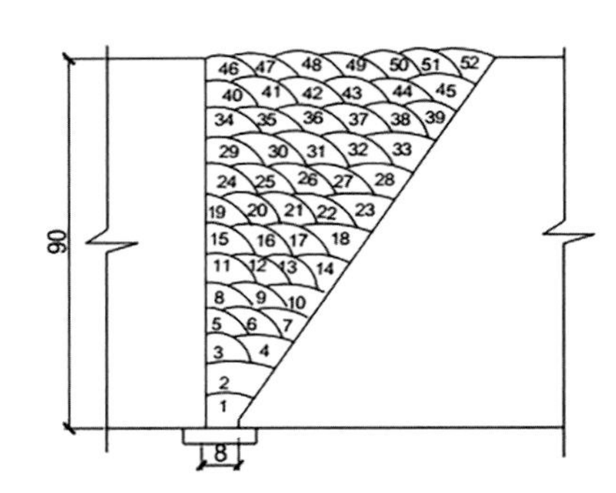

图 6.2-46　90mm 立焊焊接顺序示意图

焊接工艺参数　　　　表 6.2-4

焊道	电流 /A	电压 / V	焊接速度 /（cm/min）	热输入 /（kJ/cm）
打底	160 ~ 220	22 ~ 29	25 ~ 30	7 ~ 15
填充	200 ~ 270	24 ~ 31	30 ~ 40	7 ~ 17
盖面	200 ~ 240	24 ~ 28	30 ~ 40	7 ~ 14

注：低温环境下 CO_2 气体流量约 15 ~ 25L/min。

几何模型尺寸 508mm × 400mm × 90mm（图 6.2-47），焊道分布见图 6.2-48。对焊缝区域网格进行了局部加密，其他区域布局位置采用了过渡网格，如图 6.2-49、图 6.2-50 所示，单元类型为六面体单元，焊缝位置网格尺寸为 2mm，母材网格尺寸 5 ~ 10mm，模型网格总数约 20 万。

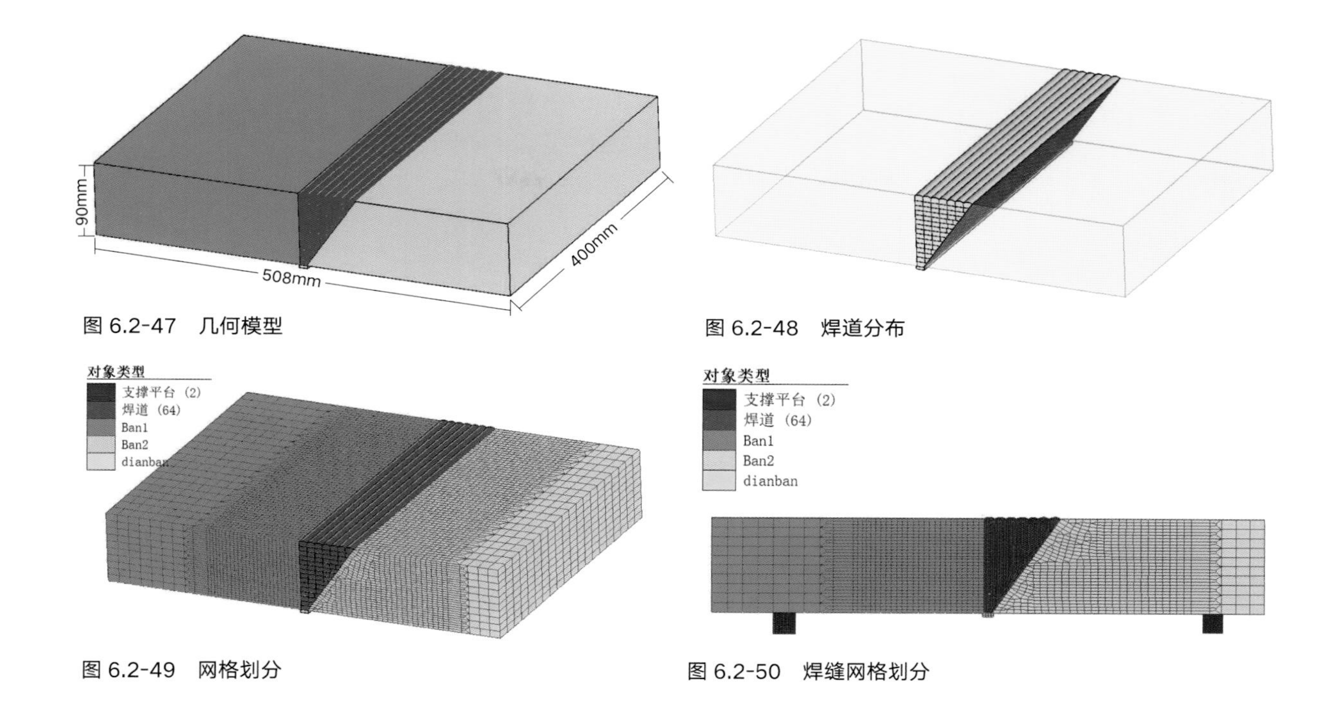

图 6.2-47　几何模型

图 6.2-48　焊道分布

图 6.2-49　网格划分

图 6.2-50　焊缝网格划分

6.2.5.4　计算结果及施工工艺

（1）焊接过程温度场分布

通过 Simufact Welding 后处理程序，可以准确得到整体模型焊接过程的温度变化，同时利用软件生成动画动能，显示整个焊接过程温度云图时程，观察热源的移动及焊件上个点的温度随时间的变化情况。

对建立的 90mm 对接焊接接头有限元模型进行温度场分析，得到了厚板多层多道焊的三维瞬态温度场的模拟结果，如图 6.2-51 ~ 图 6.2-53 所示。低温环境温度为 -15℃，焊缝共计 15 层，共 64 个焊道。试件未焊时，给试件施加 170℃的预热初始温度，此时试件温度均匀。随着焊接过程进行试件的温度场逐渐改变。按照每层焊道的焊接开始或结束、焊后冷却 5min、焊后冷却 15min、焊后冷却 30min 等几个不同时刻截取温度云图，可见厚板多层多道焊接焊缝区域温度物理变化过程的复杂性。

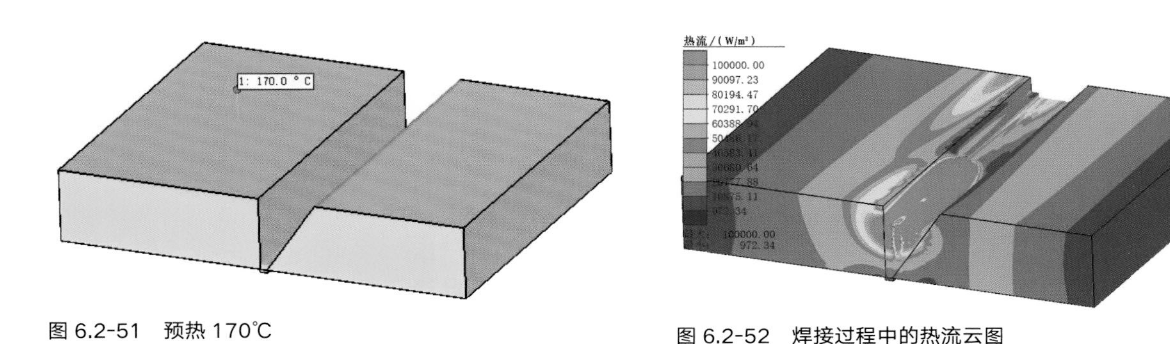

图 6.2-51　预热 170℃

图 6.2-52　焊接过程中的热流云图

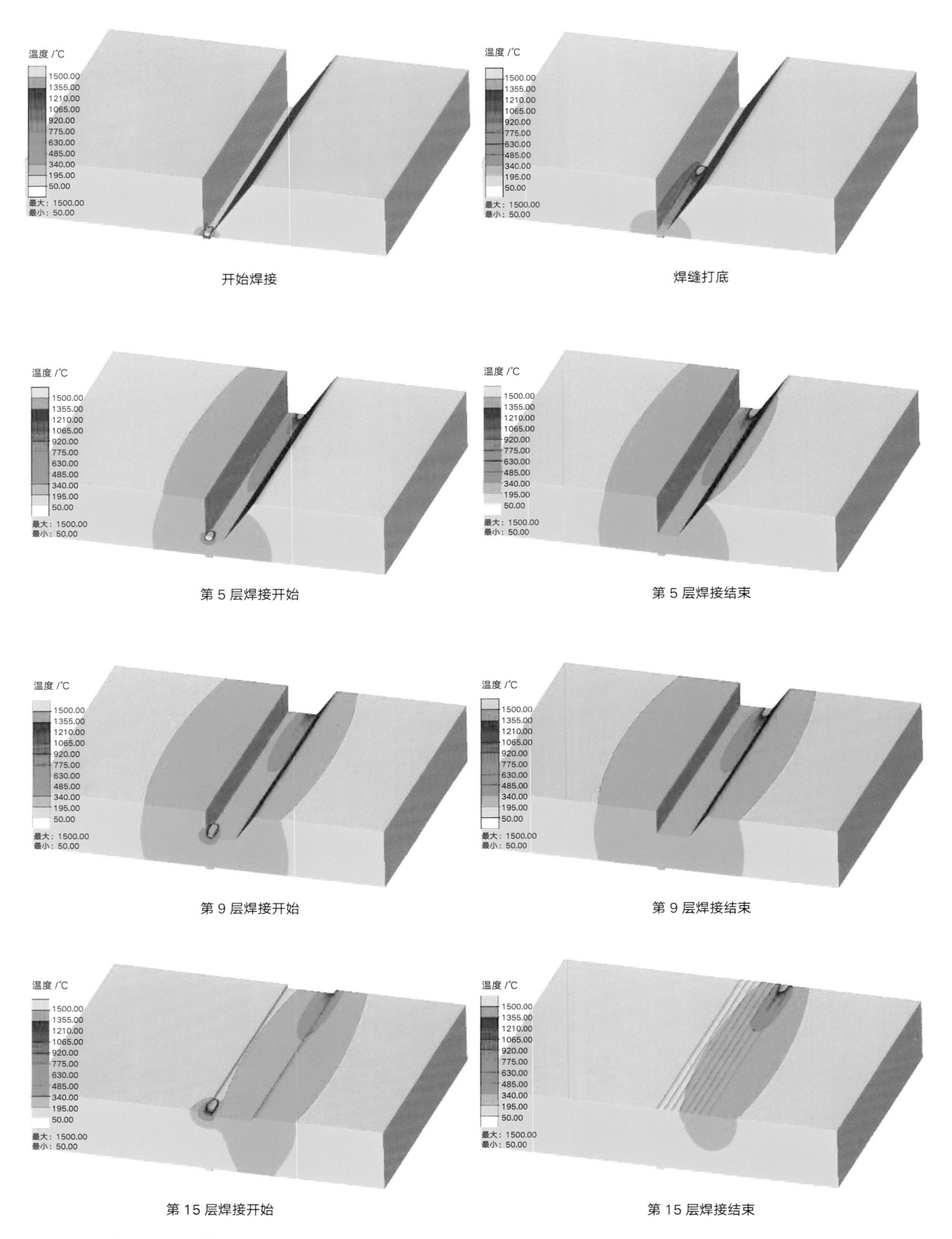

图 6.2-53　整体模型焊接温度场

（2）试验测点温度与计算结果对比

焊接热过程的准确性是焊接相变组织分析的基础。通过测量焊接过程中特定位置的温度情况，与有限元计算结果对比，验证计算方法与模型的准确，实际焊接过程与温度测量照片见图 6.2-54。

试件共设 8 个温度测点，板厚方向中部设 2 个测点。预热完成及每 2 层焊道焊接完成后分别对各测点测量一次温度并记录，每次测量须在停止焊接后尽快测量完成，保证温度数据的有效性。可见焊接过程温度从预热温度 170℃升高至最高 220℃左右，之后开始焊后冷却过程。试验实测结果见图 6.2-55。

（3）焊接最高温度计算结果

温度场计算时，将 1450℃以上的区域定义为熔池，而热影响区的温度区间为 720 ~ 1450℃。熔池区域与实际摆动焊接时的熔池区域大体一致，能够准确模拟出熔池移动过程中的温度分布（图 6.2-56、图 6.2-57）。

焊前预热

焊接

温度测量

焊后

图 6.2-54　焊接过程及温度测量

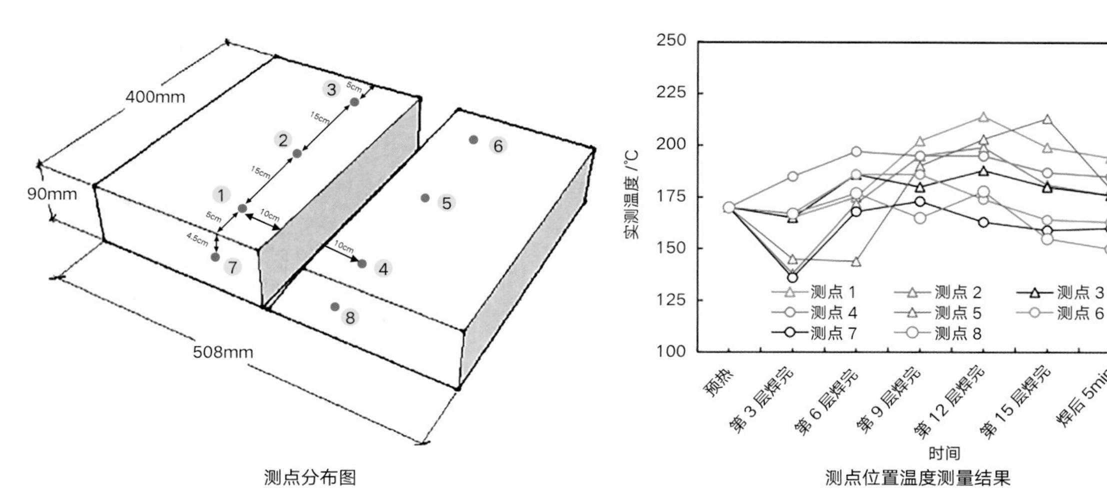

测点分布图　　测点位置温度测量结果

图 6.2-55　试验实测结果

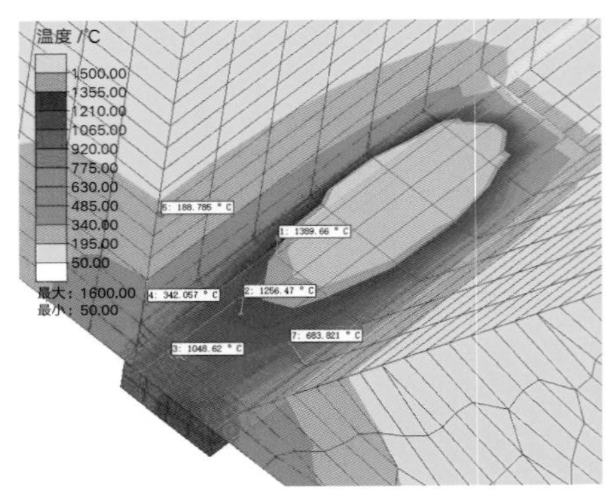

图 6.2-56　移动热源温度分布云图

图 6.2-57　整体对接接头峰值温度云图

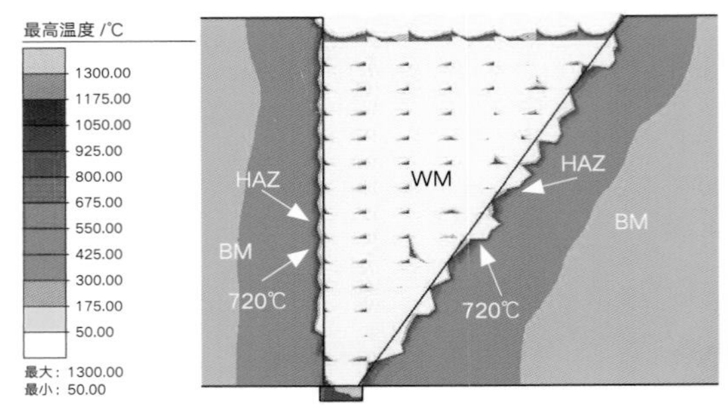

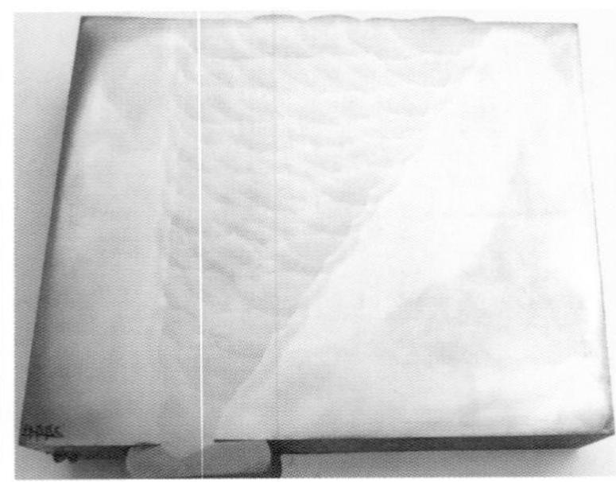

图 6.2-58　焊缝截面峰值温度分布与宏观形貌

对比焊缝截面峰值温度分布与焊接接头的宏观形貌，模拟的焊接熔池及热影响区的大小与实际焊接接头吻合良好，数值模拟焊接具有较高的精度，见图 6.2-58。

（4）$t_{8/5}$ 冷却速率计算结果

从焊接 $t_{8/5}$ 冷却速率云图可以看出，厚板多层多道焊接温度变化物理过程的复杂性及最不利控制点（图 6.2-59、图 6.2-60）。

根据 $t_{8/5}$ 冷却速率结果分析，对于厚板低温焊接质量控制，除需对初始预热温度进行要求，在焊接过程中还需实时关注接头温度下降最快位置；通过对焊接物理场分析得出，焊缝中部及表层热影响区为最不利点，且板厚越大，不利程度越高，需重点关注。对于实际施工过程中的节点焊接预热温度要求，可通过节点层面的定量计算确定。

（5）相组织分布云图

图 6.2-61 ~ 图 6.2-64 的模拟结果显示焊接后焊缝处的组织主要由铁素体、珠光体和贝氏体组成，铁素体占 50% 左右，对焊缝区试样进行显微组织观察，焊缝区主要是铁素体与珠光体，表层区主要是铁素体与球状珠光体，中心层区出现了板条状珠光体，热影响区组织为铁素体 + 贝氏体，由于热影响区焊接完成后冷却快，奥氏体没有发生珠光体转变，而是发生贝氏体的转变；母材中心层由于焊接温度的扩散传导，组织粗大，发生了回火现象。

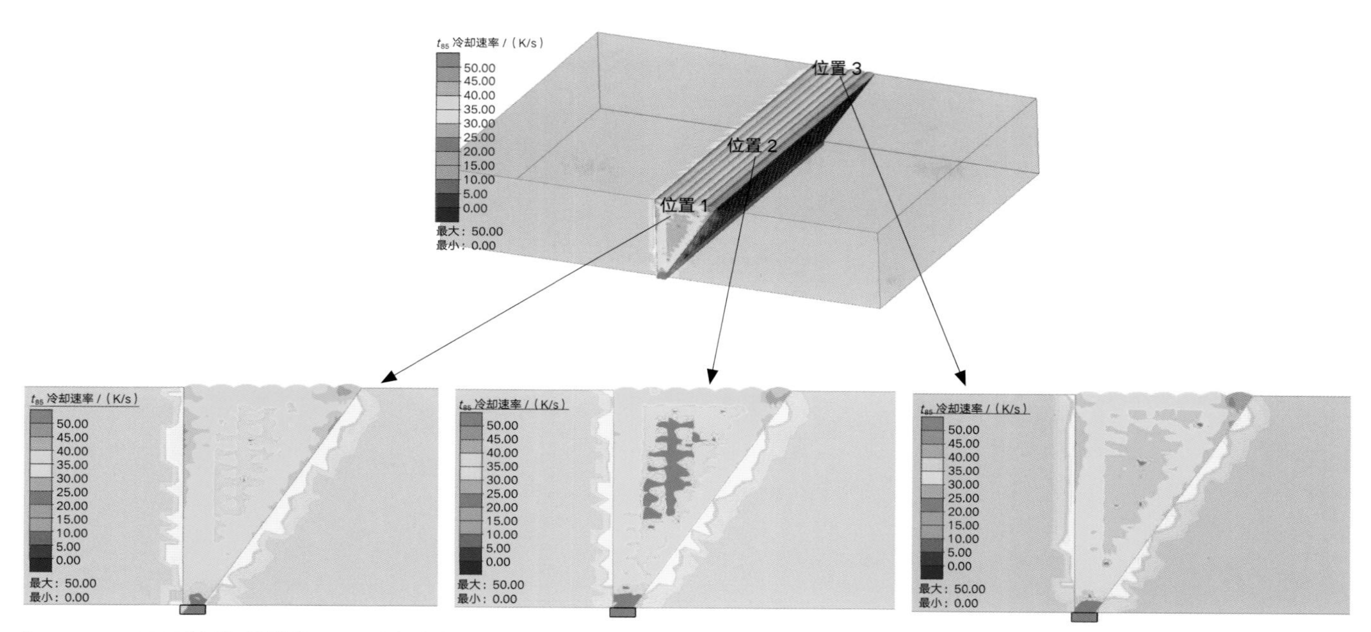

图 6.2-59　不同位置焊缝横截面 $t_{8/5}$ 冷却速率

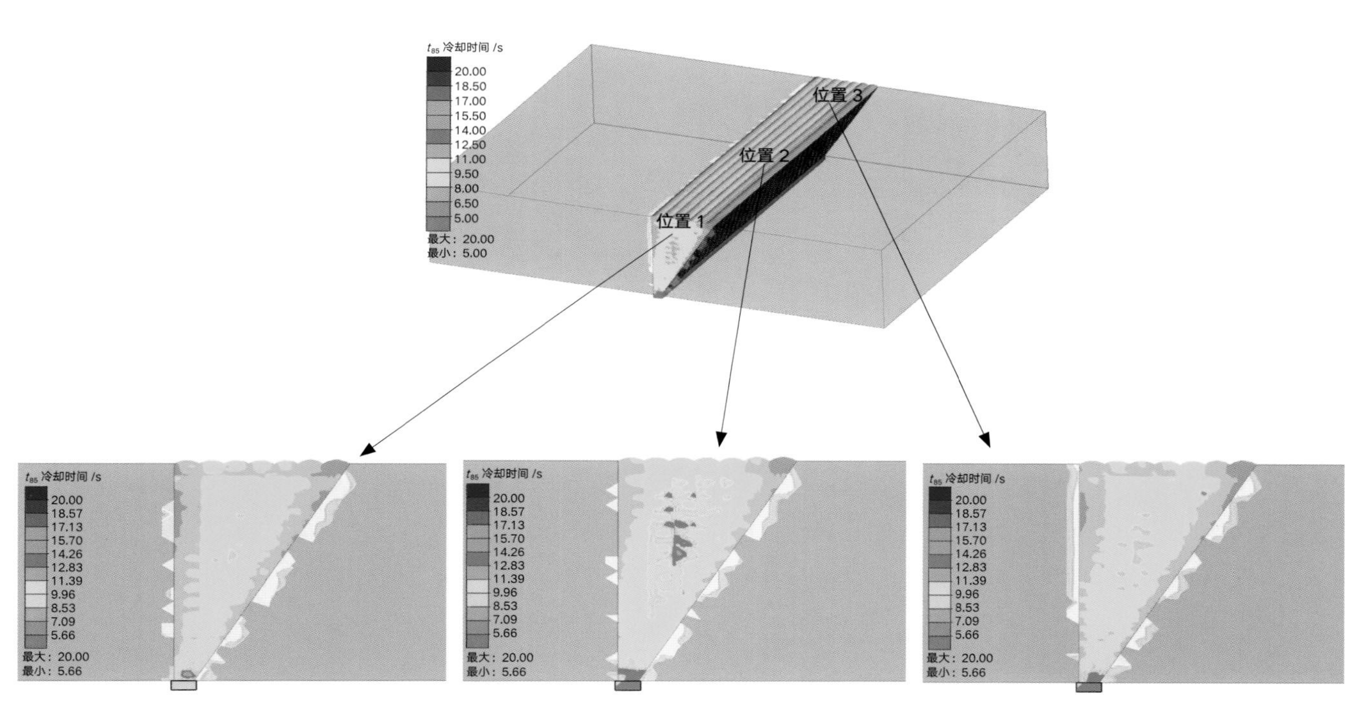

图 6.2-60　不同位置焊缝横截面 $t_{8/5}$ 冷却时间

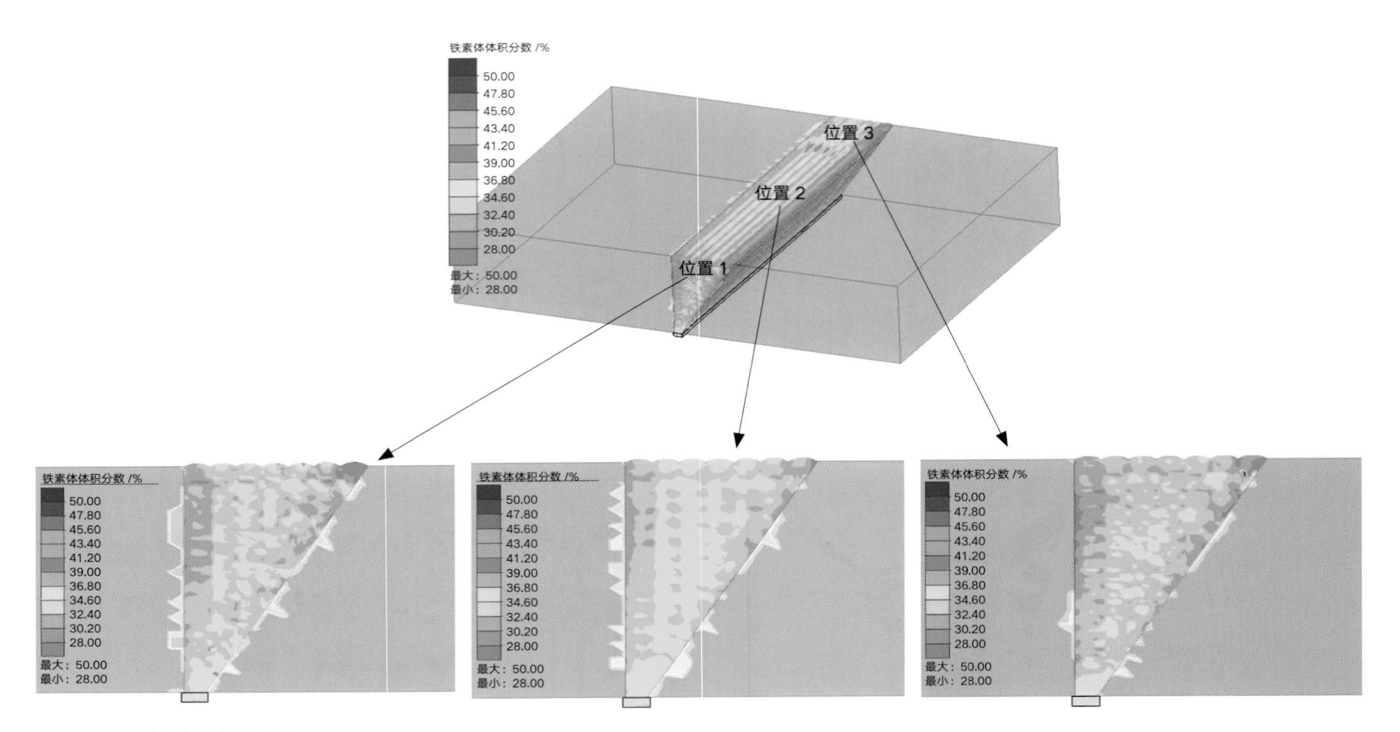

图 6.2-61　铁素体体积分数

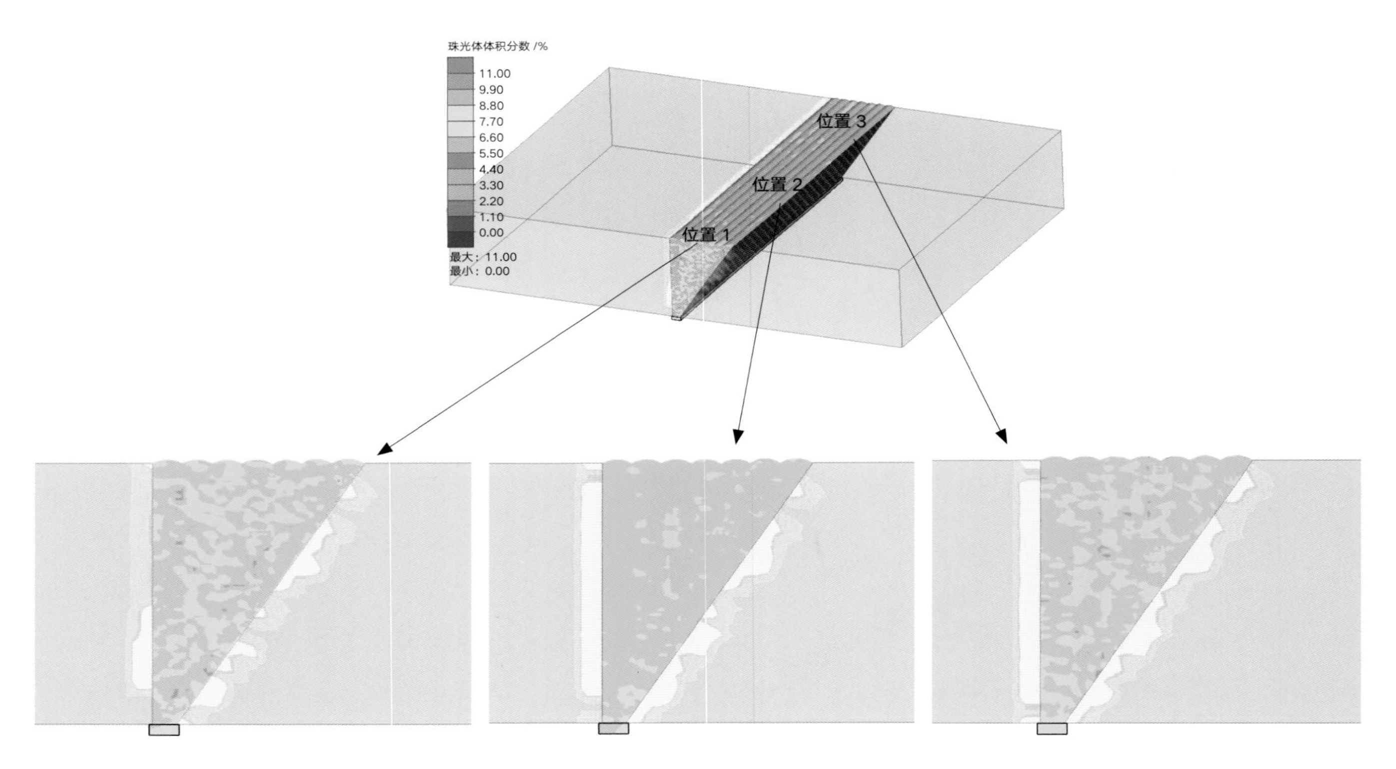

图 6.2-62　珠光体体积分数

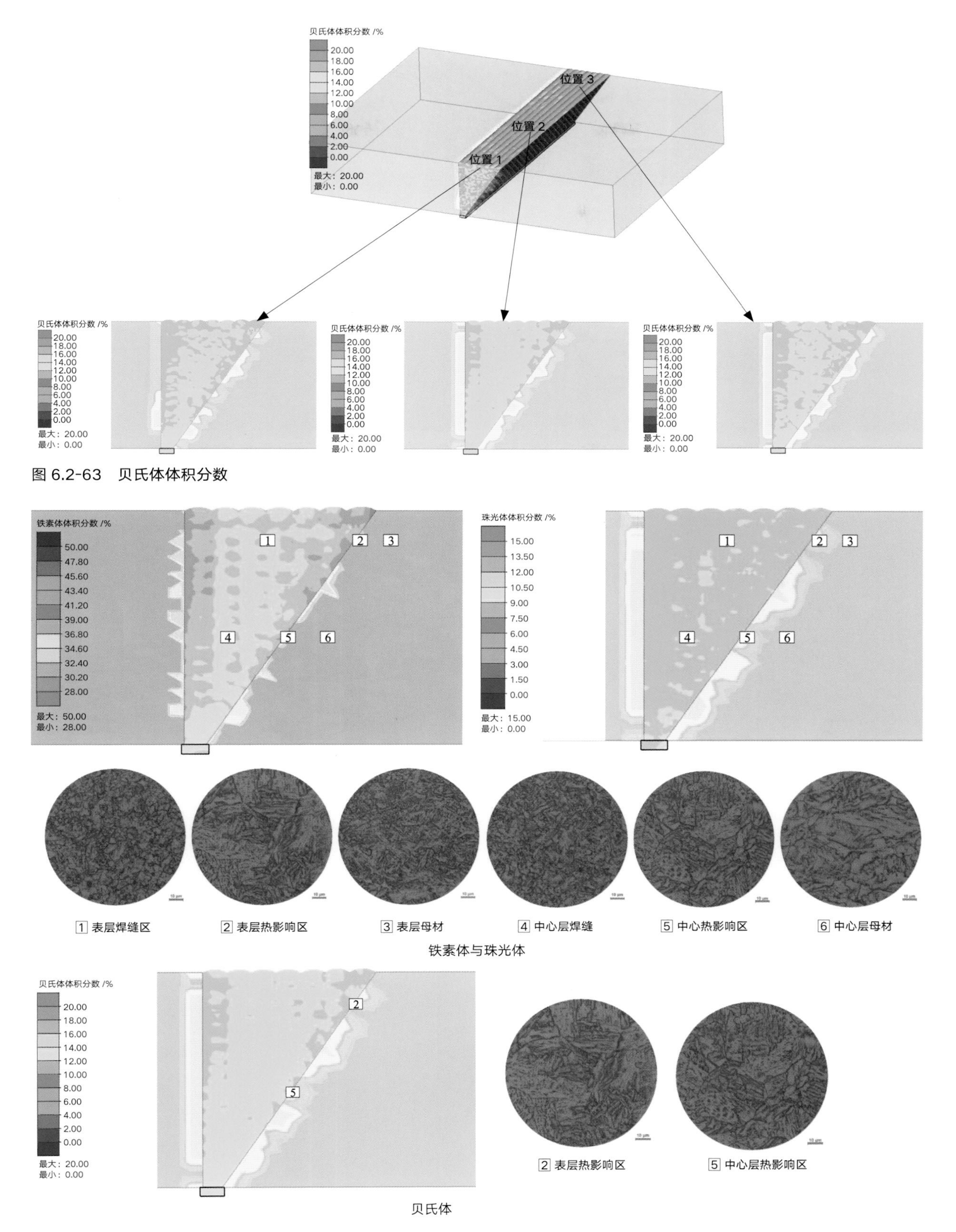

图 6.2-63 贝氏体体积分数

图 6.2-64 焊缝不同相分布计算结果与金相结果对比

（6）硬度计算结果

根据维氏硬度计算结果，并提取焊缝三个位置横截面硬度分布云图，见图 6.2-65，由图可知，焊缝长度方向三个位置硬度分布情况及变化趋于一致。

（7）抗拉强度计算结果

对焊缝极限强度进行计算，并提取焊缝三个位置极限强度分布云图，如图 6.2-66 所示，可见焊缝

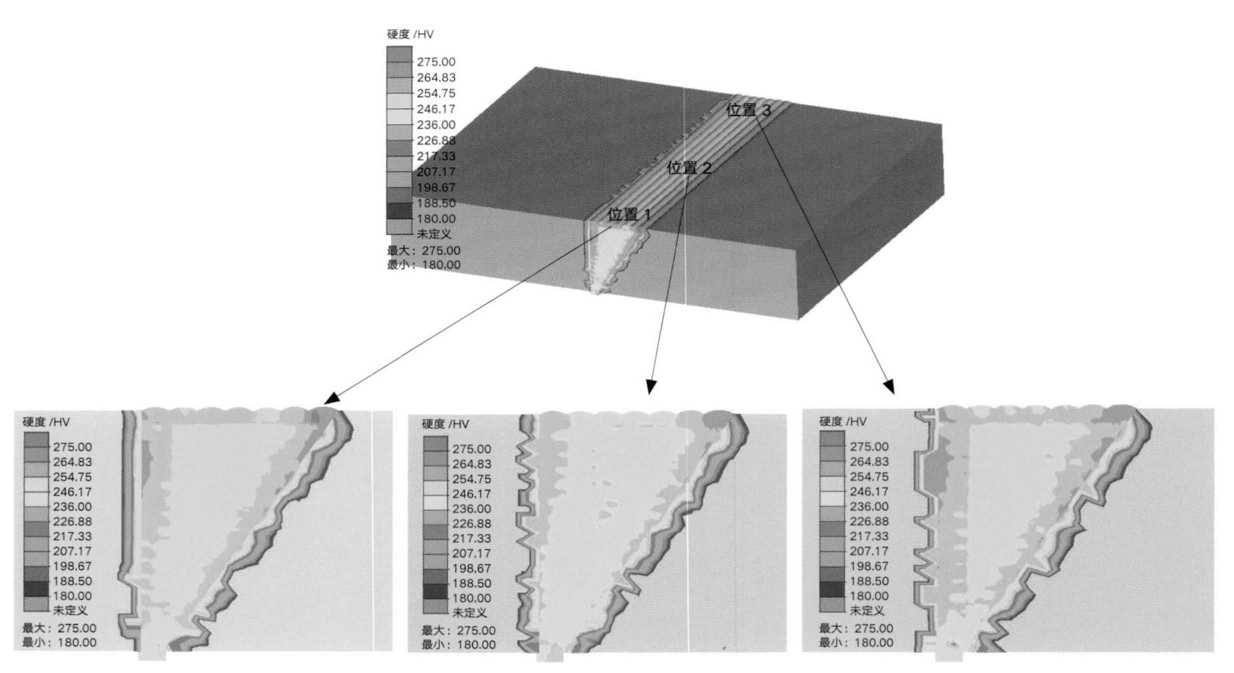

图 6.2-65　焊缝不同位置硬度计算结果

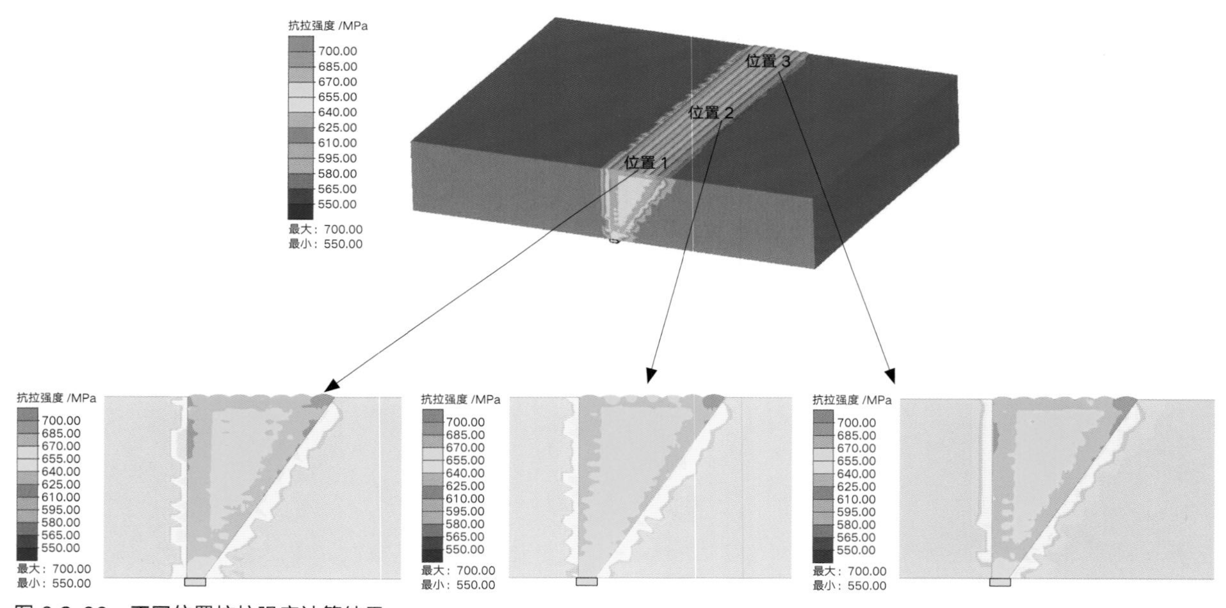

图 6.2-66　不同位置抗拉强度计算结果

长度方向三个位置极限强度分布情况趋于一致，且焊缝强度整体高于母材强度，同时厚板侧相对薄板侧高，焊缝极限强度值在 640MPa 左右。实际焊缝处的拉伸强度为 600MPa、597MPa，延性断裂断于母材，拉伸试验如图 6.2-67 所示。

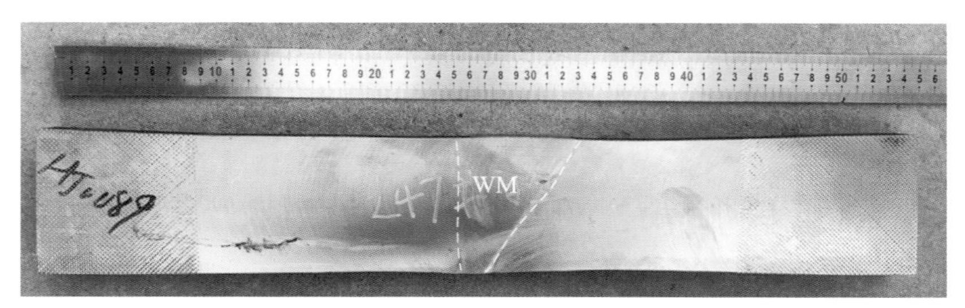

图 6.2-67 拉伸试验

通过模拟结果与实测结果对比，基于焊接热模拟及焊接冶金基础理论，采用有限元方法，可有效实现高强钢厚板焊接组织性能预测分析，证明高强厚板低温焊接计算理论及方法可行有效。

图 6.2-68 是低温焊接工艺试验以及现场焊接施工工艺图片。

低温焊接工艺试验

焊接防风棚

焊前预热

对称焊接

焊后保温

无损检测

图 6.2-68 低温焊接工艺试验及现场焊接施工工艺

6.3 复杂幕墙系统建造技术

幕墙总面积约 6.8 万 m^2，且体育场存在大跨度弧形区域，如何通过研究解决复杂幕墙施工关键节点，优化设计施工方案，解决大型体育场幕墙节点漏雨、渗水问题，是需要解决的重点问题。项目通过设置实体样板，研究幕墙关键技术，优化施工工艺，总结出大跨度屋顶幕墙关键施工工艺要点，并在幕墙系统使用光伏板，利用阳光储备电能，符合绿色建筑理念。

6.3.1 罩棚幕墙系统介绍

罩棚幕墙主要分为三大系统，第一系统为通风金属装饰翼系统，面积约 16000m²；第二系统为聚碳酸酯板屋面系统，面积约 47000m²；第三系统为聚碳酸酯板挑檐系统，面积约 5000m²。三大区各成体系又密切相关，既要体现各区域的独特功能和亮点，又要紧密连接展现整体的功能效果。整体幕墙系统要同时具备遮阳、照明、排水、融雪、光伏发电和吸声降噪等功能。幕墙系统分布如图 6.3-1 所示。

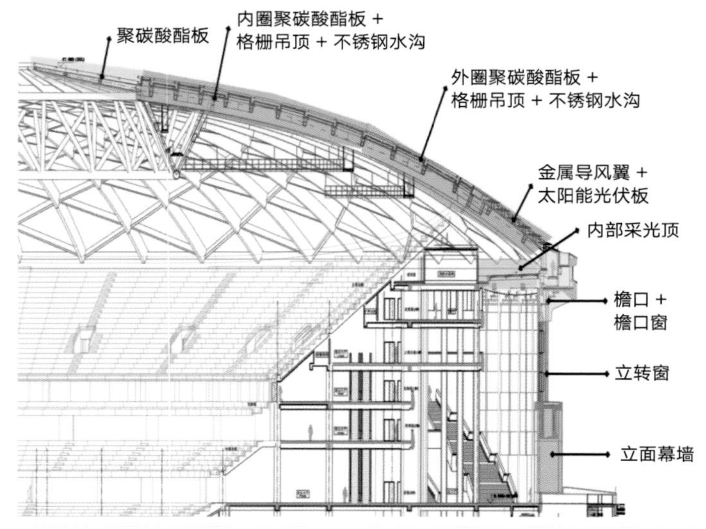

图 6.3-1 幕墙系统分布图

6.3.1.1 通风金属装饰翼系统

主龙骨选用氟碳喷涂钢方管，面板材料主要有 3mm 厚铝单板、光伏玻璃等，将龙骨与幕墙材料组成超大单元板块，最终实现单元体的装配式安装。此系统主要包含女儿墙外檐 3mm 厚氟碳喷涂铝单板、环向虹吸不锈钢水沟、通风金属装饰翼（由 3mm 厚氟碳喷涂铝单板 + 光伏组件组合而成，薄膜发电组件与建筑物形成完美结合的太阳能发电系统）、环向重力不锈钢水沟，水沟上表面满粘 2mm 厚聚酯纤维内增强型 PVC 防水卷材，确保其良好的水密性能。该系统既要满足日常功能性需求，又是光伏发电的主要载体。通风金属装饰翼系统构造如图 6.3-2 所示。

6.3.1.2 聚碳酸酯板屋面系统

这是本工程的主要幕墙系统，占幕墙总面积的 70% 左右。主龙骨选用氟碳喷涂钢方管组成超大不等边三角单元，将幕墙面板材料与三角单元龙骨组装为一个单元板块，单元板块通过可调节支座与主体结构相连接，实现地面集成化拼装，墙上装配式安装。此做法施工效率高，单元式构件地面组装便捷，安装精度、质量可控。面板为 3mm 厚 Z 形聚碳酸酯板，相邻板材搭接处理，端部采用 3mm 厚氟碳喷涂铝单板封口，单元底部采用铝合金吊顶格栅，既可以满足室内观视效果，又能起到场馆内吸声功能。三角单元示意图如图 6.3-3 所示。

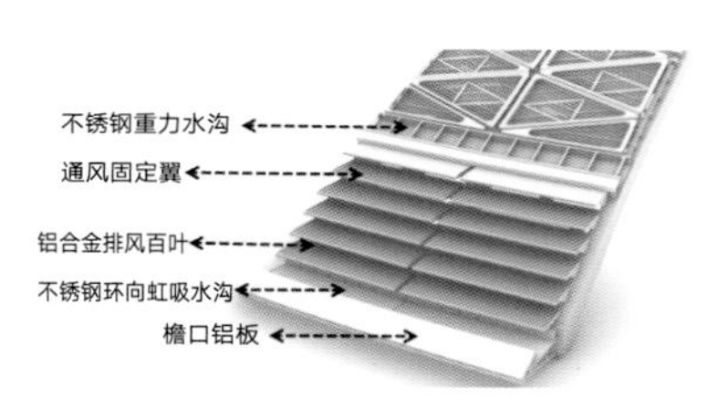

图 6.3-2　通风金属装饰翼系统构造图

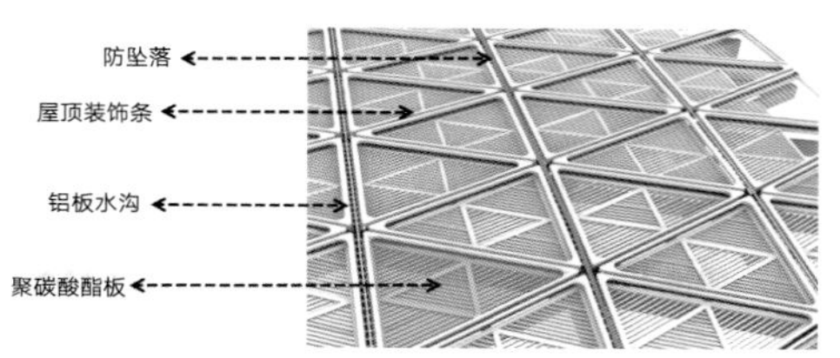

图 6.3-3　三角单元示意图

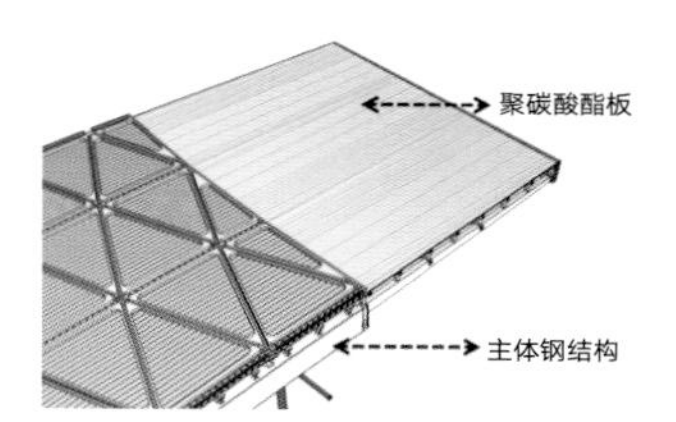

图 6.3-4　挑檐系统示意图

6.3.1.3　聚碳酸酯板挑檐系统

此系统位于主体钢结构最内圈的悬挑梁区域，主要材料包含 3mm 厚透明聚碳酸酯板、3mm 厚氟碳喷涂铝单板，主龙骨选用氟碳喷涂钢方管。为保证其良好的采光效果，所采用聚碳酸酯板透光率大于或等于 90%。挑檐系统示意图如图 6.3-4 所示。

6.3.1.4　安装批次划分

项目工期紧，开工即抢工，由于第二、第三施工段必须使用塔式起重机进行施工，考虑到塔式起重机在幕墙施工过程中要进行拆除，施工顺序为由内而外（图 6.3-5）。现场分为两家幕墙安装队伍，为了充分利用塔式起重机，队伍 1 的施工顺序为由南向北，队伍 2 的施工顺序为由北向南，这样既充分利用了塔式起重机，也避免了因塔式起重机的作业半径问题导致塔式起重机交叉作业的风险。

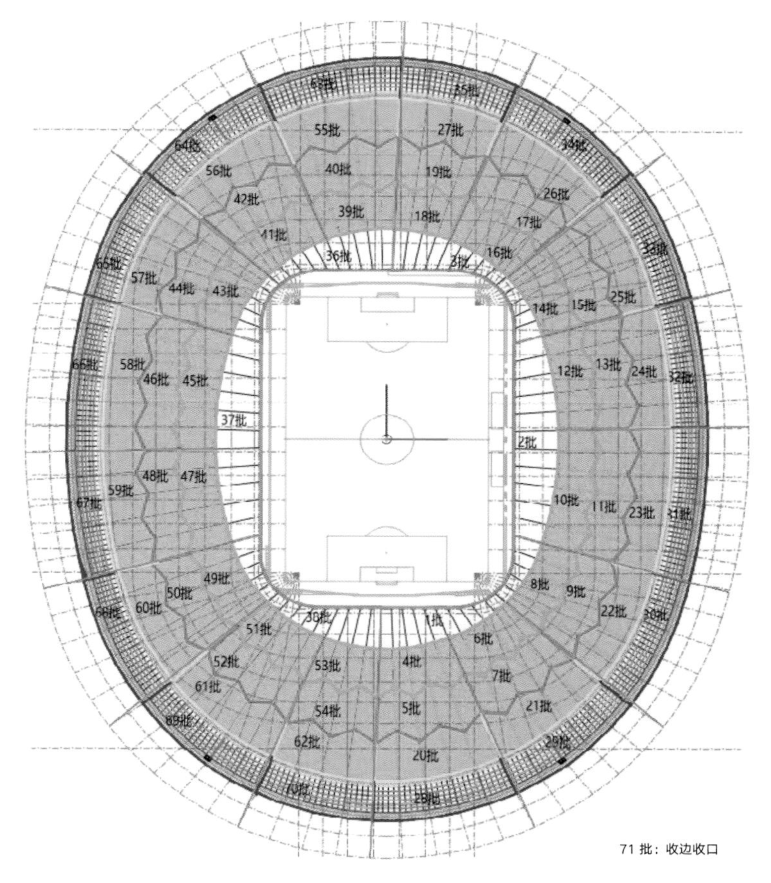

图 6.3-5　幕墙安装批次划分

6.3.2　超大三角单元幕墙板块制造技术

单元体幕墙系统的特点是强调工厂化加工，所有成品加工在工厂内完成，不受天气等因素影响，生产效率高。本项目超大不等边三角单元是将三角钢构作为一个单元，将三角单元龙骨与幕墙材料组装为一榀整体单元体，单元体通过可调节支座与主体结构相连接，最终实现装配式安装的幕墙（图 6.3-6）。该三角形单元体边长最长为 9m，分别由 V 型钢支撑底座、主钢骨架、铝格栅吊顶、2mm 厚聚酯纤维内增强型 PVC 满粘型防水卷材、聚碳酸酯板面板等组成，单榀板块总重量达 2t。

结合本项目实际情况，经综合研判，决定线下组装为成品的单元体，然后再整体吊装实现装配式安装。通过 BIM 建模和现场样板对施工工艺进行验证和改进，如图 6.3-7 所示。

直接在工地开辟单元体流水生产线，借鉴工厂生产管理经验，整套流水生产线总长为 40m，宽度为 16m，做到现产现用，同时有利于现场管理人员过程质量监控。装配式安装工艺流程如图 6.3-8 所示。

施工现场整体吊装见图 6.3-9。

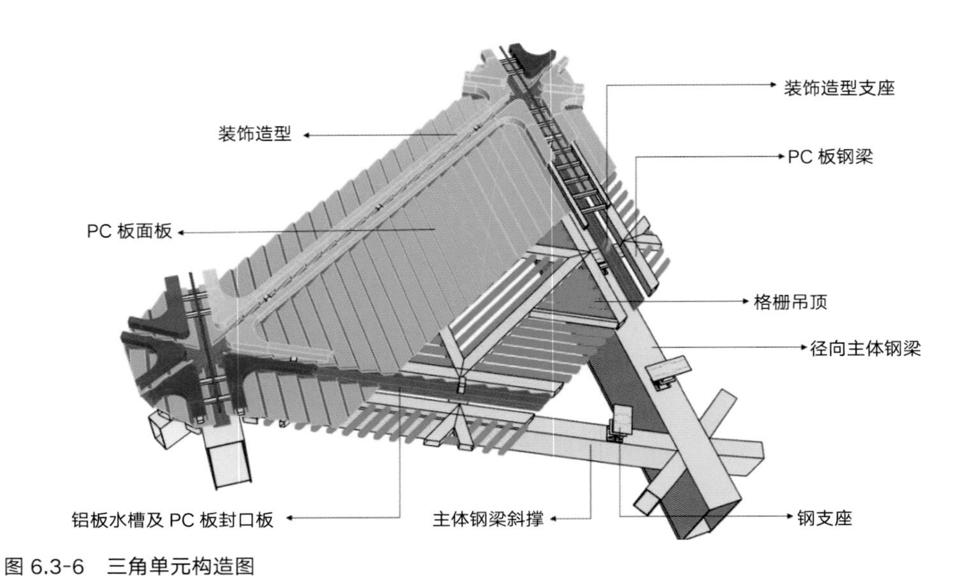

图 6.3-6 三角单元构造图

图 6.3-7 BIM 模型（左）和实体样板（右）

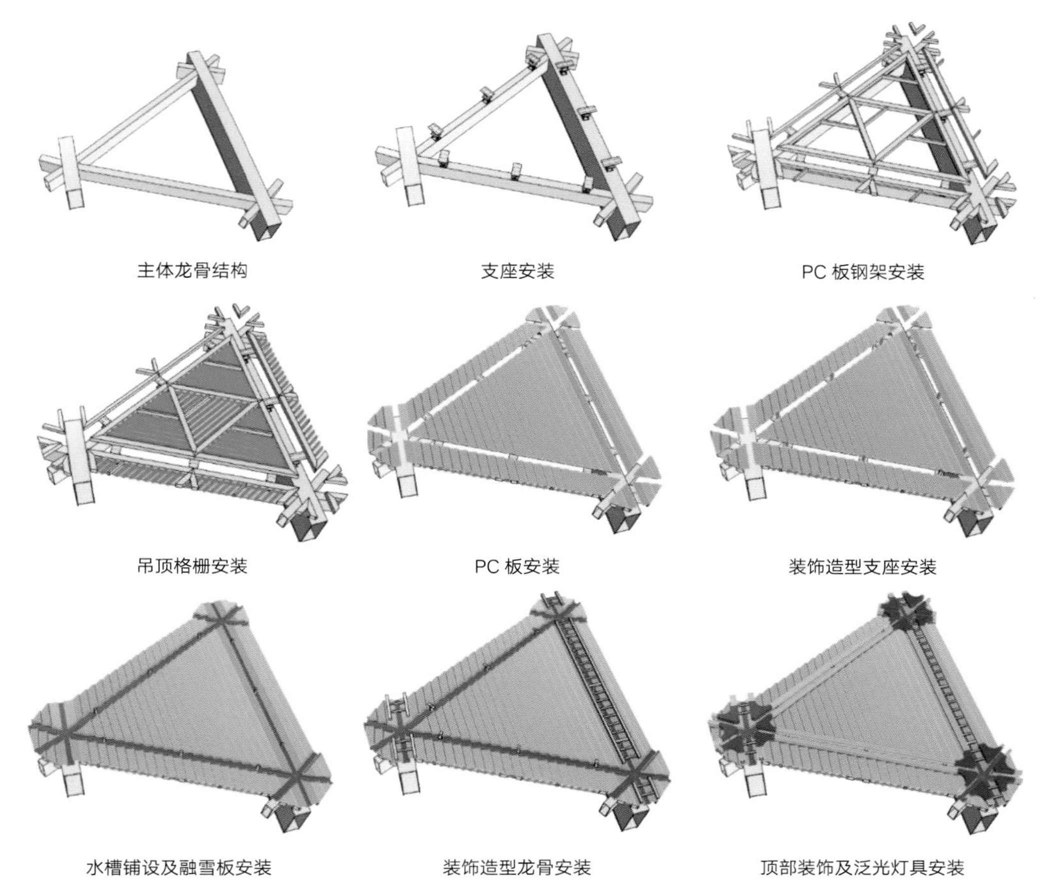

图 6.3-8　装配式安装工艺流程示意图

图 6.3-9　幕墙三角单元现场拼装后整体吊装

6.3.3 BIPV 光伏幕墙建筑一体化应用技术

光伏建筑一体化（BIPV，全称 Building Integrated PV，PV 即 Photovoltaic）是一种将太阳能发电（光伏）产品集成到建筑上的技术，是应用太阳能发电的一种新概念，光伏材料与建筑的集成是BIPV 的一种高级形式，它对光伏组件的要求较高。光伏组件不仅要满足光伏发电的功能要求，同时还要兼顾建筑的基本功能要求。

研究光伏建筑一体化工艺，实现光伏系统与建筑幕墙一体化制作及应用，施工现场安装便利，为建筑日常运行提供电力支撑，赋能城市绿色建设。光伏单元板块大样图和成品如图 6.3-10 所示。

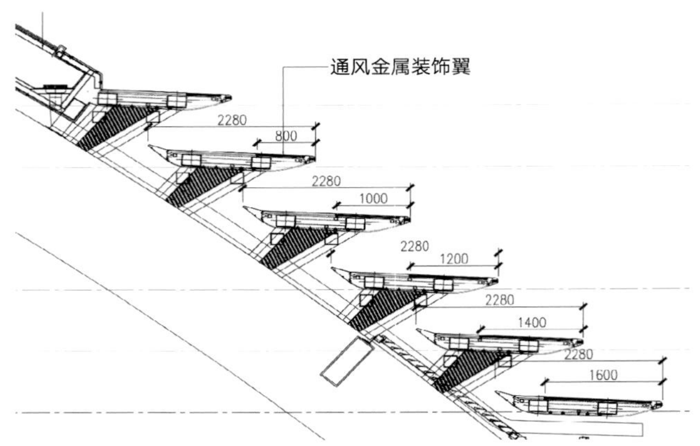

图 6.3-10 光伏单元板块大样图（左）和成品图（右）

6.3.3.1 异形光伏组件定制

该工程光伏幕墙系统由不同尺寸的超大异形幕墙板块组成，标准厚度光伏组件无法满足超大异形板块的结构性能。为应对这一问题，将常规 2mm、3.2mm 厚的标准光伏组件，设计为 6mm 厚的双玻定制光伏组件，并采用 POE+EVA 组合胶膜，使定制异形光伏组件具有低水汽透过率、高运行安全性、长久耐老化性等优势，满足了超大板块单元体的结构性能和建筑的个性化需求。

本工程共安装 2000 多块单晶组件，组件水平铺设，安装容量为 351.2kWp，首年发电量约为292966.65kWh。本项目组件布置共分为南、北两个区，每区组件经过不同的串联后接入 6kW 组串式逆变器，不同组串接入逆变器不同的 MPPT 输入端，逆变器出线接入汇流箱；交流汇流箱输出电缆接入低压并网柜，本项目由 2 台并网柜接入配电室低压侧。单晶使用寿命不低于 30 年，质保期不少于 12 年。第 1 年功率衰减：单晶不高于 2.5%；以后每年的衰减率不超过 0.5%。胶膜三维模型示意图如图 6.3-11 所示。

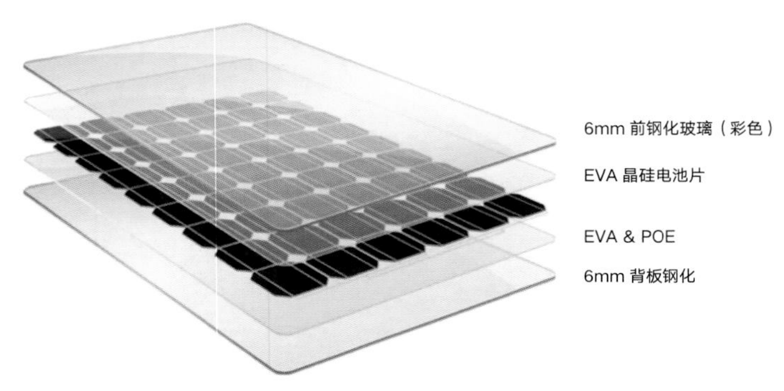

图 6.3-11 胶膜三维模型示意图

6.3.3.2　光伏组件与幕墙板块一体化应用

该系统的光伏组件尺寸规格多、排布方向多，造成串并联系统复杂，给系统设计和材料加工增加了难度。为解决这一难题，从 100 多种面板尺寸中选择了最优的电池排布类型，把相同朝向的上下共计 6 层光伏组件，通过小型逆变器的方式串为一组，完美地将光伏组件与幕墙板块合为一体。

6.3.3.3　光伏幕墙装配式安装工艺

把所有材料预制成整体单元体产品，现场使用时直接吊装单元体就位安装，只需进行转接件连接即可，操作简单高效。具体安装采用安全绳、捯链配合吊装，起吊点在两侧吊装孔区域。安装过程中使用全站仪测量点位，用捯链调整角度，装饰翼支腿插芯进行高度调整，确保相邻单元体水平标高在同平面，保证排水坡度，确保装配质量。光伏幕墙安装和完成图如图 6.3-12 所示。

图 6.3-12　光伏幕墙安装和完成图

6.3.4 幕墙抗风揭性能研究

工体屋面中间为大开口，受周边建筑物影响，其风荷载分布与规范取值差异较大，为准确把握屋盖的风荷载情况，对本项目进行了风洞试验研究，确定风压系数和围护结构幕墙设计所需的风荷载。根据风洞阻塞度要求、转盘尺寸及原型尺寸，试验模型缩尺比确定为 1 ：250，见图 6.3-13。模型根据建筑图纸准确模拟了建筑外形，以反映建筑外形对表面风压分布的影响。风洞试验参数为：地貌类别，C 类；测点数量，882；风向角，10° 为间隔，共 36 个风向角；风压，50 年重现期，0.45kN/m^2。

图 6.3-13 风洞模型

在进行围护结构设计时，参考重现期极值压力分布图进行取值，如图 6.3-14、图 6.3-15 所示。试验结果已考虑封闭结构的内压值，未包含面积折减系数，相关参数取值可参考建筑结构荷载规范进行取值。

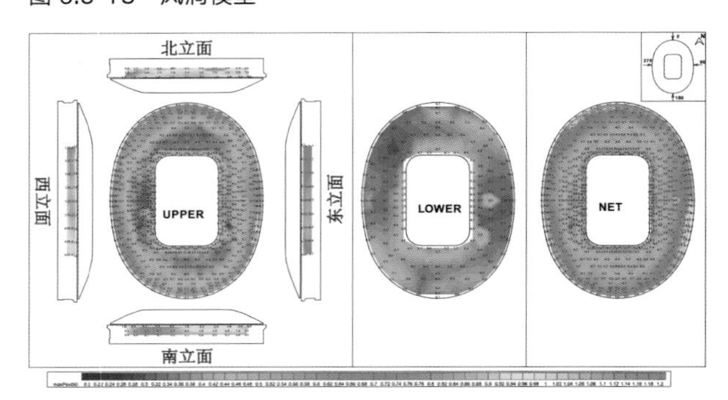

图 6.3-14 极值正压最大值 /kPa

以风洞试验的风压为基础，对整体屋面幕墙系统进行动态压力抗风揭和静态压力抗风揭测试，检测出屋面的实际抗风荷载能力，验证幕墙系统抗风揭性能，为建筑的可靠性提供判断依据，也为建筑的安全性提供保障。

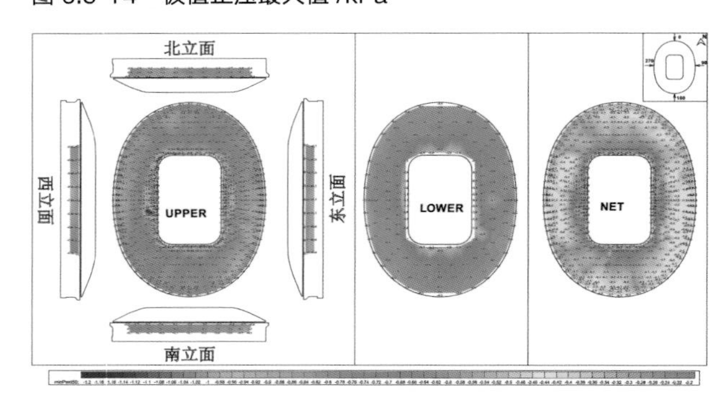

图 6.3-15 极值负压统计绝对值最大值 /kPa

6.3.4.1 试件安装工序

抗风揭测试安装的试件选取实际工程使用的材料，按照实际的尺寸进行安装，紧固件和安装方式也应当根据图纸的实际尺寸，采用与工程相同的安装方式。试件四周与试验箱之间的空隙用封边板材收口，密封胶填注。抗风揭检测试验样板节点安装如图 6.3-16 所示。

6.3.4.2 检测荷载

抗风揭试验荷载标准取现行国家标准《建筑结构荷载规范》GB 50009 和本项目的风洞试验报告的最不利风荷载数值。风荷载检测标准值取 -1.32kN/m^2，屋面板系统动态抗风揭检测值应满足 1.4 倍风荷载标准值，即 -1.85kN/m^2。动态抗风揭检测结束后应按《钢结构工程施工质量验收标准》GB 50205—2020 中第 C.0.3-6 条的要求继续进行静态风荷载检测至其破坏失效。压力差说明：当试件外表面所受的压力大于内表面所受的压力时，压力差值为正值，反之为负值。

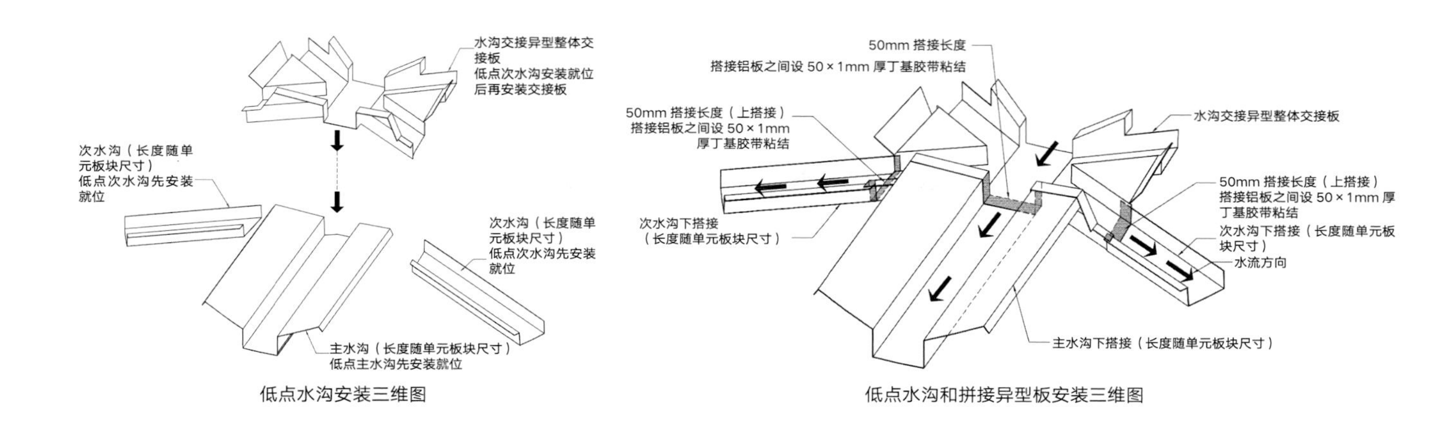

低点水沟安装三维图　　低点水沟和拼接异型板安装三维图

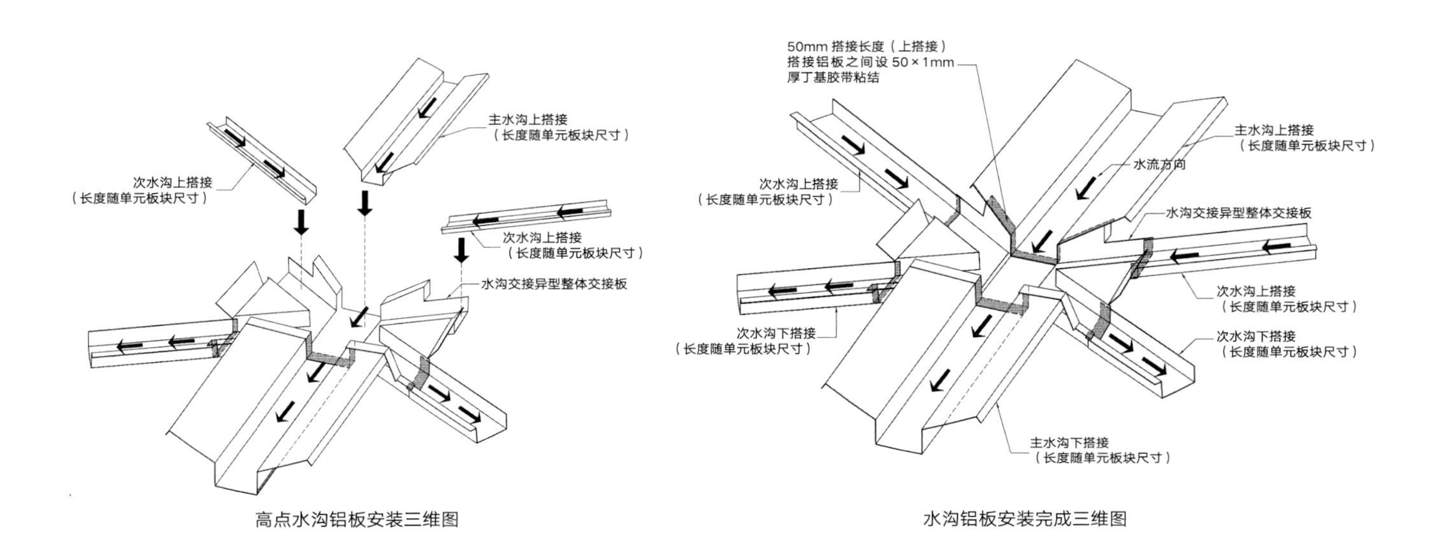

高点水沟铝板安装三维图　　水沟铝板安装完成三维图

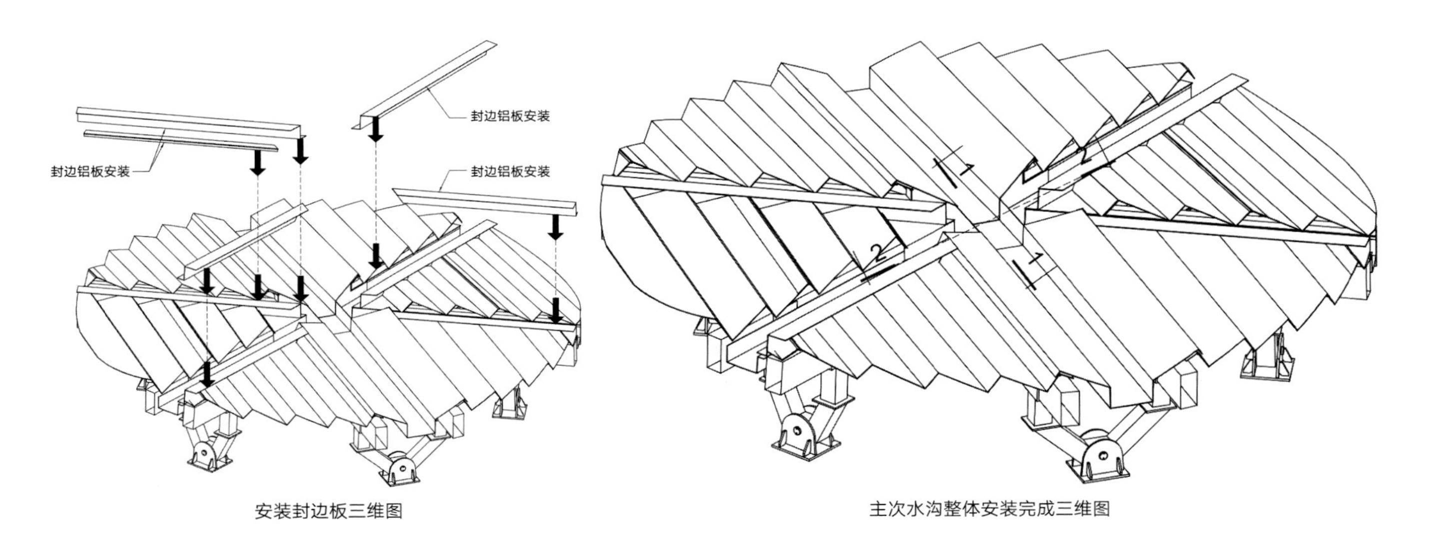

安装封边板三维图　　主次水沟整体安装完成三维图

图 6.3-16　抗风揭试验样板节点安装图

6.3.4.3 检测标准

抗风揭检测程序按照《钢结构工程施工质量验收标准》GB 50205—2020 中附录 C 的要求进行，检测结果的合格判定标准为：

（1）动态风荷载检测结束，试件未失效；

（2）继续进行静态风荷载检测至其破坏失效，试件破坏时取得的压力荷载数值不低于相应试件承受荷载标准值的 2 倍，即 $-2.64kN/m^2$。

6.3.4.4 检测结果

通过动态压力抗风揭检测，在整个检测过程中试件未破坏或失效；通过静态压力抗风揭检测，在整个检测过程中试件未破坏或失效的压力差值为 2.112kPa。由此判断试件在试验过程中的变形以及连接固定等整体的变化符合设计要求，试件的抗风性能优良，可保障幕墙的使用安全（图 6.3-17）。

图 6.3-17 试验现场照片

6.4 混凝土结构和基坑支护重点

6.4.1 清水混凝土施工技术

清水混凝土作为施工材料其自身带来了结构支撑力量的天然之美，与体育赛场展现出运动员健康的体态和肌肉线条具有同样的原始自然美感（图 6.4-1）。

工体是国内最大的清水混凝土单体建筑，利用混凝土流动性、凝固硬化的特性，表现光滑平整的纹理和质感。使用的部位主要有：建筑外墙（柱、墙体）、体育场内观众活动的所有楼梯、建筑内室内空间柱子、配套用房外立面等。清水混凝土方量约为 7 万 m^3，展开面积达 30 万 m^2。立面材料采用现浇清水混凝土

图 6.4-1 清水混凝土立面和运动雕塑

外墙，层间为清水混凝土条带突出横向线条。体育场立面为清水混凝土墙面和断桥铝合金玻璃窗（图 6.4-2），为适应消防、风环境工况需要电动开启。

清水混凝土施工流程为：

结构图、建筑图→清水模板深化、出图→机床下料→后台清水单元模板制作→前台模板核对验收→合模前现场验线、钢筋验收→定位→单侧模板入模→单面拼装→穿螺杆→另一侧模板入模→现场双面模板拼装→加固→验模板垂直度、平整度→加固体系验收（力矩验收）→强光实验验收→漏水实验验收→浇筑混凝土→拆模养护→模板维修保养。

现场组织架构如图 6.4-3 所示。

图 6.4-2 清水混凝土墙面和断桥铝合金玻璃窗

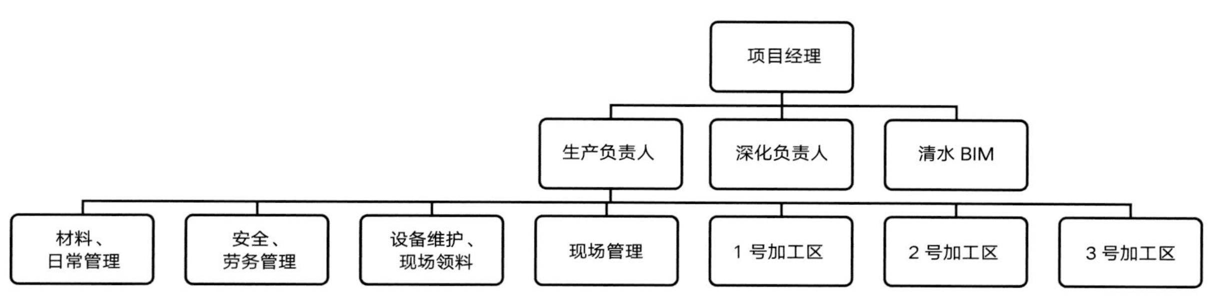

图 6.4-3 清水混凝土组织架构

6.4.1.1 模板加工及安装技术

清水混凝土模板不允许在现场组拼，应在加工区加工组装成单元模板后，吊装到相应位置，安装加固。模板的拼缝及企口设置应保证禅缝、明缝的竖向连续，水平交圈，穿墙螺栓孔位置定位准确，符合预定设计位置标准。组拼成型的模板应有足够的刚度、稳定性和承载力。

地上各类清水构件深化图共 1500 余张，需要截斜边模板 2 万余张，引入模板数字化加工设备执行自动化程序，将深化设计成果转换成可执行程序快速导入，依托程序完成板材的快速精准切割，如图 6.4-4 所示。

搬运设备为 1 台关节机械手 GSK RMD120，辅助设备为 1 套机械手抓、3 套料仓、1 套二次定位装置及电气系统，机械手抓最大负载 20kg，最大抓取尺寸 2400mm × 1200mm。数控设备平均 1.5min 即可完成单块板材的下料、切割、存放及清扫工作，每天可加工模板 200 张，大约 300m^2，相当于 17 名优秀木工一天的工作量。此外可基于通信模块建立同数控设备的连接，实现双向数据共享，完成自动化导入可执行程序，同时能够实时掌握设备的切割进度情况、设备运转情况，方便进行生产管理、设备维护，真正实现智能化生产，实现省人工、省料、省时间。

图 6.4-4　数字化加工技术

各部件模板加工制作工艺见表 6.4-1。

各部件模板加工制作工艺表　　表 6.4-1

部位	工艺	模板加工图
方柱模板	使用压刨机加工木方制作次龙骨，将模板通过角码与次龙骨连接形成单元模板。将单元模板进行组合，拼装成方柱模板	
圆柱模板	整个圆柱由两个半圆模板拼装，子口与母口对接，在现场安装过程中用抱箍进行加固	

续表

部位	工艺	模板加工图
外立面倒八字柱模板	由于柱子长度比较长，采用两个 U 形组合模板拼装	
弧形构件模板	使用数控机床制作弧形次龙骨，将定型弧模板通过角码与次龙骨连接形成弧形单元模板	

6.4.1.2　螺栓孔封堵和混凝土表面处理施工工艺

混凝土饰面有很强的材料表现性，最终效果取决于材料的调配，细部设计，模板的选择、安装、拆除，混凝土的控制、浇筑养护以及保护涂料的种类等多种因素。在现代工业化生产建造的背景下，带着工匠精神展现的材料技术，施工中的各道工序及材料选用样板、实验都须按施工工艺严格执行，方能达到理想效果。

（1）螺栓孔封堵工艺流程

①配制一定量的混凝土专用胶粘剂刷到螺栓孔内，每个部位都要均匀涂刷，不要出现流挂现象（润湿时间不少于 10min），可使用时间不大于 45min。

②待润湿结束，按比例配制混凝土修复专用填料与混凝土胶粘剂按照一定的比例混合（可使用时间不大于 30min），用配好混合物填实在螺栓孔内，至少深入螺栓孔内 100mm，每个螺栓孔都必须用手指压实混合物与螺栓孔内壁衔接，干燥时间不少于 12h 方可进行螺栓孔专用模具封堵。

③再待润湿过程结束，按比例配制混凝土修复专用填料，同时混凝土修复专用填料与混凝土胶粘剂按照一定的比例混合（可使用时间不大于 30min），用少量的混合物填充螺栓孔内并用螺栓孔专用模具及橡胶锤敲实，取出螺栓孔专用模具，将清水混凝土外墙上表面多余的混合物清除干净。干燥时间不少于 7 个工作日。

④ 7 个工作日之后，每个螺栓孔逐个检查，按技术要求、按比例配好透明保护剂，用画笔刷螺栓孔内壁两遍，每遍时间间隔至少为 12h，第三遍按比例配好深灰色保护剂刷至螺栓孔内壁。

（2）打磨清水混凝土表面工艺流程

①使用 400 ~ 600 目的砂纸对混凝土表面整体打磨，去除灰浆、流坠物、施工交界面凸凹点、线，确保表面平整。

②强力吸尘器除尘，对打磨后的混凝土表面整体吸尘，去除表面、螺栓孔、禅缝、明缝条位置的灰尘，露出混凝土的毛细孔，为下一道保护剂施工做准备。

③保护剂施工，共四道工序，底层保护剂（约 15 μm）、中层保护剂（约 40 μm）、平色剂及面层保护剂（约 30 μm）。材料均为水性渗透型，具表面抗藻、防潮、抗龟裂纹、不长霉菌且都有单向呼吸功能。仿生学的施工工艺，充分体现清水混凝土的肌理，保护剂渗透到混凝土表层内，提高了混凝土的表面强度。

图 6.4-5 为不同光环境下清水立面效果。

图 6.4-5　不同光环境下清水立面效果

6.4.1.3 清水大楼梯施工

地上建筑的室内大楼梯为现浇清水混凝土楼梯（图 6.4-6），尤其是楼梯栏板，为不规则多方向曲面造型，曲面弧度种类多，给模板加工带来很大难度，同时拼接加固难度大，如何既保证几何尺寸，又保证拼缝严密，无错台漏水，是该工程施工的一大难点。

开敞楼梯为整体现浇一次成型的清水混凝土结构，其结构形式复杂，清水模板的加工种类繁多、造型多样，后台模板拼装难度大，人工量大且技术要求高，部分清水模板在特殊部位需要开斜边。建立三维模型（图 6.4-7）再进行深化制作。

图 6.4-6 清水混凝土大楼梯完成图

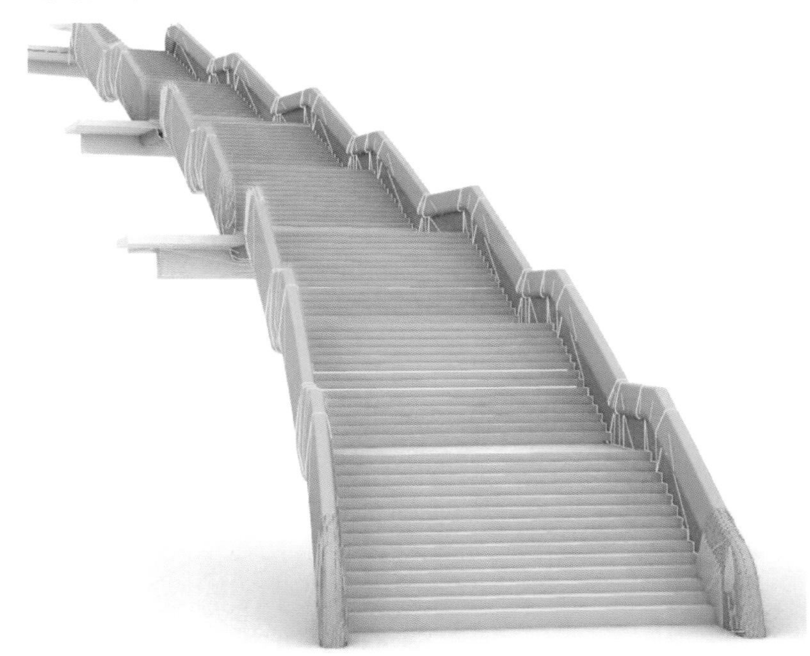

图 6.4-7 开敞楼梯深化三维模型

开敞楼梯清水模板拼装分为多曲面造型楼梯扶手、曲面扶手关节、曲面梁底关节、曲面梁底、楼梯底板、楼梯踏步。

楼梯扶手内外圆同样为多曲面，需根据深化图纸摆放模板次龙骨，次龙骨的摆放位置要避开模板上的螺栓孔。工人按照清水深化图纸使用电动手锯在需要弯弧的清水模板背面开凹槽，将清水模板按照图纸拼装，相邻单块清水模板使用码钉连接，拼缝位置涂上玻璃胶、贴胶带等。将连接在一起的清水模板通过对拉螺杆固定在提前摆放好的模板次龙骨上，模板位置提前在龙骨上标好记号，使用角码将清水模板与次龙骨连接在一起，在模板需要弯弧的位置加密角码将模板紧固弯曲成弧形，木线条、定型圆弧模板按照深化图纸要求使用精密锯裁边并刷两遍封边剂，两遍的时间间隔为 1h，再将定型圆弧模板、木线条使用角码固定在模板次龙骨上并弯弧，成型单元模板的截面弧度、顺直度不易控制，对存在截面错台位置进行打磨处理，拼缝过大的要拆开重做，严格要求质量。

图 6.4-8　扶手梁底关节

图 6.4-9　扶手关节

图 6.4-10　斜段曲面扶手

扶手关节单元模板的单块模板种类多，如图6.4-8 ~ 图6.4-10 所示，模板组装的角度是控制的关键点，拼装除以上操作外，需要对木线条、定型圆弧模板开斜边，模板、木线条、定形圆弧模板拼缝要求在同一条直线上并且为同圆心。

考虑到踏步的细部构造要求、踏步与踏步连接的紧密性、稳固性等问题，踏步模板的细部做法多，防滑条和阳角八字角需一次浇筑成型。楼梯底板分成若干单元块，并且需要进行编号，工人加工完底板模板，特殊部位需要在精密锯上开斜边，开斜边的位置需要提前在地面根据图纸试拼确定模板开斜边的位置。

6.4.2　装配式预制清水混凝土看台施工技术

本项目选择了主体框剪结构现浇、清水混凝土看台预制的装配式方案。此方案可以减轻现场车辆、场地占用压力，减少现浇结构施工的总时间，预制看台板可以采用履带式起重机等起重车辆配合安装，降低了塔式起重机分配压力。装配式预制看台的施工方案从资源利用、能效、看台尺寸精度、外观效果上，均比现浇方案更加突出，整体更适用于工体的改建工作，更能体现装配式技术在高质量建造上的引领作用。

工体项目 2021 年 7 月完成预制清水混凝土弧形看台的深化设计工作，2022 年 3 月完成生产加工，

图 6.4-11　装配式预制清水混凝土看台完成效果

2022 年 8 月完成看台安装（图 6.4-11）。通过深化设计、方案比选及专家论证并进行实施，总结出一套完整的预制清水混凝土弧形看台设计、生产和施工技术，可为今后类似工程施工提供借鉴价值，具有广阔的推广及应用前景。

6.4.2.1　集成式高精度预制清水混凝土弧形看台深化技术

装配式项目的设计重点是研究预制混凝土构件拆分方案和标准化定型，采取三维协同设计技术，完成预制构件深化设计。采用建模软件 Revit，模具软件 SolidWorks、SketchUp 和绘图软件相结合的方式，将建筑、结构、机电、预制构件等模型同步载入，通过 BIM 软件研究相互间的空间关系，检测预制构件与结构的碰撞。北京工人体育场看台 BIM 模型如图 6.4-12 所示。

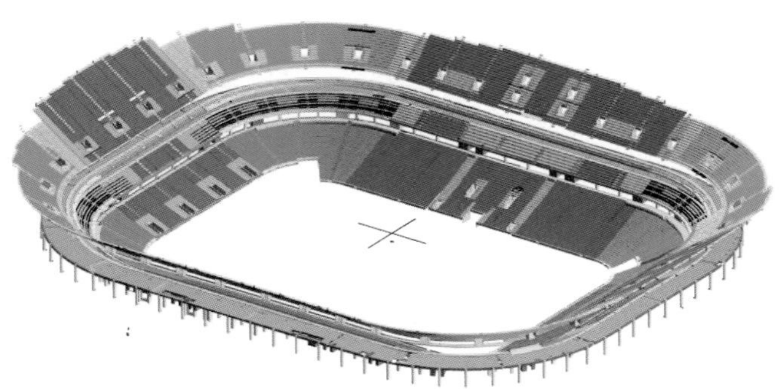

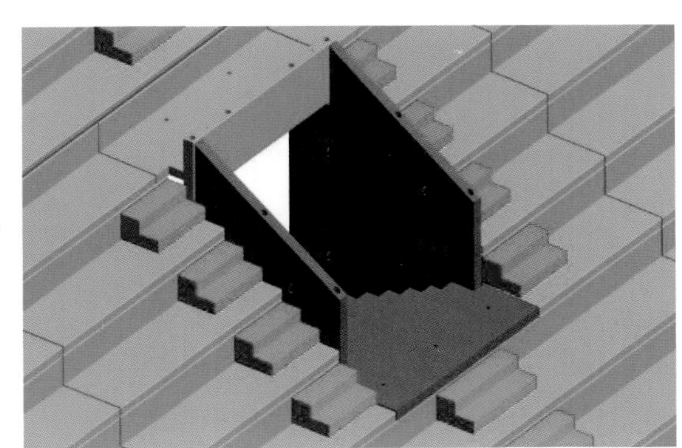

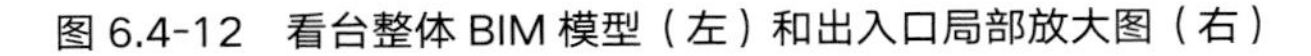

图 6.4-12　看台整体 BIM 模型（左）和出入口局部放大图（右）

图 6.4-13　预制看台板模型效果图

（1）标准化设计

①标准化看台板设计参数

预制看台板工程量大，最终形成看台板 5508 块、踏步 2542 块、栏板 170 块、楼梯 42 块。构件型号数量多，尺寸精度要求高，方案优化和深化设计标准化、模具能够通用是关键，每个型号构件都有相应的详细模板图、配筋图、预埋件加工图、数量表及设计要求（图 6.4-13）。

根据施工图，分析整体建筑和结构特点，针对常规部位，确定模数化参数，见表 6.4-2，依参数进行逐步深化设计。

预制看台板基本参数　　**表 6.4-2**

序号	分类	典型构件	部位和参数
1	直线 U 形		低、中、高区及包厢区直线段首排看台为直线 U 形，长度 9m，重量约 9t
2	弧线 U 形		低、中、高区及包厢区弧线段首排看台为弧线 U 形，长度 7m，重量约 7t

续表

序号	分类	典型构件	部位和参数
3	直线T形		低、中、高区直线段大部分为直线T形，长度9m，重量约5t
4	弧线T形		低、中、高区弧线段部分为弧线T形，长度2.1～7m，重量为1.2～4t
5	直线L形		门洞两侧为直线L形，长度3.5m，重量约1.5t
6	弧线L形		低、中、高区弧线段部分为弧线L形，长度5m，重量约2.5t
7	平板		低、中、高区及包厢区最后一步看台为平板，长度4.5m，重量约1.2t
8	栏板		低区大通道口，低、高区洞口两侧栏板，最大重量约5t
9	一阶踏步		用于低区，重量约0.12t

续表

序号	分类	典型构件	部位和参数
10	二阶踏步		用于包厢区、高区，重量约 0.4t
11	三阶踏步		用于包厢区，重量约 0.7t

②肋梁和面板尺寸划分

看台板的台阶宽度及肋梁上返高度根据建筑视线分析、台阶尺寸决定，主要由预制看台板和肋梁组成，荷载通过面板传递到肋梁，再由肋梁传递到主结构。为了确保看台的整体性和水平传力要求，对每一块看台板均按两端简支的受弯构件进行截面和配筋的计算。相邻上下层看台之间、看台与结构之间均通过浆锚节点进行连接，通常面板宽度为 800mm、900mm、1000mm、1100mm，面板平均厚度为 90mm、100mm、110mm，需要考虑面板上荷载、单层配筋和双层配筋情况。看台板肋梁的高度为可变值，差值为 5mm，宽度统一规定为 200mm。

③集成标准化

预制看台板为了满足自身安装、配套设备安装等需求，预留了多种预留预埋件。为了更大化地保障配件质量、安装质量，不同位置、相同功能的预埋件，综合考虑使用部位特点和差异，统一设计尺寸，满足使用功能要求，减少浪费。

在模具设计阶段和生产阶段，固化预埋件的安装形式，通过有效可靠的工装措施和安装手法，提高措施可靠性，安装一致性，满足最终的安装效果。图 6.4-14 为看台板预埋件设计图和模具固定图。

（2）连接节点深化设计

看台板与结构连接构造需满足极限状态和正常使用状态下的可靠性和安全性要求、安装便捷性和吸收变形能力要求。连接节点要能够进行三维方向的微调以保证看台板安装精度和质量标准，同时连接节点要具有适应看台板热胀冷缩温度变形的能力。

①标准看台安装节点

标准看台采用两端搭接在现浇主体结构阶梯梁上的连接构造形式。在与现浇主体结构的搭接处，预制看台预留与主体结构大小相吻合的缺口，缺口处采用八字设计，有效避免了由于现浇主体结构的施工偏差带来的影响，方便看台构件的安装。

预制看台高度方向设置合适大小的氯丁橡胶（GJZ）支座承受垂直荷载，板面荷载通过水平缝内间距 1m 的氯丁橡胶垫板传递。预制看台和现浇主体结构之间、预制看台和预制看台之间均采用浆锚销栓连接。典型看台平面和剖面安装见图 6.4-15。

②细部构造节点

在设计清水混凝土预制看台板时必须充分考虑其防水、各种使用功能等细部的构造，避免由于考虑不周而造成的清水混凝土预制看台表面缺陷问题。为实现建筑智能化，看台板高度集成了体育场的诸多功能设计，包括排风、照明、安全设计等，见表 6.4-3。这些高集成设计，既满足了功能需求，又保证了建筑美观。

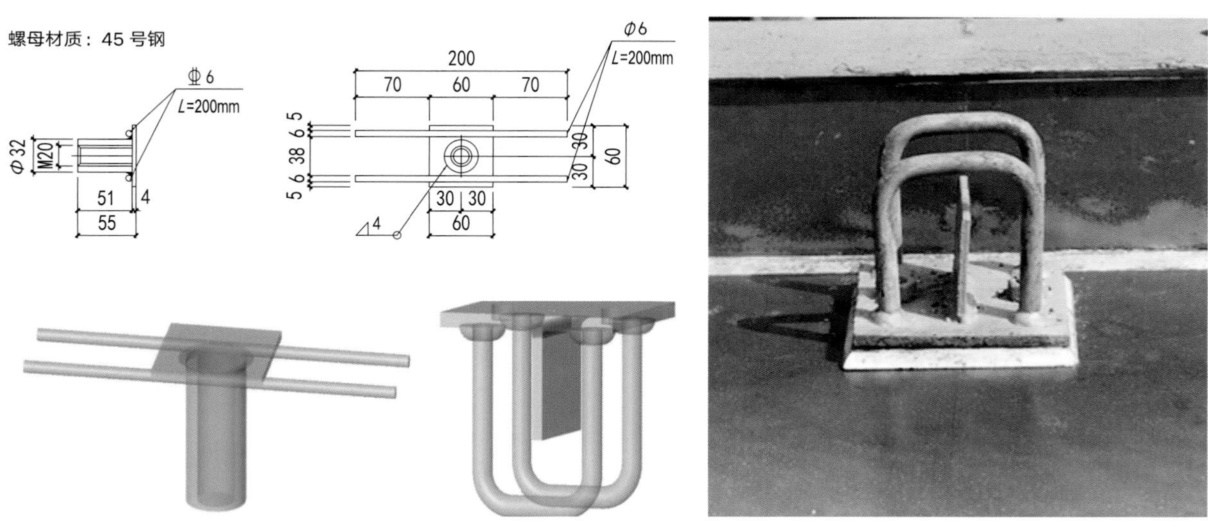

图 6.4-14　看台板预埋件设计图和模具固定图

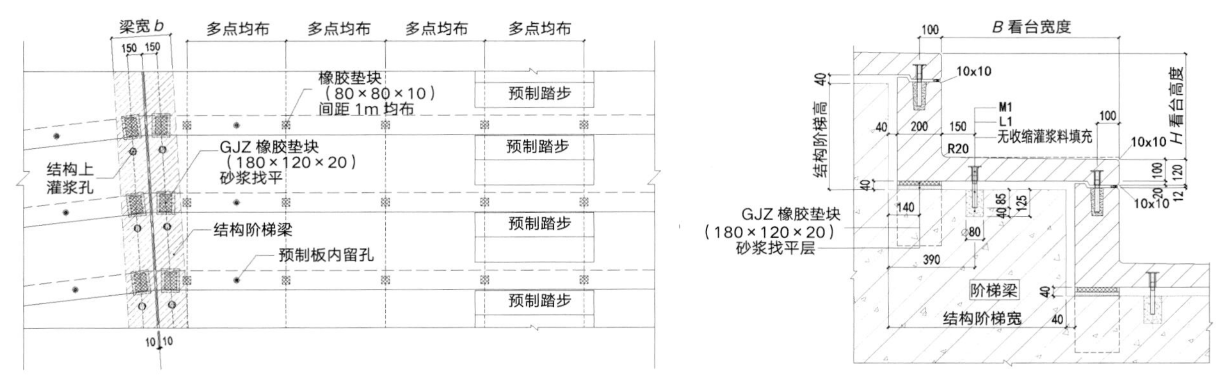

图 6.4-15　典型看台平面和剖面安装图

预制看台细部构造节点 **表 6.4-3**

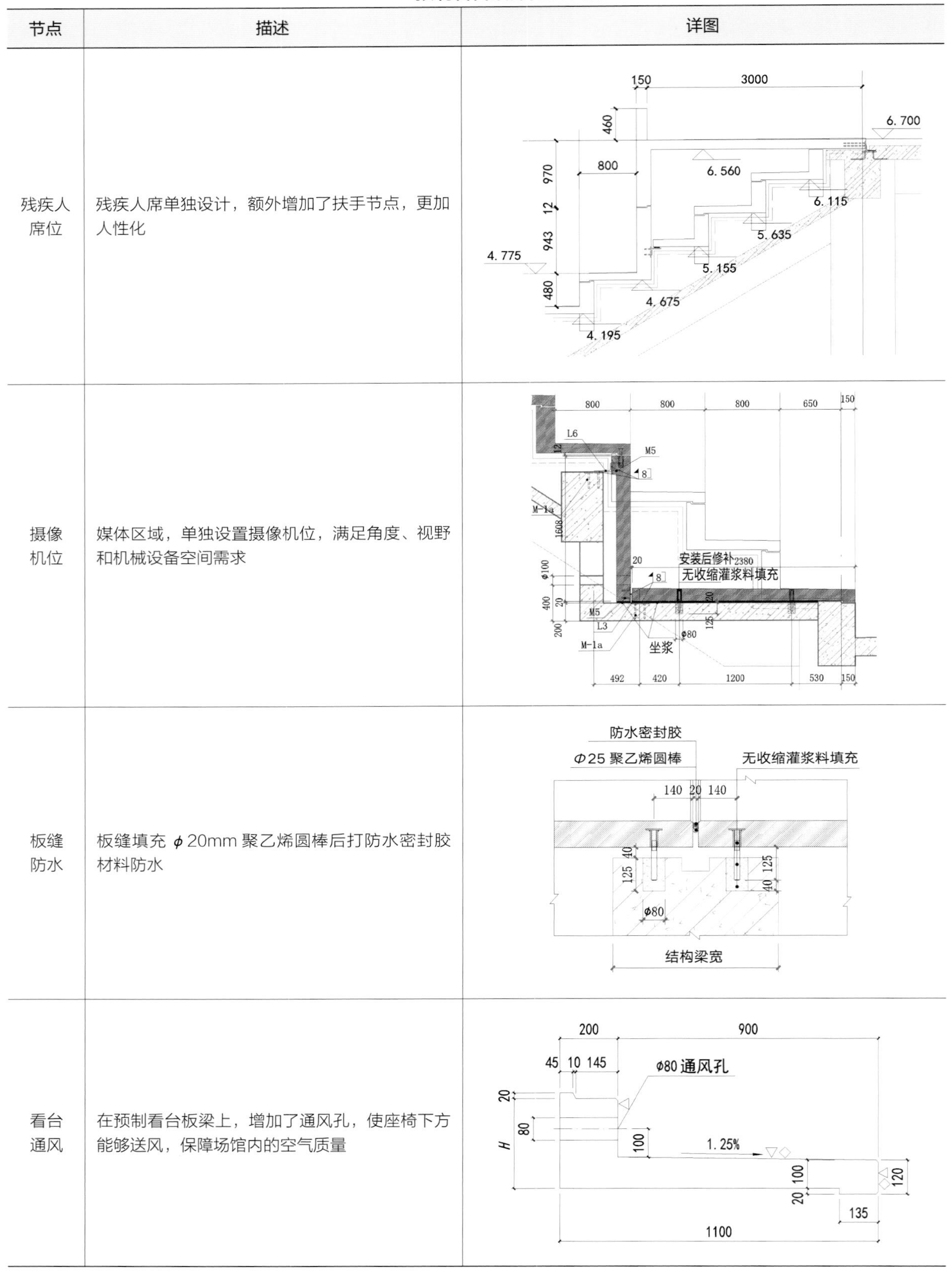

节点	描述	详图
残疾人席位	残疾人席单独设计，额外增加了扶手节点，更加人性化	
摄像机位	媒体区域，单独设置摄像机位，满足角度、视野和机械设备空间需求	
板缝防水	板缝填充 ϕ 20mm 聚乙烯圆棒后打防水密封胶材料防水	
看台通风	在预制看台板梁上，增加了通风孔，使座椅下方能够送风，保障场馆内的空气质量	

续表

节点	描述	详图
疏散指示	看台板集成电气系统，在构件内部预埋线盒和线管，用于安装疏散灯	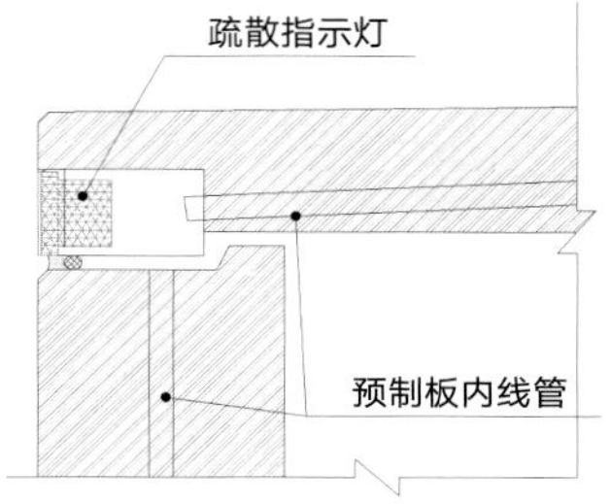 疏散指示灯 预制板内线管
栏杆	制定了栏杆安装节点，首排采用预埋式节点，纵向栏杆，采用预埋栏杆埋件＋焊接方式安装	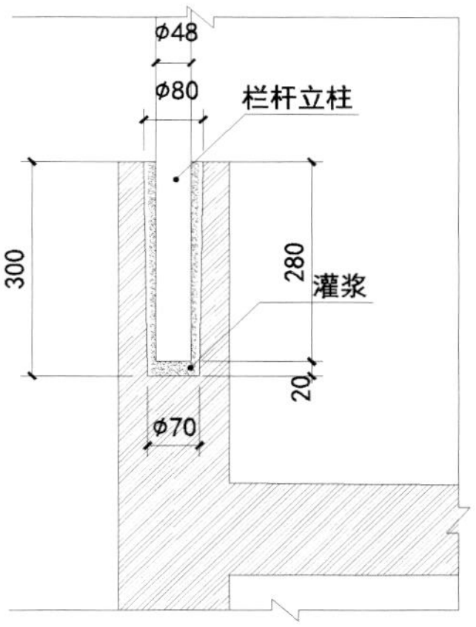 ϕ48 ϕ80 栏杆立柱 300 280 灌浆 20 ϕ70
防雷	集成等电位防雷系统，在看台板中预埋防雷埋件，使用镀锌扁铁进行纵向连接	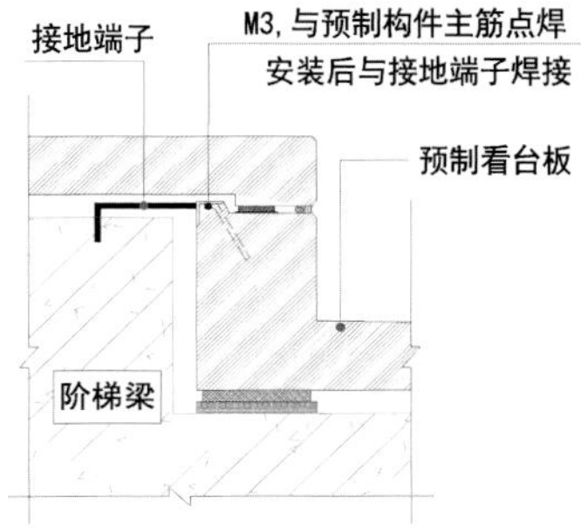 接地端子 M3,与预制构件主筋点焊 安装后与接地端子焊接 预制看台板 阶梯梁

6.4.2.2 预制清水混凝土弧形看台板制造和安装技术

模具的技术方案根据不同预制构件的特点而有所不同，清水混凝土弧形看台板因其外观的清水装饰效果，清水面作为外饰面，外饰面混凝土与模具接触，利用钢板的表面效果，能够保证外饰面的平整度、光泽度、线型与角度等观感效果。

1）成型方式

清水混凝土构件的生产工艺有反打工艺、侧打工艺、正打工艺等（图 6.4-16）。

H 形看台板主要用于第一排，其设计有栏板，整体清水面数量和方向更多，工艺只能采用反打成型。侧立成型主要适用于板面宽度固定、上下反梁尺寸渐变的情况，在能够满足清水面是模板面的同时，可以通过上部可调节侧模，实现尺寸更改，整体减少模具改制工作量和改制效果，上表面人工抹面面积小。

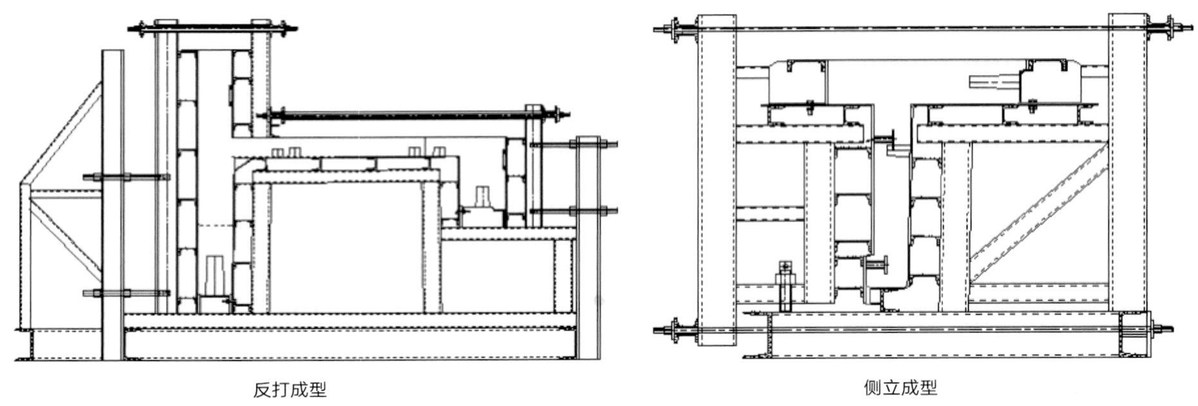

图 6.4-16　预制构件生产工艺

2）高精度模具技术

（1）看台模具介绍

清水混凝土预制构件的核心是模具，一般制作清水混凝土构件采用钢制模具，钢板选材、形式、细部处理、焊接工艺等均会对模具质量有较大影响。预制看台模具见图 6.4-17。

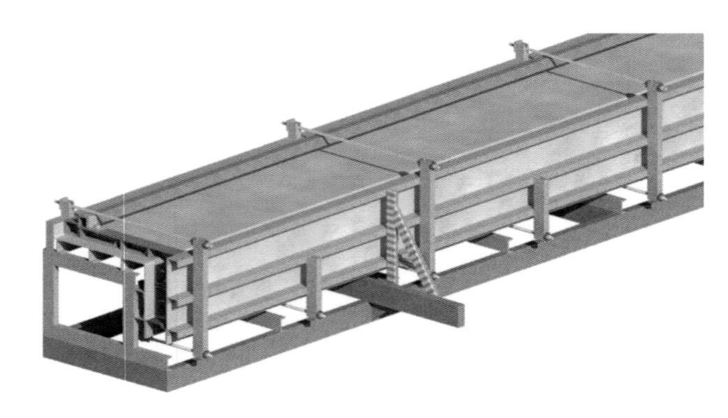
图 6.4-17　预制看台模具示意图

体育场尺寸较大，看台板的断面形式主要为 U 形、L 形、平板形、T 形等。直线形和折线因线条平直、尺寸便于控制易于生产施工，但从建筑美学上看，由于有折角存在，线型过渡不够流畅，弧形看台板对体育场馆的外观美观更为有利。对于弧形看台板模具，主要难度在于弧形面板成型、弧形支撑筋板和槽钢的固定，这几部分的结构若不合理，就不能保证浇筑件的尺寸精度。弧形清水混凝土看台板模具基本要求见表 6.4-4。

弧形清水混凝土看台板模具基本要求　　**表 6.4-4**

序号	项目	质量要求
1	清水面钢板拼接焊缝不严密	不允许
2	清水面钢板拼接焊缝打磨粗糙	不允许
3	棱角线条直线度	≤ 2mm
4	弧线线条弧度	≤ 2mm
5	清水面钢板局部凸凹不平	≤ 0.5mm
6	清水面钢板有锈蚀形成麻坑	不允许
7	部件装配拼装缝不严密	缝隙≤ 1mm
8	焊缝长度及高度不足，焊缝开裂	不允许

（2）模具结构形式

本项目弧形看台板模具采用卧式方案，底座上固定侧模和活动侧模包夹端模和小底模，活动侧模下有滑轨，可方便侧模的支拆。两侧模之间采用对拉螺栓紧固，吊模和固定侧模背楞之间采用顶丝防止胀模。固定侧模、活动侧模面板带板均等比例弧形放样，保证完全符合构件图纸尺寸弧度。对固定侧模、活动侧模和端模的加工精度分别进行要求，以保证其组合精度。模具整体系统示意图及弧形模板三维图见图6.4-18、图6.4-19。

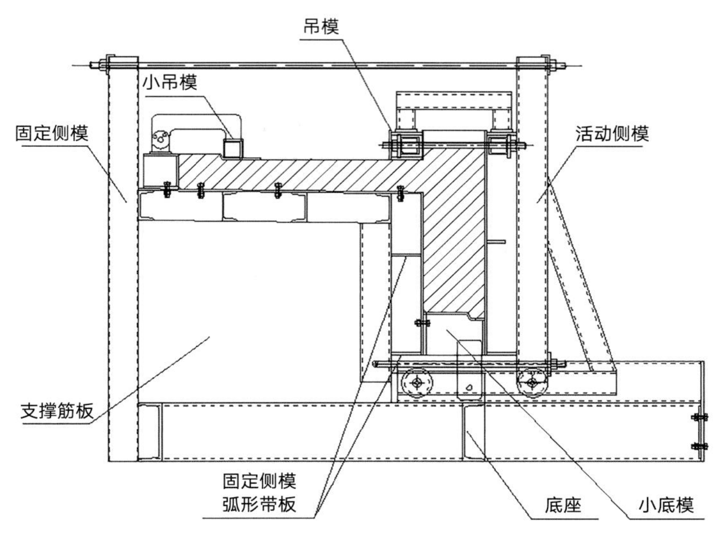

图 6.4-18　模具整体系统示意图

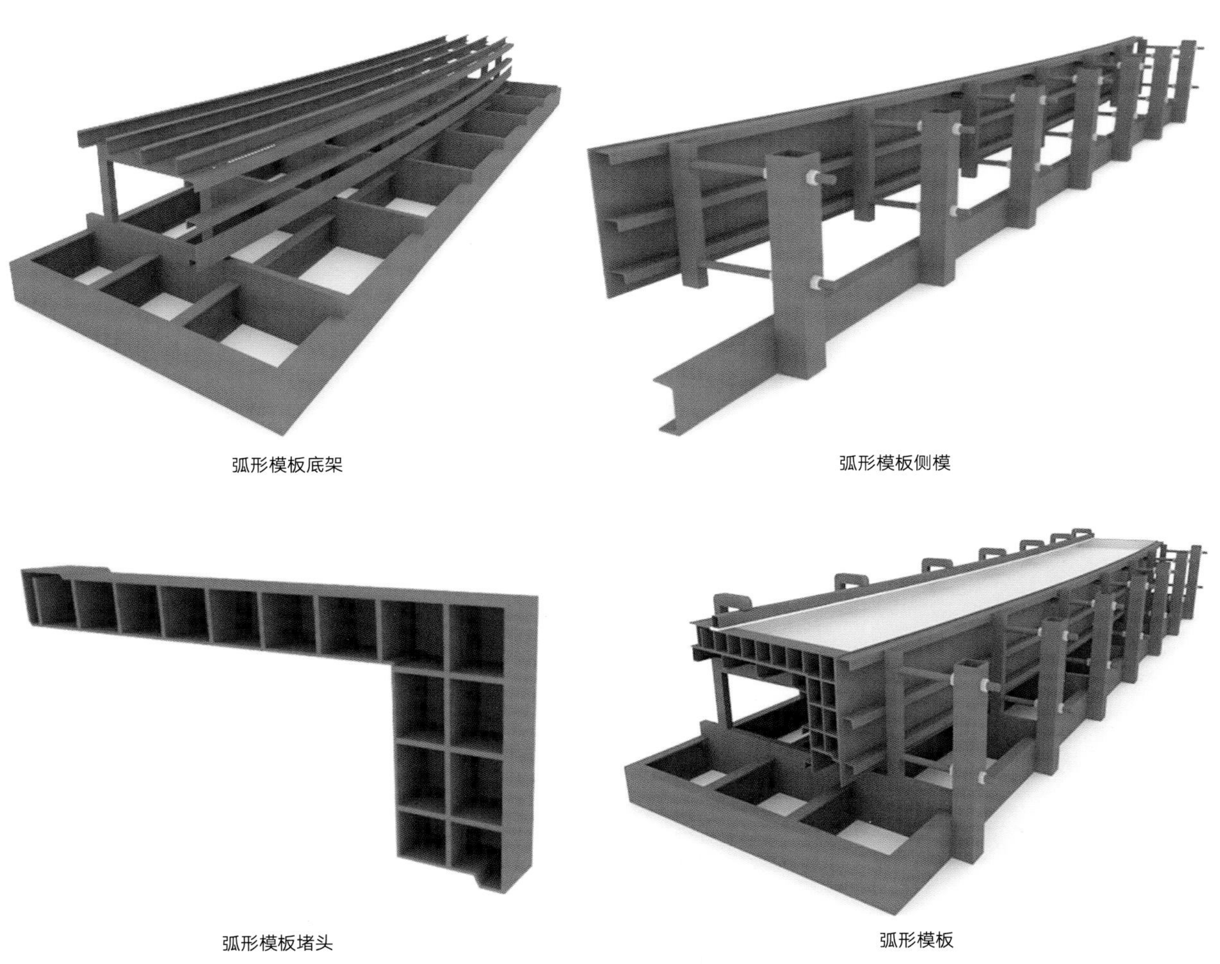

图 6.4-19　弧形模板三维图

（3）模具创新设计

①滑动侧模，采用滚轮和滑道，替代丝杠，增大了布置间距，减少了布置数量，一人即可操作。

②钢板支架，对于板面有坡度的看台板，钢板直接切割成型，更易满足要求，加工更方便快捷。

③根据对不同模具的重复使用次数研究，对数量较少的模具的面板厚度、型钢规格进行优化，降低整体用钢量，同时满足基本刚度需求。直接下弧形的带板料，磨出倒角，能够大量减少拼接缝，不过度浪费资源，满足低碳目的。

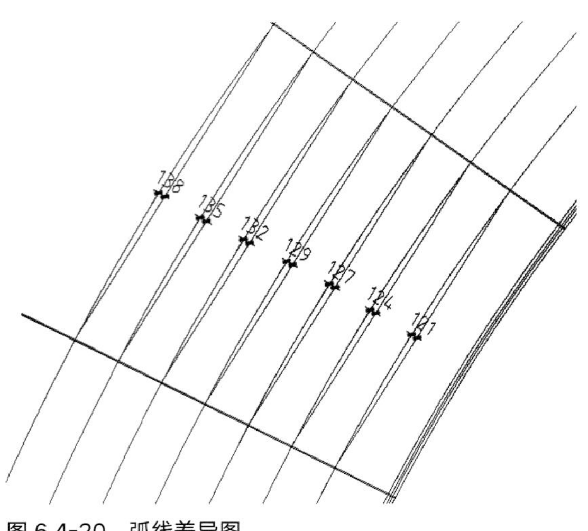

图 6.4-20　弧线差异图

④相邻排看台板，不同半径经过放样分析之后，可以利用钢板可变形的特点，经少量工作量即可满足弧度变化。相应的同轴上下步看台改制，通过小底模上下位置调整可以改变构件上反梁的高度。在看台板长度方向，可以通过移动端模来实现长度的变化。通过更换吊模和增减活动侧模高度活节的方式实现构件下反梁高度的变化。L 形看台除没有吊模之外，其他模具通用方法和 T 形看台相同。对于弧度半径较为接近的看台板模具也可以实现改制，见图 6.4-20。模具中心线位置不变，一般构件弧形半径相差 800 ~ 1000mm，弧线间距相差 5mm 之内时可以实际放样后考虑是否相互改制。通过此种创新设计思路，模具的通用性大大增强。

（4）模具加工设备提升

为提高模具下料精度，提高生产效率，模具所使用的钢板等，均采用专业的加工设备，高质量地进行下料焊接加工（图 6.4-21、图 6.4-22）。

模板组装后规格尺寸控制在 ±1mm。模板接合处采用泡沫塑料条密封，确保混凝土浇筑时不漏浆，模具尺寸允许偏差满足要求。

（5）材料配比

混凝土表面颜色形成机理是水泥浆体包裹在混凝土表面，形成致密的外表。其实混凝土在凝固过程中，会有部分水蒸发出来，在表面形成微小的孔隙，水泥水化生成的氢氧化钙晶体从这些微小孔隙中析

图 6.4-21　自动激光切割机

图 6.4-22　模具成品图

出来，使得表面泛白。混凝土表面基色是水泥本身的颜色，而空隙中析晶出来的氢氧化钙结晶体淡化了混凝土表面水泥的颜色。

从混凝土表面形成机理来看，混凝土颜色受水灰比的影响较大，水灰比越大，颜色越浅，水灰比越小，颜色越深。从水泥水化机理分析：

$2(3CaO \cdot SiO_2)+6H_2O=3CaO \cdot 2SiO_2 \cdot 3H_2O$（胶体）$+3Ca(OH)_2$（晶体）

$2(2CaO \cdot SiO_2)+4H_2O=3CaO \cdot 2SiO_2 \cdot 3H_2O+Ca(OH)_2$（晶体）

$3CaO \cdot Al_2O_3+6H_2O=3CaO \cdot Al_2O_3 \cdot 6H_2O$（晶体）

$4CaO \cdot Al_2O_3 \cdot Fe_2O_3+7H_2O=3CaO \cdot Al_2O_3 \cdot 6H_2O+CaO \cdot Fe_2O_3 \cdot H_2O$（胶体）

在水化过程中，CSH 凝胶体生成量占 60% ~ 70%，CH 晶体占 20%，水灰比越大，水泥水化越快，生成的 CH 晶体越多，晶体从水分蒸发形成的毛细孔隙中析出，导致混凝土表面泛白。在蒸汽高温养护下，毛细孔隙会更多，氢氧化钙晶体会大量析出。

本工程的所有清水看台板混凝土强度等级 C40，严格控制水泥来源，避免不同厂家不同种类的水泥混用。要求现场每进一批水泥，都要对其颜色进行目测对比，并与混凝土本色进行对比，当不同批次间水泥的颜色发生较大变化时，应予以更换。严格控制矿物掺合料的来源，保证品种、等级、细度、化学成分和颜色的稳定性，当不同批次间矿物掺合料的颜色发生较大变化时，应予以更换。水泥采用 P·O 42.5 低碱普通硅酸盐水泥，控制碱含量。砂含泥量要严格控制在 2.5% 以内，细度模数在 2.4 ~ 2.6 之间，5mm 以上石子不能超过 10%；石子选用低碱活性 5 ~ 20 mm 碎石，含泥量控制在 1% 以内，孔隙率控制在 40% 以内。采用高性能聚羧酸复合减水剂，控制胶凝材料的用量及水泥用量。

（6）表面防护工艺

混凝土结构在正常使用过程中，因长期受周围环境及其他因素的影响，往往会产生不同程度的损害，导致耐久性不足，严重影响其正常使用期限。

经过试验对比，最终选择了以有机硅烷 / 硅氧烷为主要成分，添加适量的涂料添加剂混合而成的溶剂型硅烷高效防水剂。本产品是一种环境友好、单向呼吸、透明的有机硅烷 / 硅氧烷渗透型材料，主要优点是密封、渗透、防水、抗酸碱腐蚀。与普通防水材料相比，能渗透扩散到基材结构内部，堵塞过水通道，同时又能使墙体内的潮气正常散发出来。现场防护剂涂刷见图 6.4-23。

图 6.4-23　防护剂涂刷

（7）现场安装

预制清水混凝土弧形看台板安装工艺流程和节点见图 6.4-24、图 6.4-25。

①中、高区看台板采用塔式起重机为主的机械吊装

土建主体结构施工时，沿体育场主体结构的外围设置了 8 台塔式起重机，见图 6.4-26，分别是 2 台 STT553 塔式起重机、2 台 T600 塔式起重机、4 台 ST 603 塔式起重机，塔式起重机臂长普遍为 60m，塔式起重机在 60m 位置最大吊重 9t。看台板最重的是中区、包厢区、高区等各区段的 U 形板，其中包厢区最下层的 U 形板，重量为 8.529t，塔式起重机能满足中区以上看台板安装需求。

②低区看台板采用汽车式起重机为主的吊装

低区看台板受钢结构施工影响，需要待钢结构罩棚安装卸载并拆除支撑胎架后从场内安装，从预留钢栈道将看台板用拖车运到场内，使用汽车式起重机进行看台板的安装。低区东、南、西侧上部最高处（±0.000 处）看台板距离场内汽车式起重机水平距离 36m 左右，垂直距离 11m，看台板最大重量 4t。经查汽车式起重机相关性能参数，用 STC800TC 汽车式起重机可以满足安装需求。使用 3 台 STC800TC 汽车式起重机，分 3 个吊装班组同时进行安装。

③狭窄空间看台板履带式起重机吊装

如图 6.4-27 所示，北侧双层球迷区看台板在高区结构斜板下，最远的伸进约 9.3m，结构净空 4m，板重 3 ~ 5t。该部位看台板安装时，要求吊臂长（斜臂长约 47.8m）、吊臂的水平角度低（最小 21°），一般汽吊车难以满足要求。经综合考虑，采用 SCC2500C-250t 履带式起重机进行安装。另外因为净空较小，需采取措施缩短钢丝绳、调整看台板吊点距离，具体措施为：设计专用工具，与原看台板吊点连接成整体，存在足够的刚度；钢梁与看

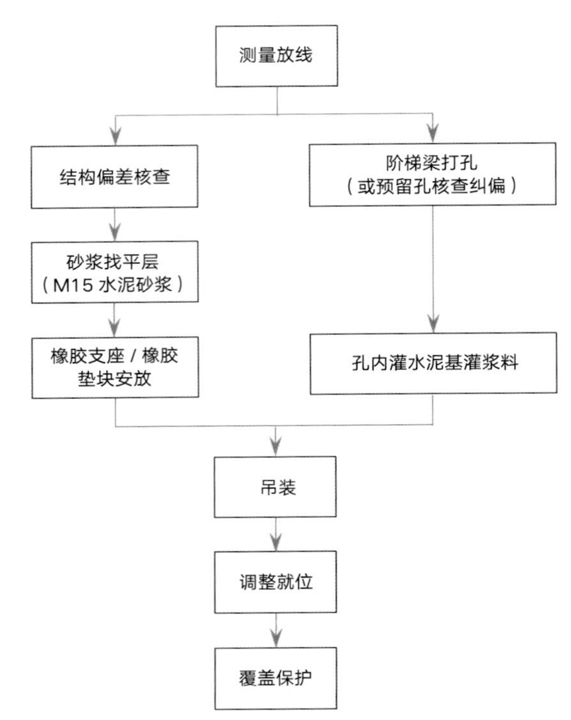

图 6.4-24　安装工艺流程图

图 6.4-25　安装节点三维图

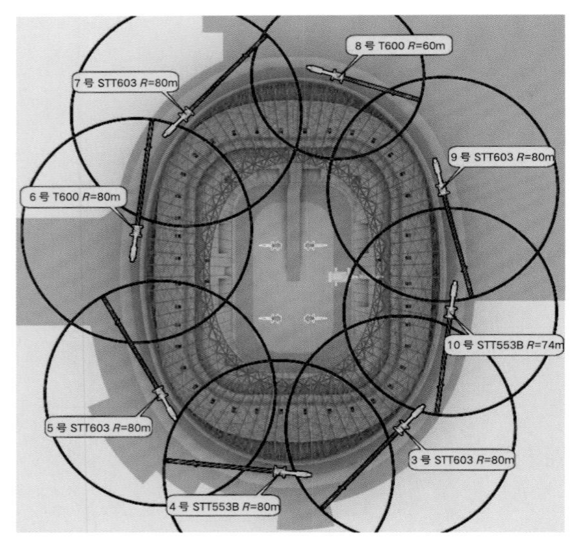

图 6.4-26　塔式起重机布置图

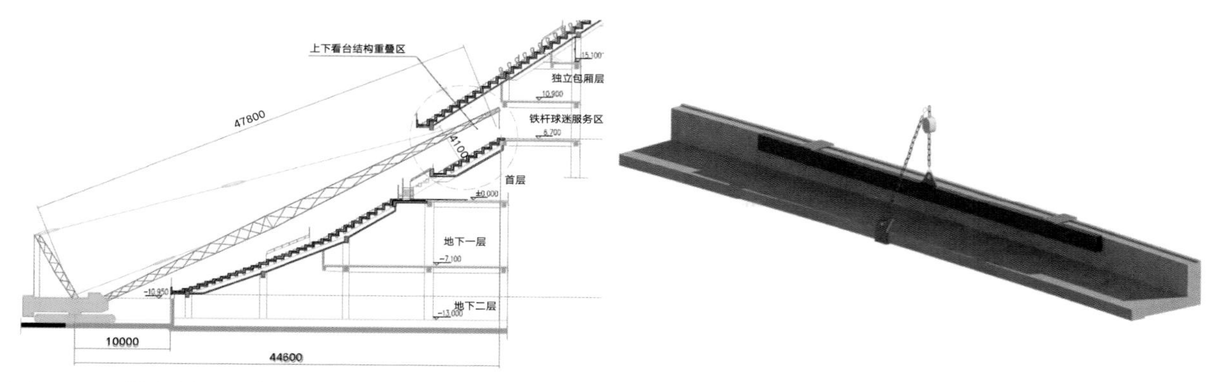

图 6.4-27　狭窄空间看台板履带式起重机吊装

图 6.4-28　预制看台板现场安装完成图

台板之间增加软木衬垫、吊装带等软质材料，做好成品保护；钢梁上设置吊点，保证钢丝绳角度不大于 45°，并控制高度；利用板前端卡具和钢梁吊点，起吊平衡后移动安装就位。

通过对吊装方案的研究，克服了较远距离、跨度大、构件形式复杂、安装精度要求高、混凝土和钢结构等专业交叉施工的影响大等特点，切实保证了预制看台板顺利实施。图 6.4-28 为预制看台施工安装完成图，看台板用防火布和石膏板进行成品保护。

6.4.2.3　预制看台结构振动舒适度研究

工体投入使用后，主要承担大型足球体育赛事，观众在观看赛事时，受到现场气氛及音乐的影响与带动，会在看台板结构上进行各种有节奏的蹦跳活动。本次试验通过对弧线 T 形板进行激励测试其振动特性，利用脉动法测试体育场看台结构的振动特性，分析看台结构在工作状态下舒适度及结构可靠性。

根据《建筑楼盖结构振动舒适度技术标准》JGJ/T 441—2019，以有节奏运动为主的体育看台结构，在正常使用时楼盖的第一阶竖向自振频率不宜低于 4Hz，看台结构竖向振动有效最大加速度不应大于 $0.5m/s^2$。

（1）看台结构自振频率测试原理与依据

根据随机振动理论，系统的激励与反应之间存在如下关系：

$$S_y(\omega)=|H(j\omega)|^2 S_x(\omega) \tag{1}$$

式中：$S_y(\omega)$ 为结构反应的自功率谱；$|H(j\omega)|$ 为传递函数或频率响应；$S_x(\omega)$ 为地面脉动的自谱。

对单质点系线性系统：

$$H(j\omega)=\frac{1}{1-\left(\frac{\omega}{\omega_0}\right)^2+2j\zeta\frac{\omega}{\omega_0}} \tag{2}$$

$$S_y(\omega)=\frac{1}{\left[1-\left(\frac{\omega}{\omega_0}\right)^2\right]^2+\left(2\zeta\frac{\omega}{\omega_0}\right)^2}S_x(\omega) \tag{3}$$

式中：ω_0 为结构的自振频率；ζ 为阻尼比。

由式（3）可见结构脉动反应的功率谱是结构自振特性和地面脉动功率谱的函数。一般地面脉动的功率谱 $S_x(\omega)$ 除在地面卓越周期处出现峰点外，其余部分比较平坦。因此由式（3），当 $\omega=\omega_0$ 时，在结构脉动反应的功率谱上就要出现峰点，这说明结构反应的功率谱能够反映出结构的自振特性，用功率谱图上峰值处的共振频率可以确定结构的自振频率。

（2）测试工况

模拟现场观众观看比赛时的运动状态，假定所有观众均跟随现场音乐进行有节奏运动。根据音乐节奏的快慢，选择四种频率的有节奏运动人群对看台板的振动响应进行测试。测试采用的工况见表 6.4-5。

测试采用的工况表 **表 6.4-5**

工况	一	二	三	四
频率 /Hz	2.00	2.37	2.87	2.97

（3）测试仪器

测试采用适用于超低频、低频振动测量的 941B 型测振仪，传感器灵敏度指标为 0.3。数据采集与分析系统采用北京东方振动与噪声技术研究所生产的 16 通道 DASP-V11 工程版专用数据采集仪及分析软件完成，采集仪为 16 位、NET 总线、最高总采样率可达到 400kHz 的 16/32 通道的数据采集仪器。软件由数据采集、信号分析、模态分析、虚拟电压表和示波器等子软件组成。

（4）测试步骤

采用脉动法测试看台结构振动特性时，要减少现场施工及场外车辆对振动信号的影响，振动数据采集时间选择在晚 10 点以后，以保证测试结果的有效性。每组测试时间为 15min，测试采样频率为 200Hz，以保证后续频谱分析的精度与分辨率。

（5）弧线 T 形板测点布置

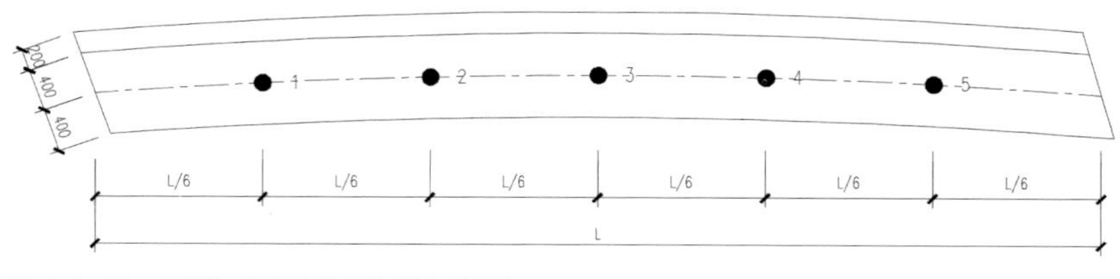

图 6.4-29 弧线 T 形板测点布置示意图

测试用的弧线 T 形板尺寸为 9.2m×1m，共布置 5 个测点，如图 6.4-29 所示。现场选用了 15 人对看台板在 4 种不同荷载频率作用下振动响应进行了测试。

（6）弧线 T 形板振动时程分析

由 15 人按照现场音乐的频率对弧线 T 形板进行有节奏运动人群荷载下的受迫振动测试，其时域分析结果见图 6.4-30 ~图 6.4-33。

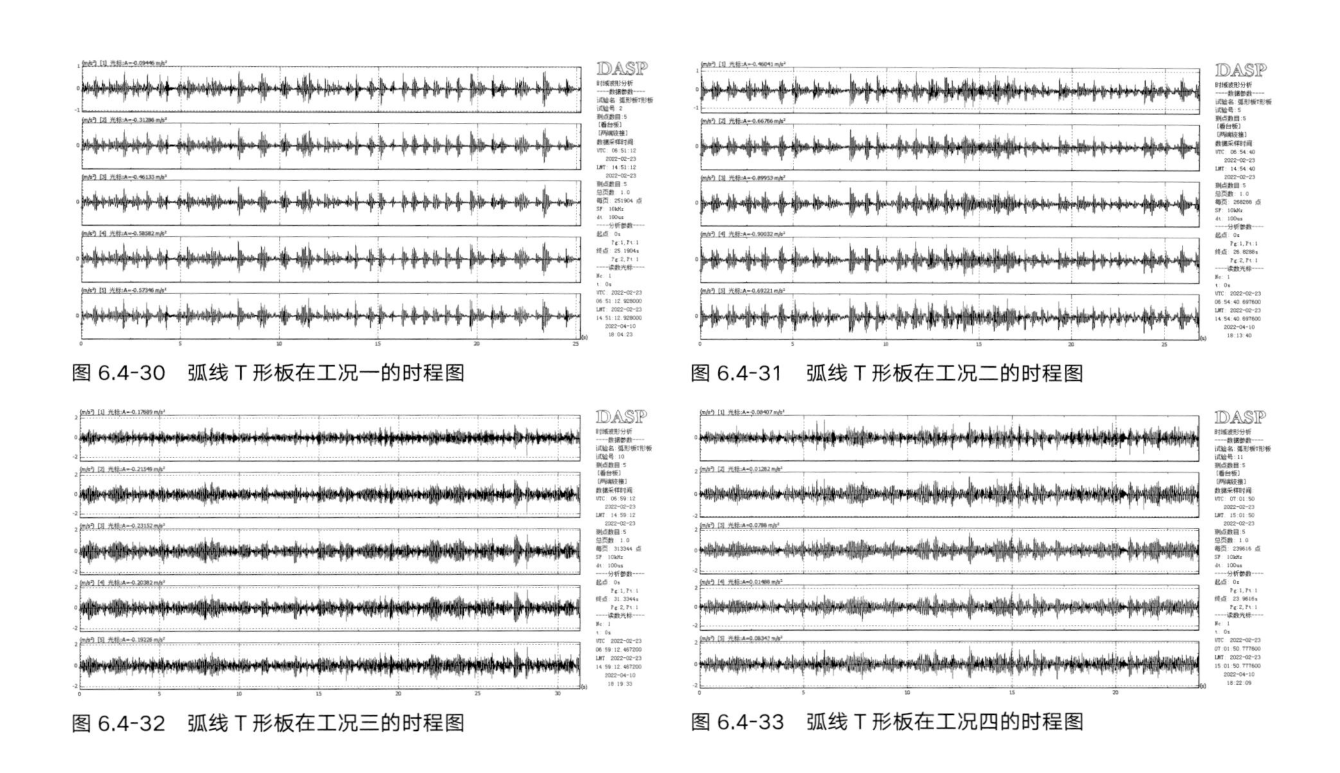

图 6.4-30 弧线 T 形板在工况一的时程图

图 6.4-31 弧线 T 形板在工况二的时程图

图 6.4-32 弧线 T 形板在工况三的时程图

图 6.4-33 弧线 T 形板在工况四的时程图

在对弧线 T 形板加载工况一、工况二、工况三进行受迫振动测试时，各测点有效加速度值均不大于 0.40m/s^2。弧线 T 形板加载工况四进行受迫振动测试时，各测点有效加速度值超过 0.40m/s^2，考虑荷载频度为 2.97Hz 时，弧线 T 形板振动有效加速度达到最大，弧线 T 形板出现共振现象，可预测其振动一阶频率为 2.97Hz 的整数倍。

（7）弧线 T 形板振动频谱分析

由 15 人按照现场音乐的频率进行有节奏运动人群荷载下的受迫振动测试，FFT 分析点数取 8192，平均方式采用线性平均，其频谱分析结果见图 6.4-34 ~图 6.4-37。

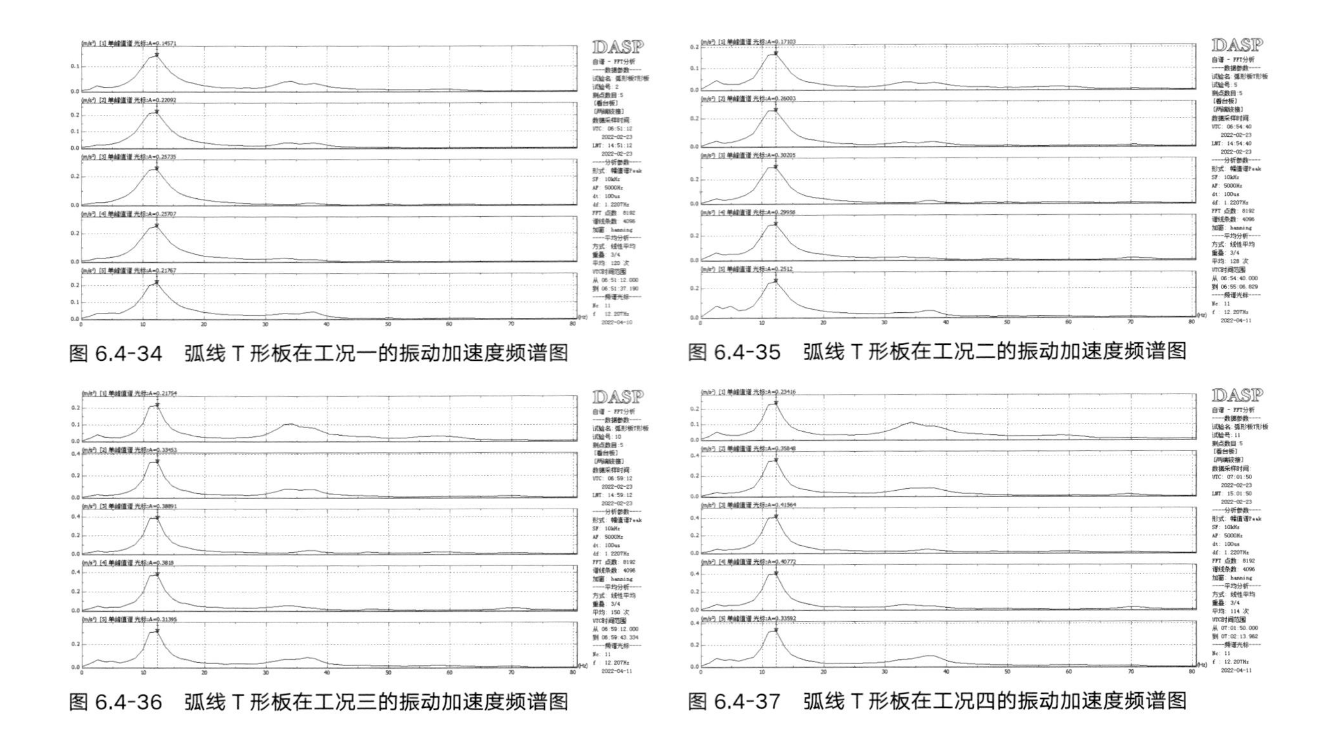

图 6.4-34　弧线 T 形板在工况一的振动加速度频谱图

图 6.4-35　弧线 T 形板在工况二的振动加速度频谱图

图 6.4-36　弧线 T 形板在工况三的振动加速度频谱图

图 6.4-37　弧线 T 形板在工况四的振动加速度频谱图

通过弧线 T 形板频谱分析及有效加速度值分析可判断，弧线 T 形板振动频率特性主要为中低频 11 ~ 12.21Hz，大于 4Hz，满足规范要求。因此，工体看台结构动力性能满足规范要求。

6.4.3　密实砂卵石层水泥土复合管桩设计和施工技术

水泥土复合管桩一般应用于软土地基或粉土地区，在砂卵石地区应用较罕见。在工体项目桩基设计和施工中，通过研究水泥土桩在密实砂卵石层的受力形式和成桩压桩工艺，对水泥土复合管桩设计和施工技术进行了分析研究。结果表明，密实砂卵石层水泥土复合管桩施工技术避免了桩基施工中混凝土供应不及时和后期桩头大量剔凿的问题，减少了材料消耗，节能环保。

6.4.3.1　水泥土复合管桩设计研究

水泥土复合管桩是由混凝土芯桩和外围同心的水泥土环构成，二者结合在一起，借助混凝土桩的刚度将荷载传到深部土层，借助水泥土环，将侧摩阻力传到桩周围土体，如图 6.4-38 所示。

（1）地质条件和桩基参数

本工程水泥土复合管桩主要应用于体育场东广场地下基础部分。自然地面以下至基岩顶板之间的土层以黏性土、粉土与砂土、碎石土交互沉积土层为主。水泥土复合管桩主要位于重粉质黏土⑤层，中砂、细砂⑥层、卵石、圆砾⑦层，复合管桩地质条件、设计参数见图 6.4-39、表 6.4-6。

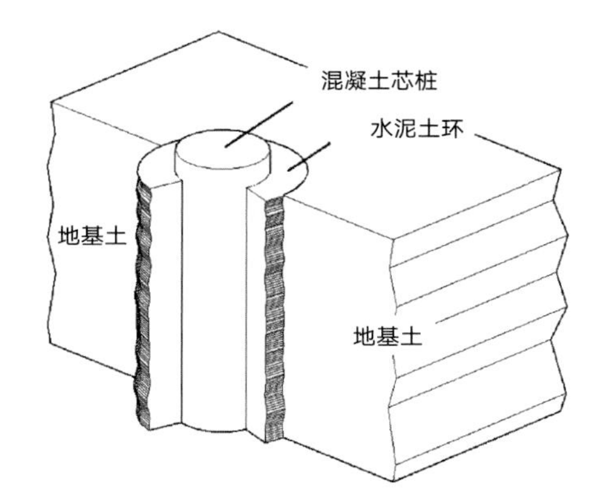

图 6.4-38　水泥土复合管桩构造示意

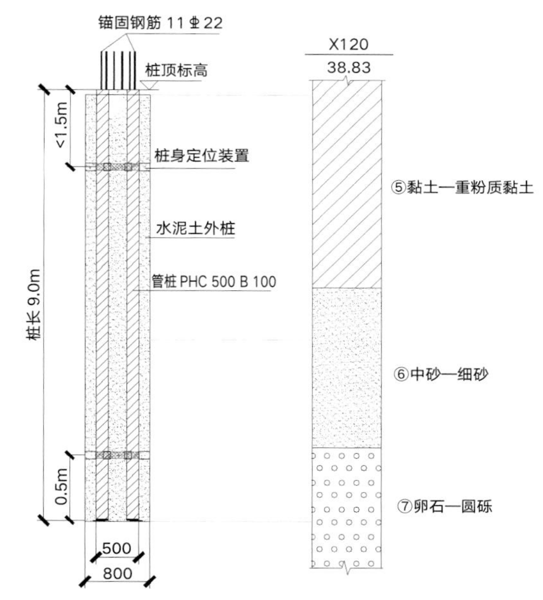

图 6.4-39　复合管桩地层情况

水泥土复合管桩设计参数　　表 6.4-6

外桩直径	芯桩直径	管桩型号	有效桩长	锚固钢筋	持力层	桩进入持力层深度	单桩竖向抗压承载力特征值	单桩竖向抗拔承载力特征值
800mm	500mm	PHC 500 B 100	9m	11C 22	卵石圆砾	≥ 1.5m	1450kN	800kN

从结构计算结果可知，桩顶竖向压力最大值出现在南侧外墙下，最大反力为 1421kN，小于 1450kN，桩基抗压承载力满足要求。桩顶竖向拔力最大值出现在南侧外墙内第一跨中间位置，最大反力为 698kN，小于 800kN，桩基抗拔承载力满足要求。图 6.4-40 为复合桩整体计算模型。

（2）有限元模拟分析

采用有限元软件 Flac3D 6.0，对桩土之间的静力相互作用进行模拟。该软件不仅对混凝土材料提供了非线性材料模型，同时也对土体材料提供了多种材料模型供选用，如摩尔 - 库伦模型、剑桥模型、D-P 模型、非线性弹性模型等。本次工程现场分布较普遍的是粉质土，用摩尔 - 库伦模型来描述更为适合。

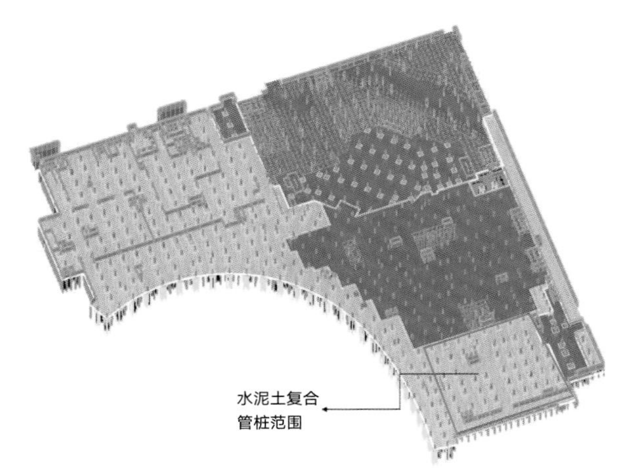

图 6.4-40　复合桩整体计算模型

由 Mises 强度准则和 Tresca 强度准则的破坏面可以看出，Tresca 在偏平面上显示的破坏面为正六边形，在相邻两条直线之间存在尖点，而

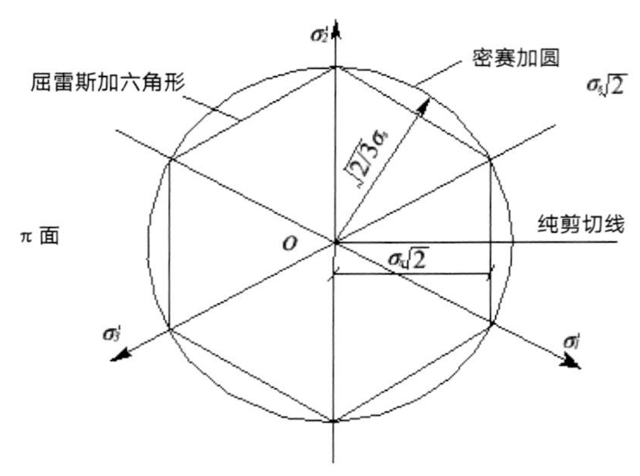

图 6.4-41　偏平面上 Mises 强度面和 Tresca 强度面

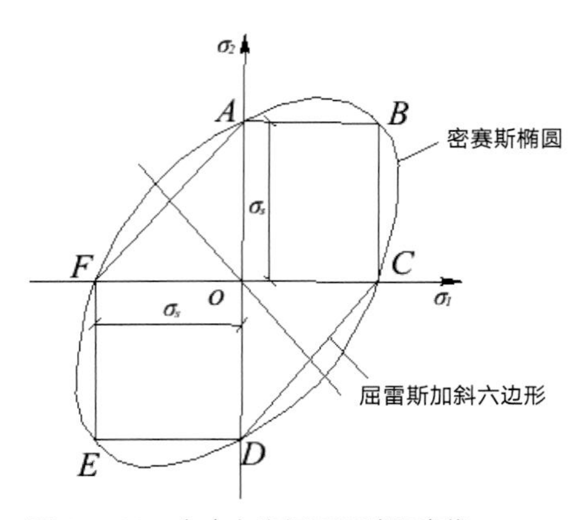

图 6.4-42　主应力坐标下两种强度线

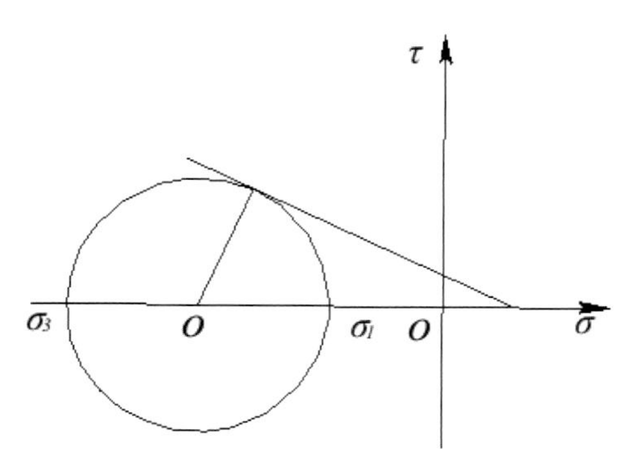

图 6.4-43　摩尔应力圆

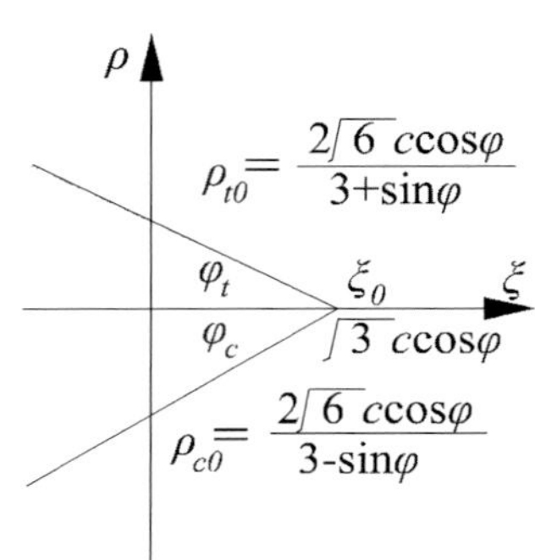

图 6.4-44　摩尔 - 库伦在子午面上的强度面

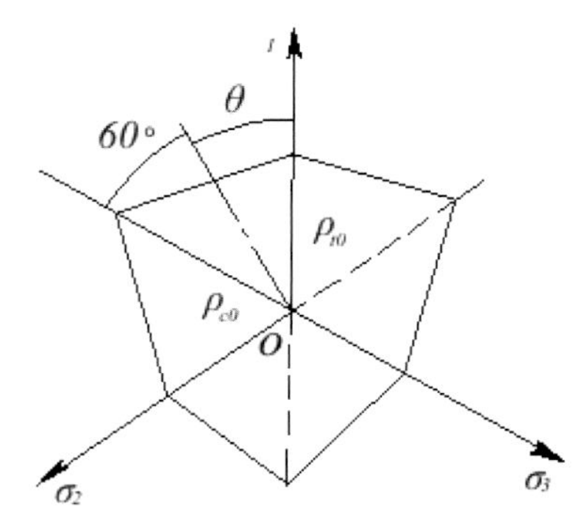

图 6.4-45　摩尔 - 库伦在偏平面上的强度面

Mises 强度破坏面则在偏平面上表现为一个圆，克服了尖点的问题。但 Mises 准则的拉压强度值完全相等，也无法反映随应力罗德角的变化土体的强度值变化现象。另外在子午面上，由于 Mises 或者 Tresca 都表现为圆筒或者平行棱柱面的几何形态，无法反映岩土材料的静水压力相关性现象（图 6.4-41、图 6.4-42）。

基于上述材料模型不适用于岩土材料的缺陷，拟采用摩尔 - 库伦强度准则来描述粉土的应力应变关系（图 6.4-43 ~图 6.4-45）。

由于水泥土复合管桩直径为 800mm，取外侧为长方体的土层为地层模型，在水平面上取 8m×8m 的土体，土体深度取 20m，桩基深度按照桩型取值。按照边的划分网格数量来划分模型，每个网格的平均长度为 0.6m。有限元网格约束条件为模型底部固定约束，模型周边径向约束，桩顶施加均布面载荷（图 6.4-46 ~图 6.4-49）。

加载方式模拟桩基的竖向静载试验过程。由于单桩承载力极限值为 3000kN 左右，因此可加载到其极限承载力 3000kN，共分为 10 个加载步，每个加载步为 0.777MPa。

根据模拟结果图 6.4-50、图 6.4-51，可见利用 Flac3D 里的摩尔 - 库伦模型可以有效地模拟地基的应力应变关系，且利用桩身与土层的接触面模型，可以有效地模拟当桩身荷载达到特征承载力时刻，荷载位移曲线出现拐点，可用于模拟荷载 - 位移关系的非线性关系。

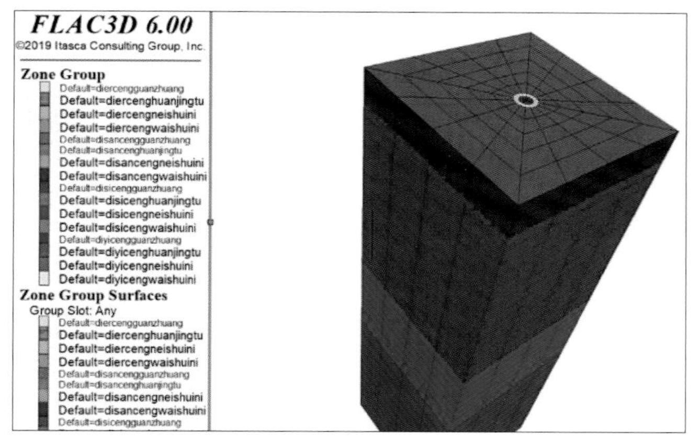

图 6.4-46　地层划分模拟以及管桩模拟物理图

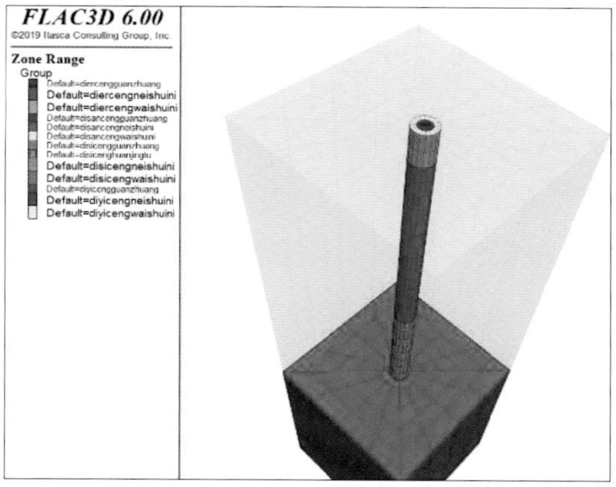

图 6.4-47　管桩的设置

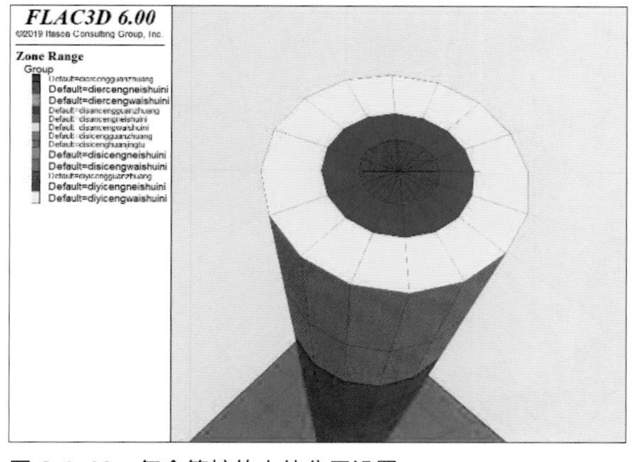

图 6.4-48　复合管桩的内外分层设置

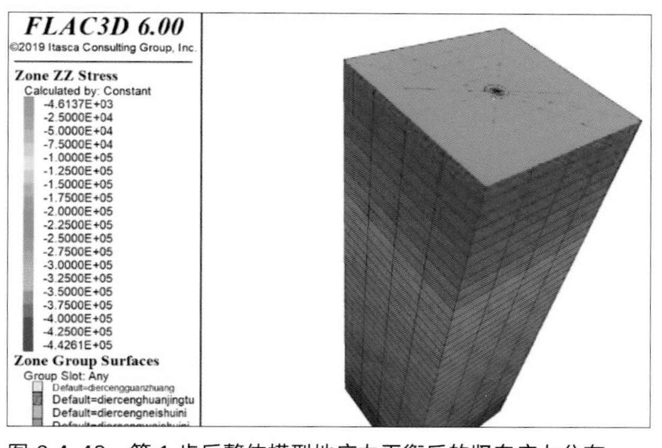

图 6.4-49　第 1 步后整体模型地应力平衡后的竖向应力分布

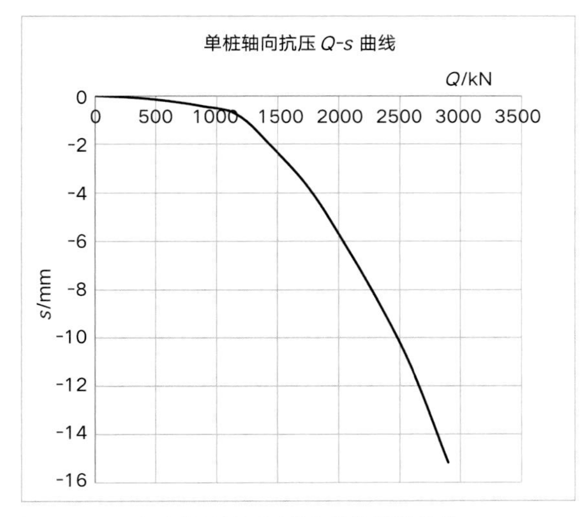

图 6.4-50　复合管桩抗压承载力曲线模拟结果

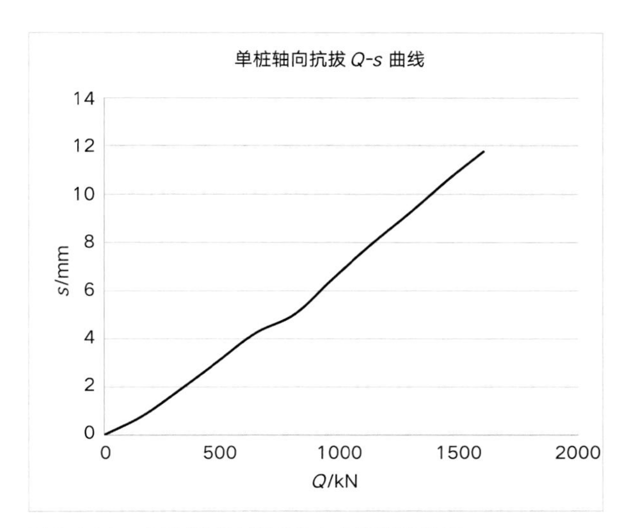

图 6.4-51　复合管桩抗拔承载力曲线模拟结果

由图 6.4-52 可知，随着分级荷载的增加，桩身轴力随之单调增加。且自桩顶到桩端之间可见，随着深度增加，轴力逐渐单调减小，这主要是由于桩身侧摩阻力发挥作用，且深度越大，桩身侧摩阻力所累积的抗力逐渐增大，导致轴力单调减小。模拟结果能够体现出随着桩身深度增加，轴力逐渐单调减小的规律特点。

由图 6.4-53 可知，随着桩身深度增加，桩身轴力逐渐减小。这主要是随着桩身上拔力位移为相对于土体的向上移动，导致土体给予桩身向下的侧摩阻力，且随着荷载级别的增大，桩身侧摩阻力随着位移增大而增大，而轴力也随着荷载增大而逐级增大，由于侧摩阻力的贡献，导致轴力随着桩身深度增大而减小。

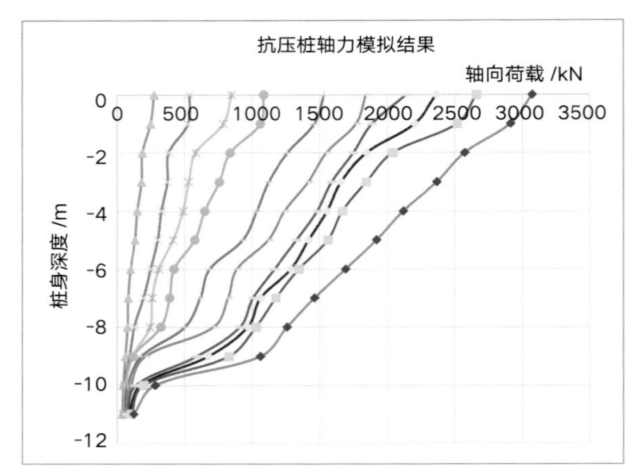

图 6.4-52　复合管桩分级加载抗压轴力模拟结果

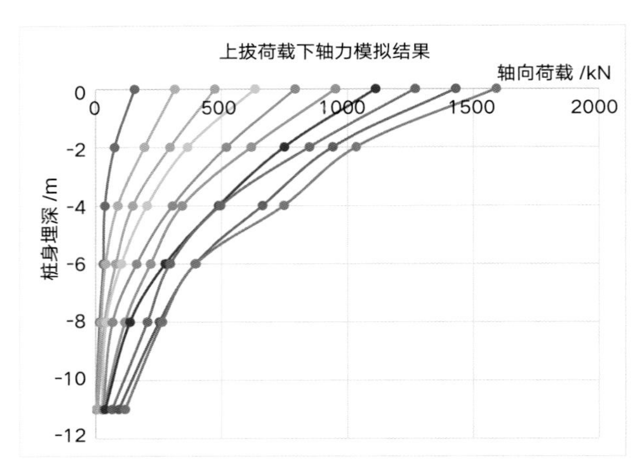

图 6.4-53　复合管桩分级加载抗拔轴力模拟结果

（3）桩头钢筋后锚固技术

在传统灌注桩施工完成后，需进行桩头剔凿，桩头剔凿施工工程量大，容易对桩顶钢筋造成破坏，且严重影响清槽工效，底板施工前还需要进行钢筋调直。

本项目在预制桩桩头端板上预留钢筋机械套筒作为锚孔，管桩植入之前，对锚孔用黄油进行临时封堵，防止管桩植入过程中杂物进入锚孔。清槽过程中可直接清理土体至槽底，清槽完成后将锚筋通过锚孔与芯桩进行机械连接，桩间土清理过程中对锚筋无破坏，如图 6.4-54 ~图 6.4-56 所示。

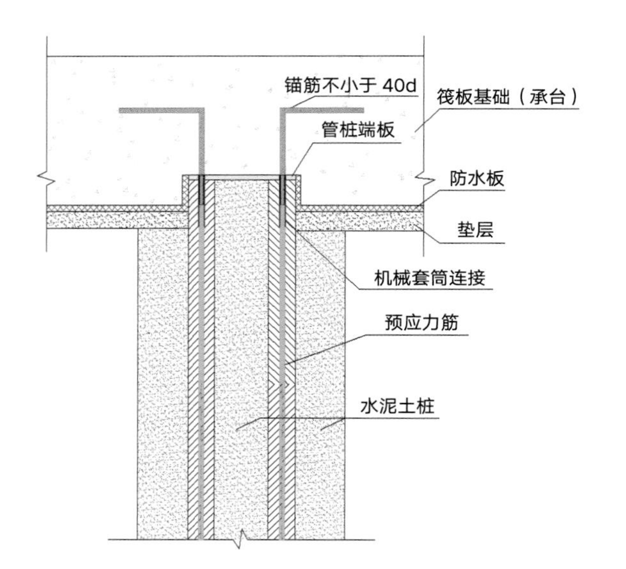

图 6.4-54　桩头后锚固连接示意图

经检测，芯桩主筋采用 Φ12.6 预应力钢筋，锚筋采用 C22 时，桩顶机械连接单个接头承载力最小

图 6.4-55　桩顶预留锚孔

图 6.4-56　管桩与锚筋机械连接

图 6.4-57　单桩竖向抗压试验

图 6.4-58　单桩竖向抗拔试验

可达 184kN。桩头锚筋机械连接接头处可抵抗拉力 11×184=2024kN，大于 800kN，满足要求。故芯桩与锚筋机械连接时，抗拉强度可满足要求，此方法可行，此类连接方式在满足承载力的同时，可替代桩头钢筋预留，避免后期清槽对钢筋造成破坏，提高施工效率 15%。

6.4.3.2　水泥土复合管桩原桩试验

本工程所采用的水泥土复合管桩共 498 根，单桩竖向抗拔和抗压承载力静载试验桩各选取 5 根。实际选取单桩竖向抗压试验桩桩号分别为：FH23、FH137、FH229、FH322、FH418；选取单桩竖向抗拔试验桩桩号分别为：FH55、FH145、FH210、FH297、FH446。如图 6.4-57、图 6.4-58，采用堆载法检测单桩竖向抗压极限承载力，采用静载试验法检测单桩竖向抗拔极限承载力。

在加载过程中，复合桩沉降量随荷载增大呈非线性增长，其中抗拔曲线相较于抗压曲线更接近于线性。在同一荷载作用下，越接近桩顶位置，其截面所受轴力越大；越接近桩顶位置，其截面轴力对荷载变化越敏感。复合管桩的桩身轴力衰减迅速，桩端以下地基土所承受的荷载大幅度减小，可以判断管桩周围土体经水泥土搅拌加固后，对管桩侧阻的提升和荷载传递范围的改善效果非常明显，这种承载性状对控制桩身压缩变形量和桩端地基土变形量非常有利。

（1）抗压测试曲线对比

由图 6.4-59 可知，在轴向压力作用下，单桩有限元模拟最大沉降值为 15.18mm，单桩荷载试验最大沉降值为 20.13mm，实测最终沉降值远大于有限元模拟分析值；有限元模拟曲线与试验曲线均呈非线性，有限元模拟曲线与荷载试验曲线基本一致；轴力超过抗压承载力特征值后，荷载试验曲线出现明显拐点。

（2）抗拔曲线对比

由图 6.4-60 可知，在轴向拉力作用下，单桩有限元模拟最大上拔值为 11.75mm，单桩荷载试验最大上拔值为 19.38mm，*U-s* 曲线趋近于线性；随着荷载增大，单桩上拔量呈离散状态分布，有限元模拟结果与实测结果基本一致。

对比分析实测与有限元模拟桩桩顶竖向承载力 *Q-s* 曲线、桩身轴力分布曲线，数值模拟结果与实测结果相差较小，曲线总体发展规律一致，可得出以下结论：

采用将预应力桩与水泥土桩分别按照具有一定刚度的弹性材料考虑是合理的，两者之间可通过设置接触面模型来考虑相互作用关系，能够极大简化建模的工作量，且计算结果与最终测试结果规律相一致。

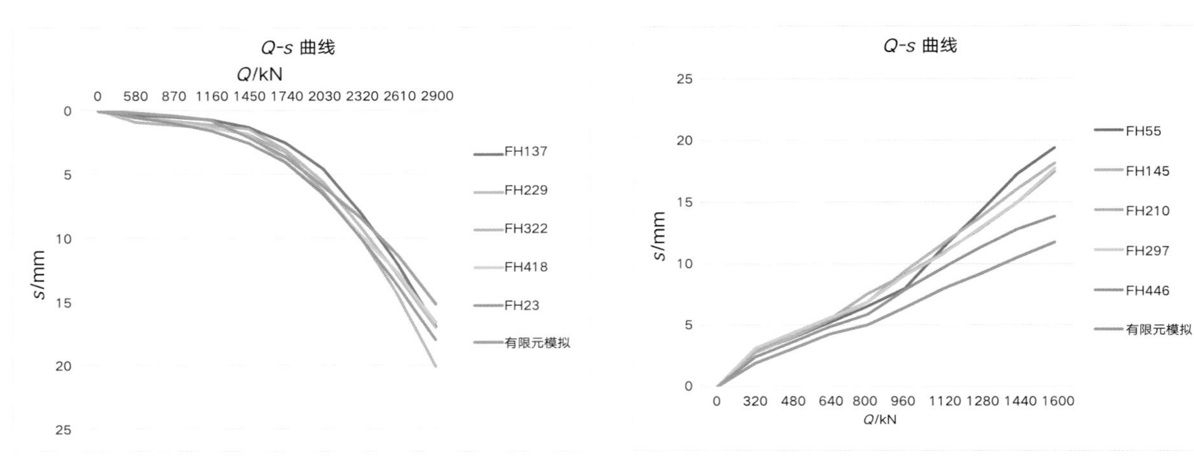

图 6.4-59 有限元分析与原桩试验抗压测试结果对比

图 6.4-60 有限元分析与原桩试验抗拔测试结果对比

6.4.3.3 灌注桩与复合桩协同工作性能研究

本工程局部采用水泥土管桩复合桩，其他区域采用钻孔灌注桩。桩基设计时，复合桩单桩承载力标准值与钻孔灌注桩单桩承载力标准值相同。图 6.4-61、图 6.4-62 为灌注桩与复合管桩试验结果对比（虚线为灌注桩，实线为复合桩）。由曲线对比结果可知，对应极限承载力下的，灌注桩抗压承载力试验最终沉降量略低于复合管桩，其抗拔承载力试验最终上拔量也略低于复合管桩，两种桩型单桩位移量差值约 2.5%，两种桩型的桩刚度差值约 2.5%。为考虑两种桩型桩刚度差异引起的沉降差异，沉降计算时分别输入桩刚度，两种桩型相邻柱基差异沉降为 0.7‰，小于规范 2‰的要求。结果表明，钻孔灌注桩与复合桩共同使用时可以实现沉降协调，整体协同工作性能良好。

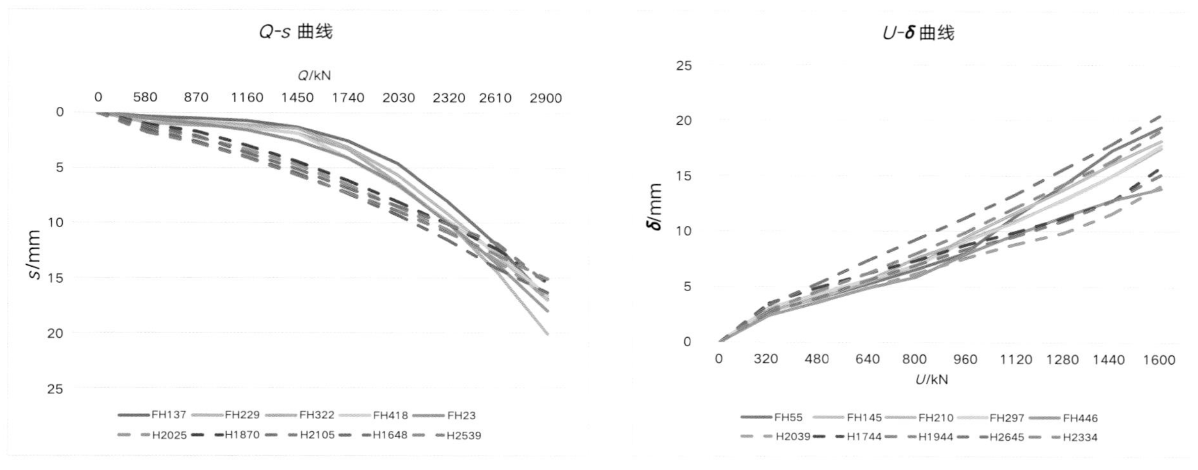

图 6.4-61　灌注桩与水泥土复合管桩抗压承载力试验结果对比　　图 6.4-62　灌注桩与水泥土复合管桩抗拔承载力试验结果对比

6.4.3.4　复合桩施工工艺

传统水泥土桩采用搅拌桩施工工艺，在本项目密实砂卵石复杂地层中成桩困难，搅拌钻具在此类地层钻进难度大，无法有效形成均质水泥土桩。

采用长螺旋高压旋喷工艺，首先可通过螺旋钻具进行主动钻进，钻进过程通过喷射一定压力高压水预先切割四周孔壁土体，预先达到钻孔和预扩径的效果；钻进至设计深度后，将高压水切换为高压水泥浆，慢速提升钻具，此时喷嘴喷射高压水泥浆对钻杆周围的土体进行二次切割和搅拌，使已成悬浮状态的土体与高压水泥浆充分融合，形成直径较大、混合均匀、强度较高的水泥土桩。在成桩过程中，因高压气、高压浆的作用，水泥浆液渗入周边土体内或岩土裂缝更加充分，形成犬牙交错水泥土外桩表面，增加了与土层之间的摩阻力。同时，由于水泥土桩对芯桩的包裹，减小了地下水对芯桩的腐蚀，延长了芯桩寿命。具体施工过程见图 6.4-63。

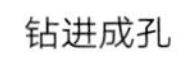
钻进成孔

提升喷浆

静压管桩

管桩同心度偏差控制

桩顶标高控制

水泥土复合管桩成桩

图 6.4-63　复合桩施工过程

6.4.4 地铁接驳区复杂基坑支护技术

项目东北角基坑北侧紧邻在建的地铁 3 号线工人体育场站附属的 1 号竖井、2 号竖井、3 号竖井及其施工横通道，东侧紧邻在建的地铁 17 号线工人体育场站车站及其附属的 6 号竖井横通道。连接地铁 3 号线与 17 号线的联络线，从本项目基坑下方斜穿而过，南高北低，基坑范围内，联络线隧道拱顶距离基坑底部距离约 0.936 ~ 12.406m。地铁接驳区基坑开挖大面深度约为 23.667m。基坑与地铁结构的平面位置关系示意如图 6.4-64 所示。

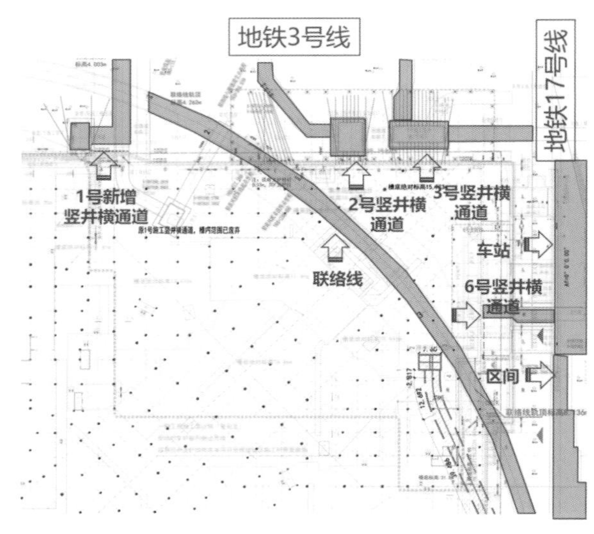

图 6.4-64 基坑与地铁结构的平面位置关系示意图

6.4.4.1 地铁接驳区基坑支护设计

综合考虑现有主体设计条件、基坑各部位地质条件、周围环境和场地使用条件等情况，本次地铁接驳区域基坑支护设计共包括 23 个支护段，主要采用桩锚支护体系，在支护结构设计中需充分考虑邻近已建结构影响。

当支护结构外侧邻近已建成施工竖井和地铁车站结构时，为了保护已建结构，将支护结构与已建结构之间的土体进行注浆加固，如图 6.4-65 所示。G－G 支护段的支护桩与邻近的 3 号施工竖井进行锚杆对拉，对拉区域的土体采用注浆加固，增强土体性质，保证结构安全。L－L 支护段基坑距离地铁车站主体结构较近，之间范围内的土体采用注浆加固。

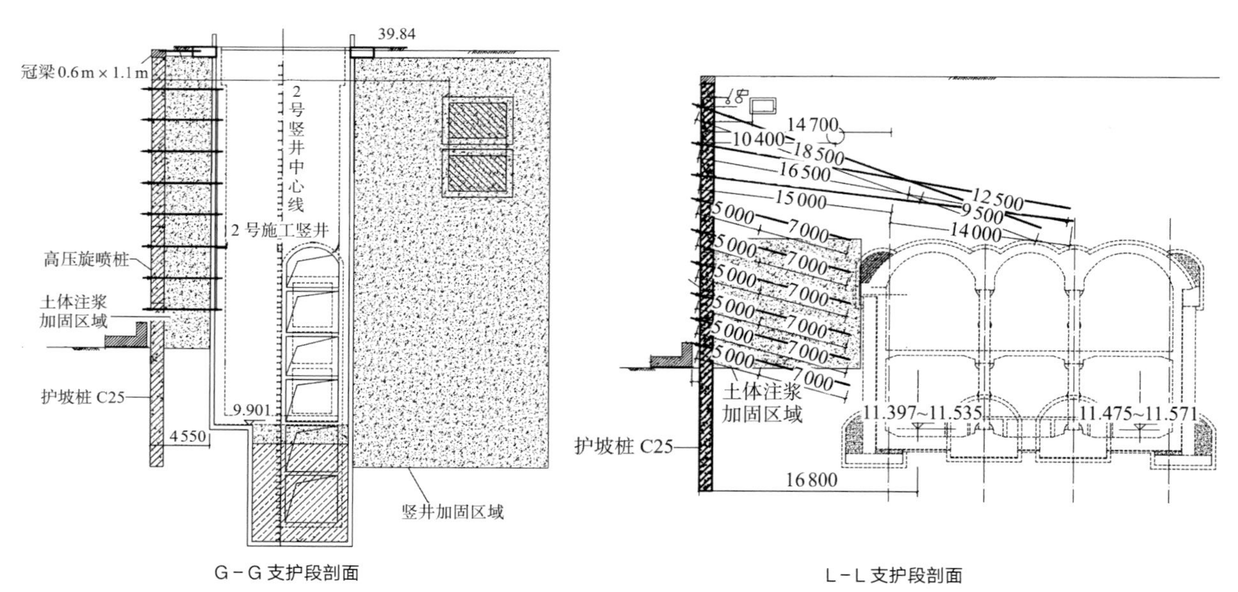

图 6.4-65 进行注浆加固的桩锚支护形式示意

当支护结构下方遇到已建结构时，采用“双排桩＋预应力锚杆支护体系”进行支护(图6.4-66)。如采用典型桩锚支护形式，桩体将穿越下方已建的联络线结构，为避免对地铁结构产生影响，将此处改为双排桩形式。

地下水控制采用高压旋喷桩止水方式：桩间设置1m的高压旋喷桩，桩底标高19.500m，桩顶标高25.500m，桩长6m，旋喷桩水泥采用P·O 42.5，浆液水灰比0.8～1.0。

施工完成的地铁接驳区基坑支护见图6.4-67。

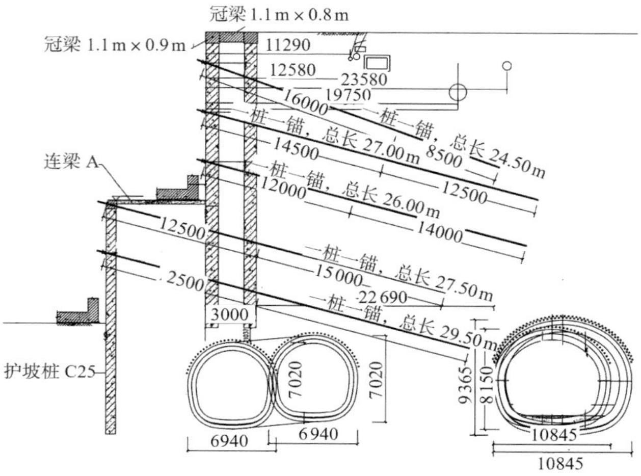

图6.4-66 双排桩的桩锚支护形式示意

图6.4-67 基坑施工现场

6.4.4.2 基坑施工对地铁结构的变形影响分析

（1）数值分析模型

针对拟建项目地铁接驳区基坑施工对邻近3号线车站竖井横通道、17号线车站及其竖井横通道、联络线结构影响的变形影响分析，所建立的模型如图6.4-68所示。

计算模型模拟范围约为255m×335m×55m（南北×东西×地基土计算深度），节点数约为16.1万。在模型的底面处施加固定约束，在模型的侧面处施加水平约束。

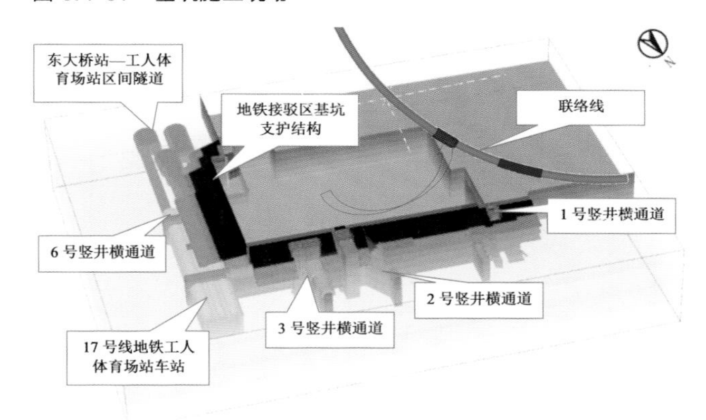

图6.4-68 数值计算分析模型

（2）地层条件的模拟

根据《工人体育场改造复建项目岩土工程勘察报告》，将工程场地内地层进行概化划分为10层。各层土体参数取值按照勘察报告中的土工试验、现场测试的指标以及地区经验确定，土体本构关系采用小应变硬化（HSS）模型。

（3）基坑支护结构、地铁车站及其竖井横通道、联络线结构的模拟

拟建项目基坑支护桩、区间隧道、竖井及横通道、联络线结构采用板单元模拟，锚杆采用锚杆单元模拟。注浆体及地铁车站结构采用实体单元模拟，结构与土的界面采用接触单元模拟相互作用。基坑支护结构与地铁车站及其竖井横通道结构模型相对位置关系示意见图6.4-69。

根据现场施工情况及设计资料，模拟施工步序概化为现状工况初始应力场形成、一期基坑开挖至槽底、二期基坑分层分步开挖至槽底等。

（4）基坑施工对在建地铁车站及其竖井横通道的变形影响分析

以基坑开挖8.5m、12m、18m、23.667m的不同深度工况分析地铁车站和竖井的结构变形，以下列出了基坑开挖至槽底（深度约23.667m）时引起在建地铁车站及其竖井横通道结构变形的计算结果。

①基坑开挖至槽底时引起的在建地铁车站结构变形见图6.4-70。

基坑开挖引起的在建地铁车站最大竖向变形为2.22mm（隆起），位于车站与6号竖井横通道相接处的中部；最大水平变形为6.43mm（向坑内），位于6号竖井与北侧支护桩之间的中间位置车站与支护桩距离最近处。

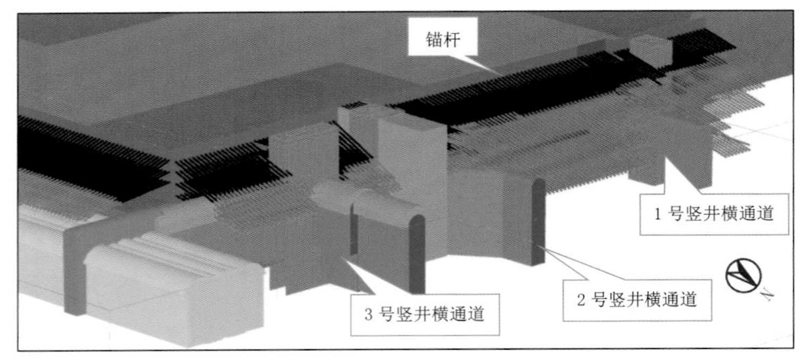

基坑北侧邻近地铁竖井横通道结构侧支护结构模型细部图

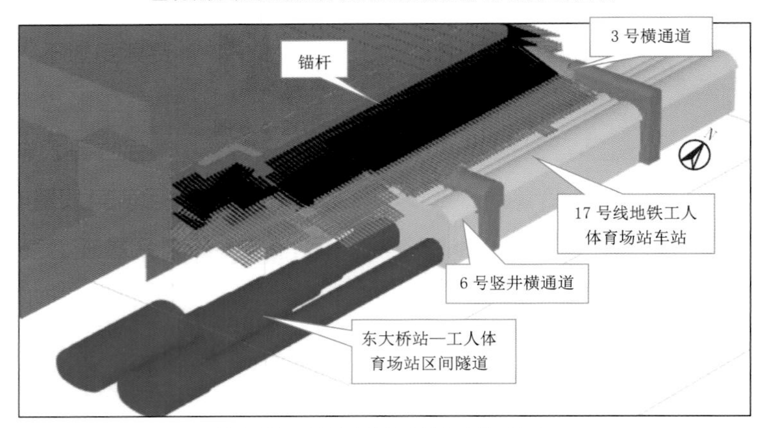

基坑东侧邻近地铁车站侧支护结构模型细部图

图6.4-69　基坑支护结构、地铁车站及其竖井横通道结构模型

②基坑开挖至槽底时引起的在建地铁车站竖井横通道结构变形见图6.4-71～图6.4-74。

可见，基坑开挖引起的1号竖井横通道最大竖向变形为2.73mm（隆起），位于横通道与基坑支护结构相接处的底部；最大水平变形为3.17mm（向坑内），位于横通道与基坑支护结构相接处的顶部。基坑开挖引起的2号竖井横通道最大竖向变形为3.97mm（隆起），位于2号竖井邻近基坑

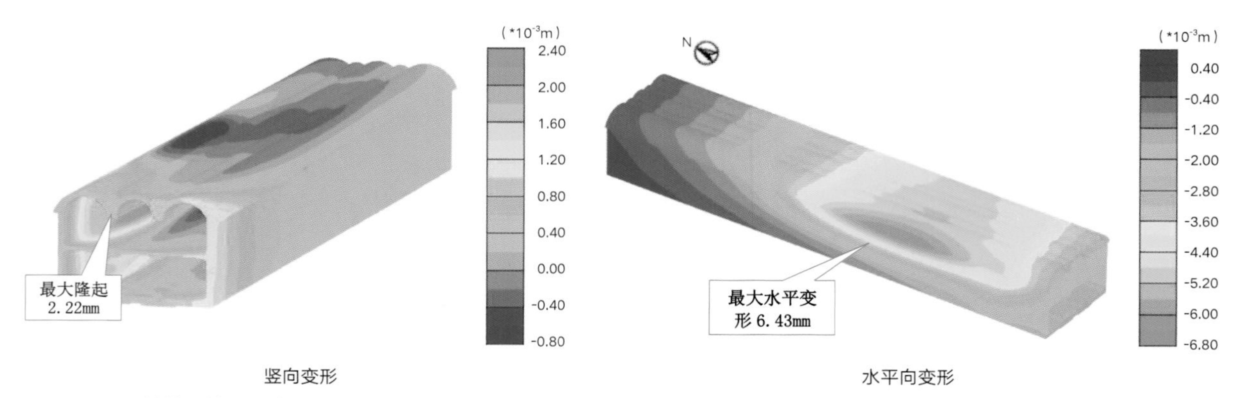

图6.4-70　基坑开挖至槽底时引起的在建地铁车站累积变形云图

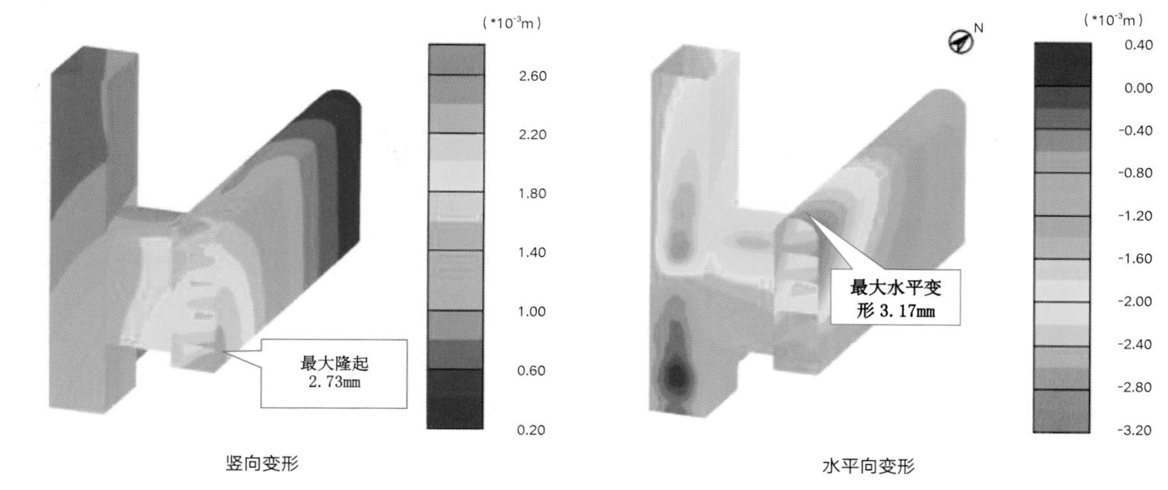

图 6.4-71　基坑开挖至槽底时引起的 1 号竖井横通道累积变形云图

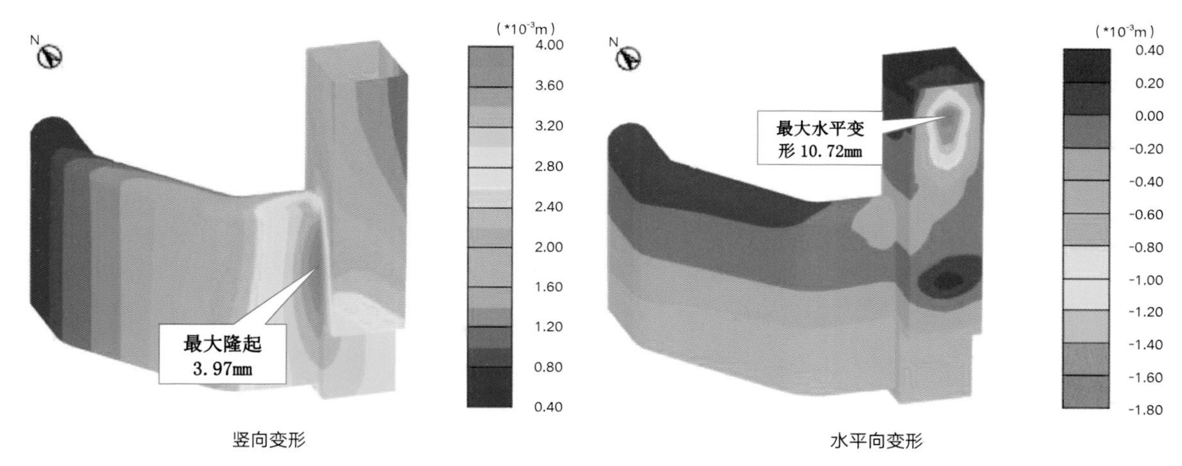

图 6.4-72　基坑开挖至槽底时引起的 2 号竖井横通道累积变形云图

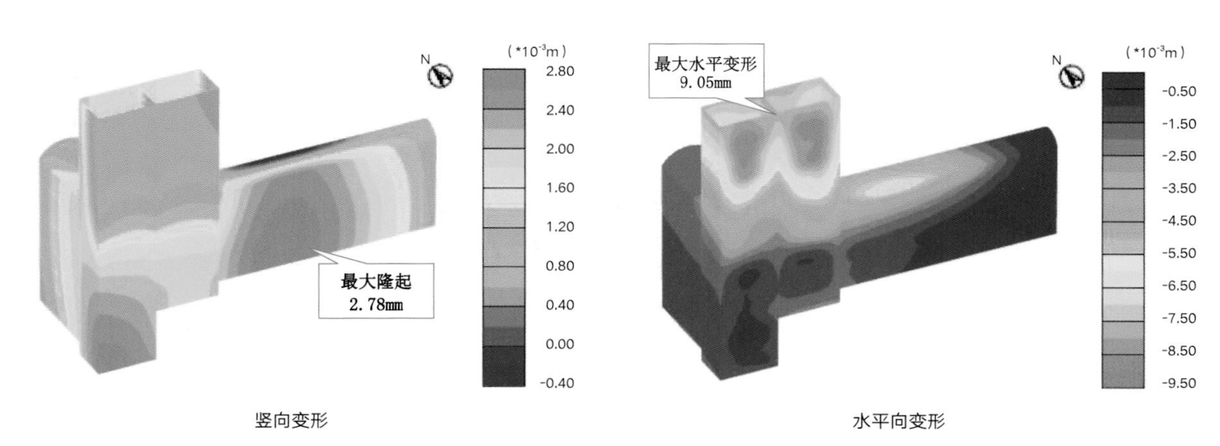

图 6.4-73　基坑开挖至槽底时引起的 3 号竖井横通道累积变形云图

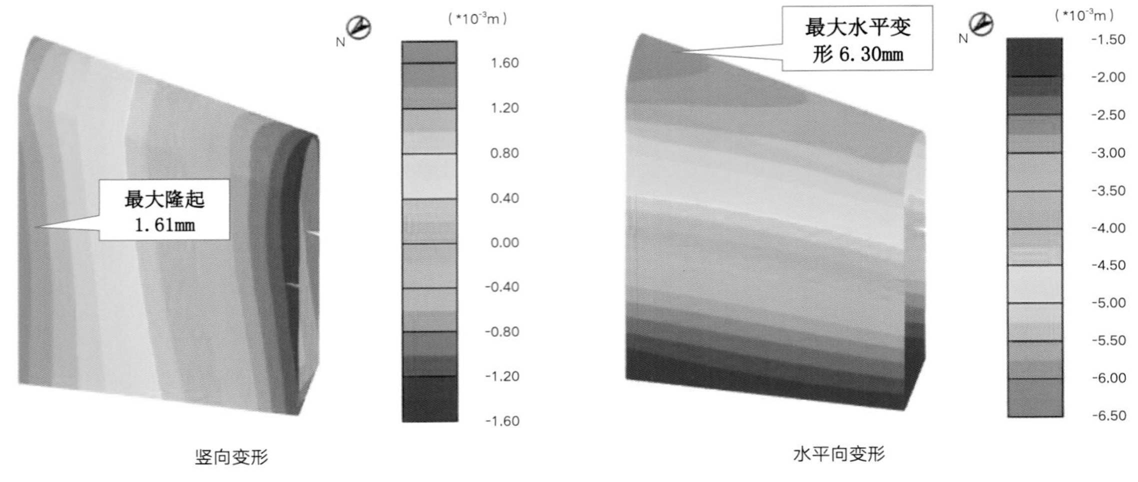

图 6.4-74 基坑开挖至槽底时引起的 6 号竖井横通道累积变形云图

一侧与横通道相接位置的中部；最大水平变形为 10.72mm（向坑内），位于 2 号竖井邻近基坑一侧偏上部位置。基坑开挖引起的 3 号竖井横通道最大竖向变形为 2.78mm（隆起），位于 3 号竖井东西向横通道邻近基坑一侧的底部；最大水平变形为 9.05mm（向坑内），位于 3 号竖井邻近基坑一侧偏上部位置。基坑开挖引起的 6 号竖井横通道最大竖向变形为 1.61mm（隆起），位于 6 号竖井横通道与地铁车站相接处的中部；最大水平变形为 6.30mm（向坑内），位于 6 号竖井横通道与地铁车站相接处的顶部。

地铁接驳区基坑施工对在建地铁车站及其竖井横通道结构影响的变形统计见表 6.4-7。

基坑施工引起的在建地铁车站及其竖井横通道结构累计变形情况汇总 **表 6.4-7**

模拟施工顺序	17 号线车站结构		1 号竖井横通道		2 号竖井横通道		3 号竖井横通道		6 号竖井横通道	
	最大竖向变形 / mm	最大水平位移 / mm	最大竖向变形 / mm	最大水平位移 / mm	最大竖向变形 /mm	最大水平位移 / mm	最大竖向变形 / mm	最大水平位移 /mm	最大竖向变形 / mm	最大水平位移 / mm
基坑开挖深度 8.5m	0.58	0.63	1.76	0.51	1.97	0.98	1.61	0.61	0.56	0.49
基坑开挖深度 12.0m	0.95	1.25	2.32	0.73	2.71	1.72	2.13	1.34	0.87	1.01
基坑开挖深度 18.0m	1.68	2.69	3.11	1.36	3.44	6.76	2.62	6.11	1.36	2.57
基坑开挖深度 23.667m	2.22	6.43	2.73	3.17	3.97	10.72	2.78	9.05	1.61	6.30

注：表中竖向变形正值表示“隆起”，负值表示“沉降”；水平位移正值表示“向坑内”，负值表示“向坑外”。

6.4.4.3 基坑施工对联络线的变形影响控制与分析

(1) 联络线未采取抗隆起加固措施条件下的变形分析

未考虑地铁停止降水或其他因素等引起的水位回升对联络线的影响，基坑开挖至槽底时引起的工体站联络线区间结构最大隆起值为 56.50mm，位于基坑范围中部；最大差异沉降 16.66mm（取纵向 10m 范围内），位于基坑北侧接近坑边部位（东南侧接近坑边部位的差异沉降约为 12.00mm）。未采取措施条件下，基坑开挖引起的联络线结构变形情况见图 6.4-75。

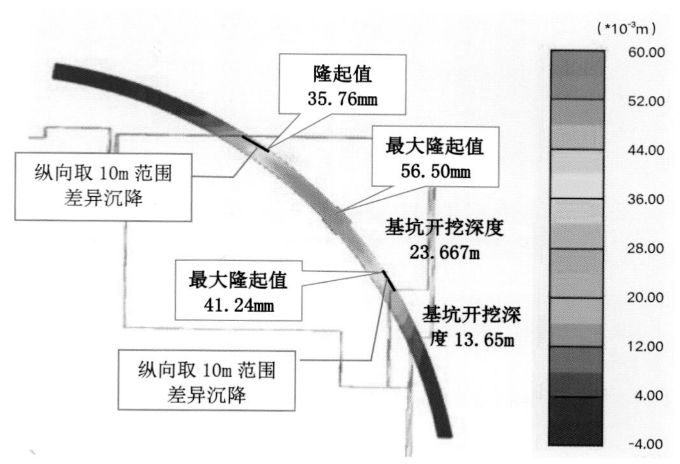

图 6.4-75　基坑开挖至槽底时联络线区间结构累积变形云图（未采取加固措施）

（2）联络线抗隆起加固措施及计算模型简述

地铁接驳区域基坑开挖前应采取相应抗隆起措施，以减少基坑开挖引起联络线的隆起变形和基坑施工期间停止降水联络线浮起。主要采取的抗隆起措施为“抗拔桩 + 深孔注浆”，先行在联络线两侧打设各两排抗拔桩，桩径 1000mm，场地地面至基础底板范围内为空桩，底板以下有效桩长不小于 30m，桩端持力层为中砂、细砂层，桩进入持力层深度不小于 1.5m，桩底、桩侧全断面后注浆。两侧抗拔桩基施工完成后，在联络线初支结构内向外进行深孔注浆。可以采取分段实施，深孔注浆完成后及时进行联络线二衬结构施工。待联络线二衬结构达到设计强度后进行接驳区基坑开挖，基坑开挖至基底后及时施作基础底板。

联络线抗隆起措施的加固范围如图 6.4-76、图 6.4-77 所示，施工工序如图 6.4-78 所示。

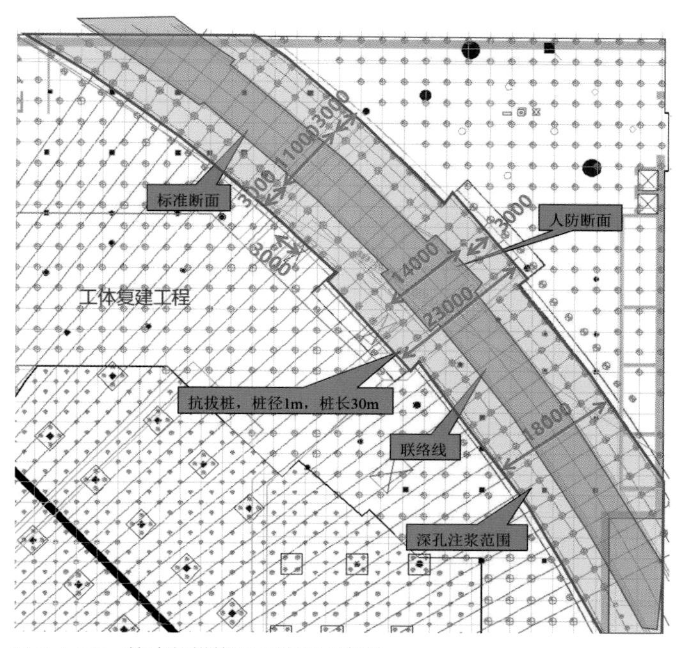

图 6.4-76　抗隆起措施平面范围示意图

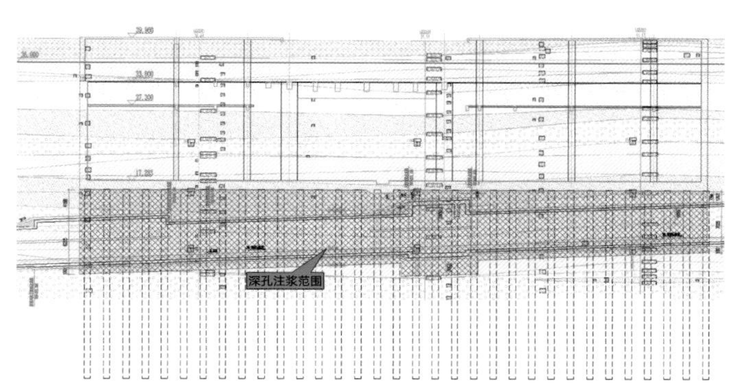

图 6.4-77　抗隆起措施纵向范围示意图

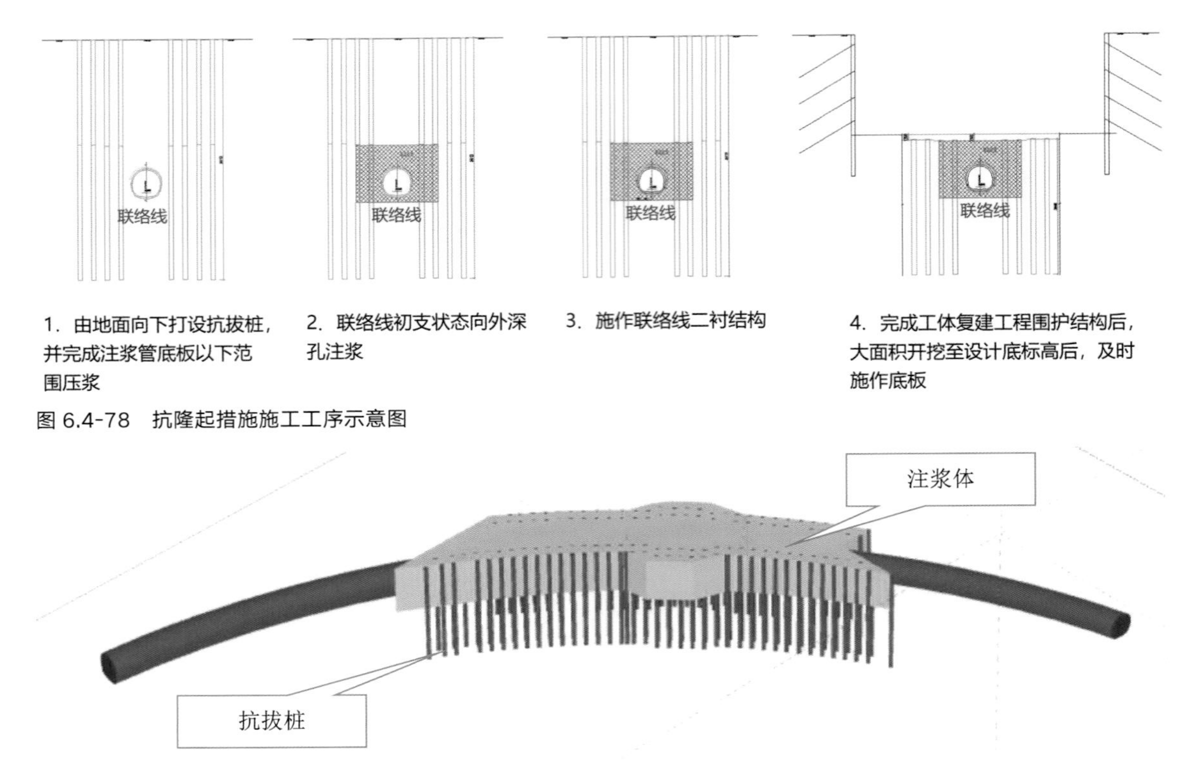

图 6.4-78 抗隆起措施施工工序示意图

图 6.4-79 加固措施模型图

依据上述联络线抗隆起的加固措施，对应建立的加固措施计算模型如图 6.4-79 所示。注浆体采用实体单元模拟，抗拔桩采用桩单元模拟。

（3）联络线采取抗隆起加固措施条件下的变形分析

在联络线采取抗隆起加固措施条件下，基坑开挖至槽底时引起的工体站联络线区间结构最大隆起值为 19.29mm，位于基坑范围中部；最大差异沉降 3.93mm（取纵向 10m 范围内），位于基坑东南角接近基坑开挖深度 13.65m 土台相接部位（基坑北侧接近坑边部位的差异沉降约为 3.55mm）。

采取措施条件下，基坑开挖引起的联络线结构变形情况见图 6.4-80。

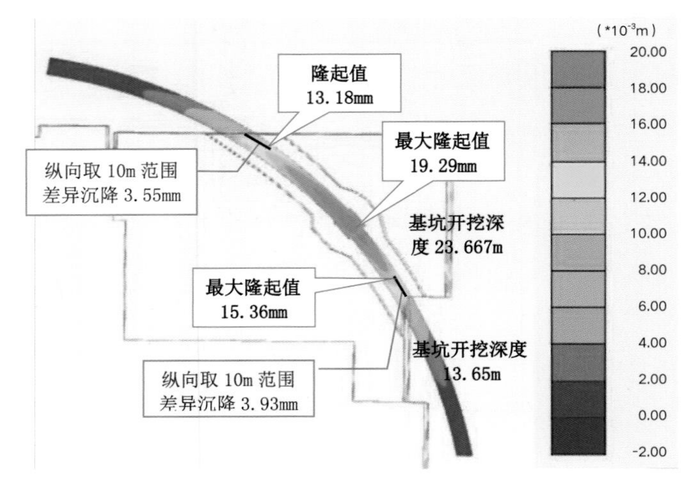

图 6.4-80 基坑开挖至槽底时联络线区间结构累积变形云图（采取抗隆起加固措施）

可见，采取抗隆起加固措施后，联络线因上覆土方开挖引起的向上隆起值由 56.50mm 减小至 19.29mm，保证了地铁的平稳运行。

6.4.4.4 地铁结构安全度评估

基坑施工所引起的在建地铁结构后续变

形应严格控制在范围内（表 6.4-8），其中施工预警值划分三个级别，即黄色预警值、橙色预警值和红色预警值。

地铁结构变形控制指标及控制值、预警值 **表 6.4-8**

结构类型	控制指标	控制值/mm	变形速率/(mm/d)	预警值
地铁车站	竖向变形	5.0	1.0	施工预警值划分三个级别，即黄色预警值、橙色预警值和红色预警值。 （1）黄色预警值：累计变形、变形速率实测值均达到相应监测对象及项目的控制值的 70%，或两者之一达到控制值的 85%； （2）橙色预警值：累计变形、变形速率实测值均达到相应监测对象及项目的控制值的 85%，或两者之一达到控制值； （3）红色预警值：累计变形、变形速率实测值均达到相应监测对象及项目的控制值，或两者之一超过控制值
	水平变形	10	1.0	
地铁车站竖井横通道结构	竖向变形	5.0	1.0	
	水平变形	15	1.0	
联络线	竖向变形	20	1.0	
	差异沉降	1‰	—	

根据现状调查和预测计算分析结果，本项目在严格依据现有基坑设计及地铁加固措施方案进行施工、保证施工质量的前提下，地铁接驳区基坑施工引起的邻近在建地铁 3 号线车站竖井横通道结构、17 号线车站及其竖井横通道结构、联络线结构的变形可以控制在变形指标范围以内，能够保证邻近在建地铁结构的安全。

6.5 机电工程施工重点

工体整体造型为圆弧形，机电管线排布需与建筑造型相适应。机电安装 80% 均为明管，安装质量要求高。清水混凝土中机电预留预埋定位及尺寸要求高，施工难度大。本工程由于机房安装时间短、机组多、管径大，因此采用装配式的方法进行制冷机房的安装。

6.5.1 弧形管道施工技术

北京工人体育场是国内单体面积最大、弧形曲率最复杂、弧形管道体量最多的体育场馆。弧形管道总长度约为 17 万 m，最小管径 DN65、最大管径 DN700，其中 DN65 ~ DN250 采用现场加工制作。涉及给水、中水、空调水、消防等 10 余个水系统；涉及不锈钢管、镀锌钢管、衬塑钢管等常见金属管材。

本项目在总结金属管道安装经验的基础上，研究创新出一种大直径弧形金属管道现场高精度制作安装的新工艺，此方法通过深化设计，结合弧度计算，得出所需管道弧度，利用三点煨弯法将直管段加工成需要的弧形管道，安装完成后同弧度金属管道误差在 ± 1mm 内，实现了很好的效果，并申报了“一种大直径弧形管道高精度三点冷煨弯方法”发明专利。

6.5.1.1 工艺原理

本工艺适用于公称直径 DN50 ~ DN350 的弧形金属管道加工与安装。根据建筑弧形特点，通过深化绘制出与建筑相匹配的机电管线，保证整体弧度与建筑结构一致。根据管材实际管径尺寸、长度，通过弦长计算出管道需要的煨弯距离，结合不同管材、不同管径的回弹值，得出最终的煨弯距离。

通过管道输送平台，将管道放置进煨弯机，保证管道与 2 个限位装置紧密贴合后，利用推动装置按照最终的煨弯距离进行弧度加工，当达到最终煨弯距离后，停止顶推，完成弧形管道加工。加工完成的管道进行地面预拼装，每隔 30m 节选不少于 3 个点，分别测量出与主体结构垂直距离，并与深化图纸相应距离进行对比，距离一致，保证管道与建筑结构弧度一致，方可进行支吊架及管道安装（图 6.5-1、图 6.5-2）。

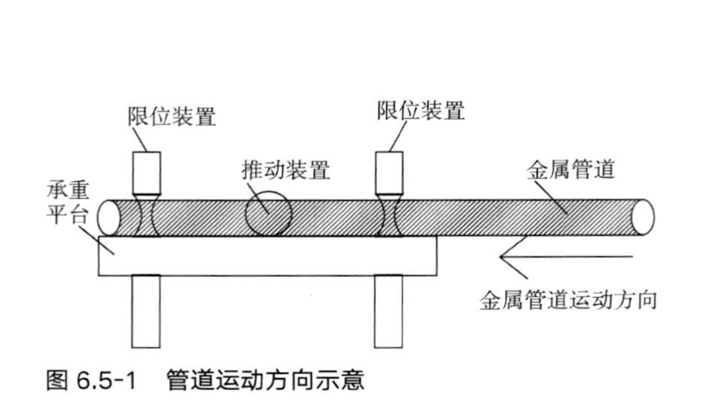

图 6.5-1　管道运动方向示意

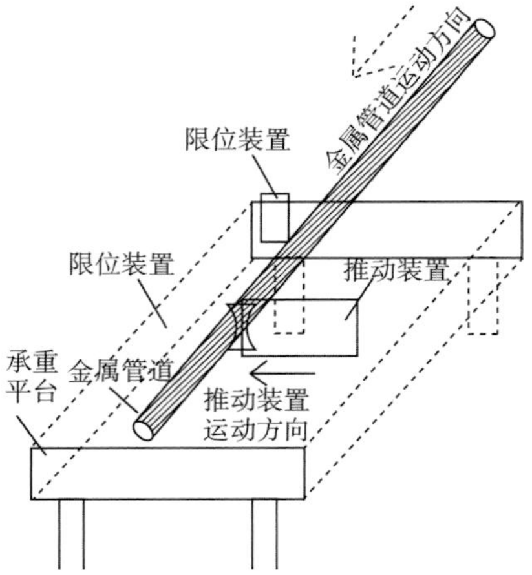

图 6.5-2　管道固定示意

6.5.1.2　工艺流程

深化设计→煨弯距离计算→管道疏松→管道煨弯→地面预拼装与校核→支吊架安装→管道安装→管道压力试验→验收。

6.5.1.3　操作要点

（1）深化设计

根据建筑弧形特点，通过 BIM 技术，绘制出与建筑相匹配的机电管道深化图，保证弧度与弧长和建筑结构一致。

（2）煨弯距离计算

①在 BIM 模型中对管道抓取，根据管材实际尺寸、长度，通过弦长，根据计算公式（1），计算出矢高量：

$$S=R+\gamma-\sqrt{(R+\gamma)^2-(A\div 2)^2} \tag{1}$$

式（1）中：γ 为管道半径；S 为矢高量；R 为圆弧半径；A 为限位装置中心距；（固定值 1790，单位：mm）。矢高量与圆弧圆心、半径如图 6.5-3 所示。

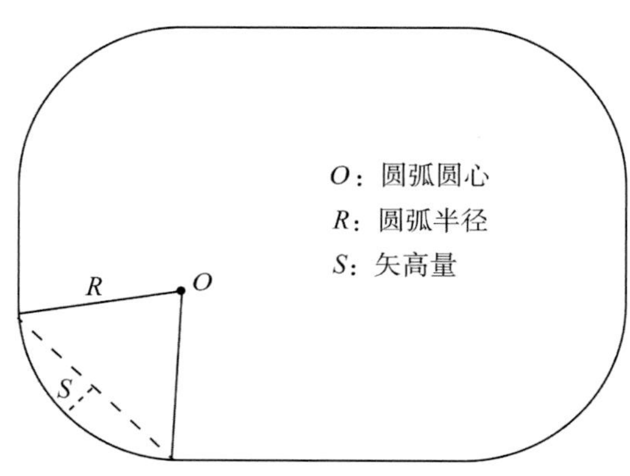

图 6.5-3　矢高量与圆弧圆心、半径示意

②通过试验，总结出不同管材、不同管径的管材回弹值，与计算的矢高量相加，得出管道的最终煨弯距离，见表 6.5-1。

不同直径、材质管道的最终煨弯距离 **表 6.5-1**

	不锈钢管 /mm	镀锌钢管 /mm	无缝钢管 /mm	衬塑钢管 /mm	焊接钢管 /mm
DN65	5	6	6	5	6
DN80	5	6	6	4	6
DN100	4	5	5	4	5
DN125	4	4	4	4	4
DN150	3	4	4	4	4
DN200	3	3	3	3	3
DN250	2	3	3	3	3

（3）管道输送

利用管道输送平台，将需要煨弯的管道输送到煨弯设备内，保证管道与限位装置紧密贴合（图 6.5-4）。

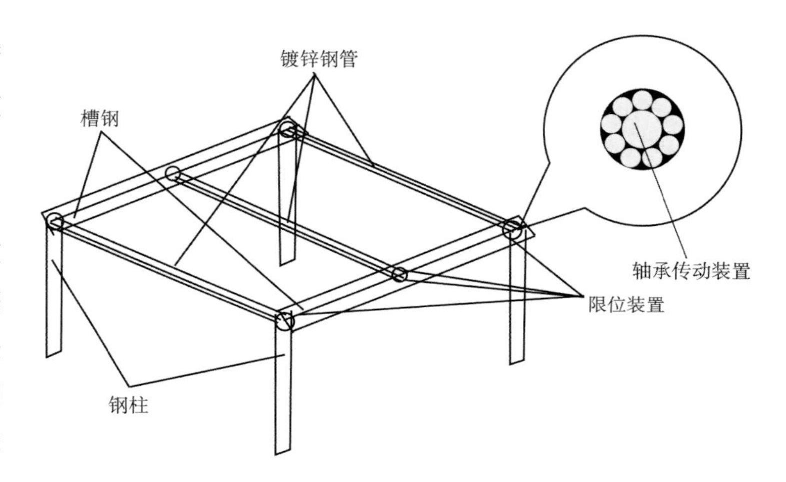

图 6.5-4 管道输送装置示意

（4）管道煨弯

①通过管道输送平台，将管道放置进煨弯机，保证管道与 2 个限位装置紧密贴合后，利用推动装置按照最终的煨弯距离进行弧度加工，当达到最终煨弯距离后停止顶推，完成弧形管道加工（图 6.5-5）。

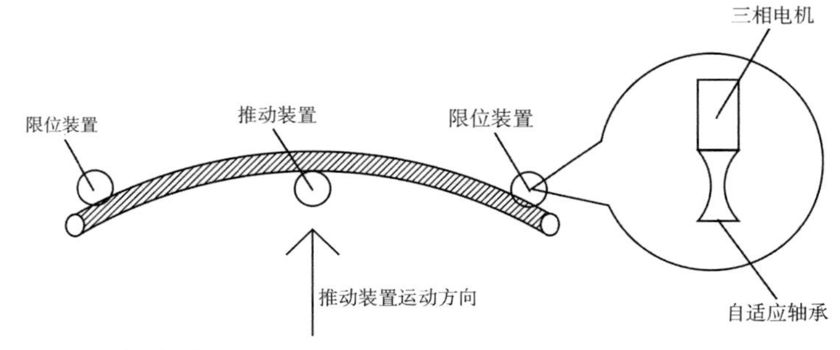

图 6.5-5 煨弯原理示意

②为保证安装的准确性，对加工完成的弧形管道，逐根粘贴二维码“身份证”，显示管线区域、系统编号、系统类型、材质、公称直径、外径壁厚、圆弧半径、弧长、参照标高、底部高程、厂家、维修人员联系方式等信息。

（5）地面预拼装与校核

对加工完成的弧形管道，根据二维码信息，将管道运输至安装位置，按照深化图纸位置在地面进行预拼装，每隔 30m 节选不少于 3 个点，分别测量出与主体结构垂直距离，并与深化图纸相应距离进行对比，确认距离一致后，对管道接头位置进行定位标识，进行管道及支吊架安装。管道接头标识如图 6.5-6 所示，图中 A1 与 B1 点对点对应，A2 与 B2 点对点对应，A3 与 B3 点对点对应，A4 与 B4 点对点对应。

（6）支吊架安装

将机电管线及深化后支吊架 BIM 模型导入自动放线机器人，通过自动抓取支吊架吊点坐标，通过激光将坐标点定位到实体结构上，根据激光点位进行支吊架吊点施工，确保支架位置准确。同时管道支吊架制作安装符合《室内管道支架及吊架》03S402 要求的同时，还应符合以下要求：

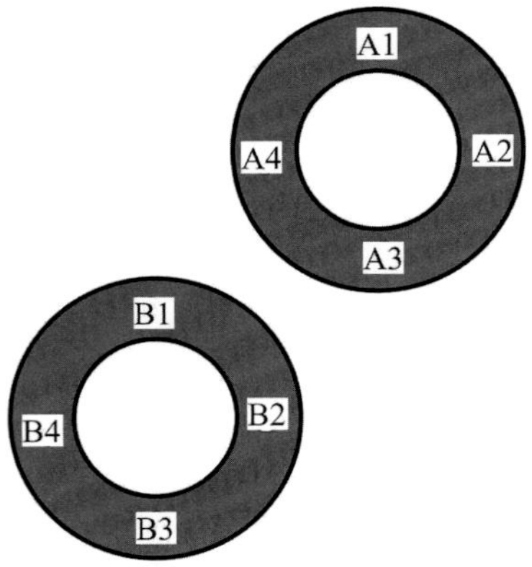

①位置正确，埋设应平整牢固。

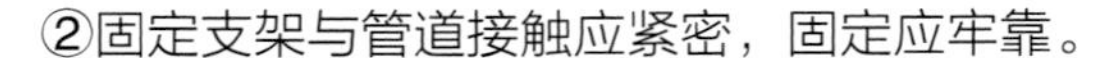

②固定支架与管道接触应紧密，固定应牢靠。

图 6.5-6　管道接头标识示意

③滑动支架应灵活，滑托与滑槽两侧间应留有 3 ~ 5mm 的间隙，纵向移动量应符合设计要求。

④无热伸长管道的吊架、吊杆应垂直安装。

⑤有热伸长管道的吊架、吊杆应向热膨胀的反方向偏移。

⑥固定在建筑结构上的管道支吊架不得影响结构安全。

⑦钢管水平安装的支吊架间距应不大于表 6.5-2 的规定。

以上管卡应匀称安装，同一房间管卡应安装在同一高度。

钢管管道支架最大间距　　　　**表 6.5-2**

公称直径 /mm		15	20	25	32	40	50	70	80	100	125	150	200	250	300
最大间距	保温管 /m	2	2.5	2.5	2.5	3	3	4	4	4.5	6	7	7	8	8.5
	不保温管 /m	2.5	3	3.5	4	4.5	5	6	6.5	6.5	7.5	7.5	9	9.5	10.5

（7）管道安装

待支吊架施工完成后，利用吊装葫芦将管道吊装至支吊架上，并按照安装顺序依次吊装。吊装完成后，施工作业人员通过升降设备进行登高作业，并将已吊装完成管道按照地面拼接标识一一对应，确认无误后，将管道接头用连接件进行连接，保证管件与管道接触均匀，缝隙一致。图 6.5-7 为成排弧形管道安装完成效果。

（8）管道压力试验和验收

现场确认管道支吊架形式、材质、安装位置正确，数量齐全。焊接合格后，将试验用的临时加固措施进行固定，同时在末端增加盲板，最高点设置放气、溢流口，并设置明显标记。准备就绪后，向管道系统中进行注水，当水从高位溢流后，封闭溢流口，启动试压装置，按要求进行管道试验自检。自检合格完成后，及时通知相关部门进行验收，验收过程中按规范要求做好验收记录及留存相关资料。

图 6.5-7 成排弧形管道安装完成效果

6.5.2 装配式制冷机房安装技术

项目制冷机房位于体育场南侧地下三层，总制冷量 17026kW，采用 3 台离心式冷水机组、5 台冷冻水循环泵、5 台冷却水循环泵。机房管线采用装配式施工模式，主管道采用弧形管设计，弧形管道管径范围及对应长度见表 6.5-3。

机房弧形管道管径范围及对应长度　　表 6.5-3

弧形管道管径	DN250	DN300	DN400	DN500	DN600	DN700
长度 /m	115	224	118	205	429	109

本项目属于国内民用建筑首例大口径弧形管道装配式预制机房，施工难度大，对工厂化预制精度有极高要求，重点难点如下：

（1）管道设备尺寸范围广、体量大、精度要求高。最小弧形管预制管径 DN250、最大管径 DN700，总预制长度 780m。

（2）预制精度高。弧形管道采用工厂化预制，预制管段单段长 8m，预制精度偏差 2mm。管道弧度半径 101° ，法兰与管道弦长角度 2° ，预制精度偏差 0.5° 。

（3）装配精度高。弧形管预制构件角度及弧度变化很小，法兰的找正及角度调整精度会直接影响现场装配质量。

（4）运输、吊装难度大。弧形管道重量分布不均匀，预制构件外形尺寸不规则，运输、吊装过程难度大。

针对项目特点难点，技术人员展开攻关，优化工艺措施，解决了行业内大口径弧形管预制和装配精度控制问题，实现工厂化预制；通过大口径弧形管预制加工设备，可以实现弧形管的工业化批量生产，实现降本提效、绿色工地的目标。利用管道构件编码体系可有效控制施工进度，实现现场的快速装配施工。

6.5.2.1 装配式流程

（1）BIM 深化设计

项目采用精度等级为 LOD400 的 SolidWorks 3D 软件，根据制冷机房土建结构弧度，进行弧形管道精确建模（图 6.5-8），精确计算每个管道构件的弧度、弧长、法兰角度，将其在模型中一一体现，设计精度范围可精确至 0.5° （弧度）、2mm（长度）。建模完成后，将图纸及计算好的管道弧度统一整理提供给管道厂家，用热弯工艺生产，出厂后在每根管道上标明弧长、角度值、管道的适用位置，发送至装配式车间进行预制。

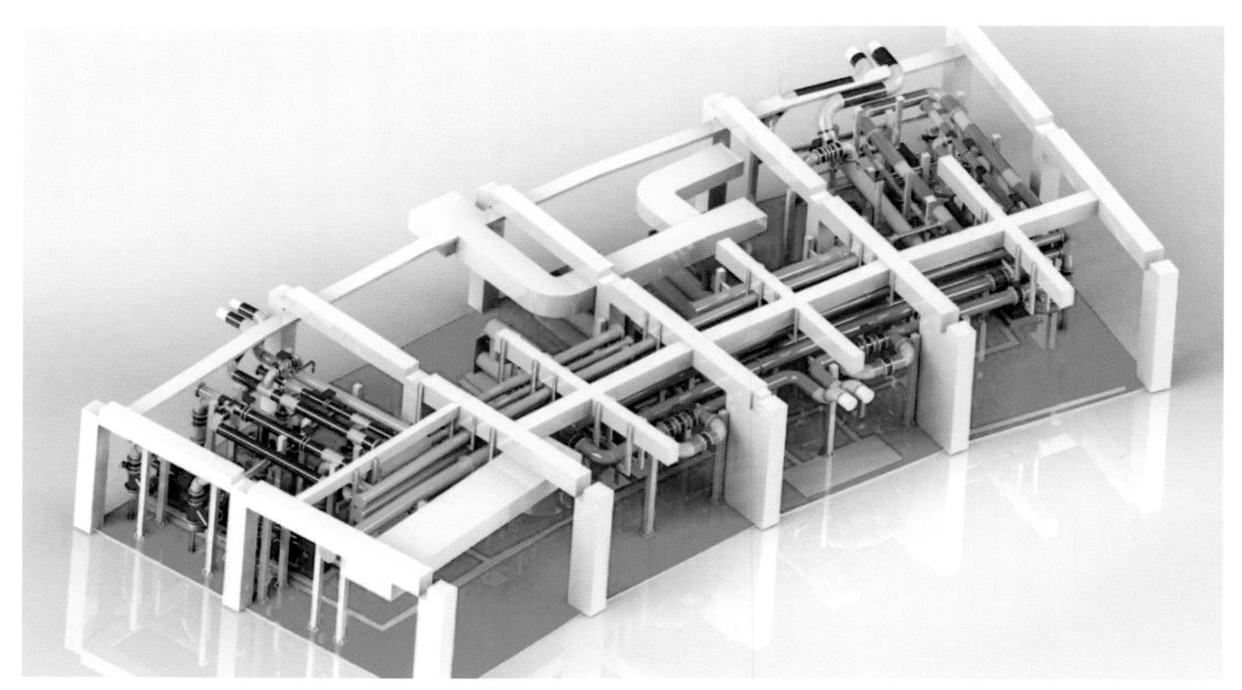

图 6.5-8 装配式机房模型图

（2）工厂化预制

传统加工方式，预制构件无法做到精准下料，产生了大量的边角料，同时大量手工焊接、切割作业导致构件质量不稳定。采用标准化预制方法精准下料加工，构件质量更高，构件边角料大大减少，节省了材料成本。对于项目大量的弯曲和异形管道、构件实现工厂定制，提升质量。装配式机房质量控制点见表 6.5-4。

装配式机房质量控制点 **表 6.5-4**

控制点项目名称	装配式机房质量进度控制点
基于 SolidWorks 的 BIM 设计	厂家提供尺寸参数精度、现场测量精度、管道设计深度 LOD400、管道拆分精度控制
构件生产	焊接工艺评定、焊接工艺卡、管道及焊材质量、预制精度控制
管道装配式支架	Midas Gen 力学分析、支架优化、型材规格型号控制
现场测量放线	纵横中心线、标高基准点的确定、放线精度控制
主机及水泵设备安装	主机定位精度、水平度不大于 1%、减震器质量及做法、设备运输控制
装配式支架安装	支架定位精度、垂直度、连接高强度螺栓及连接板焊接质量
主管道安装	定位主管道法兰面垂直度、角度，所有管道法兰面螺栓孔垂直中线检查、积累误差控制
支管道安装	设备进出口管道连接质量、软接头平整度、进出口管道支架
机房辅助设备安装	设备定位精度、水平度不大于 1‰
管道附件仪表安装	安装位置仪表成排成线、安装角度一致、规格型号正确
管道压力试验	压力试验应与主机设备隔离开，压力试验按规定值进行验收
专业接口管理	专业交叉工序，交接工作控制

（3）物流化运输

机房的所有模块和管段，均在预制加工厂提前完成装配，一次运输到位，运输成本大大降低。

（4）装配式施工

模块运到现场后，安装人员根据装配图，结合二维码标识系统，利用管段和螺栓连接起各个模块，实现全程无焊作业，改善施工环境（图 6.5-9）。

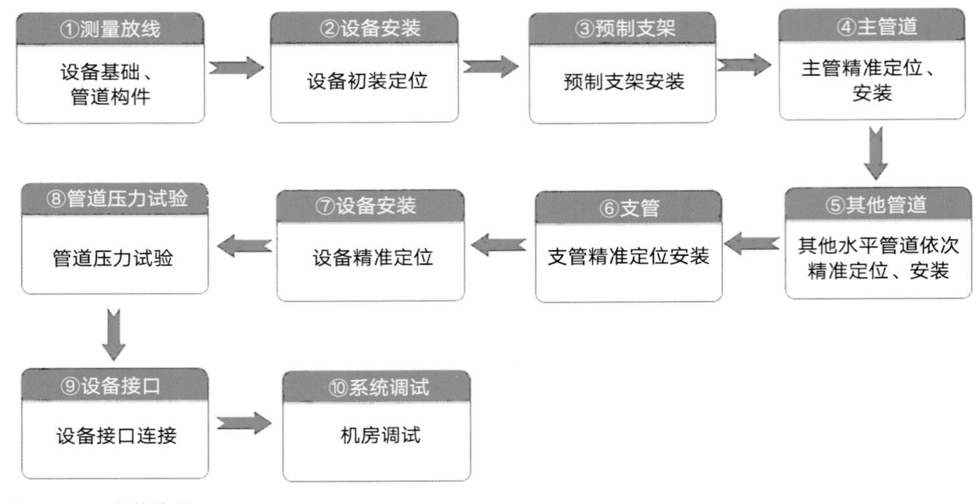

图 6.5-9　安装流程

6.5.2.2　技术创新

装配式制冷机房安装的创新技术主要有：①国内首例大口径弧形管道装配施工，优化系统运行时的管道阻力。②基于 SolidWorks 的 BIM 设计，提升设计精度至 LOD400。③制订专用管组编码及预拼装体系。④采用液压顶升小车确定管道弧度。⑤智能机器人切割焊接管道。⑥研发多角度组队平台。⑦弧形管道专用支架。⑧放线机器人对弧形管组进行三维坐标定位。⑨研发专用运输工具车。⑩采用模块式管组整体提升吊装法。⑪智能化多专业接口管理及运维管理。

6.5.2.3　安装效果

工体项目大口径弧形管道装配式机房项目（图 6.5-10）工艺革新，是国内在该领域内的首次应用，不仅提高了生产效率、节约了工期、提升了施工质量、降低了建造成本，同时也减少了污染，实现了建筑机电安装全过程智能、绿色施工。项目的实施为今后类似工程提供了可借鉴的宝贵经验，同时也为探索以工业化为产业路径的数字化转型提供了借鉴，具有较好的示范引领作用。

图 6.5-10　大口径弧形管道装配式机房安装完成图

第 7 章　体育工艺

体育工艺是指使体育设施符合体育活动特别是体育比赛功能要求的方法和技术，属于体育与建筑两个领域交叉的部分，可划分为体育建筑（空间）工艺和体育设备（系统）工艺两类。本工程体育工艺包含草坪系统、照明系统、扩声系统、座椅系统、屏幕系统、智能化系统等内容。

7.1　体育场草坪系统

足球场天然草坪（图 7.1-1）长、宽分别为 110m、70m，面积 7700m^2。场地周边为硬质地面人造草坪，共 2925m^2。天然草选用冷季型草地早熟禾。足球场地的表面排水坡度为 0.3%。

图 7.1-1　工体天然草坪

项目研发了一种专业足球场加固草坪施工方法，该方法采用了天然草加固系统，提高了草坪的稳固性和平整度；自动喷灌系统满足定时定量对草坪补水作业；地下低温加热系统和地下真空通风排水系统满足了草坪适宜温湿度要求。该方法已在工程中成功应用，达到了国际专业足球场草坪种植及养护的要求，该技术已申报专利一项。体育场草坪剖面构造示意见图 7.1-2。

图 7.1-2　体育场草坪剖面构造展示

锚固型混合草坪系统有如下特点：

（1）天然草加固系统

植入人造草纤维天然草根系与人造草纤维相互缠绕，使其扎根更深，草更强壮，通过人造纤维特殊截面，与根系层沙基产生一定缝隙，达到良好的导水性能，快速将积水导入排水层，减少积水并增加透气性，减少土壤板结几率；纤维从地面以上突出 2cm，为天然草坪提供有效的支撑，增大天然草坪的耐踏能力，减少天然草的磨损率。

（2）采用了地下低温加热系统

草坪加热系统的热源采用市政供热，经市政热力站交换出二次热水，输送至草坪换热机房内再次进行热交换，采用 30%丙二醇混合水溶液循环为草坪增温。通过控制系统控制温度，使草坪表面正下方根部保持 8 ~ 10℃适宜草生长的温度。采用了地下真空通风排水系统，地下通风系统为专用风机和特殊设计的管网与地下管道网络相连，再通过机组施压，在场地积水过大时开启吸气模式、在场地温度较高或较为潮湿时开启吹气模式，通过不同模式，实现加快排水、降低温度及输送空气的功能，为草坪生长创造有利条件。

（3）草坪补光照明技术

通过仿真模拟得到球场全年的阴影分析热力图，通过对球场阴影分析可知，工体年平均透光率为 31%；平均最低透光率在 12 月份，为 14%；平均最高透光率在 6 月中旬到 7 月中旬，为 47%。北京的气候和体育场围护结构导致到达球场的自然光不足，如果没有额外的草坪补光照明，草的生长和恢复就不会以足够快的速度进行，草坪的质量将下降到最低 42% 的草坪密度。因此，需要额外的草坪补光照明，确保整个赛季都能维持高质量的比赛草坪场地。

为了在赛事后促进生长和快速恢复，草坪需要在短期内产生大量的生物质。这种生物质是由在光合作用过程中合成的碳水化合物产生的。选用高压钠灯补光照明技术，通过灯光研究和财务分析，与 LED 相比，高压钠灯设备是工体在实现高球场质量和低成本方面最具综合效益的选择。

采用 6 台 LU440 大型移动式草坪补光设备和 2 台 LU120 中型移动式草坪补光设备，研究补光前后草坪年平均质量和耗电量见图 7.1-3。

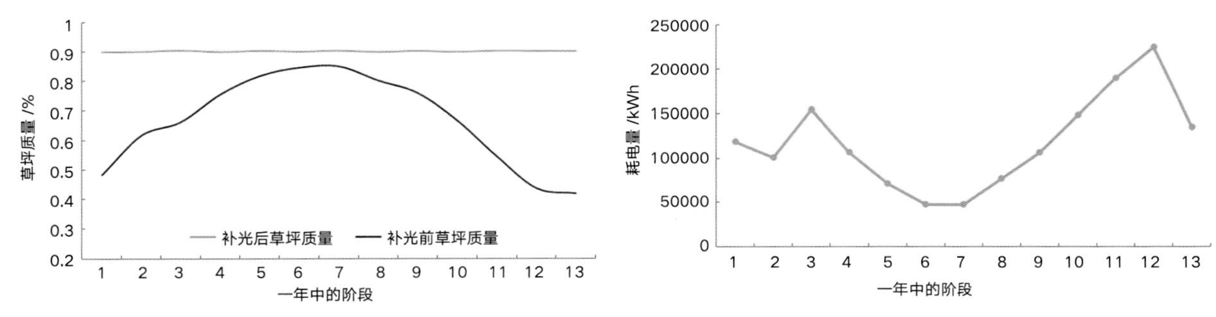

图 7.1-3　补光前后草坪年平均质量（左）和耗电量（右）

可见，补光前草坪年平均质量为 67%，草坪质量最低降至 42%，发生在 12 月份。使用补光后草坪质量可以全年维持在 90%。补光灯使用情况为 6 月份使用时长最短，每天使用补光灯 4h；11 月份使用时间最长，每天使用补光灯 19h；年度总耗电量约 150 万度。图 7.1-4 为工体草坪补光作业。

图 7.1-4　工体草坪补光作业

（4）场地喷灌系统

本项目地下室有 120m^3 的蓄水池水可利用，采用市政给水管道进行补水，水量充足。草坪场地采用地埋式升降喷头进行喷灌，场地内共设 24 个喷洒器，分为 4 组轮流工作，并辅以取水阀人工浇灌的方式，安装 10 个取水器，以满足临时用水要求。

选择地埋式喷灌系统，喷头选择运动场专业喷头，具有水量分布好、喷头旋转均匀稳定，同时喷头顶部有橡胶保护层等特点。采用了自动喷灌系统，喷灌泵变频控制，定时对草坪进行喷灌作业（图 7.1-5），满足草坪生长所需水分。

（5）场地排水通风系统

足球场地以表面排水和渗水相结合的方式达到场地排水的目的。表面雨水经泛水坡度向四周排入外侧环沟，而场地渗水至碎石层汇入盲管后直接排入排水主管，汇集到水气分离井后由潜水泵直接排到雨水集水池。

在比赛遇到强降雨时，仅靠场地表面排水和地下渗水速度无法有效排除场地内积水。此时开启通风系统，在场地排风作用下加快地下渗水速度，根据排风量不同，排水速度也不同。通过场地内的排水主管，可将空气打入足球场结构层对草坪根系进行通风，以促进草坪的健康生长和减少草坪的病害发生。草坪地下通风系统由专用草坪通风机房、通风管道、控制系统等组成。

工体草坪系统对标世界杯、欧洲五大联赛专业足球场（图 7.1-6），采用了先进草坪构造：300mm 厚根系混合层、100mm 厚中间层、150mm 厚砾石层。所有原材料按照 USGA 及 ASTM 标

图 7.1-5　工体草坪场地喷灌

图 7.1-6　工体草坪系统

准检测后采购实施。同时配置先进的草坪设备系统，包含草坪自动喷灌系统、地下低温加热系统、地下真空通风排水系统、草坪生长光系统。相关技术在全世界范围内领先，国内应用均为首例或前列，为中国足球产业的发展提供了良好的技术支撑。

7.2 体育场照明系统

体育专用照明灯具有 568 套，布置条件符合 AFC2018 和 FIFA2020 的要求，观众席照明采用多梯次布置，既能保证观众席最小照度不低于 50lx，又能保证高位观众席照明的眩光控制。适度抑制溢出光，而非全部抑制，前 12 排观众席需要对面灯具提供照明。图 7.2-1 为工体项目照明方式示意。

TV 应急转播的照度标准宜为 50%，且主摄像机方向的垂直照度不应低于 750lx。有电视转播要求的观众席前 12 排和主席台面向场地方的平均垂直照度不应低于比赛场地主摄像机方向平均垂直照度的 10%，主席台面的平均水平照度值不宜低于 200lx，观众席的最小水平照度值不宜低于 50lx，安全照明的平均水平照度值不应小于 20lx，场地出口及其通道的疏散照明最小水平照度值不应低于 5lx。

通过对场地照明控制进行分析，可实现场地照明设计的主动控制和被动控制模式。智慧照明控制系统（图 7.2-2）可实现如下功能：

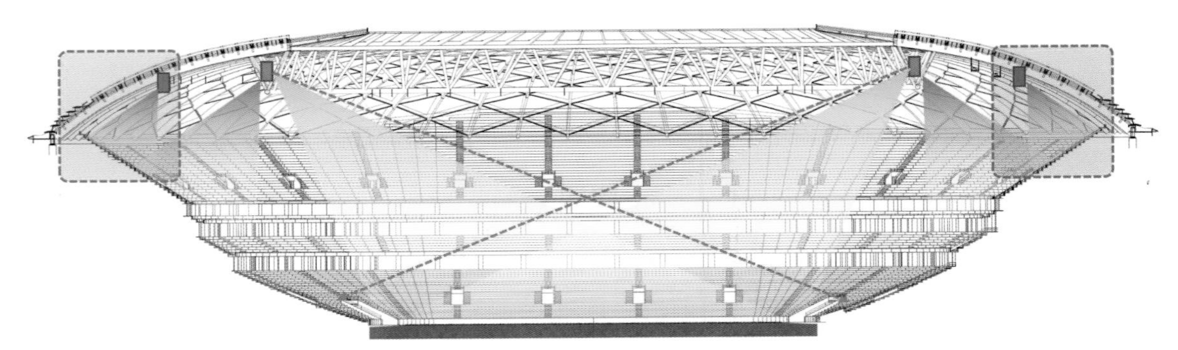

图 7.2-1　工体项目照明方式示意

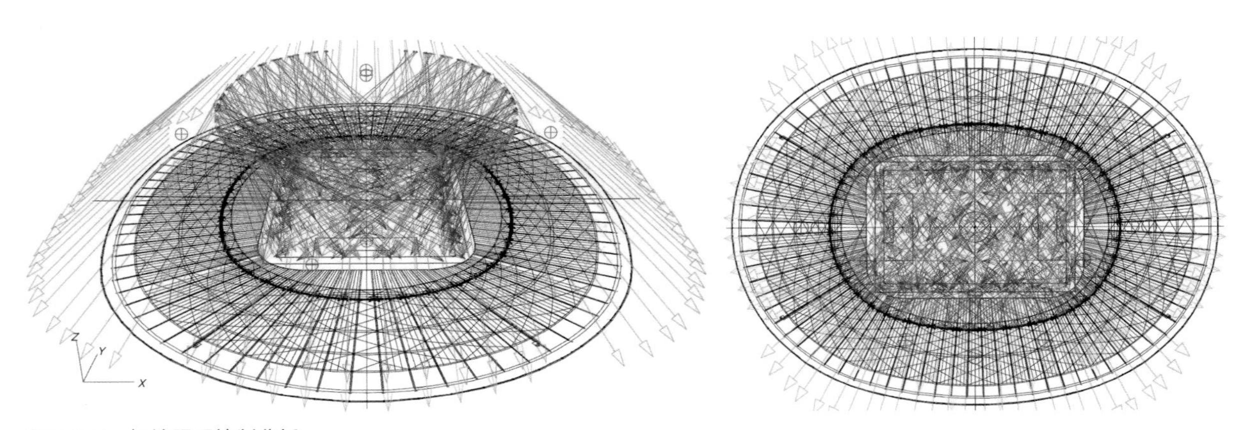

图 7.2-2　场地照明控制分析

（1）照明供电控制、场地照明控制、情景照明控制、舞台灯具控制完全整合在一个大型系统中。场地照明灯具单灯单控，观众席和安全照明分组控制。

（2）控制系统由弱电控制和强电控制组合而成，且使用一个平台实现控制。场地照明采用 DMX512 调光模式，观众席照明采用开关控制模式，整体集中控制。通过照明的智能控制，可实现不同等级赛事的需求，包括 FIFV 级转播比赛、国家标准 V 级高清转播比赛、AFC 体育场照明 1 级比赛转播（可增加模式切换出更多 AFC 模式）、国家标准 V 级彩电转播比赛（可增加模式切换出 IV 级模式）、III 级专业比赛、II 级专业训练、I 级业余训练等。

（3）系统具备硬件隔离功能，可以在重大比赛时，将演绎照明与场地照明隔离，防止误操作和入侵；而在商业比赛时，可以将舞台灯具、氛围、场地照明进行组合编程，完成复杂而又富有激情的现场效果。

（4）系统具备强大的兼容性和可扩展性，在连接外部灯光控制台后，可以将场地灯具、情景灯具、舞台灯具组合成灵活的效果播放硬件，接受灯光师的控制。图 7.2-3、图 7.2-4 为中超比赛和 2023 北京卫视跨年晚会灯光照明效果。

图 7.2-3　中超比赛现场照明效果

图 7.2-4　2023 北京卫视跨年晚会效果

7.3　体育场扩声系统

北京工体足球场场地扩声系统语言清晰度由电声和建声两个部分组成，二者共同作用，缺一不可。任何一部分的缺失都将造成语言清晰度不能满足国家或国际指标要求。老工体只有扩声设计，没有建声设计，本次设计对声学指标进行了优化和完善。扩声系统分为观众席扬声器、场地扬声器、补声扬声器、包厢扬声器和球员通道扬声器。

7.3.1 设计参数标准

体育场扩声系统声学技术指标满足《厅堂、体育场馆扩声系统设计规范》GB/T 28049-2011 中体育场扩声系统声学特性指标一级，具体要求有：

观众区最大声压级：不小于 105dB；

传输频率特性：125 ~ 4000Hz 平均声压为 0dB，在此频带内允许 ±3dB 变化；

传声增益：125 ~ 4000Hz 范围内的平均值不小于 -10dB；

声场不均匀度：中心频率为 1000Hz、4000Hz（1/3 倍频程带宽）时，大部分区域不均匀度不大于 8dB；

观众区域扩声系统语言传输指数 *STIPA*：大于 0.55（满场），大于 0.50（空场）；

扩声系统不产生明显可觉察的噪声干扰（如交流噪声等）。

7.3.2 主要元器件要求

（1）观众席及场地主扩阵列扬声器性能指标。高频：多个中高频压缩驱动单元；低频：不少于 14 英寸低音单元；频率响应：55 ~ 18kHz；灵敏度：不小于 98dB SPL；最大声压级：不小于 135dB SPL；防护等级：不小于 IP55；覆盖角度：可根据扬声器到听声区的距离而改变。

（2）功率放大器应符合以下规定：同时带模拟和数字网络音频输入，可做数模备份；内置 DSP 处理芯片；与扬声器同品牌，内置该扬声器参数曲线。

（3）主备调音台为两台同型号数字调音台，接口数量满足现场使用并有预留。

（4）话筒拾音系统。在场地及主席台设置场地音频插座盒，以满足各种比赛等功能转换的要求。

（5）监测及控制系统。在控制室内系统配有监听耳机及监听音箱，实时监测场外信号；可在控制室通过计算机对功率放大器实时监测和控制。

（6）调音台、处理器、功放及交换机采用双备份。

7.3.3 扩声系统布置

布置 16 组阵列扬声器覆盖整个观众席吊装于马道下或马道附近，绕马道一周面向观众席(图 7.3-1)；布置 4 组阵列扬声器覆盖整个场地吊装于马道下或马道附近，东西马道各两组面向场地；北看台作为主场球迷区增加扬声器数量提高本区域声压级；主席台及评论席上方扬声器分成两组控制，可根据主席台及评论席需求独立调整音量大小；在 VIP 包厢前沿布置一圈不小于 5 寸单元扬声器，作为本区域眺台遮挡的坐席区的主扩直达声的补声；在每个 VIP 包厢内配置吸顶或壁挂扬声器，使包厢内也可听到现场主扬声器声音且能独立调整音量大小；在球员入场通道内配置吸顶或壁挂扬声器，使球员在入场前能听到主扩声音或特殊的指令声音。

扩声控制室与功放机房间留有 12 芯单模光纤，扩声控制室与功放机房之间组成数字音频网络。光纤网络中所有光纤均一用一备。系统只有一次 AD/DA 转换，以防止造成系统延时混乱。图 7.3-2 为声学场地垂直覆盖情况示意。

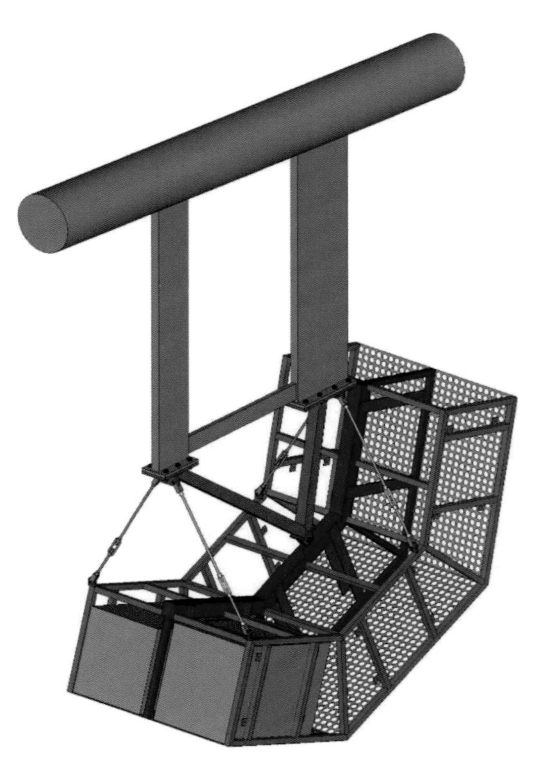

图 7.3-1　音频观众席扬声器布置

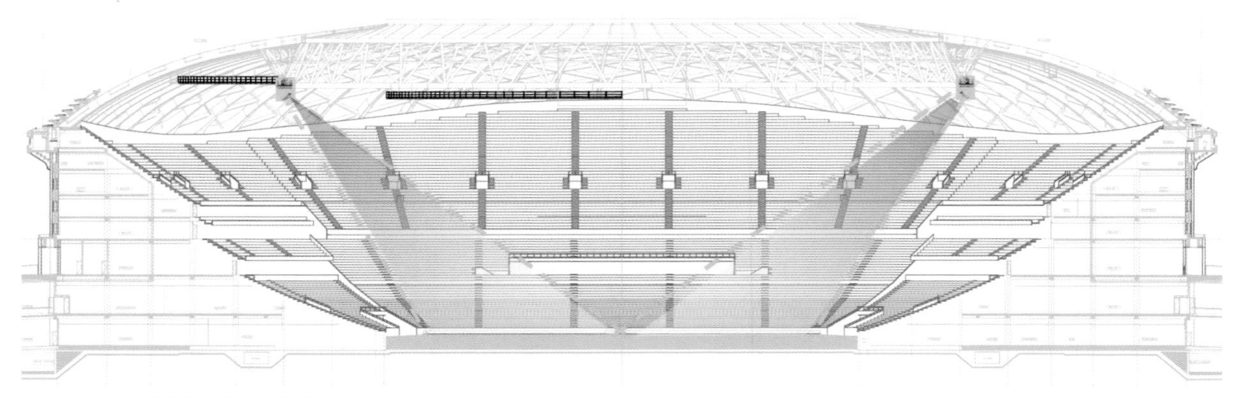

图 7.3-2　声学场地垂直覆盖情况

7.3.4 声学模拟分析

采用 EASE 模拟分析，扩声系统指标满足相关要求（图 7.3-3 ~图 7.3-6）。

扩声系统声压级大、语言清晰度高，架构采用通用性最好、最广泛的 DANTE 网络传输方式，采用标准的局域网交换机系统，通过光纤和网线搭建一个数字光纤传输网络平台。

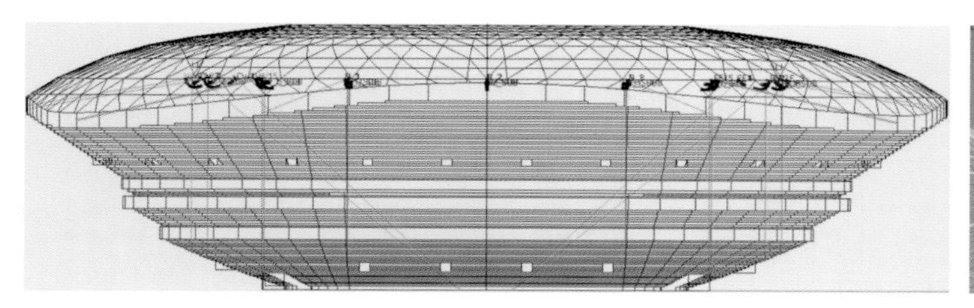

图 7.3-3 分析模型

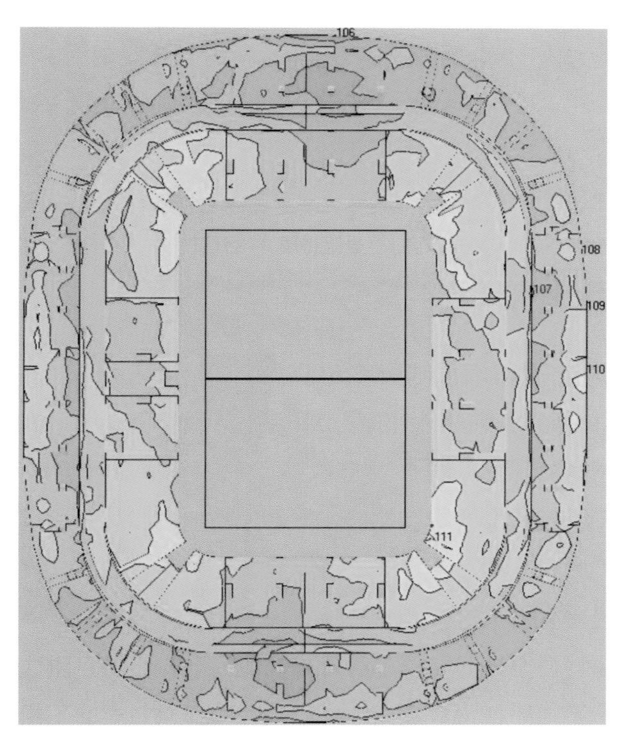

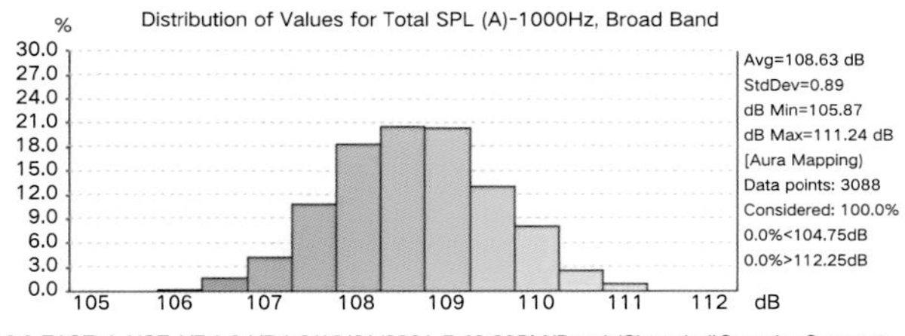

[c] EASE 4.4/GT_V7.1.3 V7.1.3/12/21/2021 7:48:20PM/Bosch(Shanghai)Security Systems Co. Ltd. Hua Mars

图 7.3-4 模拟结果 [声压级大于 108dB（A），不均匀度小于 6dB，频率响应满足标准]

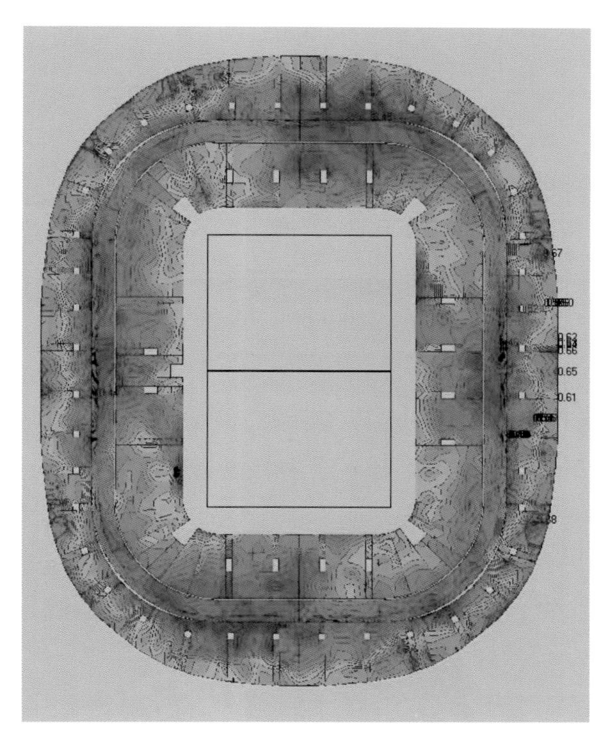

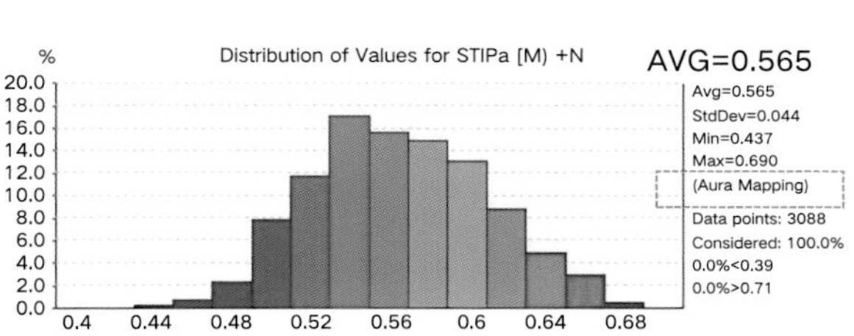

EASE4.4/GT_V7.1.3V7.1.3/12/21/2021 7:43:49PM/Bosch (Shanghai) Security Systems Co. Ltd. Hua Mars

图 7.3-5 模拟结果 *STIPA*: 0.565

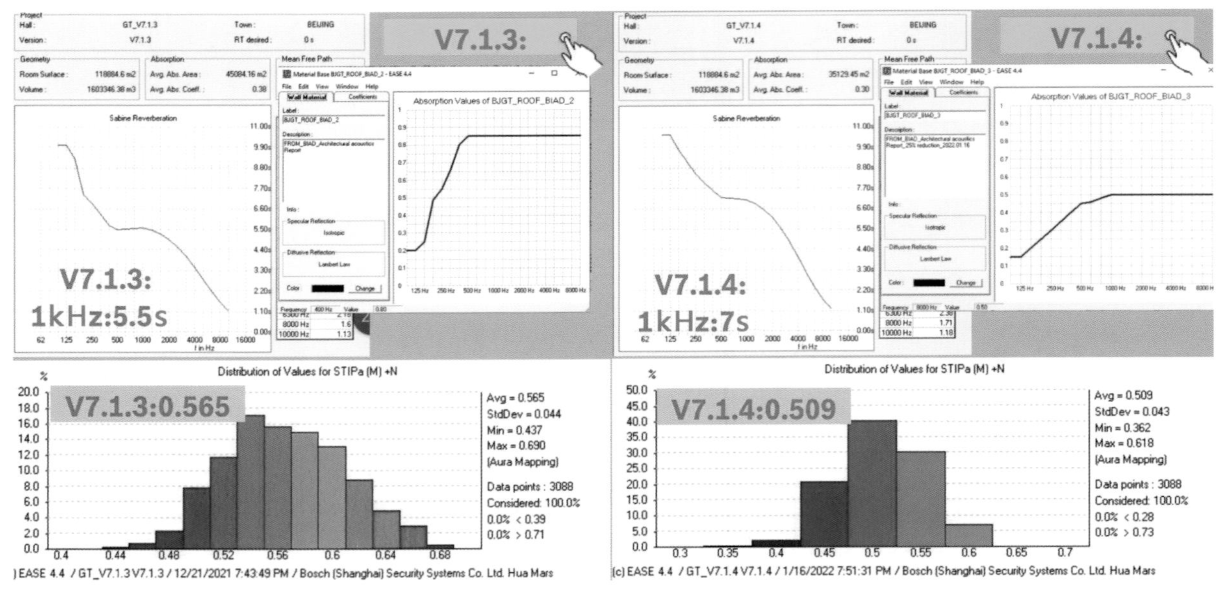

图 7.3-6　吸声系数改变模拟结果

纯数字功放、调音台等所有设备的关键参数都可在工作站中监看监控。系统可高效地传输无损高采样率、低延时、安全的数字音频信号。调音台采用一主一备，有效保障赛时可能出现的突发情况。扬声器选择国际知名品牌演出级别线阵列扬声器，具有全天候防护功能，足以保证扬声器系统在体育场露天环境的防护要求。

7.4　体育场座椅系统

改造复建后的工体座椅总数 64739 位，座椅型号见图 7.4-1，其中：

（1）VVIP 席 YH-9822GS 型 260 位。

（2）包厢席 YH-9311C 型 1570 位。

（3）VIP 席 YK-6523KC/25KC 型 1242 位。

（4）普通观众席 59935 位：

上层看台 YK-6523/25C 型 30006 位；

中层看台 YK-6523/25KC 型 7631 位；

下层看台 YK-6523/25KC（AKC）型 22298 位。

（5）活动看台 TDH1-S-YK-2400 型 1598 位，850 × 1200 走道 66 梯。

（6）无障碍坐席 134 位。

座椅根据人体工程学原理设计，外观设计线条流畅，避免了观众因长时间观看比赛而引起疲劳感。

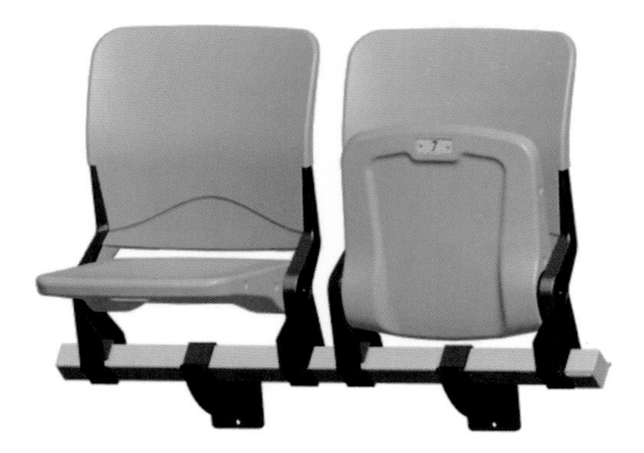

观众席 6523/25KC（AKC）座椅

活动看台 TDH1-S-YK-2400 座椅

VVIP 区 YH-9822GS 座椅

包厢区 YH-9311C 座椅

图 7.4-1　座椅型号

座椅采用先进的气辅工艺注塑制作，安装便捷，采用双扭簧翻放，结构全部隐蔽在支架内部，所有棱角都是圆角过渡，不会对观众造成伤害。

坐席的 C 值（视线升高值）全部在 FIFA 要求的 60 ~ 120mm 之间，极大优化了观众现场观赛的视线。座椅通过了 IS09001：2000 国际质量体系认证、IS014001：2004 国际环境管理体系认证，抗弯强度、抗冲击强度非常高。座椅原料在耐候、阻燃等方面都达到了国际领先水平。座椅使用年限长，废弃座椅粉碎后原料可回收再利用，实现低碳环保。工体座椅完成效果见图 7.4-2。

图 7.4-2　工体座椅完成效果实拍

7.5 体育场环屏、端屏系统

体育场 LED 大屏幕信息显示及控制系统（图 7.5-1），主要显示赛事直播、比赛时间、计分、赞助商广告等。专业的 LED 显示屏，是现代体育与商业经营的完美结合，LED 大屏幕信息显示系统把竞赛信息和体育文化传播给运动员、观众、媒体、贵宾、竞赛管理人员，使组委会在投入最小的前提下得到满意的视觉表现力和信息管理能力，是体育场馆对信息显示及控制系统的规划和设计的根本目标。

图 7.5-1　工体 LED 大屏幕

图 7.5-2　工体环屏

7.5.1　环屏系统

工体环屏分为上环屏、下环屏、北环屏（图 7.5-2），沿观众席环形布置，总长度达到 1032.96m。

7.5.1.1　环屏参数

（1）上层环形 LED 显示屏。产品点间距 P16，箱体排列 372×1，显示屏屏体显示尺寸 476.16m（宽）×0.8m（高），总面积 380.928m^2，整屏分辨率 29760×50。

（2）下层环形 LED 显示屏。产品点间距 P16，箱体排列 350×1，显示屏屏体显示尺寸 448m（宽）×0.8m（高），总面积 358.4m^2，整屏分辨率 28000×50。

（3）北侧单圈 LED 显示屏。产品点间距 P16，箱体排列 85×1，显示屏屏体显示尺寸 108.8m（宽）×0.8m（高），总面积 87.04m^2，整屏分辨率 6800×50。

环屏构造节点和完成效果见图 7.5-3 ~图 7.5-6。

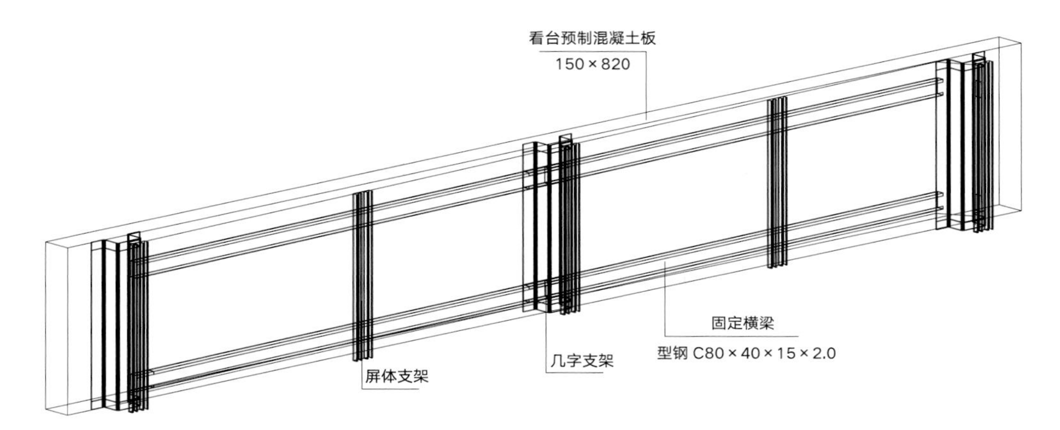

图 7.5-3　环屏典型段结构轴测图

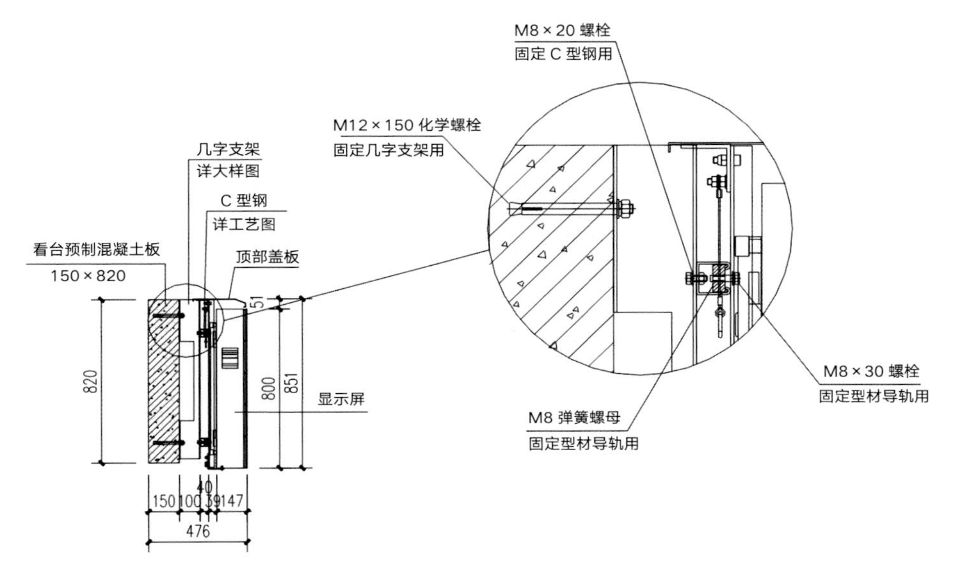

图 7.5-4　环屏典型段结构侧视图

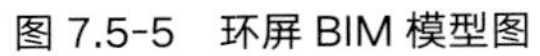
图 7.5-5　环屏 BIM 模型图

图 7.5-6　环屏安装完成图

7.5.1.2 强弱电系统

（1）环屏弱电系统：采用系统双备份的设计方案，设置统一的控制机房，通过光纤与屏体传输信号。环屏信号采用 14 组 10 芯单模光纤线，环屏配电箱控制采用 1 组 10 芯单模光纤线。

（2）环屏强电系统：环屏总功率 579kW。其中，上环屏最大功率 267kW，下环屏最大功率 251kW，北侧单环最大功率 61kW。强电供电系统使用 7 台主配电箱和 15 台分配电箱供电，现场实施将动力线缆从变电间分别引到 7 台主配电箱上口，再由主配电箱分路出 WDZB1-YJY-4X25+1X16-SR 五芯三相 380V 电缆至分配电箱，分配电箱引出多根 WDZB-BYJ-3×4 三芯两相 220V 电源线至显示屏。

7.5.1.3 环屏系统亮点

环屏系统采用双系统备份设计，保证显示屏安全稳定运行，高亮、高对比度、高刷新率的极致显示技术的应用，既保证优质的现场观看效果，也确保直播显示的丰富精彩，为赛事呈现绚丽多彩的显示效果。同时积极响应国家碳中和政策，进一步推进环保节能理念，显示屏采用行业先进的分路供电技术并标配 PFC 功能电源，降低功耗、节能环保的同时有效减缓 LED 衰减速度，延长显示屏的使用寿命，助力实现“双碳”目标。

显示屏结构采用高防护等级设计，可满足户外全天候使用，保证在任何环境下比赛时都可以精彩显示。屏体秉承安全合规的设计理念，所选元器件均符合 RoHS 环保指令要求。

7.5.2 端屏系统

在体育场罩棚内南北两侧各安装一块 LED 大屏（图 7.5-7），主要用于显示赛事直播、比赛时间、计分、赞助商广告等。

7.5.2.1 端屏参数

南北每块端屏显示面积 12.96m（高）×23.04m（宽）=298.5984m^2/ 块；像素间距 P10，SMD；校正前亮度大于 6500cd/m^2；单显示屏分辨率 2304（列）×1296（行），达到 2K 视频输入。

每块端屏屏体最大功耗 225kW，屏体平均运行功耗约 75kW。控制方式与计算机同步；驱动方式：恒流源驱动。控制距离：光纤通信大于 300m（无中继）配电，每块端屏配置 2 个配电柜进行供电，每台配电柜按 135kW 进行配置及配线。控制电缆：从体育场大屏幕控制机房分别铺设 2 根 32 芯单模光纤到南北端屏。

7.5.2.2 视角分析和钢架计算

端屏水平视角为 160°，垂直视角为 140°，即在这个视角范围内均为可视视角（图 7.5-8 黄色区域）。

从垂直和水平视角分析图看，两端屏之间观众都处于南北端屏最佳视角范围之内，每个端屏背面的观众在对面的 LED 端屏最佳视角范围内。LED 最远观看距离：显示屏高度 ×30=12.96×sin（61°）×30=340m，能够满足端屏背面观众的观看。

图 7.5-7　端屏正面和背面图

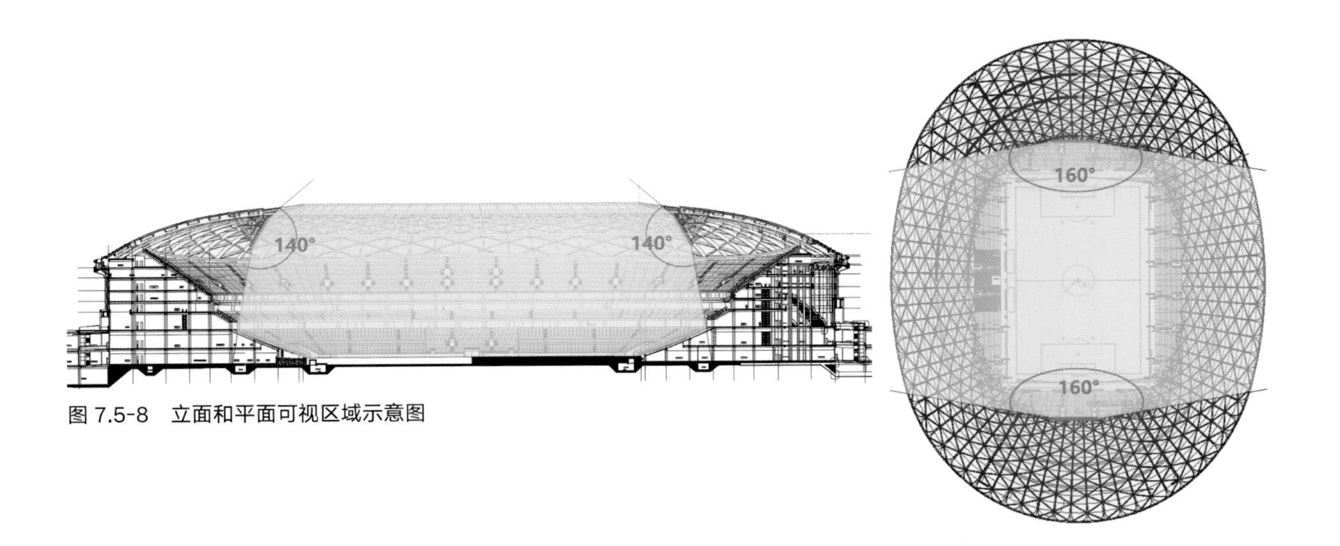

图 7.5-8　立面和平面可视区域示意图

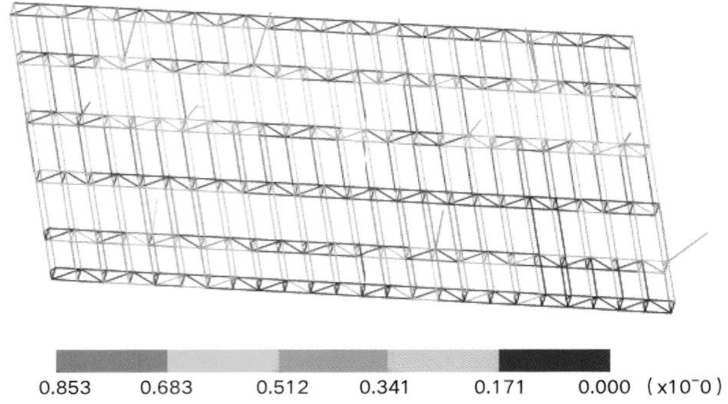

图 7.5-9　显示屏钢架计算结果

图 7.5-10　安装中的端屏和钢架

工体 LED 显示屏钢结构共分为两片，每片重约 19t。利用 3D3S Design 对显示屏钢架结构进行分析计算，确认结构满足要求的同时进行起吊点位分析优化，确保安全施工（图 7.5-9、图 7.5-10）。

7.5.2.3　端屏系统亮点

按照同级别场馆最高标准设计的南北两侧 LED 巨型显示屏，采用集成式消影电路设计，显示屏整体更加轻薄，创新设计的超高对比显示模块，为赛事营造出卓越的视觉效果，届时将作为比赛的信息、全景、特写、慢镜头回放等的载体，南北两侧屏幕相对的显示方式，可以实现整个体育场人群全覆盖的效果，为赛事提供精彩的视觉效果保障。

7.6　体育场智能化系统

体育场智能化系统主要包含：计时记分及成绩处理系统（含竞赛技术统计系统）、售检票系统、电视转播和评论员席布线系统、升旗控制系统、标准时钟系统、现场影像采集及回放系统（VR）、比赛设备集成控制系统（体育展示系统）、视频光学图像跟踪系统（OTS）、区域定位运动生理数据采集系统（LPS）、球门线技术系统（GLT）、视频助理裁判系统（VAR）等（图 7.6-1）。

竞赛技术统计

标准时钟和电视转播

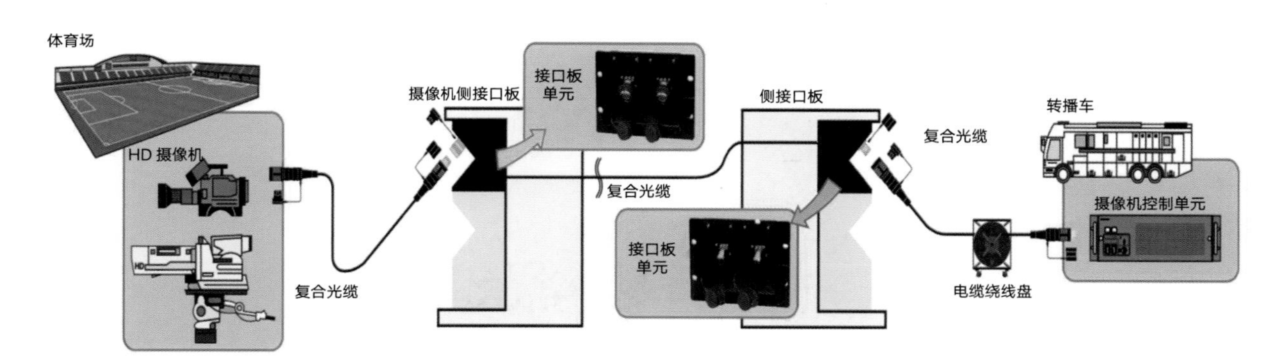

电视转播和评论员席布线系统示意

图 7.6-1　部分体育智能化系统示意

第 8 章　绿色低碳技术应用

8.1　绿色建筑

本项目设计达到北京市绿色建筑二星级，根据北京市《绿色建筑评价标准》DB11/T 825—2015，绿色建筑评价指标体系由节地与室外环境、节能与能源利用、节水与水资源利用、节材与材料资源利用、室内环境质量、施工管理、运营管理 7 类指标组成。本项目具体得分情况见表 8.1-1。

工体项目评分计算表　　表 8.1-1

评价指标		节地与室外环境	节能与能源利用	节水与水资源利用	节材与材料资源利用	室内环境质量
控制项	评定结果 RS	■满足	■满足	■满足	■满足	■满足
评分项	权重 w_i	0.16	0.28	0.18	0.19	0.19
	适用总分	98.00	100.00	90.00	76.00	92.00
	实际得分	56.00	62.00	84.00	42.50	41.00
	得分 Q_i	57.14	62.00	93.33	55.92	44.57
	加权得分 w_iQ_i	9.14	17.36	16.80	10.63	8.47
加分项得分 $Q8$	1					
总得分 ΣQ	63.40 > 60					
绿色建筑等级	□ 一星级　■二星级　□ 三星级					

8.2　海绵城市

海绵城市是指城市能够像海绵一样，在适应环境变化和应对自然灾害等方面具有良好的“弹性”，下雨时吸水、蓄水、渗水、净水，需要时将蓄存的水“释放”并加以利用，提升城市生态系统功能和减少城市洪涝灾害的发生。

8.2.1　设计目标及排水标准

根据《海绵城市雨水控制与利用工程设计规范》DB11/ 685-2013 的有关规定，确定本项目的设计目标和排水标准如下：

（1）年径流总量控制率取 80%，设计降雨量为 29.3mm；

（2）室外排水标准：5 年一遇；

（3）下沉广场防洪标准 100 年一遇 24h 降雨量；

（4）径流系数不大于 0.5。

8.2.2 调蓄空间

8.2.2.1 排水分区划分

室外雨水排水总平面图和分区图见图 8.2-1。

排水分区一是北广场，北广场中间高，两侧低，因此北广场分为东西两个排水分区。由于北侧市政道路只有 DN300 市政雨水接口，不能满足排水要求，因此西排水分区通过排水沟经二期排至南侧人工湖；东排水分区则通过排水沟排至了地下 4 号雨水调蓄池，雨水池设排水泵，错峰排放。

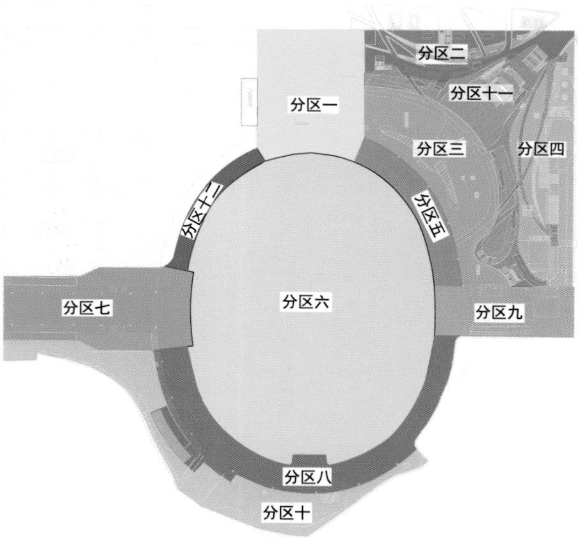

排水分区二主要为绿地和道路，直排至北侧市政路雨水管网。

排水分区三雨水排至 5 号地下雨水池，地下雨水池有效容积 208m^3。

排水分区四主要为绿地，直排至东侧市政雨水管网。

图 8.2-1 排水分区图

排水分区五雨水通过排水沟排至南侧湖中进行调蓄。

排水分区六为球场和屋面。屋面通过管网形式将雨水排至南侧湖中，球场雨水通过水泵提升将雨水排至南侧湖中。

排水分区七为西广场，雨水通过排水沟排至南侧湖中进行调蓄。

排水分区八雨水经过植被缓冲带后直接进湖。

排水分区九为东广场，雨水通过排水沟排至东侧市政雨水管网。

排水分区十为近湖植被缓冲带，雨水直接入湖。

排水分区十一为下沉广场区域，雨水则直接进入防洪调蓄池进行调蓄，设计标准按 100 年一遇 24h 降雨量计算，1 号、2 号、3 号和 4 号调蓄池有效容积分别为 900m^3、950m^3、2300m^3 和 1287m^3，错峰排放至市政雨水管网。

排水分区十二为西北区域与二期相邻区域，该地块雨水排至二期雨水管网，最终排至南侧湖中。

8.2.2.2 下凹绿地和透水铺装

绿地面积为 4601m^2（实土绿地），下凹绿地面积为 3720m^2，下凹绿地率为 80%，大于 50%，满足要求。下凹绿地位于靠近湖边的实土绿地内。

项目广场等区域均为承载路面，不可做透水铺装，仅在人行园路区域做透水铺装，可做透水铺装面积为 5000m^2，透水铺装率 100%。

由于本项目雨水调蓄容积较大，远远超过 80% 的年径流总量控制率目标，因此在 5 年 2h 降雨条件下，除直排区域外，其他区域排水流量为 0。

8.2.2.3 雨水利用

根据项目实际情况，下沉广场收集雨水可就地用于室外绿化灌溉、场地冲洗，多余雨水可用于南侧水系补水。1 号、4 号水池设雨水处理回用设备，用于室外绿化灌溉和场地浇洒。1 号、2 号、4 号水池有效容积分别为 900m^3、950m^3 和 1287m^3，总容积为 3137m^3。

日用水量计算，见表 8.2-1。

日用水量表　　表 8.2-1

用水项目	面积 /m^2	用水定额 /（L/m^2 · d）	日用水量 /m^3
绿地灌溉	10378	2	20.8
场地冲洗	52611	2	105.2
总计			126 < 3137

一次最高日用水量为 126m^3，因此三个水池充满可满足约 25 次的日最大用水量灌溉和冲洗需求。雨水处理回收利用采用在线一体式雨水处理设备，雨水处理采用“石英砂过滤器 + 紫外线消毒器”的处理工艺。回用水质符合现行国家标准《城市污水再生利用 城市杂用水水质》GB/T 18920—2020 的要求。

8.3 节能减碳分析

本节以改造前的工体能耗数据为基础，对比分析了体育场改造前后的能效提升情况和节能减碳效果，梳理了各技术改造措施对功能品质提升和碳减排效果的影响。

8.3.1 改造前后用能需求对比

8.3.1.1 用热对比

改造前后用热需求对比如表 8.3-1 所示。由于改造后建筑面积扩大、功能升级，总用热需求较改造前较大，年用热量达到改造前的 3 倍余。但是相比改造前，改造后单位供暖面积用热需求降低，主要原因是围护结构性能改善，保温效果提升带来的效益。

改造前后用热需求对比　表 8.3-1

具体数据统计	改造前	改造后
用热需求峰值 /kW	2516	13981
年用热量 /GJ	7587	23537
供暖季平均用热需求 /kW	596	2023
单位供暖面积用热需求峰值 /（W/m^2）	126	107
单位供暖面积年用热量 /（MJ/m^2）	379	181

8.3.1.2 用电对比

（1）全年电耗分析

建筑改造前后总体用电量及各分项用电量如图 8.3-1 所示，改造前全年用电量为 235 万 kWh，改造后全年用电量为 809 万 kWh；改造后照明插座电耗达到改造前的 4 倍，空调电耗达到改造前的 2 倍，动力电耗达到改造前的 4 倍，工艺电耗相差不大。在各用电分项中，照明插座是最主要的耗电分项，其所占比例在改造后显著增大，从 57% 上升到 68%；空调用电为占比第二大的用电分项，其所占比例在改造后显著减小，从 31% 降低到 20%；动力用电占比改造前后均为 10% 左右；工艺用电占比均在 3% 以下。改造前后各功能分区面积比例有所变化，对于建筑的各用电分项的比例结构有所影响。

单位面积体育场各分项用电对比如图 8.3-2 所示，其中照明插座、动力的单位面积电耗为单位建筑面积用电，空调的单位面积电耗为单位空调面积用电。改造前后单位面积照明插座和动力电耗相差不大，分别为 9% 和 6%。

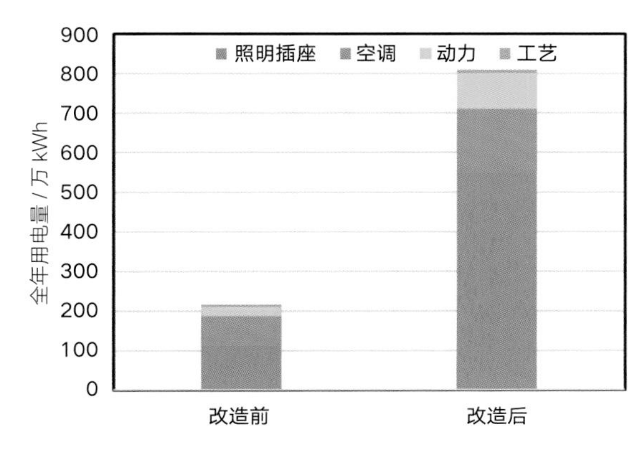

图 8.3-1　改造前后年总用电量对比

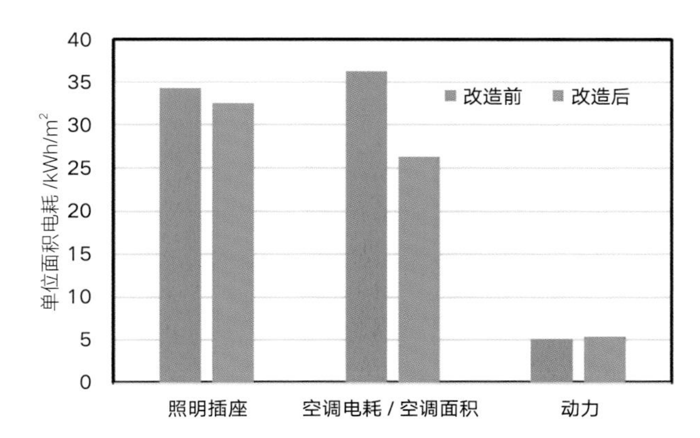

图 8.3-2　改造前后各分项单位面积用电量对比

改造前后体育场单位面积空调电耗对比与原因分析如图 8.3-3 所示，改造后比改造前降低了 27.5%。一方面，改造后的冷机效率比改造前有所提升，从 5.77 的额定 *COP* 提升到了最高 6.31 的额定 *COP*；另一方面，冷机从改造前的定频螺杆式冷机替换为改造后的变频离心式冷机，在部分负荷的工况下具有更好的效率。改造前的冷机 *IPLV* 指标为 6.62，而改造后的冷机 *IPLV* 指标为 8.91；而建筑在非赛时，处于部分负荷的时间较长，部分负荷性能对全年运行性能的影响较大。单位面积空调电耗 5.0% 的能耗降低来自围护结构热物性的改善效果，22.5% 来自设备性能的提升。其中，设备性能的提升主要包括 8.5%*COP* 提升的效果与 14% 部分负荷性能提升的效果。

（2）日电耗分析

选取图 8.3-4 中的湿热日作为典型日气象参数，设定赛事类型为足球比赛，对体育场改造前后典型日单位面积用电量进行对比分析，如图 8.3-5 所示。改造前后在赛时和非赛时下曲线趋势较相似，但单位面积电耗数值有所区别：在赛时，改造前负荷峰值约为 50W/m²，改造后负荷峰值达到 32W/m²，改造后为改造前的 64%；在非赛时，改造前负荷峰值约为 12W/m²，而改造后峰值约为 9W/m²，改造后为改造前的 75%。

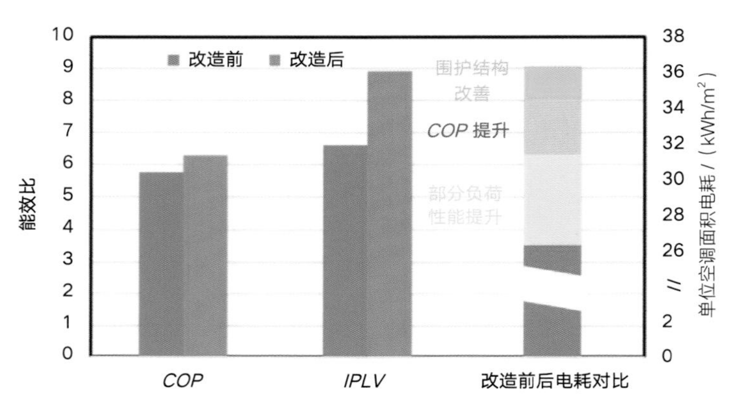

图 8.3-3　改造前后各分项单位面积用电量对比

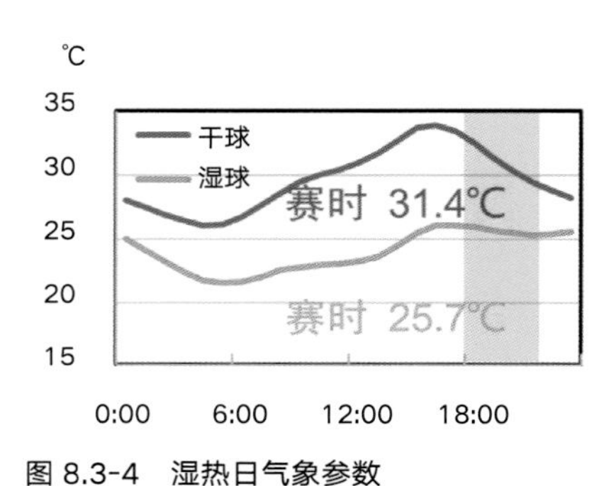

图 8.3-4　湿热日气象参数

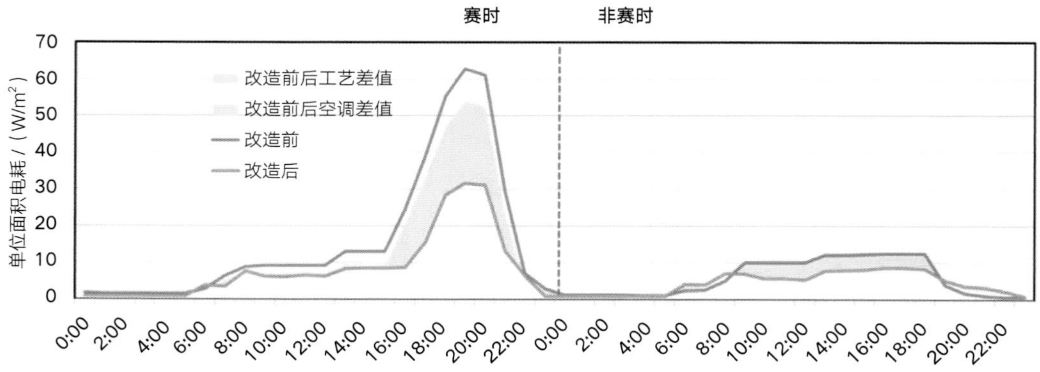

图 8.3-5　改造前后逐时单位面积用电量对比

非赛时典型日各分项单位面积用电量对比如图 8.3-6 所示。图中照明插座与动力项为单位建筑面积电耗，空调项为单位空调面积电耗。改造前照明插座单日电耗为 887kWh/ 万 m^2，改造后为 553kWh/ 万 m^2，降低约 38%；改造前空调能耗单日电耗为 1415kWh/ 万 m^2，改造后为 1216kWh/ 万 m^2，降低约 14%；改造前后动力单日电耗分别为 141kWh/ 万 m^2 和 147kWh/ 万 m^2，增长约 4%。

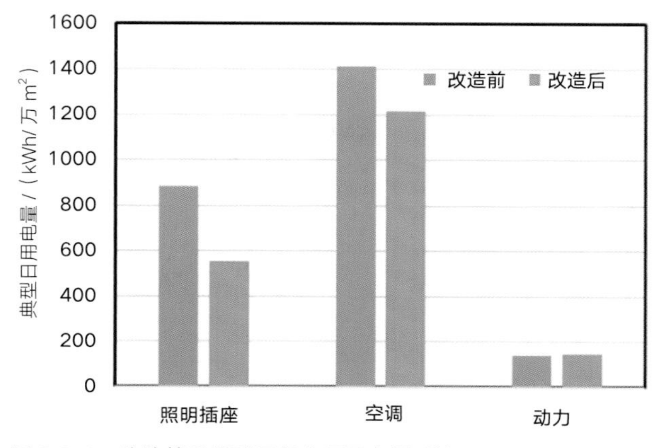

图 8.3-6　改造前后典型日各分项用电量对比

湿热天气典型日，改造后用电曲线如图 8.3-7 所示。赛时和非赛时各用电分项的占比情况如图 8.3-8 所示，其中空调和照明插座均为主要的用电项，占比均在 40% 左右。而改造前的用电分项比例如图 8.3-9 所示，照明插座占比明显高于空调用电比例。

在非赛时，空调单日用电量为 2829kWh，占比 38%；照明插座用电量为 3984kWh，占比 54%；动力单日用电量约占 8%，为 633kWh。而在赛时，空调单日用电量为 5695kWh，占比 39%；照明插座用电量为 6287kWh，占比 43%；动力单日用电量为 844kWh，约占 6%；工艺单日用电量约占 12%，为 1826kWh。

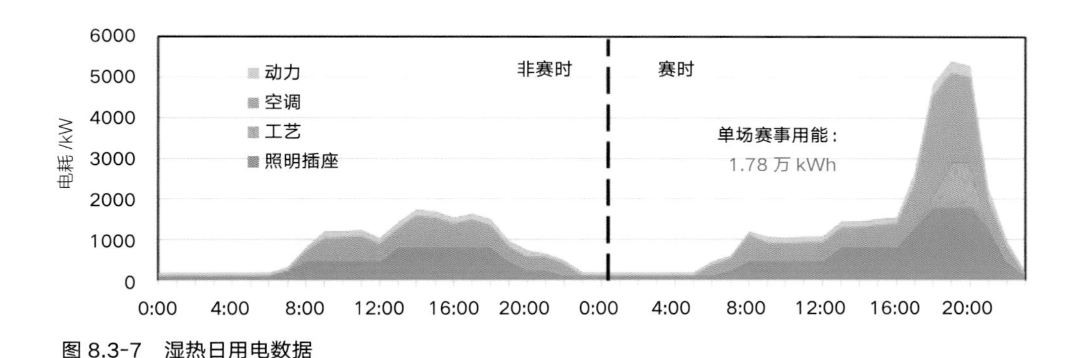

图 8.3-7　湿热日用电数据

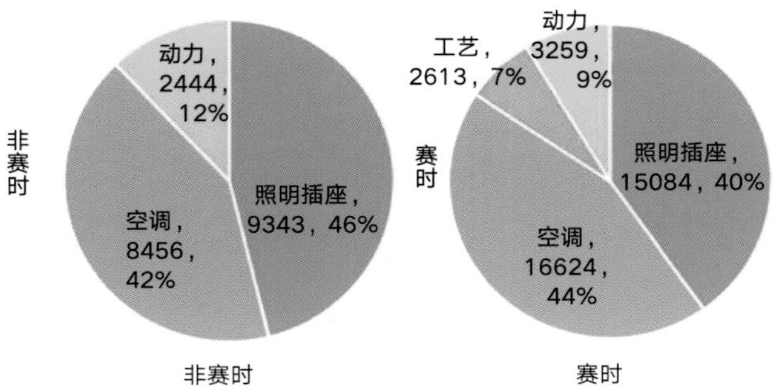

非赛时
动力，2444，12%
空调，8456，42%
照明插座，9343，46%
非赛时
赛时
工艺，2613，7%
动力，3259，9%
照明插座，15084，40%
空调，16624，44%
赛时

图 8.3-8　改造后湿热日用电分项比例 /kWh

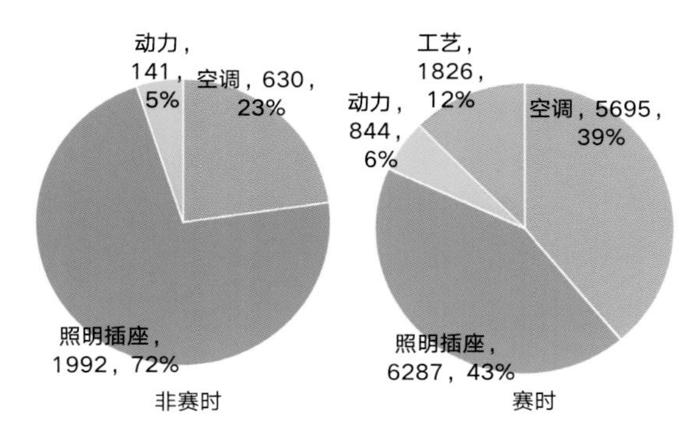

图 8.3-9　改造前典型日各分项用电量对比 /kWh

8.3.2 节能减碳效果分析

民用建筑碳排放包括隐含、直接和间接碳排放。其中，隐含碳排放是建材生产、建造与拆除过程中发生的碳排放；直接碳排放来自建筑内部炊事、生活热水、壁挂炉等的燃气和散煤使用；间接碳排放则是外界输入建筑的电力、热力等使用二次能源所造成的碳排放。由于建造过程中隐含碳排放数据难以收集，本节只考虑直接碳排放和间接碳排放。

8.3.2.1 直接碳排放

建筑内发生的直接碳排放主要由化石燃料的使用造成，主要包括炊事、生活热水等部门使用的燃气、燃煤等。根据《中国建筑节能年度发展研究报告 2020》，在碳中和的情境下，通过建筑电气化和电力部门脱碳，能够减排 4.5 亿 t，占基准情景减排 15 亿 t 的约 30%。因此，降低建筑直接碳排放的关键是建筑电气化。

体育场改造后夏季空调冷源由制冷机房提供，热源采用市政热力供给一次高温热水，无化石燃料等一次能源利用，能源形式主要为电网供电和市政热力，实现了建筑全面电气化，不会产生直接碳排放。

8.3.2.2 间接碳排放

表 8.3-2 汇总了改造前、改造后，以及未来供热、电力系统下的碳排放量总量。由于建筑体量增大和功能升级，虽然改造后体育场碳排放总量增长了 2.2 倍，但是随着系统能效的提升，单位面积用热和用电水平明显降低，单位面积碳排放降低了 14%；在“双碳”背景下，2030 年和 2060 年标志着碳达峰、碳中和的达成年限，是两个重要的时间节点；在未来的供热、电力系统下，热力和电力的碳排放量也会相应减少。预测建筑在 2030 年的背景下，总碳排放量将是当前的 60%，而在 2060 年背景下，总碳排放量将是当前的 30%。改造前后总碳排放量和单位面积碳排放量如图 8.3-10 所示。

碳排放量汇总　　表 8.3-2

时间	热力碳排放（tCO_2）	电力碳排放（tCO_2）	总碳排放（tCO_2）	单位面积碳排放（$kgCO_2/m^2$）
改造前	835（36.9%）	1427（63.1%）	2262	50.4
改造后	2589（35.3%）	4741（64.7%）	7330	43.4
2030 年	1462（32.5%）	3030（67.5%）	4492	26.6
2060 年	1113（59.4%）	761（40.6%）	1874	11.1

体育场减碳潜力分析如图 8.3-11 所示，其中建筑改造和设备升级是建筑内部的减碳举措，占据了总减碳潜力的 25%；依靠未来电力系统的减碳是“双碳”目标下外部带来的减碳效应，分别占据了总减碳潜力的 33.3% 和 30.8%。

体育场改造各因素对碳减排的贡献占比如图 8.3-12 所示。由图可知，减排效果的主要原因在于围护结构热工性能的改善节省了体育场空调、采暖环节的间接碳排放，分别占总减排量的 46% 和 7%；

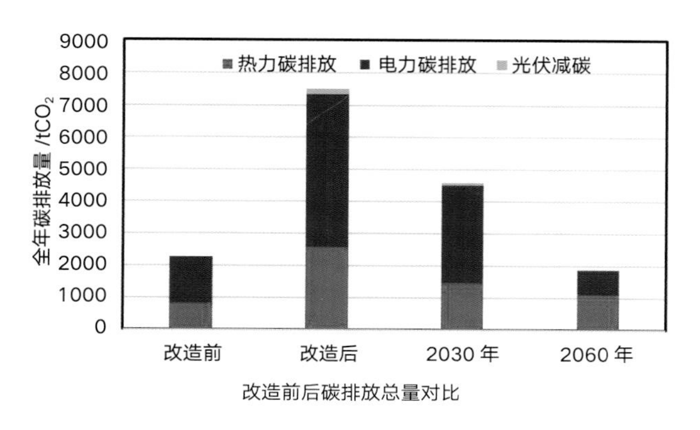

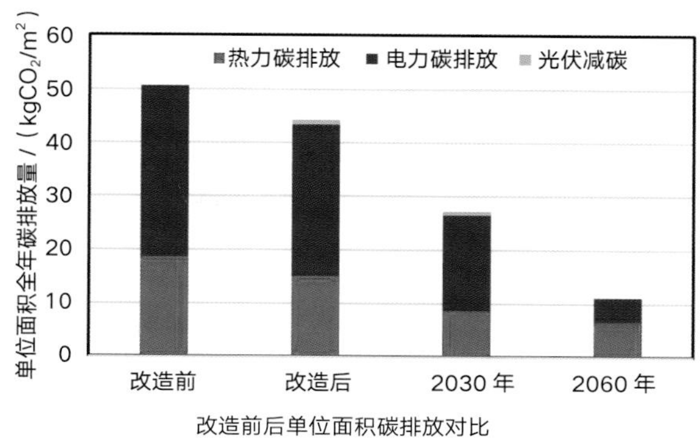

图 8.3-10　改造前后总碳排放量和单位面积碳排放量图

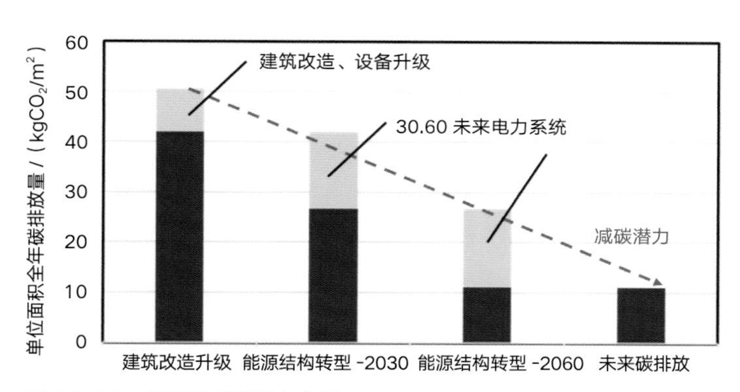

图 8.3-11　体育场减碳潜力分析

光伏发电，0.9，13%
照明设备升级，0.8，11%
减碳效益分析
围护结构升级-供热，3.2，46%
空调设备升级，1.6，23%
围护结构升级-空调，0.5，7%

图 8.3-12　体育场碳减排因素 / ($kgCO_2/m^2$)

设备升级对减碳的贡献包括照明设备和空调设备的升级带来的减碳效益，分别占总减排量的 11% 和 23%。此外，体育场改造后在屋顶罩棚配备了光伏组件，可以减少 147tCO_2/ 年的碳排放量，提供了 13% 的减排潜力。

8.4　节能环保与绿色施工

8.4.1　能源节约与循环利用

施工现场设置雨水收集池，采取有效节水措施。现场配备高效洗车机，与以往的水管冲洗相比，效率更高，用水量更少，而且洗轮机配有水循环系统（图 8.4-1），冲洗用水全部来自基坑开挖降水和雨水。

施工现场大量采用节能型用电设备（图 8.4-2）。生活区采用低压照明，并在生活区内配备充电柜及集中热水供应区，宿舍接入 USB 充电接口。施工临时设施、安全防护等设施定型化、工具化、标准化，方便拆装，可周转使用，节省材料。利用项目部周围市政道路构成环形道路，工人生活区全部采用装配式集装箱房，总包及分包办公室为利旧建筑。

图 8.4-1　循环水洗车

图 8.4-2　太阳能路灯

8.4.2　环境保护

8.4.2.1　扬尘防治

扬尘防治的主要措施有：

（1）安装扬尘在线监测系统，实时监测扬尘（图 8.4-3）。

（2）注重现场文明施工，在施工现场出入口处设置洗车槽和高压冲洗设备，并铺设密目网，运输土方车辆需派专人用苫布密封，做到百分百覆盖。

（3）对工地主要通道进行硬化，材料场地进行平整夯实，并对裸露地面通过种植草皮进行绿化（图 8.4-4）。

图 8.4-3　实时监测

图 8.4-4　现场绿化

图 8.4-5　喷雾降尘图

图 8.4-6　电动清扫车

（4）设置智能化环境监测系统，当监测值超过阈值时，系统自动报警；同时还可以联动自动喷淋设备，实现监测值超标后的自动降尘（图 8.4-5）。

（5）安排专人对现场绿化施工道路及时清扫（图 8.4-6）并定时浇水施用，将路面扬尘降到最低。

8.4.2.2　隔声降噪措施

为降低施工对周边环境的影响，采用 5m 高隔声屏围挡（图 8.4-7、图 8.4-8）。围挡主要由立柱和隔声屏面板构成。每两个立柱间距为 3m，中间安装隔声屏面板，隔声屏材料为超细吸声玻璃棉 40kg/m^3，可降低噪声 15 ~ 20dB。

该围挡在满足降噪、防尘、防火效果的基础上，为提高结构安全储备，考虑 100 年一遇的大风，按 12 级风荷载校核该围挡的承载力及变形性能（图 8.4-9、图 8.4-10）。

图 8.4-7　围挡照片

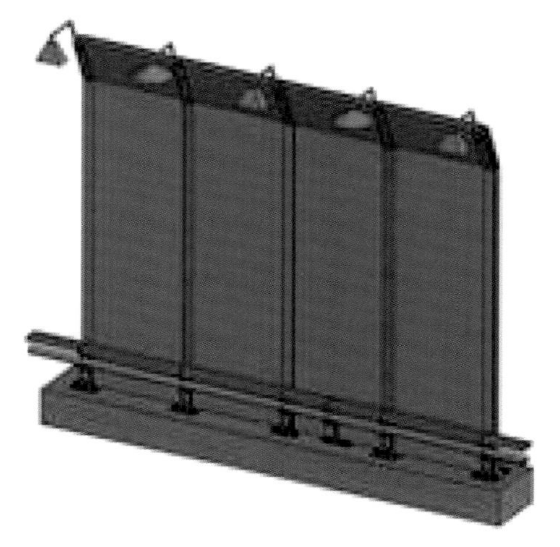

图 8.4-8　一体化隔声屏布置

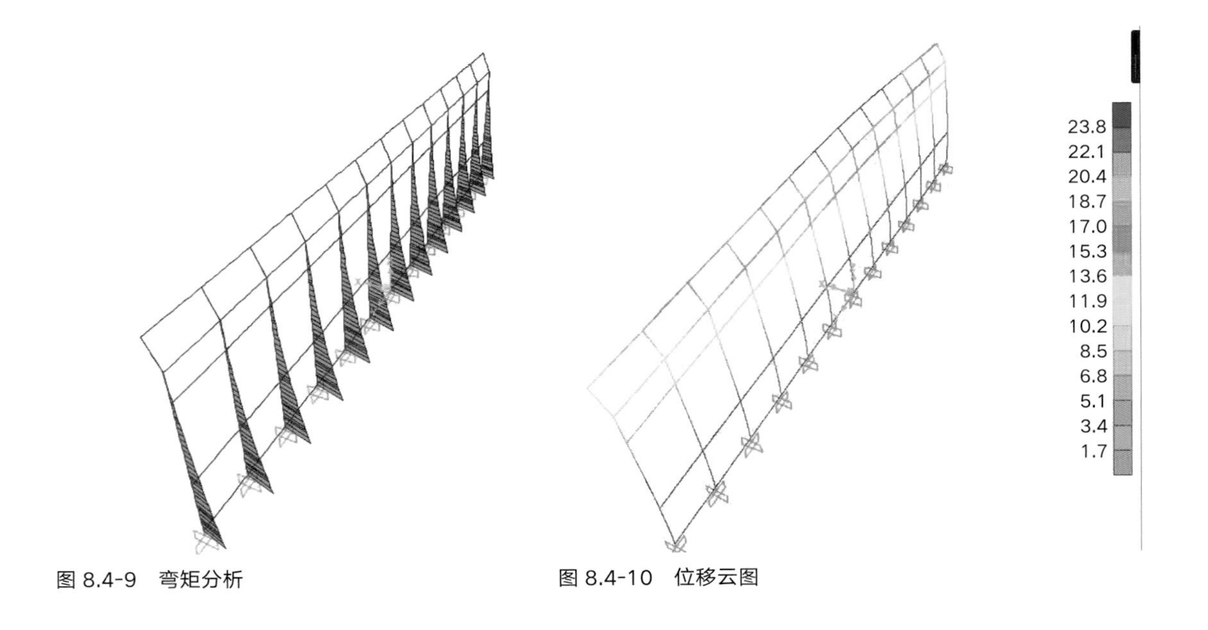

图 8.4-9　弯矩分析

图 8.4-10　位移云图

8.4.3　建筑垃圾零排放及再利用

老工体拆除时利用多项建筑垃圾资源化处置技术，提出基于建筑垃圾零排放的分类处置与再利用技术路线，如图 8.4-11 所示。针对主体结构内大体积的砖砌体部分，对其产出的砖瓦类低含杂垃圾进行

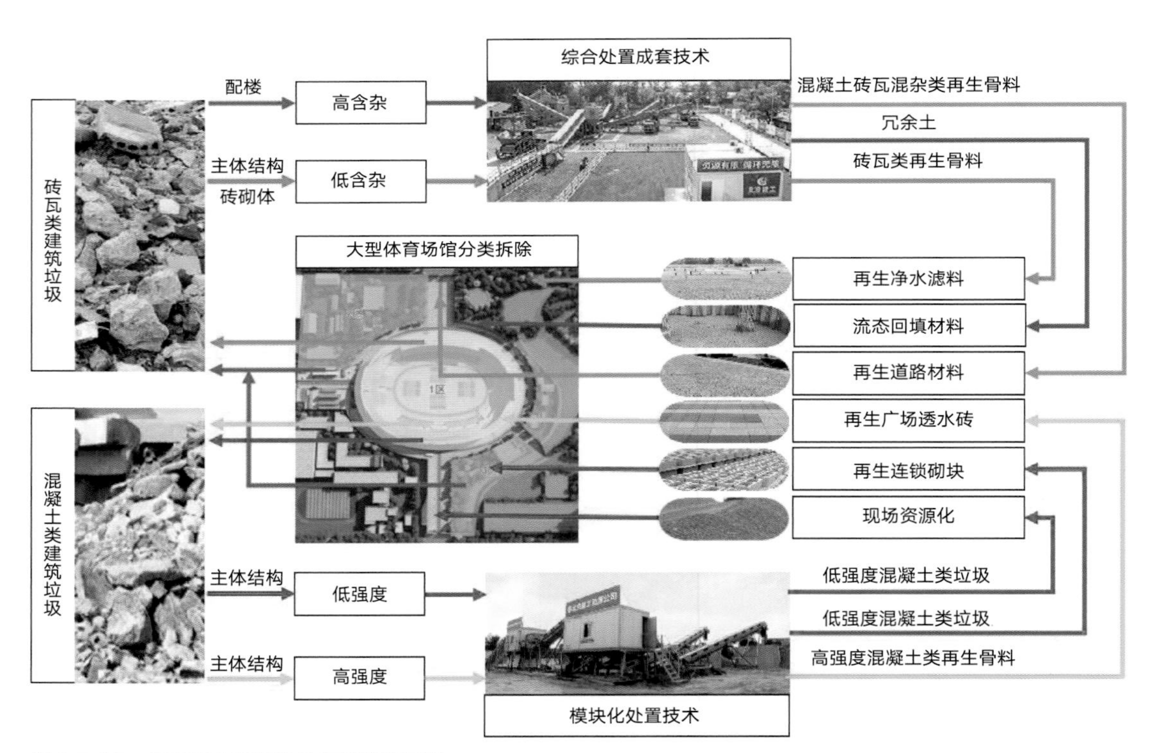

图 8.4-11　北京工人体育场分类拆除路线图

粗分选处置；以满足工期计划和经济性为前提，对框架结构、剪力墙结构等小规模配楼产出的砖瓦类高混杂垃圾进行精分选处置；钢材、玻璃、塑料等其他分类拆除可回收物纳入既有资源化回收体系。通过构建多维度的建筑垃圾分类资源化处置模式，为实现建筑垃圾零排放奠定基础。

8.4.3.1　砖瓦类垃圾精细化分选和功能化利用

老工体拆除过程中产生量较大的是砖瓦类建筑垃圾，其主要成分是废红砖、废混凝土、废砂浆等，难以用于高强度建材产品生产，但经资源化处置后的建筑垃圾会生产各种粒径的再生产品。在大量试验研究的基础上，发展出多种应用途径，如净水滤料、级配再生骨料、再生道路无机混合料、再生水泥制品等。再生产品相较于天然砂石，具有性能相当、成本低等优势，而且响应目前国内环境保护、资源循环利用的政策。

（1）净水滤料

砖瓦类垃圾骨料具有丰富的多孔结构，且孔径大、孔隙率高、开口孔多，表面粗糙比表面积大，富含铁、铝元素及火山灰组分，具有较好的吸附性能。

工体项目实践中，实现了以再生骨料替代传统石灰石、火山岩、沸石等水处理滤料运用于北京工人体育场南侧人工湖水处理中，取得了良好效果（图 8.4-12、图 8.4-13）。采用“载体固化微生物 +

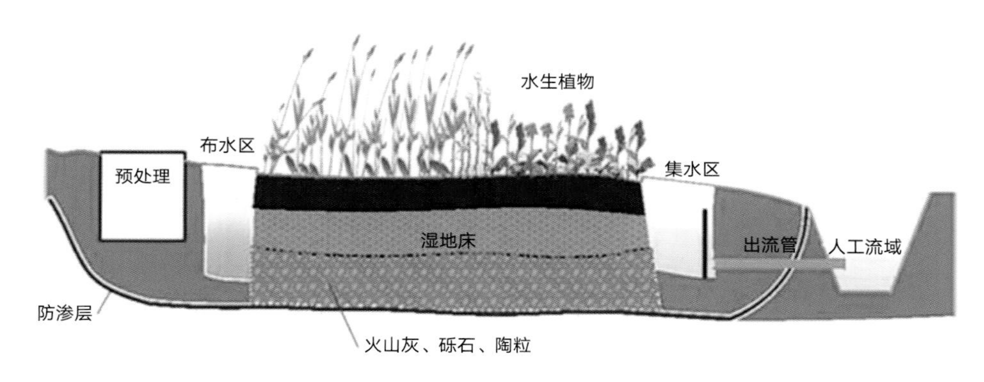

图 8.4-12　人工湿地污水处理系统示意图

图 8.4-13　南侧人工湖工程应用照片

曝气 + 生物坝”的处理工艺，从根本上解决黑臭水体，并确保处理后河道断面水质达标。氨氮去除率超过 60%，总磷去除率达到 68%，CODcr 去除率达到 70%，处理后的河水水质达到地表Ⅳ类标准。

（2）级配再生骨料

资源化处置后再生产品杂质和有机质含量低，稳定性好，具有较好的力学性能，承载力能达到 160kPa，经试验与市场检验证明，级配再生骨料的回填效果明显优于天然素土，可以用于地基或者路基处理，如图 8.4-14 所示。

（3）再生道路无机混合料

资源化处置产品主要用于生产再生道路材料，包括水泥稳定再生无机混合料及石灰粉煤灰稳定再生无机混合料等。再生道路材料具有优良的力学性能、板结性、水稳定性和抗冻性能，可用于城镇道路路面的底基层以及次干路（二级公路）、支路及以下道路的路面基层，如图 8.4-15 所示。

图 8.4-14　级配再生骨料应用

图 8.4-15　再生道路无机混合料应用

8.4.3.2　流态回填材料的技术与利用

在体育场拆除过程中混入建筑垃圾中的部分渣土，以及在建筑垃圾的资源化处置过程中产出的冗余土，其成分复杂、含土量高、杂质含量较高，其应用范围窄、应用价值低，一般仅可在场地回填、堆山造景等工程中得到有限使用。

利用冗余土制备的预拌流态回填材料具有回填强度高、流动性好、施工速度快、抗渗性强等特点，且可满足泵送及狭窄异形空间的自流平、自密实的回填需求，其流动性优于混凝土。工体改造复建使用流态回填材料作为肥槽回填材料（图 8.4-16、图 8.4-17），采用泵送方式施工，由管道输送至地下三层。通过使用流态回填材料作为回填材料，实现快速施工，节约工期近 3 个月。

8.4.3.3　再生混凝土制品的产品开发及生产技术

以建筑垃圾再生骨料为原料生产的再生水泥制品如再生步道砖可用于人行道、广场铺设，再生实心砖可用于非承重墙体填充、砌筑和装饰，再生混凝土空心砌块（图 8.4-18）可用于非承重墙体、围墙、基础砖胎膜等部位。建筑垃圾的就地处理、就地转化和就地利用，不仅实现了建筑垃圾的资源化利用，

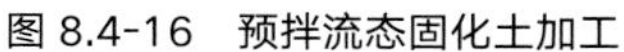

图 8.4-16　预拌流态固化土加工

图 8.4-17　预拌流态固化用于肥槽回填

还减少了建筑垃圾外运所产生的二次污染，大大地节约了运输成本。

北京工人体育场项目自产的建筑垃圾通过“两级破碎 + 多级筛分 + 振动风选 + 磁选”的工艺流程，再生成的骨料杂质含量低、粒形规则、针片状含量低、吸水能力和蓄水能力强，是构建海绵城市的主要原材料。改造后的北京工人体育场项目充分利用其特性，制作成预制构件，主要体现为预制看台板（图 8.4-19）和市政砖（图 8.4-20）。

8.4.3.4　经济效益分析

与传统的建筑垃圾填埋处置和仅少量混凝土类破碎 - 筛分后再利用相比，工体复建基于建筑垃圾“零排放”的分类处置技术可实现全部建筑垃圾的高资源化率回收再利用，可实现经济效益见表 8.4-1、表 8.4-2。

图 8.4-18　再生混凝土空心砌块

图 8.4-19　再生混凝土用于预制看台板

图 8.4-20　透水铺装

再生产品利用收益　表 8.4-1

再生材料	产量 /t	制备再生产品	产量	单位利润 / 元	总利润 / 万元
砖瓦类	2000	净水滤料	0.20 万 t	10.00	2.00
砖瓦混杂类	36199	无机混合料	4.83 万 t	7.67	37.02
高强度混凝土类	5200	透水砖	3.30 万 m^2	4.55	15.00
低强度混凝土类	5600	连锁砌块	0.71 万 m^3	17.25	12.16
冗余土	13538	流态回填材料	1.00 万 m^3	20.00	20.06
小计	62537				86.24

建筑垃圾处置方式效益对比分析　表 8.4-2

建筑垃圾消纳方式	不做分类处置，全部填埋	仅对混凝土类建筑垃圾做分类	建筑垃圾“零排放”分类处置
项目拆除施工产生建筑垃圾的消纳费用	71260t 建筑垃圾，填埋消纳费按 200 元 /t 计，合计需约 1425 万元	其中16800t 混凝土类建筑垃圾按处置费 5 元 /t、运费 20 元 /t 计；其他建筑垃圾填埋消纳费按 200 元 /t 计，合计需约 1131 万元	其中 6000t 混凝土类建筑垃圾做就地处置，处置费按 5 元 /t 计；其他建筑垃圾外运处置，混凝土类处置费 5 元 /t，砖瓦类处置费 45 元 /t，运费均为 20 元 /t，合计需约 384 万元
项目建设回用	—	—	就地处置生产的混凝土类再生骨料可替代外购砂石料用于场地填垫，节约费用约 30 万元
建筑垃圾资源化处置收益	—	16800t 混凝土类建筑垃圾全部生产为再生骨料，利润按 25 元 /t 计，总利润为 42 万元	砖瓦类再生骨料制备净水滤料，目前属于较新技术，利润按 10 元 /t 计；混杂类再生骨料制备道路用再生无机混合料，利润按 10 元 /t 计；高强度混凝土类再生骨料生产透水砖，利润按 30 元 /t 计；低强度混凝土类再生骨料生产连锁砌块，利润按 20 元 /t 计；冗余土用于生产流态回填材料，利润按 15 元 /t 计；合计利润约 85 万元
整体计算经济效益	-1425 万元	-1089 万元	-269 万元

北京工人体育场拆除工程建筑垃圾零排放与再利用技术可实现建筑垃圾的减量化、资源化处置，“变废为宝”，生产的再生骨料可替代或部分替代天然砂石，并用于生产各类再生建材产品。环境效益表现在以下几个方面：

（1）有效改善建筑垃圾堆存、填埋带来的占用土地、污染空气和地下水等问题。

（2）生产的再生材料可替代天然砂石，从而减少了天然砂石料的生产污染，也降低了资源消耗。

（3）生产再生产品应用于工程建设，降低建设中的碳排放。简单估算，每吨建筑垃圾的碳减排量不少于 51.94kgCO_2。

第 9 章　智慧场馆

工体改造项目参建方众多，管理协调难度大，数据平台打通是关键。由于专业性质不同，各专业建模软件也不相同。项目通过构建 BIM 协同管理平台进行资料协同与数据共享。智能化建设贯穿设计、施工、竣工交付和运维整个过程。

9.1　BIM 技术应用

9.1.1　三维场布优化

工程场地狭小，结构边线紧贴用地红线，无闭合环路，地下结构施工期间，可利用场地面积仅占11%。通过 BIM 进行三维场布规划，提前优化布局，规划现场办公区、生活区及临建等的数量及规格（图 9.1-1），充分考虑现场各类用地与工程进度、材料周转之间的协调要求，做到施工现场永临结合，绿色施工。

将三维场布模型与主体结构模型相结合对钢栈桥方案进行优化，确定钢栈桥布设在体育场北侧（图 9.1-2），利用中心场区无地上结构的空间条件，直达体育场中心区，确保材料有效运输，提高施工效率。

9.1.2　土护降全过程 BIM 应用管理

本项目土护降工程施工规模大，复杂程度高，工期紧张，利用 BIM 技术，勘察设计单位自主研发

图 9.1-1　场地布置展示

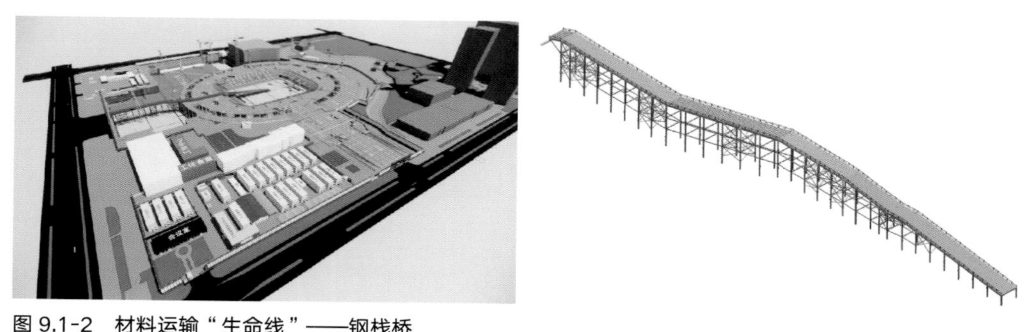

图 9.1-2　材料运输“生命线”——钢栈桥

了一套适合土护降的全过程 BIM 应用管理平台（图 9.1-3），有效解决工程技术难题，提高了生产效率。被评为 2023 年“北京市优秀工程勘察设计成果评价”一等奖。

国内首次针对深基坑工程管理特点开发了“管理驾驶舱”（图 9.1-4），驾驶舱分为 9 大模块进行

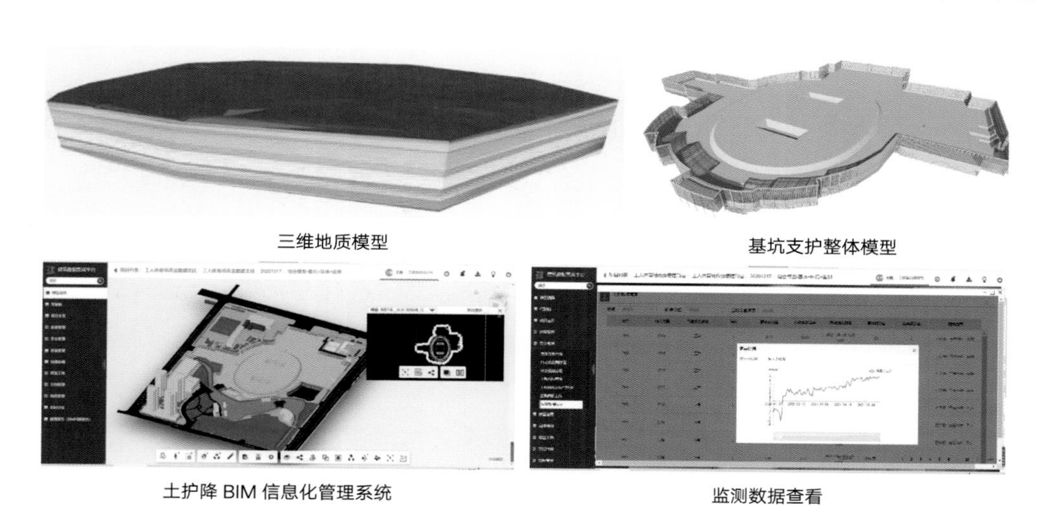

图 9.1-3　土护降的全过程 BIM 应用

图 9.1-4　工体深基坑驾驶舱总体设计

数据展示：效果图预览、宣传视频、文档管理、安全风险管理、监测预警、每日进度跟踪、方案模型、进度模型以及远程视频监控，为工程参建各方管理层及政府监管方提供“一站式”的决策支持。

9.1.3 清水混凝土 BIM 建模及深化设计

本项目整个外立面及室内部分构件采用清水混凝土，部分栏板、楼梯扶手为双曲面弧形清水造型，体量大且形式复杂多变，采用以 BIM 技术为核心的清水建模及深化设计（图 9.1-5），综合考虑清水与幕墙、钢结构、机电连接位置关联关系，确定预留预埋位置，提升精准度。清水混凝土相关技术详见 6.4.1 节。

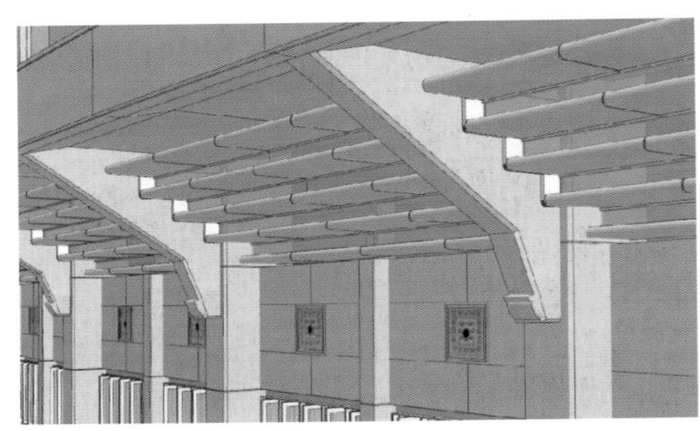

清水挑檐构造

清水门头梁构造

清水楼梯扶手（双曲面）构造

双曲面梁构造

图 9.1-5 清水施工复杂部位展示

9.1.4 预制清水看台板 BIM 综合应用

项目通过协同多专业模型进行预制看台三维综合深化设计，充分考虑相关联的预埋件、预留孔洞、线盒、栏杆埋件，出具预制构件加工图指导工厂加工，并使用 PC 构件信息化管理平台完成构件精细化管理。预制看台深化设计和加工相关技术详见 6.4.2 节。

（1）RFID 卡应用

利用 RFID 制卡技术（图 9.1-6）快速便捷高效地对构件池中的构件进行快速打印制卡并投入生产环节，对构件进行有效管理，为信息化管理平台应用提供了良好的基础。

（2）排产

根据模具所在的生产线与模具可生产的构件型号直接挑选构件进行排产，排产之后生成构件的二维码，即构件的唯一标识（图 9.1-7）。

（3）隐蔽验收

构件隐蔽验收和浇筑，通过上传照片、手机端扫码操作、记录操作人和操作时间，以便电脑端查看数据进行追溯（图 9.1-8）。

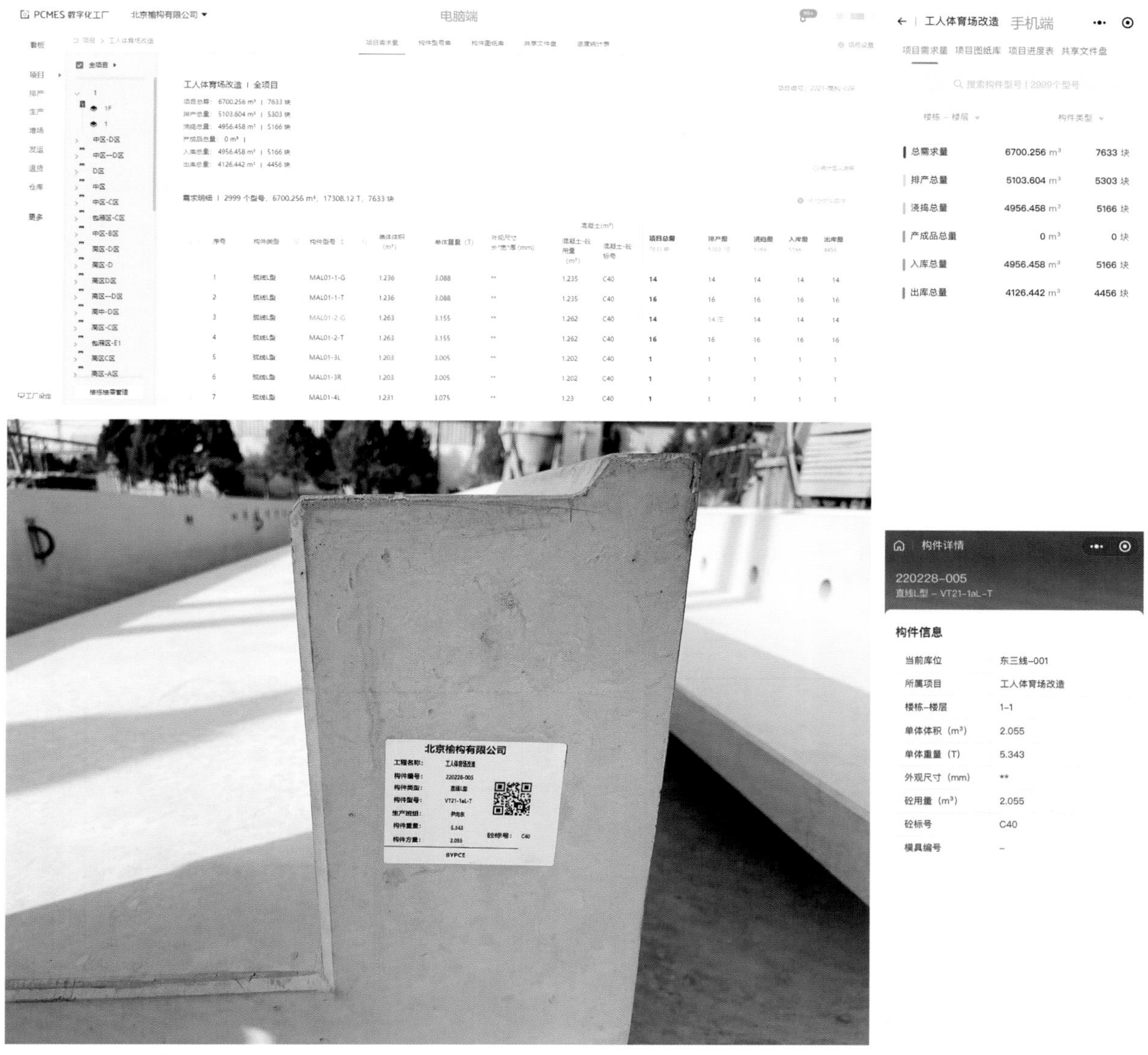

图 9.1-6 RFID 卡应用

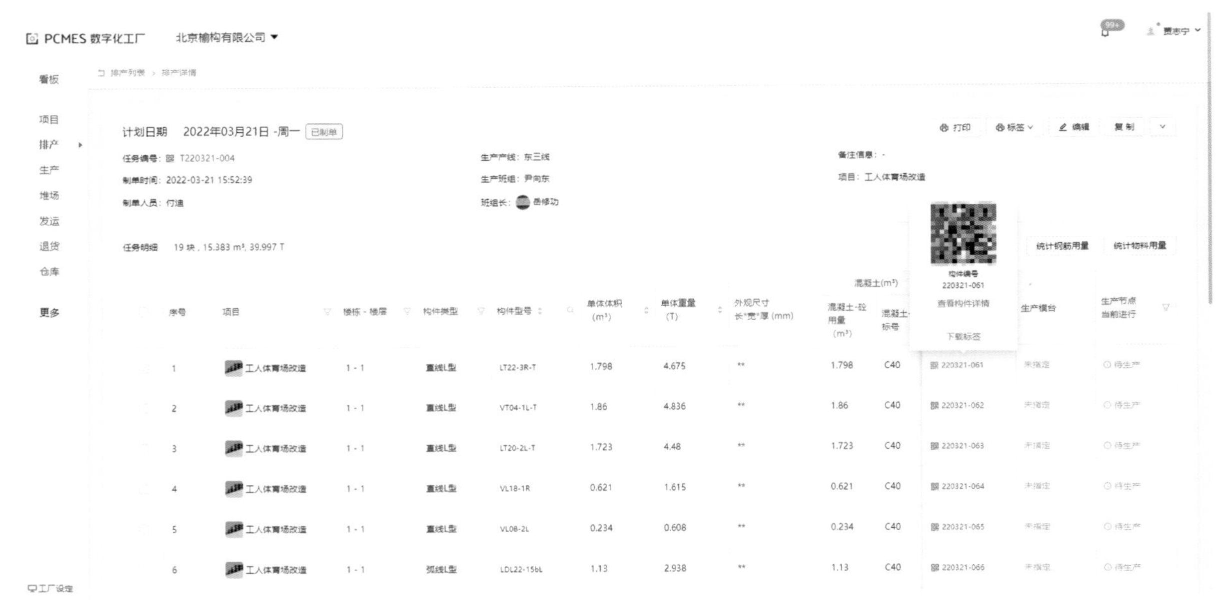

图 9.1-7　数字化排产界面

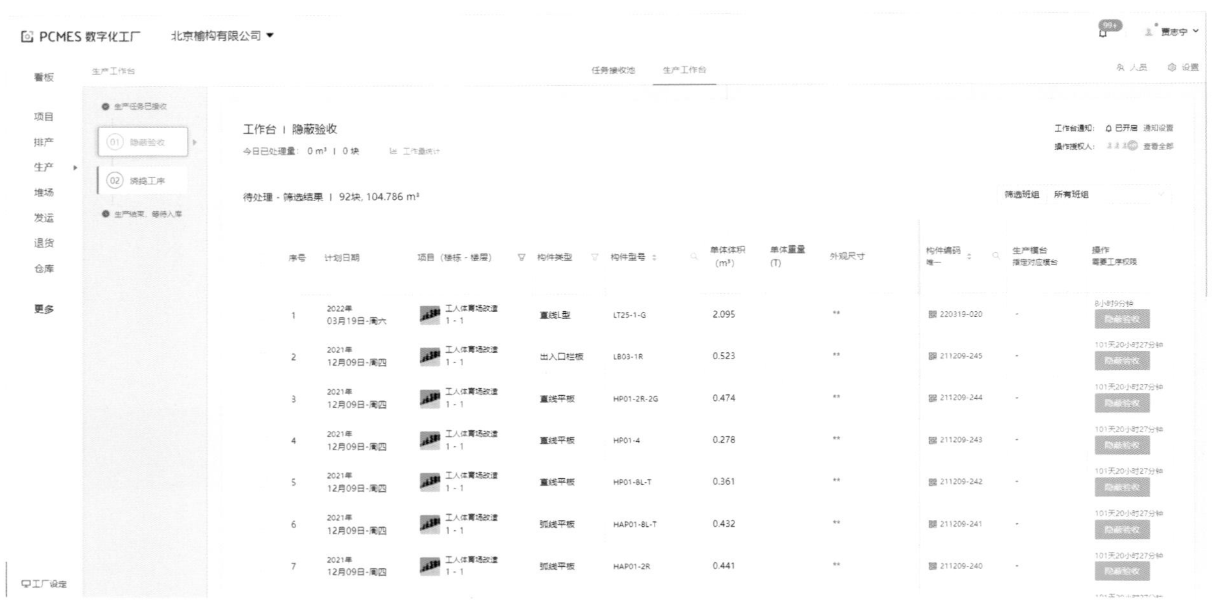

图 9.1-8　数字化验收界面

（4）看板

通过看板查看浇筑数据、产量统计、入库统计、实时库存、发货统计、退货记录等，并导出明细数据（图 9.1-9）。

（5）实时库存

实时对构件库存按项目、库区库位或构件类型占比进行统计（图 9.1-10）。

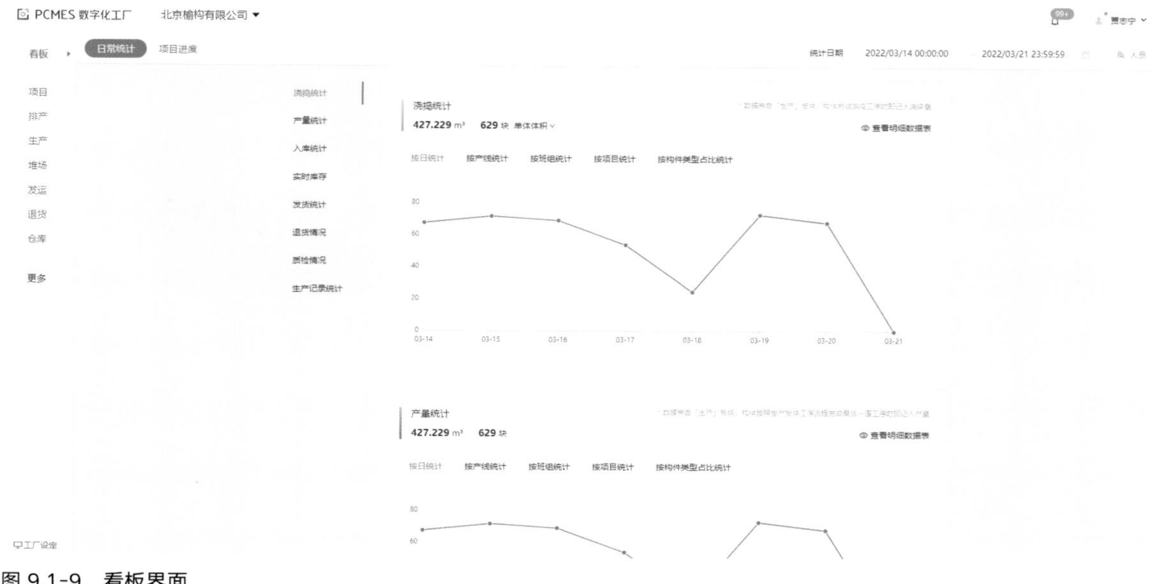

图 9.1-9　看板界面

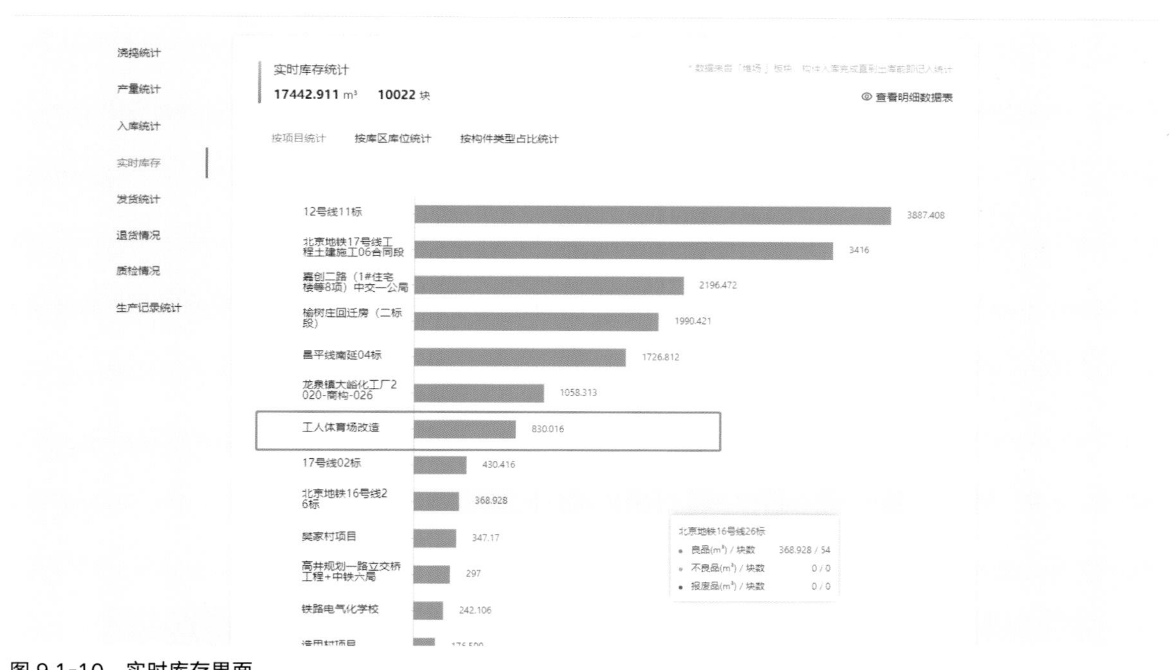

图 9.1-10　实时库存界面

9.1.5　复杂空间优化和机电管线综合

项目整合各专业相关模型，完成机电管综深化设计与出图（图 9.1-11），包括综合管线布置图、支吊架布置图的深化等，解决供水、排水、强弱电、通风、空调系统等各专业间管线、设备的碰撞，为设备及管线预留合理的安装及操作空间，减少占用使用空间，降低重复施工、返工浪费与施工安全问题。

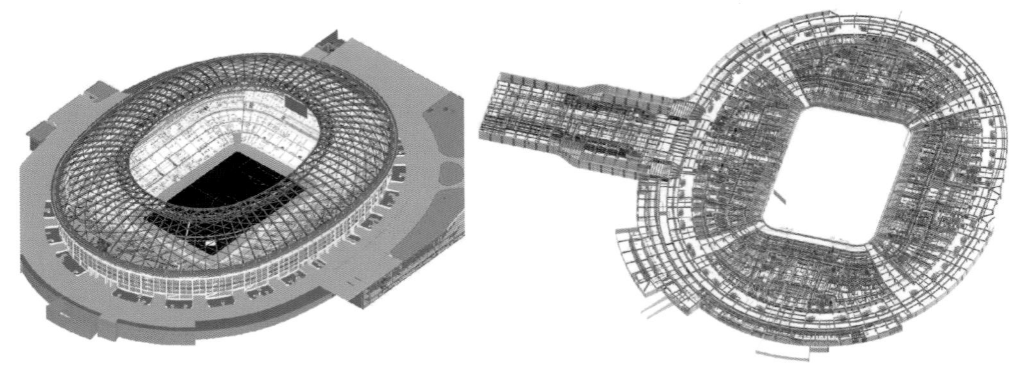

图 9.1-11　管综深化模型

9.1.6　钢结构全过程 BIM 应用

通过钢结构全过程 BIM 应用，对钢结构构件深化设计、加工、运输、安装进行协同管理，建立施工全过程追溯体系，实现钢构智能建造，确保钢结构施工质量。

（1）深化设计

项目将钢结构深化设计前置至设计阶段，使钢结构深化模型与其他专业模型在设计阶段进行碰撞检测、专业协调，并由设计方负责人进行整体校核、审查，提升钢结构深化精度，加快施工进程。深化设计技术详见 6.2.1 节。

（2）sinocam 自动套料

项目采用 sinocam 自动套料系统（图 9.1-12），覆盖本工程的所有零部件，通过电脑自动排版套料，做到钢构件 100% 的数控切割率，节约加工用时。

（3）钢结构协同管理平台

为了确保 BIM 全生命管理周期信息化，项目使用钢结构协同管理平台（图 9.1-13）对钢构件在生产、运输阶段进行管控，实现了信息、资源集约化管理。

图 9.1-12　sinocam 自动套料和数控切割板材

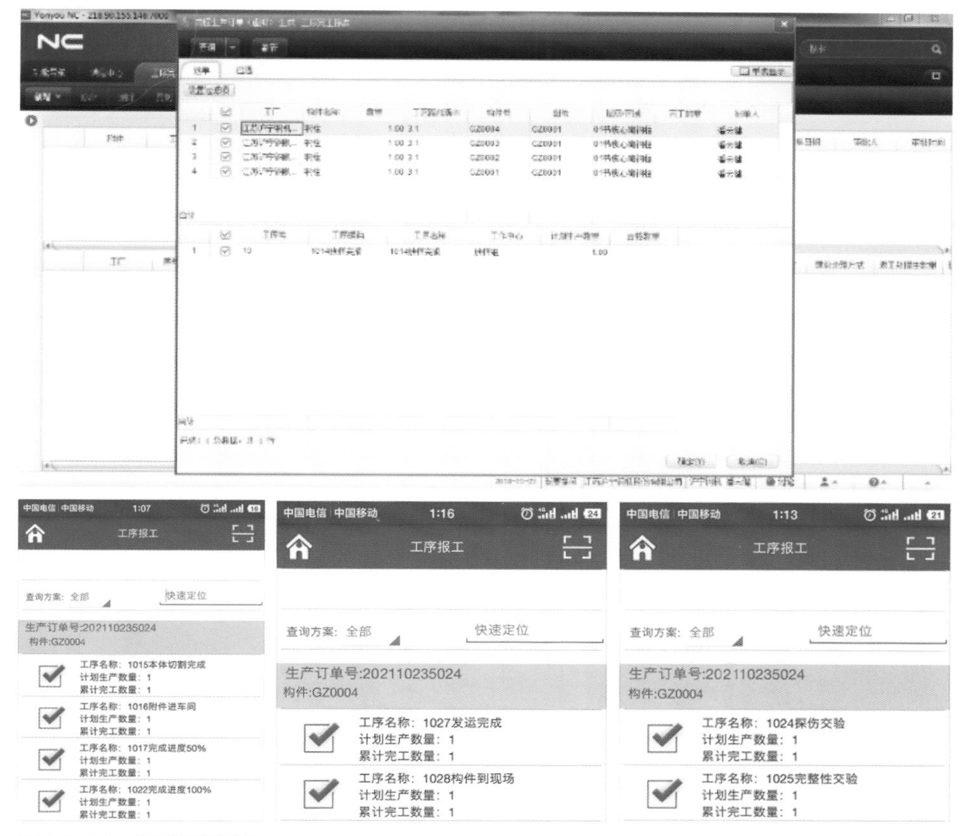

图 9.1-13 协同管理平台

（4）二维码应用管理

为钢构件编制专属二维码（图 9.1-14）并贯穿其全生命周期，使构件材料及样品在仓储和流转过程中可识别、可追溯，防止材料非预期使用，确保产品代表性和真实性，建立构配件全过程追溯体系。

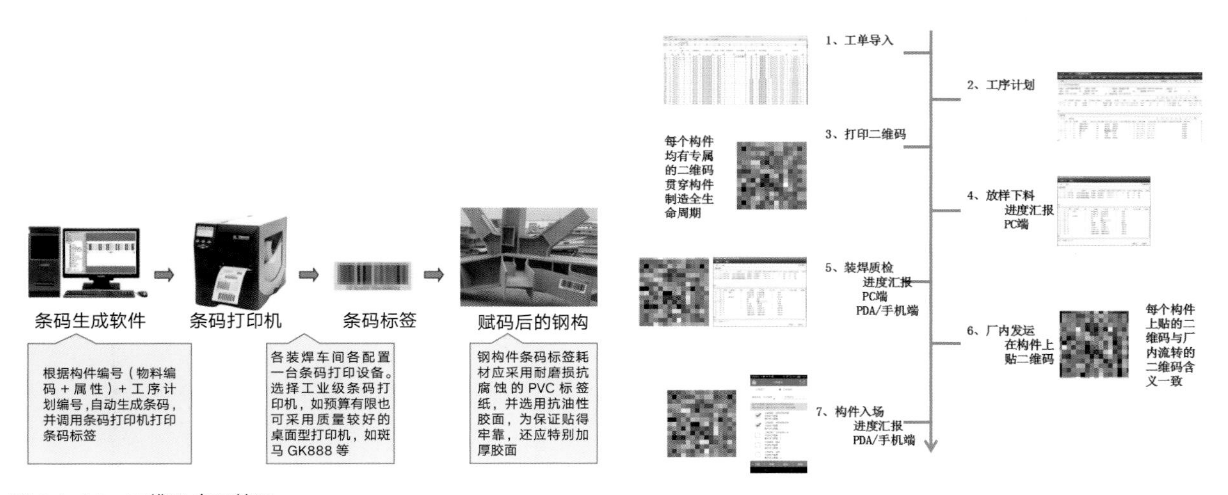

图 9.1-14 二维码应用管理

9.1.7 装配式幕墙 BIM 综合应用

工人体育场屋面幕墙为三交六椀单元式幕墙，造型复杂，涉及材料种类多，工艺烦琐，施工衔接面多，导致幕墙结构的深化、加工及安装难度巨大。

项目以 BIM 技术为核心，通过方案比选优化，确定幕墙形式效果。项目自主研发 Rhino 插件，实现全参数化建模，自动生成明细表、加工数据表，与生产无缝对接。通过先进的 CAM（计算机辅助制造）技术，将模型高精度转化为实际构件，保证产品精度。实现深化—虚拟预拼装—下料—加工全过程 BIM 应用（图 9.1-15），大大提升效率与准确性。超大三角单元幕墙板块制造技术详见 6.3.2 节。

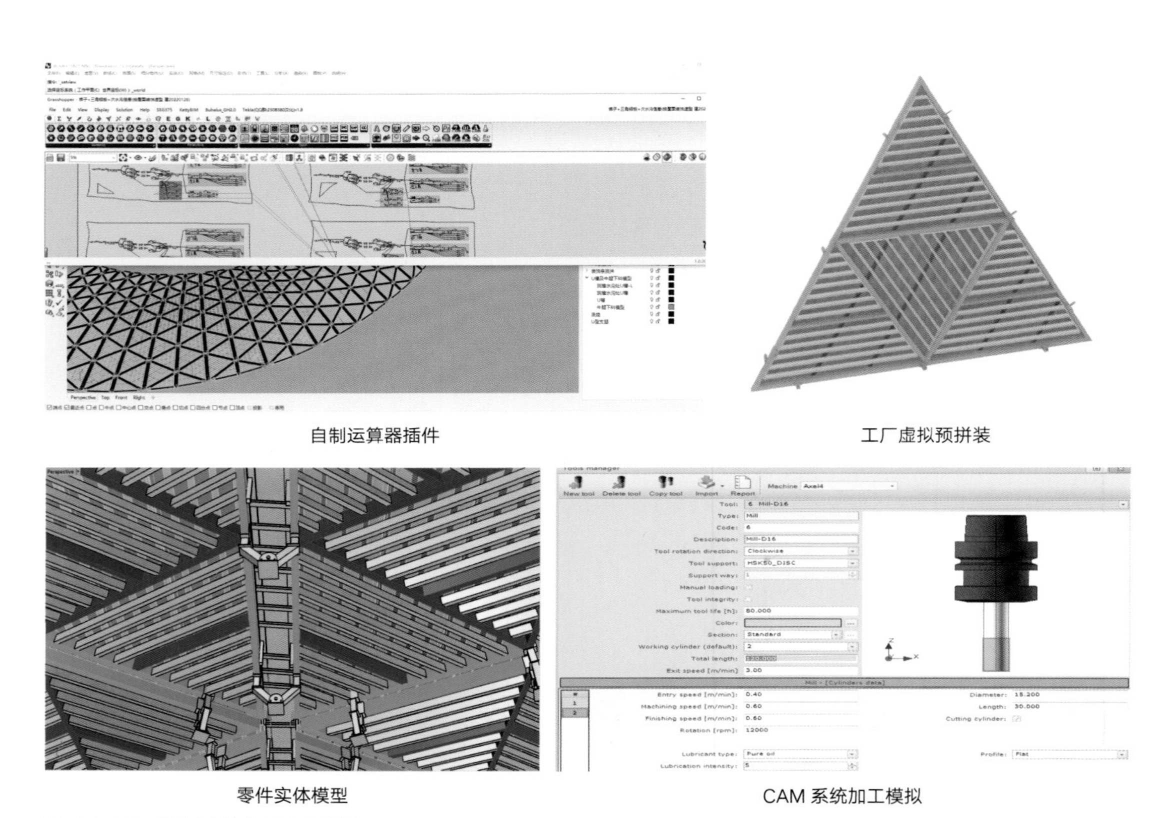

自制运算器插件　　工厂虚拟预拼装

零件实体模型　　CAM 系统加工模拟

图 9.1-15　装配式幕墙 BIM 应用

9.1.8 BIM+AR、VR 应用

项目运用 BIM+AR 可视化技术，对建筑结构及机电管线施工质量进行管理监控，通过 BIM 模型与现场关联，做到现场施工可校核、可管控、可追溯。通过 BIM+AR 技术，可更直观地对现场构件及环

境进行模型复核，在工程进入竣工验收阶段，辅助管理人员进行工程竣工交付验收，实现智能化、可视化的开放式验收过程（图 9.1-16）。

基于 VR 技术与 BIM 模型对接（图 9.1-17），使工程模型和数据实时无缝双向传递，在虚拟场景中对构件进行编辑，通过沉浸式体验，有效提高资源整合能力。

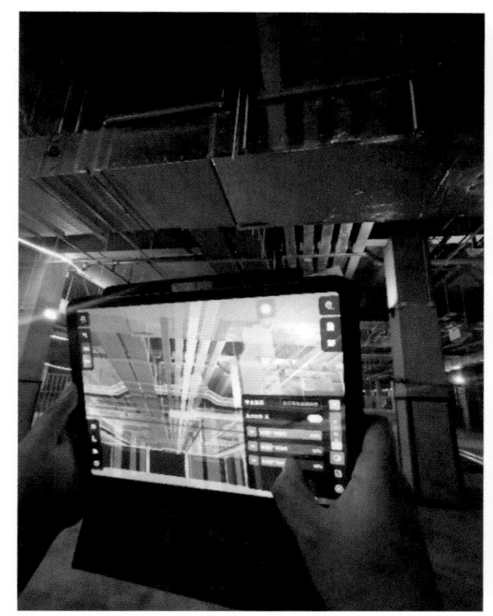

图 9.1-16　BIM+AR 技术验收

图 9.1-17　BIM+VR 三维可视化交底

9.2　智慧平台和 AI 应用

9.2.1　智慧管理平台

根据智慧工地的理念，把现场系统和硬件设备集成到一个统一的平台，将模型、质量、安全、进度、技术、劳务、环境、视频监控、塔式起重机防碰撞系统、党建等数据汇总和建模形成数据中心（图

9.2-1 ~图 9.2-5）。基于平台将各子应用系统的数据统一呈现，形成互联，项目关键指标通过直观的图表形式呈现，智能识别项目风险并预警，问题追根溯源，帮助项目实现数字化、系统化、智能化，为项目管理团队打造一个智能化“战地指挥中心”，大大提高了沟通效率和数据共享能力，为项目施工决策提供综合全面、及时、有效的数据支撑。

图 9.2-1　智慧管理平台

图 9.2-2　安全数据分析

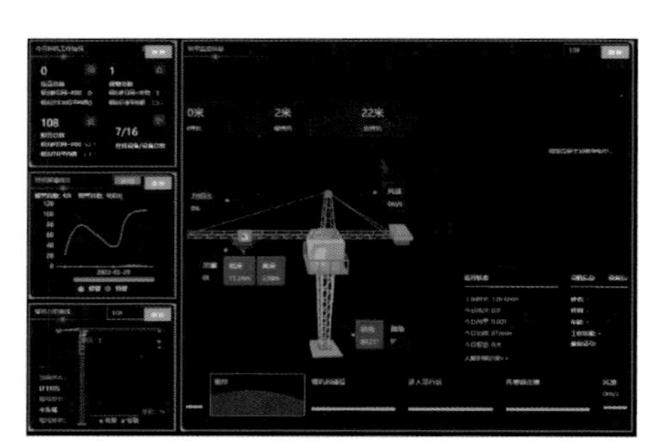

图 9.2-3　塔式起重机智能监控

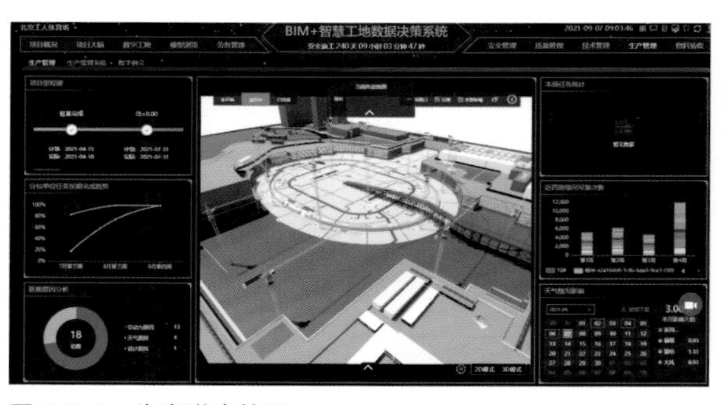

图 9.2-4　生产进度管理

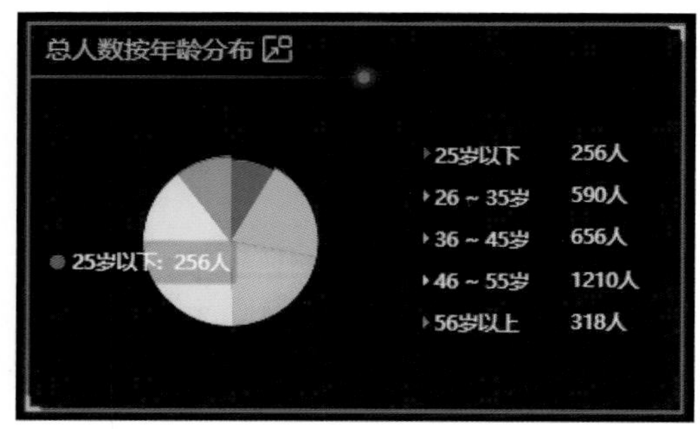

图 9.2-5　劳务管理

9.2.2 人工智能的应用

项目运用人工智能、计算机视觉等 AI 技术，可通过手机 APP 来快速识别钢筋数量（图 9.2-6），进行可视化监管。运用神经网络、机器学习与深度学习等技术，根据现场复杂环境自动优化算法不断提高准确性，保证钢筋验收效果，同时可与智能物料验收系统结合使用，通过称重、点数交叉验证，提升效率、堵塞漏洞、规避风险。

图 9.2-6 AI 点筋技术

9.3 智慧展厅和智慧运维

9.3.1 智慧展厅

项目搭建智慧展厅（图 9.3-1），以数字沙盘、三维动画、虚拟仿真、多媒体互动、实景模拟等多种高科技技术相互交融，包括现场无人化管理模块、AI 监控模块、5G 智慧场馆等内容，将项目的数字智慧化应用通过智能展厅完美呈现。

9.3.2 智慧运维

新工体致力打造北京工人体育场智慧运维系统，实现数字孪生，围绕以建筑为本、数字化赋能、后续服务行业延展为特点进行建设，实现建设阶段与运维阶段的有机结合，保证信息流畅通无阻，支撑后续各阶段的具体应用。

图 9.3-1　智慧展厅

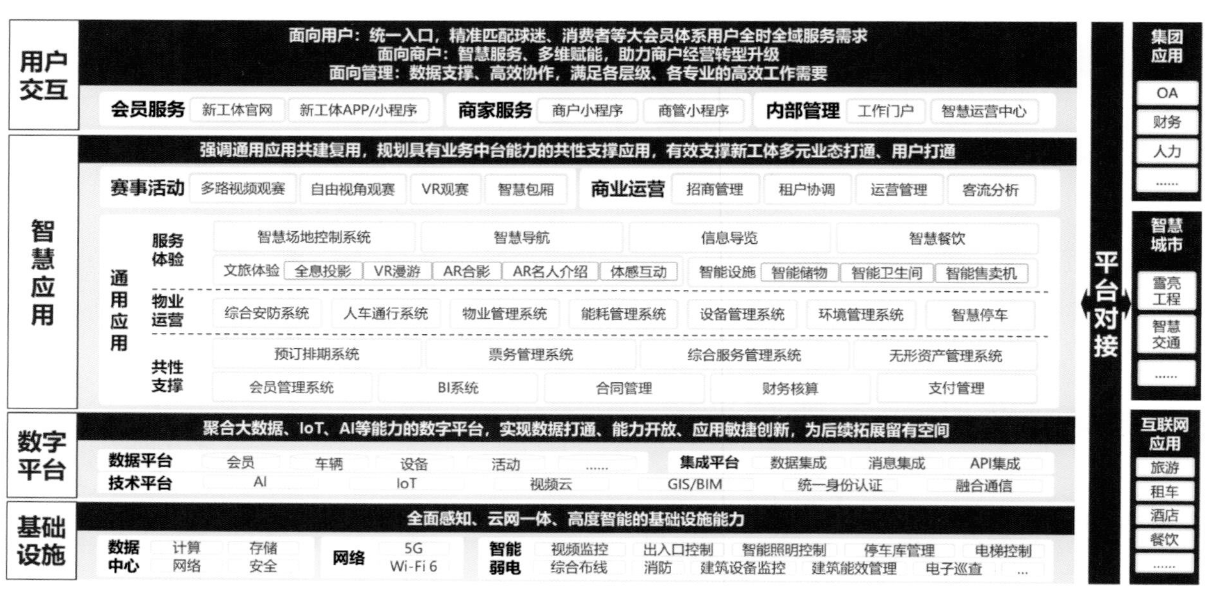

图 9.3-2　智慧工体总体架构

智慧工体平台包括用户交互、智慧应用、数字平台和基础设施（图 9.3-2）。以全面感知、云网一体的基础设施为基础，以聚合大数据、IoT、AI 等能力的数字平台为支撑，全面赋能具有业务中台能力的共性支撑应用，实现各类业务功能的集成、数据共享及各类系统运营流程的统筹管理，保障与集团应用、智慧城市、各类互联网应用等第三方系统开放对接的能力。

项目公司成立专门的运营部门，建设新工体数字孪生的融合运营指挥中心，实现对新工体体育场馆综合态势、智能设备、视频安防、指挥调度、融合通信、事件处置、赛事保障等系统的集成接入与调度，为后续各种赛事及重大活动提供保障。

第 10 章　结构健康监测技术

北京工人体育场改造复建作为北京市重点投资项目，体量大、投资多。对于如何保障服役期的结构安全需求很高，因此，建立北京工人体育场结构健康监测系统具有十分重要的意义。

10.1　监测系统设计总体思路

工体结构健康监测系统的施工过程监测系统采用自动化数据采集系统和人工断点采集系统相结合的方式，运营阶段采用云平台全自动监测系统，通过与数值模拟模型对比分析获取结构全过程安全状况分析与评定，为结构相应处置方法提供意见与建议。监测原理示意图如图 10.1-1 所示。

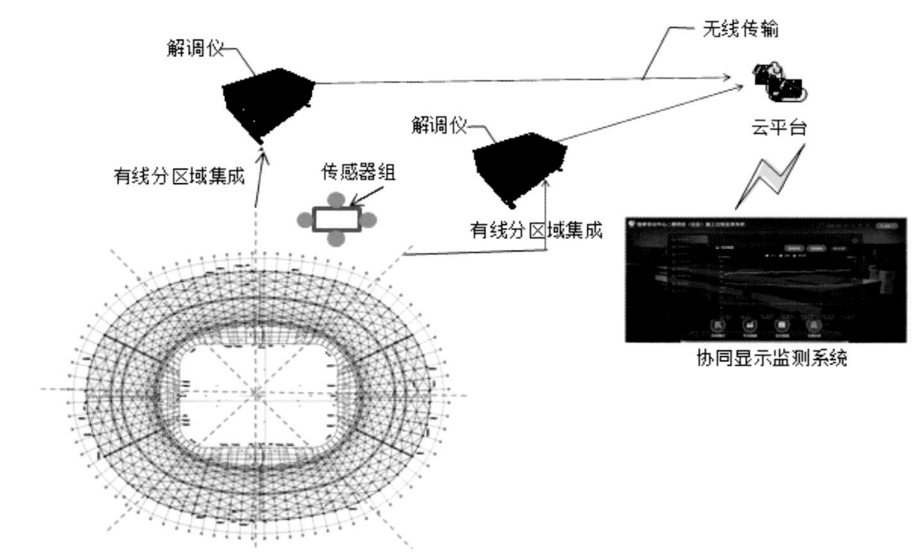

图 10.1-1　工体健康监测系统原理示意图

10.2　“铁杆”球迷看台检测

“铁杆”球迷看台结构梁最大悬挑长度 8m，且此区域赛时人员密集，有节奏的同步运动容易与看台结构产生共振，故在悬挑混凝土结构的根部进行应力监测。

选取看台薄弱点位布设 3 个传感器，每轴 3 个应力传感器，共计布置 3 轴，3×3=9 个应力应变监测点（图 10.2-1）。

在每个混凝土梁跨中布设 1 个应力传感器，在混凝土梁底跨中布设应力传感器，共计布设 7 个应力应变传感器。

综上，球迷俱乐部看台混凝土结构共计 16 个应力应变监测点位。现场检测设备布置见图 10.2-2。

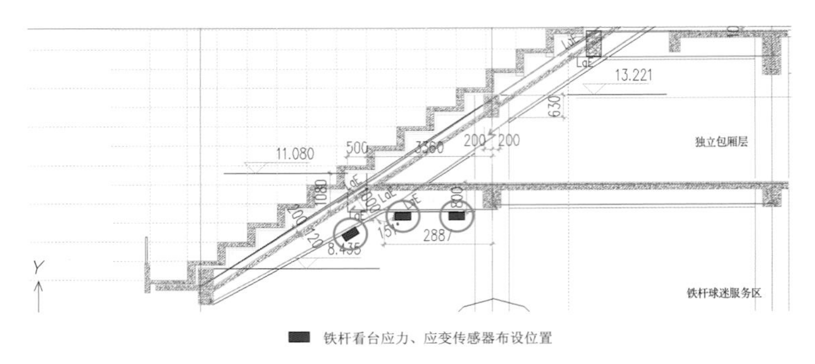

图 10.2-1 “铁杆”球迷看台剖面布设点位示意

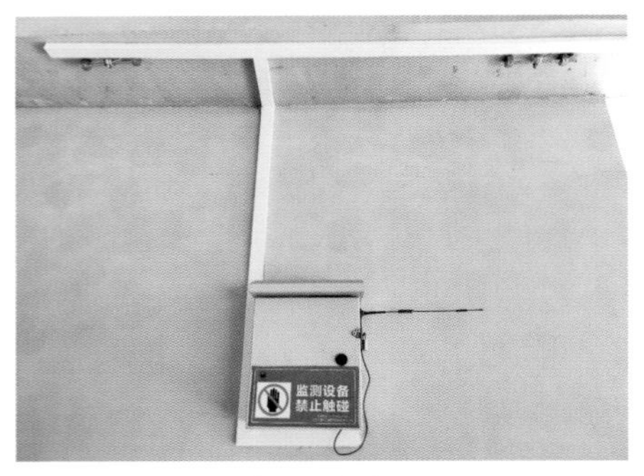

图 10.2-2 现场检测设备布置

10.3 屋盖钢结构健康监测

工体罩棚采用大跨度单层钢结构拱壳结构体系，在自重、幕墙、风、雪、温度等荷载的作用下，内力和变形时刻都在发生变化，故需检测钢拱壳的结构位形和杆件应力。

选取关键位置 2 长轴 +2 短轴进行关键杆件应力监测（图 10.3-1）。其中，顶部位置选取内环梁，内环桁架下弦，次内环梁，拱肋搭次内环梁处；中部位置选取拱肋中部；底部位置选取外环梁，拱肋接外环梁处。共计监测点为 34 个。

在杆件上表面布设 MOS-6301 振弦式表面应变计（图 10.3-2），其中考虑到受压杆件受力稳定性，选取关键位置 1 长轴 +1 短轴（1/S40 轴、1/S20 轴）进行关键杆件应力监测。其中，顶部位置选取：内环梁，内环桁架下弦，次内环梁，拱肋搭次内环梁处；中部位置选取：拱肋中部；底部位置选取：外环梁，拱肋接外环梁处。共计监测点为 12 个。

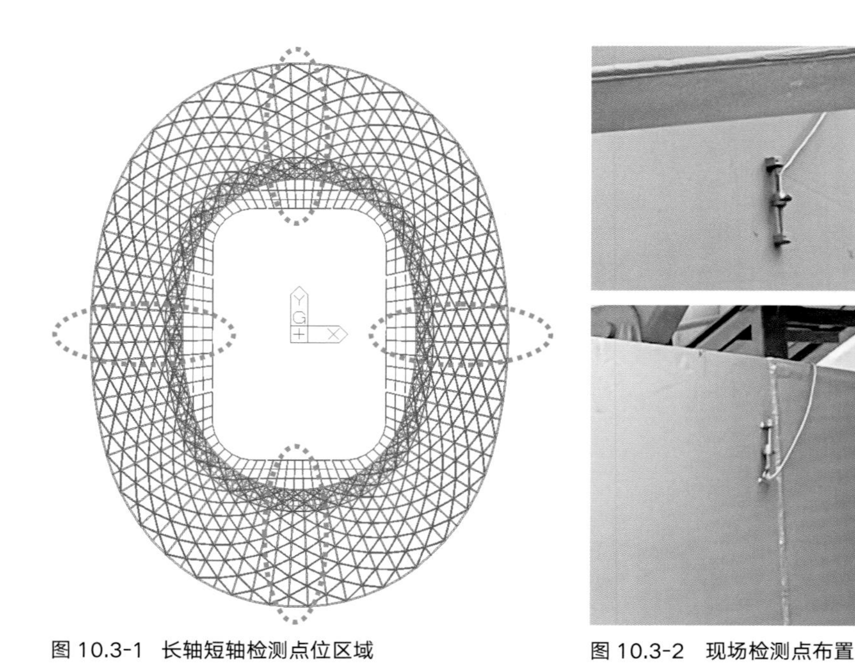

图 10.3-1 长轴短轴检测点位区域

图 10.3-2 现场检测点布置

10.4　健康监测平台

工体健康监测平台（图 10.4-1）采用模块化设计，包括传感器系统、数据采集系统、数据库管理系统、安全预警系统、安全评估系统，每个系统模块完成一个特定的子功能。可实现各监控传感器数据实时采集，接收到数据如果有异常，通过多种手段报警（弹出告警窗口、播放声音、短信等），并实现将数据上传到云服务数据中心。

图 10.4-1　工体健康监测平台

参考文献

[1] 李欣，王猛，郭笑冰，等．北京工人体育场复建关键创新技术 [M]. 北京：中国建筑工业出版社，2023.

[2] ANDERSEN P, BRINCKER R, PEETERS B, et al.. Comparison of system identification methods using ambient bridge test data[J]. Proceedings of SPIE: The International Society for Optical Engineering, 1999:1035-1041.

[3] BARBUDO A, AGRELA F, AYUSO J, et al.. Statistical analysis of recycled aggregates derived from different sources for sub-base applications [J]. Construction and Building Materials,2012,28(1):129-138.

[4] NUNEZ M A,BRIANCON L,DIAS D. Analyses of a pile supported embankment over soft clay: full-scale experiment, analytical and numerical approaches [J].Engineering Geology,2013,153:53-67.

[5] Seismic evaluation and retrofit of concrete buildings:ATC-40 [S]. Redwood City: Applied Technology Council,1996.

[6] Specification for structural steel buildings: ANSI/ AISC360-16 [S]. Chicago: American institute of steel construction,2016.

[7] WEIDNER U,FÖRSTNER W. Towards automatic building extraction from high-resolution digital elevation models [J]. ISPRS Journal of Photogrammetry and Remote Sensing,1995,50(4):38-49.

[8] YAZDANBAKHSH A. A bi-level environmental impact assessment framework for comparing construction and demolition waste management strategies [J]. Waste Management,2018,77:401-412.

[9] 巴达荣贵，王国祥，陈逸帆，等．超长钻孔灌注桩在复杂地层中的设计与施工工艺研究 [J]. 施工技术，2021，50（20）：100-102，111.

[10] 包自成，周晓波，辛军霞，等．北京城市副中心站综合交通枢纽工程新型抗拔桩静载试验分析 [J]. 建筑技术开发，2022，49（12）：129-131.

[11] 宝志雯，陈志鹏．从建筑物的脉动响应确定其动力特性 [J]. 深圳大学学报，1986，3（1）：36-49.

[12] 宝志雯，来晋炎，陈志鹏．建筑物的脉动试验及其数据处理的方法 [J]. 振动与冲击，1987，6（2）：57-63.

[13] 曹刘坤，杨磊，沈浅灏．预应力混凝土肋梁楼板临时支撑应用及分析 [J]. 建筑施工，2021，43（10）：2060-2062.

[14] 陈国兴．岩土地震工程学 [M]. 北京：科学出版社，2007.

[15] 陈林，束伟农．桂林两江国际机场 T2 航站楼屋盖钢结构节点设计 [J]. 建筑结构，2018，48（20）：88-91，97.

[16] 陈仁朋，徐正中，陈云敏．桩承式加筋路堤关键问题研究 [J]. 中国公路学报，2007，20（2）：7-12.

[17] 陈思，葛银萍，吕航光．大跨度钢结构吊装及安装关键技术 [J]. 施工技术（中英文），2022，51（8）：26-30.

[18] 陈艳丹，文华．钢筋混凝土框架结构机械拆除施工仿真模拟 [J]. 西南科技大学学报，2017，32（3）：48-54.

[19] 陈智鸿，蓝明红，陈景镇，等．滨海地区复杂地质条件下植入法沉桩施工技术 [J]. 施工技术，2022，51（13）：27-30.

[20] 地铁设计规范：GB 50157—2013[S]. 北京：中国建筑工业出版社，2014.

[21] 杜兆宇．瑞金体育中心体育场钢屋盖整体稳定性能分析 [J]. 建筑结构，2017，47（S1）：707-711.

[22] 樊圆，卢文胜，虞终军，等．多次地震作用下高层建筑结构动力特性识别和响应分析 [J]. 建筑结构学报，2023，44（1）：225-234.

[23] 方春，方桂富．河南省体育场控制爆破拆除 [J]. 爆破，2001，18（4）：45-46.

[24] 方帅，邹桂莲，王华新，等．国外建筑垃圾资源再利用调查与启示 [J]. 公路工程，2017，42（5）：154-158，167.

[25] 符宇欣，曾亮，丁陶，等．钢结构绿色拆除技术研究 [J]. 建筑结构，2022，52（S1）：3040-3045.

[26] 傅学怡，黄俊海．结构抗连续倒塌设计分析方法探讨 [J]. 建筑结构学报，2009，30（S1）：195-199.

[27] 钢结构设计标准：GB 50017—2017[S]. 北京：中国建筑工业出版社，2018.

[28] 钢结构作业守则：Code of practice for the structural useof steel 2011[S]. 香港：屋宇署，2011.

[29] 高层建筑混凝土结构技术规程：JGJ 3—2010[S]. 北京：中国建筑工业出版社，2011.

[30] 高强，李翰弘，孙飞，等．建筑垃圾的研究应用与发展状况 [J]. 四川建材，2021，47（10）32-34.
[31] 耿耀明 .3D 打印墙体承载力试验研究 [J]. 建筑结构，2021，51（S1）：1300-1304.
[32] 顾培英，邓昌，吴福生．结构模态分析及其损伤诊断 [M]. 南京：东南大学出版社，2008.
[33] 顾书英，许乾慰，张懿．聚碳酸酯板的特性及其在建筑领域的应用 [J]. 工程塑料应用，2013，41（1）：105-108.
[34] 郭雅兴，徐文汉，刘聪，等．北京工人体育场钢结构屋盖安装超高组合截面支撑体系设计 [J]. 建筑结构，2023，53（6）：65-70.
[35] 郭彦林，郭宇飞，刘学武．大跨度钢结构屋盖落架分析方法 [J]. 建筑科学与工程学报，2007，24（1）：52-58.
[36] 海大鹏，吕政，王小强，等．深厚卵石覆盖层地基的钢栈桥施工技术研究 [J]. 建筑结构，2022，52（S1）3165-3169.
[37] 韩小雷，季静．基于性能的钢筋混凝土结构抗震 [M]. 北京：中国建筑工业出版社，2019.
[38] 韩小雷，周新显，季静，等．基于构件性能的钢筋混凝土结构抗震评估方法研究 [J]. 建筑结构学报，2014，35（4）：177-184.
[39] 韩煜资，刘刚．聚碳酸酯中空板在绿色建筑中的应用与研究 [J]. 绿色环保建材，2018（8）：196，198.
[40] 韩重庆，黄桂新，陈浩曼，等．九江文化中心自由曲面钢屋盖结构设计 [J]. 建筑结构，2013，43（5）：29-34.
[41] 郝建军 .3D 打印再生细骨料混凝土配合比设计及其性能研究 [D]. 南昌：南昌大学，2020.
[42] 郝振林．北京工人体育场改建工程中的拆除施工 [J]. 建筑工人，2003，24（2）：16-17.
[43] 何宁，娄炎．路堤下刚性桩复合地基的设计计算方法研究 [J]. 岩土工程学报，2011，33（5）：797-802.
[44] 胡桂良．某异形空间曲面钢结构支撑卸载分析研究 [D]. 广州：广州大学，2016.
[45] 胡洁，吴金志，张毅刚，等．环境激励下结构模态参数识别方法及其工程应用 [C]// 绿色建筑与钢结构技术论坛暨中国钢结构协会钢结构质量安全检测鉴定专业委员会第五届全国学术研讨会论文集．陇南，2017.
[46] 胡晓斌，钱稼茹．结构连续倒塌分析与设计方法综述 [J]. 建筑结构，2006，36（S1）：573-577.
[47] 黄佳梓．地铁车辆段上盖开发空间营造的公共性探讨 [D]. 深圳：深圳大学，2018.
[48] 黄健，吕佐超，娄宇．有节奏运动引起的楼板振动舒适度设计 [J]. 特种结构，2011，28（3）：5-8.
[49] 黄旭雷，高林炎，余琳．建筑工程拆除发展简述 [J]. 居舍，2018（5）：6.
[50] 黄雨，舒翔，叶为民，等．桩基础抗震研究的现状 [J]. 工业建筑，2002，32（7）：50-53，61.
[51] 黄中营，王猛，曹伟，等．北京工人体育场大跨度开口单层拱壳钢屋盖卸载技术研究 [J]. 建筑结构，2023，53（6）：26-30.
[52] 黄中营，王猛，刘聪，等．北京工人体育场施工用钢栈桥设计与监测 [J]. 建筑结构，2023，53（6）：71-75，25.
[53] 贾坚，刘传平，张羽．在软土深基坑栈桥上运行铁路列车的安全稳定控制技术 [J]. 岩土工程学报，2012，34（S1）：324-329.
[54] 贾尚瑞，邹航，蔡柳鹤，等．河北奥林匹克体育中心钢结构工程施工技术 [J]. 施工技术，2016，45（2）：5-8，17.
[55] 建筑工程混凝土结构抗震性能设计规程 :DBJ/T 15-151—2019[S]. 北京：中国城市出版社，2019.
[56] 建筑结构荷载规范：GB 50009—2012[S]. 北京：中国建筑工业出版社，2012.
[57] 建筑抗震设计规范：GB 50011—2010[S].2016 年版．北京：中国建筑工业出版社，2016.
[58] 蒋赣猷，郑健，李莘哲．钢栈桥结构设计与有限元分析 [J]. 西部交通科技，2021（12）：82-84，123.
[59] 柯永建．中国 PPP 项目风险公平分担 [D]. 北京：清华大学，2010.
[60] 空间网格结构技术规程：JGJ 7—2010[S]. 北京：中国建筑工业出版社，2010.
[61] 雷金波，徐泽中，黄玲，等．带帽 PTC 管桩复合地基荷载传递试验研究 [J]. 岩土力学，2005，26（S1）：232-236.
[62] 李建国，王轶，王立新．北京工人体育场加固设计综述 [J]. 建筑结构，2008，38（1）：54-57，62.
[63] 李庆武，胡凯，倪建公，等．某大跨悬挑楼盖结构人行舒适度分析与振动控制 [J]. 建筑结构，2018，48（17）：34-37.
[64] 李文峰，苗启松，覃阳，等．奥体体育场加固改造工程消能减震分析与设计 [J]. 建筑结构，2008，38（1）：43-45，120.
[65] 李晓刚．新型聚碳酸酯板屋面系统在深圳大运中心项目主体育馆中的应用 [J]. 建筑技术，2010，41（4）：365-368.
[66] 李欣，王猛，万征，等．北京工人体育场密实砂卵石层水泥土复合管桩试验研究 [J]. 建筑结构，2023，53（6）：53-58.
[67] 李欣，王猛，张发强，等．大型体育场馆拆除施工仿真与方案优化探讨 [J]. 建筑结构，2023，53（6）：6-11.

[68] 李欣，王猛，庄宝潼，等．北京工人体育场高强度厚板钢低温焊接仿真与试验研究 [J]. 建筑结构，2023，53（6）：31-39，82.
[69] 李旭彬，吴彦磊，黄旭，等．聚碳酸酯模板在装配式住宅工程中的应用 [J]. 建筑技术开发，2021，48（24）：122-124.
[70] 林泓志，侯文崎，秦学锋，等．大跨度无柱地下车站临时支撑拆除方案优化与现场监测 [J/OL]. 建筑结构学报：1-10[2023-01-17].DOI:10.14006/j.jzjgxb.2021.0384.
[71] 蔺喜强，张涛，霍亮，等．水泥基建筑 3D 打印材料的制备及应用研究 [J]. 混凝土，2016（6）：141-144.
[72] 刘奔，谢任斌，钟广建，等．大跨度钢结构卸载技术的研究及应用 [J]. 建筑结构，2014，44（22）：56-59.
[73] 刘春林，唐孟雄，胡贺松，等 .PHC 管桩竖向抗压承载性状高应变法和静载法对比研究 [J]. 建筑结构，2022，52（14）：136-140.
[74] 刘汉龙．岩土工程技术创新方法与实践 [J]. 岩土工程学报，2013，35（1）：34-58.
[75] 刘惠珊，乔太平．可液化土中桩基设计计算方法的探讨 [J]. 工业建筑，1983，13（4）：19-24.
[76] 刘惠珊．桩基震害及原因分析：日本阪神大地震的启示 [J]. 工程抗震，1999，21（1）：37-43.
[77] 刘金砺，高文生，邱明兵．建筑桩基技术规范应用手册 [M]. 北京：中国建筑工业出版社，2010.
[78] 刘军，田龙强，刘光辉，等．不同形式临时支撑结构在施工全过程模拟中的适用性研究 [J]. 中国建筑金属结构，2022（7）：63-66.
[79] 刘同一．北京工人体育场防水工程施工 [J]. 建筑技术，1991，18（4）：30-32.
[80] 刘亦民，饶少华，万志辉，等．超高层建筑大直径钻孔灌注桩后压浆技术的应用与研究 [J]. 建筑结构，2022，52（S1）：2793-2797.
[81] 刘振文，刘涛，乐慈，等．国家会展中心（天津）B 区 3# 塔楼结构设计 [J]. 建筑结构，2022，52（S1）：79-81.
[82] 陆赐麟．国外大型体育建筑结构的发展与趋向 [J]. 建筑结构学报，1983，4（5）：71-77.
[83] 罗立强，钱永梅，洪光，等．水平荷载下承力盘位置对新型混凝土扩盘桩弯曲型破坏状态影响研究 [J]. 建筑结构，2022，52（12）：134-138.
[84] 罗尧治，郑延丰，谢俊乔，等．建筑施工临时支撑结构分类及稳定性分析 [J]. 建筑结构学报，2016，37（4）：143-150.
[85] 莫海鸿，黄文锋，房营光．不同桩长对无持力层刺入工况下刚性网格 - 桩加固路基的影响 [J]. 岩石力学与工程学报，2013，32（S1）：2944-2950.
[86] 潘毅，刘宜丰，秦楠，等．成都市规划展览馆辅楼抗连续倒塌评估（Ⅰ）：基于概念设计的线性静力分析 [J]. 土木工程学报，2012，45（S1）：177-181.
[87] 齐旭燕．聚碳酸酯高强度耐候板采光屋面施工技术 [J]. 建筑施工，2018，40（7）：1149-1151.
[88] 钱士元，陈龙，浦志祥，等．基于 BIM 的多层大跨复杂形式钢结构吊装技术 [J]. 建筑结构，2022，52（S1）1949-1955.
[89] 乔星宇，李韵通，潘宁 .3D 打印建筑混凝土配合比设计研究 [J]. 现代装饰（理论），2016（6）：240-241.
[90] 屈建华．北京工人体育场加固改建工程施工 [J]. 建筑技术，1990，17（8）：48-50.
[91] 任东辉，高丕勤．昌平泵站调蓄池工程大型深基坑临时栈桥的设计与施工 [J]. 建筑结构，2008，38（4）：48-49，90.
[92] 任韬．建筑拆除中建筑材料资源可持续利用技术策略研究 [D]. 西安：西安建筑科技大学，2015.
[93] 芮佳，刘开放，张举涛，等．甘肃省体育馆悬吊楼盖人致振动舒适度现场测试研究 [J]. 建筑结构，2021，51（20）：103-109.
[94] 盛平，张夔华，甄伟，等．北京工人体育场结构改造设计方案及关键技术 [J]. 建筑结构，2021，51（19）：1-6.
[95] 史佩栋．桩基工程手册 [M]. 北京：人民交通出版社，2008.
[96] 司道林．静力切割技术在拆除工程中的应用 [J]. 山东工业技术，2018（5）：98.
[97] 宋彻，俞欣，陈永生．天津奥林匹克中心体育场钢屋盖分析及优化设计 [J]. 建筑结构，2009，39（11）：20-23，80.
[98] 孙有明．北京工人体育场结构设计介绍 [J]. 土木工程学报，1959（9）：727-730，2.
[99] 田娥，杨正军，李毅，等．大型钢结构工程中临时钢栈桥设计及验算 [J]. 工业建筑，2012，42（9）：157-161.
[100] 王昌彤，曹平周，李德，等．江苏大剧院戏剧厅临时支撑提前拆除方案研究 [J]. 建筑结构，2019，49（14）：18-22，61.

[101] 王赫 . 常见施工失稳事故分析与预防建议 [J]. 建筑技术，2012，43（9）：774-776.

[102] 王猛，李欣，鞠竹，等 . 北京工人体育场密实砂卵石层水泥土复合管桩设计与施工 [J]. 建筑结构，2023，53（6）：47-52，5.

[103] 王猛，李欣，鞠竹，等 . 北京工人体育场大跨度开口单层拱壳钢结构施工关键技术 [J]. 建筑结构，2023，53（6）：18-25.

[104] 王猛，李欣，卫赵斌，等 . 北京工人体育场看台混凝土结构振动特性现场试验研究 [J]. 建筑结构，2023，53（6）：40-46.

[105] 王猛，李欣，庄宝潼，等 . 大型体育场馆拆除建筑垃圾零排放技术研究 [J]. 建筑结构，2023，53（6）：12-17，11.

[106] 王猛，李欣，卓壮，等 . 北京工人体育场历史记忆构件保护挪移和复现 [J]. 建筑结构，2023，53（6）：1-5.

[107] 王猛，王彬，张发强，等 . 北京工人体育场屋面聚碳酸酯波形板力学性能试验研究 [J]. 建筑结构，2023，53（6）：59-64，136.

[108] 王群，杨清，伍彩单 . 上海浦东足球场金属屋面施工工艺研究 [J]. 建筑施工，2021，43（9）：1705-1708.

[109] 王世明 . 长沙南站聚碳酸酯双曲采光屋面施工技术 [J]. 施工技术，2011，40（20）：1-3.

[110] 王亚勇 . 奥运场馆加固改造关键技术研究成果简介 [J]. 四川建筑科学研究，2007，33（S1）：153-160.

[111] 王义春，王治海，左恩胜，等 .PHC 管桩在高烈度软土区高层建筑中的设计与应用研究 [J]. 建筑结构，2022，52（14）：124-130，16.

[112] 王英 . 结构振动现场试验数据采集技术和结构动力特性识别方法研究 [D]. 上海：同济大学，2020.

[113] 王泽曦，罗杰，肖建春，等 . 安顺市体育中心体育场大跨度悬挑结构卸载方案研究 [J]. 施工技术，2017，46（18）26-29.

[114] 吴波 . 基于点云数据的三维数字校园模型重建与漫游系统 [D]. 西安：西安科技大学，2015.

[115] 谢俊，顾亚军，陈娣，等 . 综合加固技术在北京工人体育场改建工程中的应用 [J]. 建筑结构，2007，37（S1）：60-61.

[116] 谢俊，袁梅，陈娣，等 . 北京工人体育场改建工程施工新技术综述 [J]. 建筑技术，2008，39（8）：633-636.

[117] 谢庆伦，李霆，袁理明，等 . 武汉天河国际机场 T3 航站楼桩基础设计与验证 [J]. 建筑结构，2020，50（8）：22-29，14.

[118] 徐培福，戴国莹 . 超限高层建筑结构基于性能抗震设计的研究 [J]. 土木工程学报，2005，38（1）：1-10.

[119] 徐培福，王翠坤，肖从真 . 中国高层建筑结构发展与展望 [J]. 建筑结构，2009，39（9）：28-32.

[120] 续秀忠，华宏星，陈兆能 . 基于环境激励的模态参数辨识方法综述 [J]. 振动与冲击，2002，21（3）：1-5.

[121] 薛建阳，吴晨伟，浩飞虎，等 . 应县木塔动力特性原位试验及有限元分析 [J]. 建筑结构学报，2022，43（2）：85-93.

[122] 闫明礼，张东刚 .CFG 桩复合地基技术与工程实践 [M]. 北京：中国水利水电出版社，2006.

[123] 闫文斌，王宏林，章传学 . 高层建筑板墙切割拆除工艺 [J]. 建筑结构，2010，40（S2）：654-656.

[124] 扬凯 . 基于激光点云数据的建筑物三维模型重建研究 [D]. 赣州：江西理工大学，2016.

[125] 杨静，刘燕丽 . 我国城市建筑垃圾资源化现状及对策研究 [J]. 中小企业管理与科技（中旬刊），2021（2）：95-97.

[126] 杨婷婷 . 城市建筑绿色拆除管理与研究 [J]. 山西建筑，2012，38（25）：237-239.

[127] 杨旭升，付强 . 沈阳市五里河体育场爆破拆除方案与实施 [J]. 辽宁工程技术大学学报（自然科学版），2008，27（S1）：154-156.

[128] 杨永强，胡进军，刘璇，等 . 高层建筑爆破拆除地面振动特征分析 [J]. 建筑结构，2021，51（S2）：1446-1450.

[129] 于东晖，高晋栋，尧金金，等 . 国家会议中心二期屋盖预应力拉索施工关键技术研究 [J]. 建筑技术，2021，52（5）：534-536.

[130] 袁波，曹平周，杨文侠，等 . 哈尔滨万达滑雪场钢屋盖卸载方案研究 [J]. 建筑科学，2015，31（11）：114-119.

[131] 张佳琳，陈潘，方园 . 双向长悬挑 - 大跨度钢桁架结构施工安装模拟分析 [J]. 建筑结构，2022，52（S1）：2951-2955.

[132] 张克胜，刘文超 . 安哥拉卡宾达大学高碗钢结构安装及卸载计算分析 [J]. 施工技术，2020，49（4）94-96，102.

[133] 张琨，杨蔚彪，彭明祥，等 . 北京中信大厦工程建造关键技术 [J]. 建设科技，2022（7）：109-114.

[134] 张清华，崔闯，魏川，等 . 钢桥面板疲劳损伤智能监测与评估系统研究 [J]. 中国公路学报，2018，31（11）66-77，112.

[135] 张文博 . 天津商业大学体育馆屋盖拱支单层网壳结构力学性能研究 [D]. 天津：天津大学，2016.

[136] 张燕．施工栈桥在深基坑工程中应用技术研究 [J]. 建筑结构，2018，48（S1）：783-787.
[137] 张洋．水泥基 3D 打印永久模板制备技术及组合构件力学性能研究 [D]. 南京：东南大学，2019.
[138] 张倚天．高铁长沙南站高架层候车厅大跨度楼盖人致振动研究 [D]. 长沙：中南大学，2012：33-35.
[139] 张玉斌，王云，徐镭．张湾特大桥钢栈桥设计与施工技术 [J]. 建筑结构，2020，50（S1）：1153-1155.
[140] 赵升峰，黄广龙，马世强，等．预制混凝土支护管桩在深基坑工程中的应用 [J]. 岩土工程学报，2014，36（S1）：91-96.
[141] 周德良，李爱群，周朝阳，等．长沙南站大跨度候车厅楼盖竖向舒适度分析与检测 [J]. 建筑结构，2011，41（7）：24-30，88.
[142] 周观根，肖炽，刘扬．钢结构滑移施工技术研究及工程应用 [J]. 建筑结构，2008，38（12）：66-68.
[143] 周林，杜彩霞，张鹏，等 .3D 打印混凝土的各向抗压性能研究 [J]. 建筑结构，2022，52（6）：85-89，75.
[144] 周学胜，张树友，尚德磊．科学构架建筑垃圾全链条闭合管理体系：北京市建筑垃圾治理经验介绍 [J]. 城市管理与科技，2018，20（5）：44-47.
[145] 朱金彤．拆除与装修垃圾监测管理体系研究 [D]. 北京：北京交通大学，2021.
[146] 庄妍，崔晓艳，刘汉龙．桩承式路堤中土拱效应产生机理研究 [J]. 岩土工程学报，2013，35（S1）：118-123.
[147] 左明华．通航河道提升式钢栈桥设计与应用 [J]. 西部交通科技，2022，180（7）：101-103，125.
[148] WANG X H, LI F, LIANG L, et al.. Pre - purchasing with option contract and coordination in a relief supply chain[J].International Journal of Production Economics, 2015(167):170-176.
[149] ZHANG L, TIAN J, YANG R, et al.. Emergency supplies procurement pricing strategy under quantity flexible contract[J]. Systems Engineering - Theory & Practice, 2016,36(10):2590-2600.
[150] 北京市建设工程施工现场生活区设置和管理规范：DB11/T 1132—2014[S].
[151] 北京市绿色施工管理规程：DB11/T 513—2018[S].
[152] 曹吉民．浅谈防止建筑室内管道堵塞的技术措施 [J]. 西北水力发电，2005（S2）：131-132.
[153] 曹美光，李健，李清亮，等．大口径弧形管道装配式制冷机房研究与应用 [J]. 建筑技术，2023，54（5）：528-531.
[154] 曹忠华．组合线型大跨预应力混凝土结构设计及施工分析 [J]. 中国建筑金属结构，2022（7）：24-26.
[155] 常金奎．基于分类替代性关系的应急物资储备量分析 [J]. 电子科技大学学报（社科版），2015，17（4）：29-33.
[156] 晁阳．清水混凝土之美 [J]. 建筑与文化，2011（5）：18-23.
[157] 陈若祥．现浇后张预应力混凝土结构施工质量缺陷及预防对策 [J]. 农家参谋，2020（7）：106.
[158] 丁斌，陈锦锦．基于期权合约的应急物资采购定价模型研究 [J]. 华东理工大学学报（社会科学版）：2010，25（4）：54-59.
[159] 范光辉．长悬臂预应力混凝土结构支架施工工艺 [J]. 交通世界，2021（35）：126-127，130.
[160] 范立，伍爱强，王林，等．大跨度自由双曲面清水混凝土密肋梁壳体结构施工技术 [J]. 建筑施工，2020，42（4）：541-543.
[161] 高雅玲．建筑施工扬尘污染问题及治理策略建议 [J]. 绿色科技，2020（8）：132-133.
[162] 郭雅兴，王猛，王怡森，等．北京工人体育场地铁接驳区基坑工程实例分析 [J]. 建筑技术，2023，54（5）：520-523.
[163] 郝树文．钢屋架悬挂电葫芦选型与改造 [J]. 煤炭与化工，2014，37（4）：120-122.
[164] 贺传松．关于大型起重机械安全技术吊装的思路解析 [J]. 设备管理与维修，2019（22）：153-154.
[165] 胡俊明．对完善政府应急采购制度的几点思考 [J]. 中国政府采购，2020（3）：64 - 65.
[166] 扈衷权，田军，冯耕中．基于期权采购的政企联合储备应急物资模型 [J]. 系统工程理论与实践，2018，38（8）：2032-2044.
[167] 霍红星．有黏结预应力混凝土结构性能研究 [J]. 河南科技，2022，41（23）：82-85.
[168] 霍智宇，苏浩，王猛，等．北京工人体育场预应力混凝土结构设计与施工 [J]. 建筑技术，2023，54（5）：516-519.
[169] 纪霞．谈应急物流与应急物资保障体系构建 [J]. 商业时代，2010（21）：42 - 43.
[170] 季宁．城市应急管理中的物资调度优化研究 [D]. 西安：西安理工大学，2009.
[171] 贾婧姝．建设工程扬尘防治与监测方法研究 [J]. 砖瓦，2021（2）：104-105，107.
[172] 建筑工程绿色施工规范：GB/T 50905—2014[S].

[173] 建筑工程绿色施工评价标准：GB/T 50640—2010[S].
[174] 建筑施工起重吊装工程安全技术规范：JGJ 2762—2012[S].
[175] 江蛟 . 预应力混凝土构件收缩徐变损失及裂缝控制设计研究 [D]. 北京：中国建筑科学研究院，2008.
[176] 李健，杨士栋，彭军军，等 . 大直径弧形金属管道现场高精度制作安装 [J]. 建筑技术 2023，54（5）：596-600.
[177] 李家飞，梁秀霞 . 大型起重机械安全吊装技术分析 [J]. 中国设备工程，2020（6）：186-187.
[178] 李明 . 高校建筑施工现场扬尘污染精细化控制方法研究 [J]. 环境科学与管理，2021，46（8）：109-113.
[179] 李强，李辛民，孟闻远 . 我国清水混凝土技术发展现状、存在问题及对策 [J]. 建筑技术，2007，38（1）：6-8.
[180] 李瑞仙 . 浅谈制冷机房装配式机组施工技术 [J]. 房地产世界，2022（4）：76-78.
[181] 刘冰韵，陈国恺，王颖 . 高效制冷机房优化设计方法及计算分析工具研究 [J]. 暖通空调，2022，52（11）：85-91.
[182] 刘波 . 上海陆家嘴地区超深大基坑邻近地层变形的实测分析 [J]. 岩土工程学报，2018，40（10）：1950-1958.
[183] 刘高鹏 . 基于 agent 系统的应急物资采购决策研究 [J]. 价值工程，2017，36（24）：99-101.
[184] 刘志斌，郭恩栋，李倩，等 . 室内管道系统抗震研究综述 [J]. 震灾防御技术，2019，14（3）：591-599.
[185] 柳锋，王猛，黄敏，等 . 基于 TCO 理论应急物资采购成本控制研究 [J]. 建筑技术，2023，54（5）：637-640.
[186] 卢华林，刘劲 . 浅析受限空间大型金属管道的安装工艺 [J]. 四川建筑，2019，39（6）：267-268.
[187] 路志鹏 . 浅谈有关施工工地扬尘治理的管理措施 [J]. 居舍，2019（31）：127.
[188] 罗岗，王恒，刘京城，等 . 紧邻地铁隧道双排桩基坑支护施工技术 [J]. 建筑技术，2022，53（7）：788-790.
[189] 吕晓雯 . 宁波市体育中心体育场室外 LED 全彩显示屏及比赛裁判系统设计方案 [J]. 中国新技术新产品，2011（20）：178-179.
[190] 吕旭东 . 超长混凝土框架结构考虑温度和收缩的裂缝控制初步研究 [D]. 重庆：重庆大学，2013.
[191] 马国馨 . 弧形墙体清水混凝土木模板施工工艺 [J]. 建设科技，2007（10）：80-81.
[192] 孟少平 . 江苏预应力混凝土技术进展和工程应用 [J]. 江苏建筑，2020（4）：1-4，21.
[193] 欧阳国安，段海平，姜峰，等 . 地下室大口径金属管道安装关键技术研究与应用 [J]. 安装，2022（S1）：91-92.
[194] 乔洪波 . 应急物资需求分类及需求量研究 [D]. 北京：北京交通大学，2009.
[195] 尚荣朝 . 三维弧形悬挑结构清水混凝土施工技术的研究与应用 [J]. 土木建筑工程信息技术，2016，8（1）：105-107.
[196] 室内管道支架及吊架：03S402[S].
[197] 孙信龙 . 房屋建筑预应力混凝土结构施工技术应用分析 [J]. 中外企业家，2020（4）：172.
[198] 孙雨欣，段媛媛，王文婷，等 . 施工现场扬尘噪声污染的智能化监测研究 [J]. 中国设备工程，2022（13）：173-174.
[199] 汤毅，张勤，潘健，等 . 虚拟建造技术在某装配式机房机电施工中的应用 [J]. 安装，2020（5）：70-73.
[200] 王艾玲，汪杰 . 起重吊装施工技术与安全管理 [J]. 四川建材，2018，44（1）：98-99，101.
[201] 王边江 . 管道连接中常见安装通病的预防与控制 [J]. 科技信息（科学教研），2007（22）：414.
[202] 王冠 . 高层住宅楼室内管道一次性暗埋技术研究 [J]. 江苏建筑，2014（S1）：44-45.
[203] 王猛，王文婷，王森，等 . 专业足球场大倾角端屏施工技术 [J]. 建筑技术，2023，54（5）：524-527.
[204] 王铁梦 . 工程结构裂缝控制 [M]. 北京：中国建筑工业出版社，1997.
[205] 王云磊，陈永杰，张路煜，等 . 可形成清水混凝土螺栓孔眼的装置：6841434[P].2018-01-09.
[206] 吴红艳，孙维振，韩凤艳 . 一种基于 BIM 技术的制冷机房装配式施工方法，CN 109614719A[P].2019.
[207] 熊学玉，顾炜，李亚明 . 超长预应力混凝土框架结构的长期监测与分析研究 [J]. 土木工程学报，2009（2）：1-10.
[208] 杨波，徐海祥，王力平，等 . 清水弧形墙模板数字化施工研究与应用 [J]. 建筑技术，2023，54（5）：610-612.
[209] 杨文婧，路朝辉，宋汶芙，等 . 城市核心区施工现场扬尘自动化控制技术研究 [J]. 建筑技术，2023，54（5）：532-535.
[210] 应急管理部 .2020 年全国自然灾害基本情况 [EB/OL].（2021-01-18）[2021-05-17]. https://www.mem.gov.cn/xw/yjglbgzdt/202101/t20210108_376745.shtml.
[211] 余绍彪 . 浅析建筑预应力混凝土结构技术要点及施工管理 [J]. 价值工程，2018，37（13）：148-149.
[212] 张汝谦，冯燕妮，郑曦 . 清水混凝土多变曲率弧形墙体模板体系设计与施工技术 [J]. 福建建筑，2010（6）：102-105.
[213] 张文峰 . 应急物资储备模式及其储备量研究 [D]. 北京：北京交通大学，2010.
[214] 张玉林，董知恩，龚文姣，等 . 预应力混凝土结构设计中应注意的若干问题分析 [J]. 建材与装饰，2019（34）：87-88.

[215] 赵楠，马凯 . 超长混凝土结构温度应力分析与设计措施 [J]. 结构工程师，2013，29（6）：14 - 18.
[216] 赵姝迪 . 面向特大地震灾害的应急物资分类研究 [J]. 商品与质量，2012（S2）：38.
[217] 赵伟涛 . 大型起重机械安全吊装技术应用 [J]. 山东工业技术，2018（14）：54.
[218] 中铁四局 . 自制专用弧形模板工艺解决海外施工难题 [J]. 建筑，2013.
[219] 周伟铖，胡安军，郑文琪，等 . 制冷机房双层设备 BIM 应用优化设计探讨 [J]. 安装，2022（9）：69-71.
[220] CAI Y，LI X，XUE S. Application and design of 3D seismic isolation bearing in lattice shell structure [J]. HKIE Transactions，2016,23(4):200-213.
[221] CASTALDO P，PALAZZO B，DELLA Vecchia P. Lifecycle cost and seismic reliability analysis of 3D systems equipped with FPB for different isolation degrees [J]. Engineering Structures,2016,125:349-363.
[222] LEE D，CONSTANTINOU M C. Combined horizontalvertical seismic isolation system for high-voltage-power transformers: development，testing and validation [J]. Bulletin of Earthquake Engineering,2018,16(9):4273-4296.
[223] QIANG H L, FENG P, STOJADINOVIC B，et al.. Cyclic loading behaviors of novel R C beams with kinked rebar configuration [J]. Engineering Structures，2019,200(1):109689.
[224] QIANG H L, YANG J X，FENG P，et al.. Kinked rebar configurations for improving the progressive collapse behaviors of R C frames under middle column removal scenarios [J]. Engineering Structures, 2020, 211(5):110425.
[225] ZAYAS V A, LOW S S，MAHIN S A. A simple pendulum technique for achieving seismic isolation [J]. Earthquake Spectra, 1990, 6(2):317-333.
[226] ZHOU Y，CHEN P，MOSQUEDA G. Numerical studies of three-dimensional isolated structures with vertical quasi-zero stiffness property [J]. Journal of Earthquake Engineering, 2021:1-22.
[227] ЛУЖКОВ Ю М，АПЕШИН В В，БОКОВ А И. Покрытие большой спортивной арены стадиона《Лужники》город Москва [М]. Москва: Фортэ, 1998: 19-26.
[228] 曹迎日，潘鹏，孙江波，等. 碟簧 - 单摩擦摆三维隔震（振）装置研究 [J]. 建筑结构学报，2022，43（7）：44-53.
[229] 曹正罡，范峰，沈世钊. 单层球面网壳结构弹塑性稳定性能研究 [J]. 工程力学，2007，24（5）：17-23.
[230] 曾昭扬，马黔. 高碾压混凝土拱坝中的构造缝问题研究 [J]. 水力发电，1998，45（2）：32-35.
[231] 陈林，庞岩峰，李如地，等. 桂林两江国际机场 T2 航站楼钢结构屋盖设计 [J]. 建筑结构，2016，46（17）：8-13.
[232] 崔中豪. 三维隔震单层球壳地震动强度参数及隔震支座位移研究 [D]. 天津：天津大学，2018.
[233] 丁洁民，张峥. 体育场挑篷结构选型与应用研究 [J]. 建筑结构学报，2011，32（12）：16-28.
[234] 樊小卿. 温度作用与结构设计 [J]. 建筑结构学报，1999，20（2）：43-50.
[235] 范峰，曹正罡，马会环，等. 网壳结构弹塑性稳定性 [M]. 北京：科学出版社，2015：125-134.
[236] 范峰，严佳川，曹正罡. 考虑杆件初弯曲的单层球面网壳稳定性能 [J]. 东南大学学报（自然科学版），2009，39（增刊 2）：158-164.
[237] 范重，陈巍，李夏，等. 超长框架结构温度作用研究 [J]. 建筑结构学报，2018，39（1）：136-145.
[238] 范重，等. 国家体育场鸟巢结构设计 [M]. 北京：中国建筑工业出版社，2011.
[239] 傅学怡，吴兵. 混凝土结构温差收缩效应分析计算 [J]. 土木工程学报，2007，54（10）：50-59.
[240] 黄日金. 混凝土侧墙诱导缝的三维有限元仿真与研究 [D]. 深圳：深圳大学，2016.
[241] 混凝土结构设计规 范：GB 50010—2010 [S]. 2015 版. 北京：中国建筑工业出版社，2015.
[242] 李涛，梁汝鸣，和西良，等. 温度诱导缝对超长结构温度应力的影响研究 [J]. 建筑结构，2022，52（3）：13-18.
[243] 李伟，甄伟，张龑华，等 . 设置三维摩擦摆支座的北京工人体育场单层网壳罩棚竖向隔震性能研究 [J]. 建筑结构学报，2023，44（4）：23-31.
[244] 李雄彦，单明岳，薛素铎，等 . 摩擦摆隔震单层柱面网壳地震响应试验研究 [J]. 振动与冲击，2018，37（6）：68-75.
[245] 民用建筑供暖通风与空气调节用气象参数：DB 11/ T 1643—2019 [S]. 北京：北京市市场监督管理局，2019.

[246] 潘鹏，曹迎日. 双摩擦摆三维隔振支座：CN112681854B［P］.2021-11-30.
[247] 潘旦光，付相球，谭晋鹏，等. 北京新机场结构后浇带施工控制［J］. 工程力学，2020，37（增刊1）：145-150.
[248] 潘鹏，安嘉禹，孙江波，等. 三维隔震支座：CN106381934B［P］. 2019-01-04.
[249] 邱意坤，盛平，慕晨曦，等. 北京工人体育场超长混凝土结构温度效应和S形弯折钢筋诱导缝研究［J］. 建筑结构学报，2023，44（4）：98-106.
[250] 沈世钊，陈昕. 网壳结构稳定性［M］. 北京：科学出版社，1999.
[251] 石永久，高阳，王元清，等. 北京将台花园拱壳杂交钢结构的单拱稳定性分析［J］. 四川建筑科学研究，2013，39（2）：1-4.
[252] 石永久，高阳，王元清，等. 温度荷载对新加坡植物园展览温室拱壳杂交结构设计的影响分析［J］. 空间结构，2010，16（4）：49-54.
[253] 束伟农，朱忠义，卜龙瑰，等. 机场航站楼结构隔震设计研究与应用［J］. 建筑结构，2019，49（18）：5-12.
[254] 宋玉普，张林俊，殷福新. 碾压混凝土坝诱导缝的断裂分析［J］. 水利学报，2004，59（6）：21-26.
[255] 苏慈. 大跨度刚性空间钢结构极限承载力研究［D］. 上海：同济大学，2006.
[256] 田承昊，刘明，董城. 大跨度单层编织拱壳抗连续倒塌分析［J］. 建筑结构，2018，48（11）：64-69.
[257] 田伟，董石麟，干钢. 网壳结构考虑杆件失稳过程的整体稳定分析［J］. 建筑结构学报，2014，35（6）：115-122.
[258] 涂汉臣，方从启，董文燕，等. 诱导缝的合理布置影响因素研究［J］. 混凝土，2021（7）：7-13.
[259] 王志远. 主变类设备三维变刚度隔震体系分析与试验研究［D］. 哈尔滨：哈尔滨工业大学，2021.
[260] 张建军，刘琼祥，刘臣，等. 深圳大运中心体育场钢屋盖整体稳定性能研究［J］. 建筑结构学报，2011，32（5）：56-62.
[261] 张建银，甄伟，孙硕辉，等. 屈曲约束支撑在某会展中心工程中的应用研究［J］. 建筑结构，2021，51（22）：97-101.
[262] 张小刚. 碾压混凝土诱导缝断面强度、断裂的试验研究和数值模拟［D］. 大连：大连理工大学，2005.
[263] 张夔华，盛平，冯鹏，等. 配置下拉减振索的大跨度空间结构受力性能分析［J］. 建筑结构学报，2023，44（4）：32-41.
[264] 张夔华，甄伟，盛平，等. 北京工人体育场开口单层扁薄拱壳罩棚钢结构整体稳定性能研究[J]. 建筑结构学报，2023，44(4)：11-22.
[265] 赵阳，陈贤川，董石麟. 大跨椭球面圆形钢拱结构的强度及稳定性分析［J］. 土木工程学报，2005，38（5）：15-23.
[266] 赵阳，田伟，苏亮，等. 世博轴阳光谷钢结构稳定性分析［J］. 建筑结构学报，2010，31（5）：27-33.
[267] 郑晓芬，艾靖儒，程浩. 超长混凝土结构裂缝控制研究综述［J］. 结构工程师，2021，37（3）：235-242.
[268] 周忠发，朱忠义，周笋，等. 国家体育馆2022冬奥新建训练馆摩擦摆隔震设计［J］. 建筑结构，2020，50（20）：1-7.
[269] 朱忠义，柯长华，秦凯，等. 首都国际机场T3航站楼交通中心钢结构体系稳定分析［J］. 建筑结构，2008，38（1）：30-33.
[270] 庄鹏，薛素铎，宋飞达. 网架屋盖考虑下部结构的摩擦摆隔震控制［J］. 工业建筑，2012，42（3）：33-38.

THE WHOLE PROCESS PROJECT MANAGEMENT
PRACTICE OF BEIJING WORKERS' STADIUM

附录

工体大事记

MAJOR EVENTS AT THE WORKERS' STADIUM

附录一　参建单位

北京工人体育场改造复建项目（一期）的顺利建设与运营，离不开所有相关单位的付出。在此，感谢北京市委、市政府的支持和关怀，感谢公司各股东单位的统筹和部署，感谢所有参建单位的配合与努力！

参建主体单位

建设单位	北京职工体育服务中心
	中赫工体（北京）商业运营管理有限公司
设计单位	北京市建筑设计研究院有限公司
勘察单位	北京市勘察设计研究院有限公司
监理单位	北京诺士诚国际工程项目管理有限公司
施工单位	北京建工集团有限责任公司

所有参建单位（按拼音首字母排序）

1	艾德兄弟（北京）机电工程有限公司
2	艾迪伊欧创意设计（上海）有限公司
3	安徽华菱电缆集团有限公司
4	安徽辉采科技有限公司
5	安平县瑞华交通设施工程有限公司
6	奥雅纳工程咨询（上海）有限公司北京分公司
7	澳颖设计咨询（上海）有限公司
8	百安木设计咨询（北京）有限公司
9	保定市冀能变压器有限公司
10	保定泰谷柏诚商贸有限公司
11	保定天驰建筑机械制造有限公司
12	北广声动（北京）传媒有限公司
13	北京艾斯艾恩数字科技有限公司
14	北京奥博兴业钢结构有限公司
15	北京奥得海消防设备有限公司
16	北京八度装饰设计有限公司
17	北京百泰亨通商贸有限公司
18	北京百特来福传媒广告有限公司
19	北京保吉祥机械租赁有限公司
20	北京北电工程设计有限公司
21	北京北方诚信装饰工程有限公司
22	北京北林地景园林规划设计院有限责任公司
23	北京北排建设有限公司
24	北京北排水务设计研究院有限公司
25	北京北盛环保设备有限公司
26	北京北苑鸿飞五金交电经营有限公司
27	北京北咨工程项目管理咨询有限公司
28	北京本正机电设备有限公司
29	北京秉承工程技术有限公司
30	北京波西斯国际文化传播有限公司
31	北京勃伟仑电梯设备工程有限公司
32	北京朝方供用电安装有限公司
33	北京承平盛世建材有限公司
34	北京城建设计发展集团股份有限公司
35	北京城市排水集团有限责任公司
36	北京驰诚鑫天科技发展有限公司

续表

37	北京创业跃进建筑工程有限公司
38	北京达三江电器设备厂
39	北京大方通广科贸有限公司
40	北京大山胜达科技有限公司
41	北京德恒通世纪文具礼品有限公司
42	北京德信宏业制冷设备有限公司
43	北京东方安艺商贸有限公司
44	北京东方皓峰科技有限公司
45	北京东方京宁建材科技有限公司
46	北京东方中远市政工程有限责任公司
47	北京东明晟商贸有限公司
48	北京都邦弘达装饰材料开发有限责任公司
49	北京多链科技有限公司
50	北京凡艺赋思装修工程有限公司
51	北京方大炭素科技有限公司
52	北京飞冲科贸有限公司
53	北京芬得利建筑材料有限公司
54	北京风云时创家具厂
55	北京富地时空信息技术有限公司
56	北京港融商贸有限公司
57	北京高正亿丰环保科技有限公司
58	北京歌华有线电视网络股份有限公司
59	北京国泰鼎盛建筑有限公司
60	北京海纳金成科技有限公司
61	北京海鈊建筑咨询有限公司
62	北京韩信混凝土有限公司
63	北京航锦电力建设有限公司
64	北京浩瀚鸿达设备租赁有限公司
65	北京和美乐众贸易有限公司
66	北京和平泛华建设集团有限公司
67	北京恒琪建材有限公司
68	北京恒业众成装饰工程有限公司

续表

69	北京弘升创展商贸有限公司
70	北京宏鑫恒达科贸有限公司
71	北京泓雁天成不锈钢门窗有限公司
72	北京鸿海金华建筑工程有限公司
73	北京鸿铭恒丰技术有限公司
74	北京华北电力工程有限公司
75	北京华彩飞扬文化传播有限公司
76	北京华城伟业智能科技有限公司
77	北京华丰恒通电器有限公司
78	北京华鲁腾苑机械设备租赁有限公司
79	北京华纳世纪文化传媒有限公司
80	北京华锐同创系统技术有限公司
81	北京华盛法利莱移动板房有限责任公司
82	北京华视文化传媒有限公司
83	北京华泰敬业工贸有限公司
84	北京华夏伟达建筑装饰有限公司
85	北京华信宏泰科技有限公司
86	北京华阳众信建材有限公司
87	北京华众时代文化传播有限公司
88	北京吉顺建筑工程有限公司
89	北京吉阳恒昌商贸有限公司
90	北京纪新泰富机电技术股份有限公司
91	北京佳惠信达科技有限公司
92	北京建工集团有限责任公司
93	北京建工建筑设计研究院
94	北京建工三建市政工程有限公司
95	北京建工新型建材科技股份有限公司
96	北京建工新型建材有限责任公司
97	北京建工资源循环利用投资有限公司
98	北京建和隆林环保科技有限公司
99	北京建磊国际装饰工程股份有限公司
100	北京建院文化公司

续表

101	北京建院装饰工程设计有限公司
102	北京江河幕墙系统工程有限公司
103	北京金房设备安装有限公司
104	北京金房兴业测绘有限公司
105	北京金开立德建筑工程有限公司
106	北京金顺盛业工程装饰设计有限公司
107	北京金隅混凝土有限公司
108	北京金隅混凝土有限公司朝阳分公司
109	北京金隅天坛家具股份有限公司
110	北京金长城门窗有限公司
111	北京京创兴业投资顾问有限公司
112	北京京电炜烨电力工程有限公司
113	北京京冀鹏飞道路运输有限公司
114	北京京讯递科技有限公司
115	北京京益远旺商贸有限公司
116	北京靖昌盛世建筑工程有限公司
117	北京九雕标识有限公司
118	北京九合物业管理有限责任公司
119	北京康佳伟业餐饮管理有限责任公司
120	北京康盈恒通商贸有限公司
121	北京科维中创科技有限公司
122	北京宽华建材有限公司
123	北京宽华砂浆科技有限公司
124	北京蓝天恒昌盛机电设备有限公司
125	北京力达塑料制造有限公司
126	北京力佳图科技有限公司
127	北京立峰化纤制品有限公司
128	北京立新道路养护工程队
129	北京丽贝亚建筑装饰工程有限公司
130	北京淋欣弘雨物资有限公司
131	北京刘氏裕华贸易有限公司
132	北京龙海鸿运通商贸中心

续表

133	北京龙海金龙伟业线缆销售中心
134	北京龙江伟业建筑工程有限公司
135	北京鲁菏市政工程有限公司
136	北京陆建鸿兴工程质量检测有限公司
137	北京绿地嘉园园林绿化工程有限责任公司
138	北京明洁盛通管道工程技术有限公司
139	北京诺士诚国际工程项目管理有限公司
140	北京攀腾伟业建筑机械设备租赁有限公司
141	北京七加三国际艺术有限公司
142	北京启之晟科技有限公司
143	北京乾沣瑞泰建筑工程有限公司
144	北京求实工程管理有限公司
145	北京荣创岩土工程股份有限公司
146	北京锐兴吉业机械设备有限公司
147	北京锐舟科技有限公司
148	北京瑞鸿奇贸易有限公司
149	北京瑞建永兴建筑设备租赁有限公司
150	北京瑞泰建设工程有限公司
151	北京瑞特佳科技有限公司
152	北京睿益嘉禾科技有限公司
153	北京睿意德商业股份有限公司
154	北京润亚环宇建筑工程有限公司
155	北京萨姆因赛科技发展有限公司
156	北京赛瑞斯国际工程咨询有限公司
157	北京三帝科技股份有限公司
158	北京三江汇达贸易有限公司
159	北京尚普家具设计有限公司
160	北京尚优康泰交通咨询服务有限公司
161	北京声音故事文化传媒有限公司
162	北京盛锋阔达建筑工程有限公司
163	北京时代文仪家具有限公司
164	北京世纪京洲家具责任有限公司

续表

165	北京世纪盛腾家具有限公司
166	北京市安达亿防水工程有限责任公司
167	北京市朝阳区环境卫生服务中心第四清洁车辆场
168	北京市城市规划设计研究院
169	北京市第三建筑工程有限公司
170	北京市第五建筑工程集团有限公司混凝土搅拌站
171	北京市第五建筑工程集团装饰工程有限公司
172	北京市高强混凝土有限责任公司
173	北京市工程咨询有限公司
174	北京市汇荣泉装饰建材有限公司
175	北京市建设工程质量第一检测所有限责任公司
176	北京市建筑工程研究院有限责任公司
177	北京市建筑工程装饰集团有限公司
178	北京市建筑设计研究院有限公司
179	北京市交研都市交通科技有限公司
180	北京市金诺筑建筑劳务有限公司
181	北京市勘察设计研究院有限公司
182	北京市燃气集团有限责任公司
183	北京市设备安装工程集团有限公司
184	北京市水务局
185	北京市特得热力技术发展有限责任公司
186	北京市文物研究所
187	北京市小红门混凝土有限责任公司
188	北京市鑫诚金属材料有限公司
189	北京市优普实业发展有限公司
190	北京视联天下文化传媒有限公司
191	北京视说新语影视传媒有限公司
192	北京守信立峰化纤集团有限公司
193	北京双奥会展有限公司
194	北京双马瑞达科技发展有限公司
195	北京顺祥嘉华建筑工程有限公司
196	北京思宇日月装饰工程有限公司

续表

197	北京思源盛通商贸有限公司
198	北京泰宁科创雨水利用技术股份有限公司
199	北京泰宣电气设备有限公司
200	北京天和建筑机械设备租赁有限责任公司
201	北京天鲲商贸有限公司
202	北京天立成信机械电子设备有限公司
203	北京天树导视科技有限公司
204	北京天御太和环境技术有限公司
205	北京通泰隆顺建筑工程有限公司
206	北京同风传媒广告有限公司
207	北京桐玺科技有限责任公司
208	北京外企双新物业管理有限公司
209	北京威光迅科技发展有限公司
210	北京威腾兴隆商贸有限公司
211	北京伟晟清洁服务有限公司
212	北京五隆兴科技发展有限公司
213	北京祥合盛世保温材料厂
214	北京欣燃燃气设备技术开发有限公司
215	北京新兴诚信防腐保温工程有限责任公司
216	北京鑫方盛电子商务有限公司
217	北京鑫辉环球通信工程技术有限公司
218	北京鑫宇嘉业建筑工程有限公司
219	北京信诚泰达机电设备有限公司
220	北京信和建筑劳务有限责任公司
221	北京兴海远程建筑工程有限公司
222	北京轩慧科技有限公司
223	北京焉尘建筑设计咨询有限公司
224	北京亿皓装饰工程有限公司
225	北京易成混凝土有限公司
226	北京易秀互动科技有限公司
227	北京颖川照明电器有限公司
228	北京永诚隆基础工程有限责任公司

续表

229	北京榆构建筑工程有限公司
230	北京榆构有限公司
231	北京雨航科技有限公司
232	北京禹辉净化技术有限公司
233	北京玉丰弘立空调设备有限公司
234	北京玉鲁达装饰工程有限公司
235	北京远大合炳建筑劳务有限责任公司
236	北京远聚龙创机械设备有限公司
237	北京云筑时线科技有限公司
238	北京振邦保安服务有限公司
239	北京振兴同创建设发展有限公司
240	北京正和安泰建筑劳务有限公司
241	北京正和恒泰机械工程有限公司
242	北京正泰浦电气科技有限公司
243	北京职工体育服务中心
244	北京致远工程建设监理有限责任公司
245	北京智璞文华品牌顾问有限公司
246	北京中城华远建设集团有限公司
247	北京中达华兴科技发展有限公司
248	北京中电中天电子工程有限公司
249	北京中基鼎盛土石方运输有限公司
250	北京中加集成智能系统工程有限公司
251	北京中建华昊建筑工程有限公司
252	北京中天建安建筑工程咨询有限公司
253	北京中同汇拓建筑工程有限公司
254	北京中星天地科技有限公司
255	北京中岩大地科技股份有限公司
256	北京中屹永安建设工程有限公司
257	北京中筑建恒建设工程有限公司
258	北京众安泰业勘测设计有限公司
259	北京众诚友信科技有限公司
260	北京住总新型建材有限公司

续表

261	北京紫禁园林绿化工程有限公司
262	倍适（北京）科技有限公司
263	承德兴泰劳务有限责任公司
264	赤峰丽泽建材有限公司
265	大厂回族自治县夏垫昌盛建筑机械租赁站
266	大厂回族自治县燕达彩钢结构有限公司
267	大成百晟办公设备（北京）有限公司
268	大圣互联（北京）科技有限公司
269	德·威世特水泵设备（北京）有限公司
270	德勤咨询（上海）有限公司
271	德威基业（北京）科技发展有限公司
272	德州顺征空调设备有限公司
273	德州亚太集团有限公司
274	东道品牌创意集团有限公司
275	东方利泰（北京）物业管理集团有限公司
276	都市实践（北京）建筑设计咨询有限公司
277	多维绿建科技（天津）有限公司
278	肥城市宇兴建筑安装有限公司
279	丰泽智能装备股份有限公司
280	广东新视野信息科技股份有限公司
281	广联达科技股份有限公司
282	国电恒源电力工程技术（北京）有限公司
283	杭州孚德品牌管理有限公司
284	杭州有赞科技有限公司
285	河北宏均利园林绿化工程有限公司
286	河北旗鑫龙智能科技有限公司
287	河北宇龙电缆桥架有限公司
288	河南金海盛达集成房屋科技有限公司
289	河南省京豫建筑劳务有限公司
290	河南图强建筑工程有限公司
291	河南豫建建筑劳务有限公司
292	河南置诚建筑工程有限公司

续表

293	贺克国际建筑设计咨询（北京）有限公司
294	亨派建筑设计咨询（上海）有限公司
295	弘达交通咨询（深圳）有限公司北京分公司
296	湖北固彩集成房屋有限公司
297	华北科技学院
298	华诚博远工程技术集团有限公司
299	华体体育发展股份有限公司
300	华为技术有限公司
301	霍尔果斯微赞网络科技有限公司
302	机械设备公司
303	建研防火科技有限公司
304	江苏沪宁钢机股份有限公司
305	江苏兰陵涂装工程有限公司
306	晋思建筑设计事务所（上海）有限公司北京分公司
307	楷亚锐衡设计规划咨询（上海）有限公司北京分公司
308	空间句法（北京）设计有限公司
309	廊坊大地木业有限公司
310	廊坊蓝瑞木业有限公司
311	廊坊尊朋木业有限公司
312	立天海德（北京）会展服务有限公司
313	迈迪科健（北京）科技有限公司
314	墨昂迪（上海）企业管理咨询有限公司
315	目朗国际品牌设计顾问（北京）有限公司
316	乃村工艺建筑装饰（北京）有限公司
317	平山县天元建筑劳务有限公司
318	濮阳京兴建筑劳务有限公司
319	青岛展翔机械有限公司
320	清华大学
321	清华大学建筑设计研究院有限公司
322	曲阳县聚德雕塑有限公司
323	三河市新红胜建材销售中心
324	山东方圆建筑材料有限公司

续表

325	山东弘信中央空调有限公司
326	山东蒙阴沂蒙建设有限公司
327	山东盛鸿建设发展有限公司
328	山东永盛激光设备有限公司
329	山东宇兴建设有限公司
330	上海道绘建筑设计事务所
331	上海国际招标公司 / 株式会社日建设计
332	上海皓京实业股份有限公司
333	上海晶成建筑安装工程有限公司
334	上海麟德建筑装饰有限公司
335	上海菩雅信息科技有限公司
336	上海荣定机电设备有限公司
337	上海笙霖文化传媒有限公司
338	绍兴蒙道建筑工程有限公司
339	深圳市问道标识有限公司
340	盛鸿建设发展有限公司
341	世纪二千网络科技有限公司
342	首安工业消防有限公司
343	四川省三台县金峰建筑劳务开发有限公司
344	宋腾添玛沙帝顾问有限公司 (Thornton Tomasetti INC)
345	苏州建筑装饰设计院
346	泰守（北京）消防安全技术服务有限公司
347	唐山宇拓商贸有限公司
348	腾讯云计算（北京）有限责任公司
349	天迹设计咨询（北京）有限公司
350	天津安华斯特消防工程有限公司
351	文安县擎天彩钢活动房厂
352	武汉鸿通市政工程有限公司
353	辛集市第二建筑工程劳务分包有限公司
354	新菱空调（佛冈）有限公司
355	薪立方科技（北京）有限公司
356	一明宇华国际影视广告（北京）有限公司

续表

357	益普索（中国）咨询有限公司上海分公司
358	英赛迩（北京）装饰设计有限公司
359	盈石企业管理（北京）有限公司
360	禹王（北京）科技工程有限公司
361	原伍人数字科技（上海）有限公司
362	张家口弘卓商贸有限公司
363	震安科技股份有限公司
364	直向和筑建筑设计咨询（北京）有限公司
365	智创建筑师（国际）有限公司
366	智性科技南通有限公司
367	中辰电缆股份有限公司
368	中国建筑科学研究院有限公司
369	中国建筑设计研究院有限公司
370	中国联合网络通信有限公司北京市分公司
371	中国施工企业管理协会

续表

372	中国铁塔股份有限公司北京市朝阳分公司
373	中赫工体（北京）商业运营管理有限公司
374	中赫置地有限公司
375	中积兴业建设集团有限公司
376	中科世安技术有限公司
377	中幕建筑装饰工程有限公司
378	中山市派格家具有限公司
379	中视德祥（北京）文化传媒有限公司
380	中泰幕墙装饰有限公司
381	中冶检测认证有限公司
382	中招鼎华（北京）工程咨询有限公司
383	中租众达（北京）模架租赁有限公司
384	众才建设工程有限公司
385	朱小地建筑设计（北京）有限公司
386	涿州市双兴保温材料经销部

附录二　工体获奖及成果

截至 2024 年 3 月，项目获得 15 项发明专利、48 项实用新型专利，4 项北京市工法、6 项企业级工法，2 项国家级 QC 成果、2 项北京市 QC 成果；发表论文 28 篇，其中国际论文 2 篇、核心期刊论文 18 篇；完成科技成果鉴定 5 项，均为国际先进及以上水平；获奖 15 项。

专 利				
序号	专利名称	专利类型	专利号	状态
1	一种精确定位构件边线的 BIM 建模方法及系统	发明专利	ZL 2021 1 1065656.8	授权
2	一种密实砂卵石层水泥土复合管桩施工方法	发明专利	ZL 2022 1 0073754.4	授权
3	一种钢结构拱壳三维摩擦摆隔震支座施工方法	发明专利	ZL 2022 1 0092995.8	授权
4	用于桥梁单侧施工拼装的钟摆式顶推滑移施工系统和方法	发明专利	ZL 2023 1 0592226.4	授权
5	一种无需剔除桩头的灌注桩施工节点及施工方法	发明专利	ZL 2021 1 1393152.9	授权
6	用于桥梁单侧施工拼装的指针式顶推滑移施工系统和方法	发明专利	ZL 2023 1 0592272.4	授权
7	一种清水弧形墙两侧模板拼缝位置校准的方法	发明专利	ZL 2021 1 0453441.7	授权
8	一种用于在清水混凝土墙上浇筑规整装饰孔的模具及方法	发明专利	ZL 2021 1 0547610.3	授权
9	异形清水混凝土钢模板体系及其安装方法	发明专利	ZL 2017 1 0407142.3	授权
10	带有清水构件的建筑的施工方法	发明专利	ZL 2023 1 0107854.9	授权
11	一种清水混凝土墙体后浇带的模板加固结构及其施工方法	发明专利	ZL 2021 1 1192915.3	授权
12	一种清水混凝土双曲面梁模板体系及其制作成型方法	发明专利	ZL 2023 1 0628158.2	授权
13	基于木模板的清水造型楼梯多曲面楼梯扶手施工方法	发明专利	ZL 2023 1 0628154.4	授权
14	基于木模板清水混凝土双曲面梁结构施工方法	发明专利	ZL 2023 1 0628164.8	授权
15	一种墙体接茬处的模板加固结构及其施工方法	发明专利	ZL 2021 1 1192995.2	授权
16	一种曲面清水单元模板安装结构	实用新型	ZL 2023 2 1351292.4	授权
17	一种可拆卸式隔音板	实用新型	ZL 2020 2 2862034.5	授权
18	一种可拆卸式隔音屏安装体系	实用新型	ZL 2020 2 2861968.7	授权
19	一种水电一体化的隔音屏	实用新型	ZL 2020 2 2868020.4	授权
20	一种测斜管顶部保护装置	实用新型	ZL 2021 2 2625202.3	授权
21	一种无需剔除桩头的灌注桩施工节点	实用新型	ZL 2021 2 2878448.1	授权
22	一种可循环使用的调节式混凝土方柱护角装置	实用新型	ZL 2021 2 3282374.1	授权
23	一种原位可进行升降调节的临边防护装置	实用新型	ZL 2021 2 3377047.4	授权
24	一种可移动的摩擦摆隔震支座防火保护装置	实用新型	ZL 2021 2 3423218.2	授权
25	一种框架柱伸缩组合护角	实用新型	ZL 2022 2 0683593.6	授权
26	一种斜板上施工防护结构	实用新型	ZL 2022 2 0690467.3	授权

续表

专 利				
序号	专利名称	专利类型	专利号	状态
27	带折叠式滑动侧模轨道的看台板模具	实用新型	ZL 2022 2 1834417.4	授权
28	一种钢结构拱壳安装结构	实用新型	ZL 2023 2 0173598.9	授权
29	一种体育场屋面吊顶吸音格栅系统	实用新型	ZL 2022 2 3533284.X	授权
30	一种体育场屋面大板块可调节固定装置	实用新型	ZL 2022 2 3533317.0	授权
31	一种基于中间高四周低深基坑的物料运输结构	实用新型	ZL 2023 2 0086216.9	授权
32	一种便于拆卸且成槽规整的墙体诱导缝填充系统	实用新型	ZL 2023 2 0266325.9	授权
33	一种用于深基坑的轴线标识牌的调节固定装置	实用新型	ZL 2023 2 0303714.4	授权
34	多次拆装共用桩基的施工组织用预应力装配式钢栈桥	实用新型	ZL 2023 2 1286065.9	授权
35	用于桥梁单侧施工拼装的钟摆式顶推滑移施工系统	实用新型	ZL 2023 2 1273555.4	授权
36	用于桥梁单侧施工拼装的指针式顶推滑移施工系统	实用新型	ZL 2023 2 1273753.0	授权
37	一种轻钢龙骨石膏板隔墙与原结构柱连接处的防开裂结构	实用新型	ZL 2023 2 1342915.1	授权
38	一种能够避让门洞口上方障碍物的门架结构	实用新型	ZL 2023 2 1342917.0	授权
39	一种轻钢龙骨石膏板隔墙与天花板连接处的防开裂结构	实用新型	ZL 2023 2 1343048.3	授权
40	一种轻钢龙骨石膏板隔墙单层（双层）石膏板防开裂结构	实用新型	ZL 2023 2 1343087.3	授权
41	一种位置校准伸缩三角尺	实用新型	ZL 2021 2 0870955.8	授权
42	一种清水混凝土墙面裂缝修复结构	实用新型	ZL 2021 2 1173727.1	授权
43	一种带模板缓冲垫块的加固结构	实用新型	ZL 2021 2 2464714.6	授权
44	一种墙体上部结构调整承托系统	实用新型	ZL 2021 2 2464673.0	授权
45	一种清水混凝土层间模板的调节系统	实用新型	ZL 2021 2 2464700.4	授权
46	一种模板系统的竖向调节结构	实用新型	ZL 2021 2 2464745.1	授权
47	一种后浇带层间模板的调节系统	实用新型	ZL 2021 2 2464741.3	授权
48	一种模板系统的底部水平加固结构	实用新型	ZL 2021 2 2464766.3	授权
49	一种清水混凝土墙装饰孔阳模	实用新型	ZL 2021 2 1076277.4	授权
50	一种曲面清水混凝土建筑支模结构	实用新型	ZL 2022 2 0584162.4	授权
51	一种清水模板数控加工自动化生产线	实用新型	ZL 2022 2 0754336.7	授权
52	一种用于大曲率弧形清水混凝土墙的木模板	实用新型	ZL 2022 2 1842728.5	授权
53	一种用于施工弧形清水墙接直墙阳角的模板体系	实用新型	ZL 2022 2 1842736.X	授权
54	一种清水混凝土墙阴角模板结构	实用新型	ZL 2022 2 1842222.4	授权
55	一种清水混凝土施工用角码的修整装置	实用新型	ZL 2023 2 0101696.1	授权
56	一种曲面清水模板弯弧处安装节点	实用新型	ZL 2023 2 1351291.X	授权
57	封闭式整体现浇清水造型楼梯扶手与踏步连接加固结构	实用新型	ZL 2023 2 1351353.7	授权
58	多曲面清水扶手模板单元加固结构体系	实用新型	ZL 2023 2 1351295.8	授权

续表

专 利				
序号	专利名称	专利类型	专利号	状态
59	一种大直径弧形管道高精度冷煨弯装置	实用新型	ZL 2022 2 3186533.2	授权
60	一种不锈钢管道吊卡	实用新型	ZL 2022 2 0787230.7	授权
61	一种具有多层独立空间的电缆桥架三通装置	实用新型	ZL 2022 2 2736208.2	授权
62	一种预埋接线盒固定结构	实用新型	ZL 2023 2 0095830.1	授权
63	一种适用于电气竖井的轻钢龙骨隔墙桥架支架	实用新型	ZL 2023 2 0171807.6	授权
64	建筑数据处理方法、装置、设备、存储介质和系统	发明专利	ZL 2022 1 1524265.2	受理
65	数据处理方法、系统和装置	发明专利	ZL 2022 1 1524186.1	受理
66	一种斜板上利用螺栓固定的安全防护结构及其施工方法	发明专利	ZL 2022 1 0312944.7	受理
67	一种预应力钢筋浇筑前张拉端的保护施工方法	发明专利	ZL 2023 1 0154698.1	受理
68	一种上方有悬挑结构的大倾角端屏的安装方法	发明专利	ZL 2023 1 0044931.0	受理
69	适用于电气竖井的轻钢龙骨隔墙桥架支架及其施工方法	发明专利	ZL 2023 1 0092014.X	受理
70	光伏建筑一体化环形体育场	发明专利	ZL 2022 1 1703174.5	受理
71	一种吊装预制清水看台板的装置	实用新型	ZL 2023 2 1931278.1	受理
72	一种高大组合型可折叠移动的封闭式围挡	实用新型	—	受理

工法				
序号	工法名称	工法等级	编号	获得时间
73	密实砂卵石层水泥土复合管桩施工工法	北京市工法	BJGF21-04-1109	2022.07.20
74	带中心压力环的悬挑大开口单层钢结构拱壳施工工法	北京市工法	BJGF23-040-1249	2023.07.25
75	钢结构拱壳三维摩擦摆隔震支座施工工法	北京市工法	BJGF23-039-1248	2023.07.25
76	大直径弧形金属管道现场高精度制作安装工法	北京市工法	BJGF23-004-1213	2023.07.17
77	专业足球场锚固草草坪系统施工工法	企业级工法	JGGF2022-1402-44	2022.09.26
78	清水混凝土弧形墙模板加工自动化与制作安装工法	企业级工法	JGGF2022-1402-013	2022.06.14
79	体育场大倾角端屏施工工法	企业级工法	JGGF2023-1402-017	2023.07.10
80	光伏建筑一体化（BIPV）导风翼幕墙施工工法	企业级工法	JGGF2023-1402-016	2023.07.10
81	电气竖井轻钢龙骨隔墙槽盒及配电箱支架加固安装工法	企业级工法	JGGF2023-1402-012	2023.07.10
82	重载大高差钢结构栈桥施工工法	企业级工法	JGGF2023-1402-034	2023.10.12

QC 成果				
序号	课题名称	等级	评定机构	证书编号
83	提高清水混凝土框架柱观感质量合格率	全国三等奖	中国建筑业协会	B20220126
84	提高桩基防水施工一次验收合格率	全国三等奖	中国建筑业协会	D20220134
85	提高弧形清水混凝土预制看台板制作合格率	北京市一类成果	北京市建筑业联合会	20236115
86	提高 Q460 高强度钢低温环境焊接一次探伤合格率	北京市一类成果	北京市建筑业联合会	20236110

续表

论文			
序号	论文题目	发表刊物	期刊号
87	北京工人体育场结构改造设计方案及关键技术	建筑结构	第 51 卷第 19 期
88	北京工人体育场历史记忆构件保护挪移和复现	建筑结构	第 53 卷第 6 期
89	大型体育场馆拆除施工仿真与方案优化探讨	建筑结构	第 53 卷第 6 期
90	大型体育场馆拆除建筑垃圾零排放技术研究	建筑结构	第 53 卷第 6 期
91	北京工人体育场大跨度开口单层拱壳钢结构施工关键技术	建筑结构	第 53 卷第 6 期
92	北京工人体育场大跨度开口单层拱壳钢屋盖卸载技术研究	建筑结构	第 53 卷第 6 期
93	北京工人体育场高强度厚板钢低温焊接仿真与试验研究	建筑结构	第 53 卷第 6 期
94	北京工人体育场看台混凝土结构振动特性现场试验研究	建筑结构	第 53 卷第 6 期
95	北京工人体育场密实砂卵石层水泥土复合管桩设计与施工	建筑结构	第 53 卷第 6 期
96	北京工人体育场密实砂卵石层水泥土复合管桩试验研究	建筑结构	第 53 卷第 6 期
97	北京工人体育场屋面聚碳酸酯波形板力学性能试验研究	建筑结构	第 53 卷第 6 期
98	北京工人体育场钢结构屋盖安装超高组合截面支撑体系设计	建筑结构	第 53 卷第 6 期
99	北京工人体育场施工用钢栈桥设计与监测	建筑结构	第 53 卷第 6 期
100	北京工人体育场超长混凝土结构 S 形弯折钢筋诱导缝设计与试验研究	建筑结构	第 53 卷第 18 期
101	北京工人体育场开口单层扁薄拱壳罩棚钢结构整体稳定性能研究	建筑结构学报	第 44 卷第 4 期
102	设置三维摩擦摆支座的北京工人体育场单层网壳罩棚竖向隔震性能研究	建筑结构学报	第 44 卷第 4 期
103	配置下拉减震索的大跨度空间结构受力性能分析	建筑结构学报	第 44 卷第 4 期
104	北京工人体育场超长混凝土结构温度效应和 S 形弯折钢筋诱导缝研究	建筑结构学报	第 44 卷第 4 期
105	Numerical Simulation of Temperature Fielda of Thick Plate T-Welded Joint at the Low-Temperature Environment	CMSE 2023	—
106	Low Temperature Welding Test and Numerica Simulation of Metallurgical Phase Transformation of Q460GJC Thick Plate	CMSE 2023	—
107	北京工人体育场预应力混凝土结构设计与施工	建筑技术	第 54 卷第 5 期
108	北京工人体育场地铁接驳区基坑工程实例分析	建筑技术	第 54 卷第 5 期
109	专业足球场大倾角端屏施工技术	建筑技术	第 54 卷第 5 期
110	大口径弧形管道装配式制冷机房研究与应用	建筑技术	第 54 卷第 5 期
111	城市核心区施工现场扬尘自动化控制技术研究	建筑技术	第 54 卷第 5 期
112	大直径弧形金属管道现场高精度制作安装	建筑技术	第 54 卷第 5 期
113	清水弧形墙模板数字化施工研究与应用	建筑技术	第 54 卷第 5 期
114	基于 TCO 理论应急物资采购成本控制研究	建筑技术	第 54 卷第 5 期

续表

科技成果鉴定				
序号	成果名称	组织鉴定单位	成果水平	鉴定时间
115	北京工人体育场拱壳屋盖结构施工关键技术研究与应用	北京市建筑业联合会	国际领先	2022.09.18
116	双碳目标下大型场馆改复建关键技术与应用	北京市建筑业联合会	国际领先	2023.07.14
117	基于建筑垃圾零排放的大型体育场馆拆除及废弃物再利用关键技术	北京市住房和城乡建设委员会	国际先进 局部国际领先	2023.02.22
118	密实砂卵石层水泥土复合管桩研究与应用	北京市住房和城乡建设委员会	国际先进	2022.7.29
119	集成式高精度预制清水混凝土弧形看台制造及安装技术研究与应用	北京市建筑业联合会	国际先进	2023.11.02

专著			
序号	名称	出版社	ISBN
120	北京工人体育场关键创新技术	中国建筑工业出版社	978-7-112-28708-6

奖项				
序号	类别	奖项名称	等级	评审单位
121	质量类	北京市结构长城杯	金奖	北京市工程建设质量管理协会
122		第十五届第二批中国钢结构奖项	金奖	中国建筑金属结构协会
123	BIM 奖项	北京市工程建设 BIM 成果综合应用成果	I 类成果	北京市建筑业联合会
124		第三届工程建设行业 BIM 大赛（建筑工程综合应用类）	一等成果	中国施工企业管理协会
125		第四届工程建设行业 BIM 大赛（建筑工程综合应用类）	一等成果	中国施工企业管理协会
126		建筑信息模型服务认证	白金级	北京中建协认证中心有限公司
127		第七届建设工程 BIM 大赛	一类成果	中国建筑业协会
128		北京市优秀工程勘察设计成果	一等奖	北京工程勘察设计协会
129		龙图杯第十一届全国 BIM 大赛综合组	三等奖	中国图学学会
130	机电安装	第三届全国装配式机电工程设计应用技能大赛	一等奖	中国设备管理协会装配式建筑产业发展中心
131		装配之星　应用组 - 站房类	一等	中国设备管理协会装配式建筑产业发展中心
132	智能建造	2022 年度工程建设行业信息化典型案例（智能建造类）	—	中国施工企业管理协会
133	绿色施工	建设工程项目绿色建造竞赛活动	一等成果	中国建筑业协会
134		中施企协绿色建造水平评价	三星级	中国施工企业管理协会
135	科技创新	工程建造微创新技术大赛	三等成果	中国施工企业管理协会

附录三　建设纪实

2020.8.4 旧工体内部全景

2020.8.21 开始对旧工体主体结构全面拆除

2020.8.21 对旧工体主体结构全面拆除

2020.9.11 场清地平的施工现场静静地等待着“新工体”开工建设

2020.10.11 土方施工逐步铺开

2020.12.11 进行护坡桩施工

2020.12.17 土方施工

2021.1.19 吊装配重试块

2021.1.22 夜施

2021.2.7 安装第一台塔吊首节塔身

2021.2.26 工程桩施工

2021.3.24 工程底板钢筋绑扎

2021.4.3 场区中心位置最后一块底板浇筑完成

2021.4.22 进行底板施工

2021.5.5 工程首根劲性柱安装就位

2021.6.18 被称作现场材料“生命线”的钢栈桥施工完成并展开荷载试验，钢栈桥的投入使用可提高材料运输工效 20 倍

2021.7.3 建设中的新工体

2021.8.25 工人们进行脚手架施工

2021.8.26 彩虹映照建设中的新工体

2021.10.10 建设中的新工体全景

2021.10.18 工人进行顶板预应力施工

2021.10.23 工人进行混凝土浇筑

2021.11.11 建设中的新工体外景

2021.11.18 工程屋顶罩棚钢结构内环梁第一榀钢桁架吊装就位，屋顶罩棚钢结构施工全面展开

2021.11.20
首块预制清水混凝土看台板吊装就位

2021.11.21 钢结构施工

2021.11.23 主体育场全部结构封顶

2021.12.6 建设中的新工体钢结构施工

2021.12.7 建设中的新工体夜景

2022.1.1 新年第一天朝霞映照在建设中的新工体

2022.1.4 第一根主拱肋吊装就位

2022.2.21 钢结构施工

2022.3.3 建设中的新工体全景

2022.3.7 钢结构施工

2022.3.30 罩棚屋顶喷涂作业

2022.4.6 建设中的新工体夜景

2022.4.8 钢屋架成型

2022.4.14 晚霞映照建设中的新工体

2022.4.19 喷涂作业

2022.4.28 低区看台板施工

2022.5.1 建设中的新工体外景

2022.6.6 建设中的新工体外景

2022.6.16 屋面罩棚安装

2022.6.30 钢栈桥拆除

2022.7.15 屋面罩棚安装

2022.8.15 屋顶施工

2022.9.28 座椅安装调试

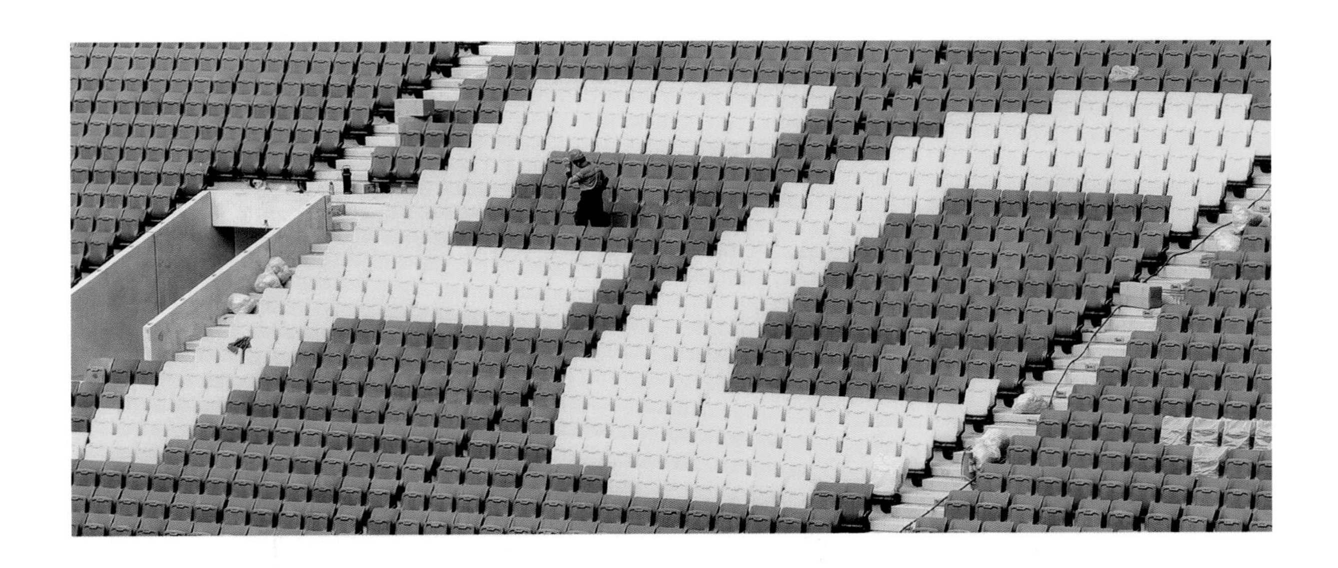

2022.10.15 点亮新工体，首次屋面亮灯

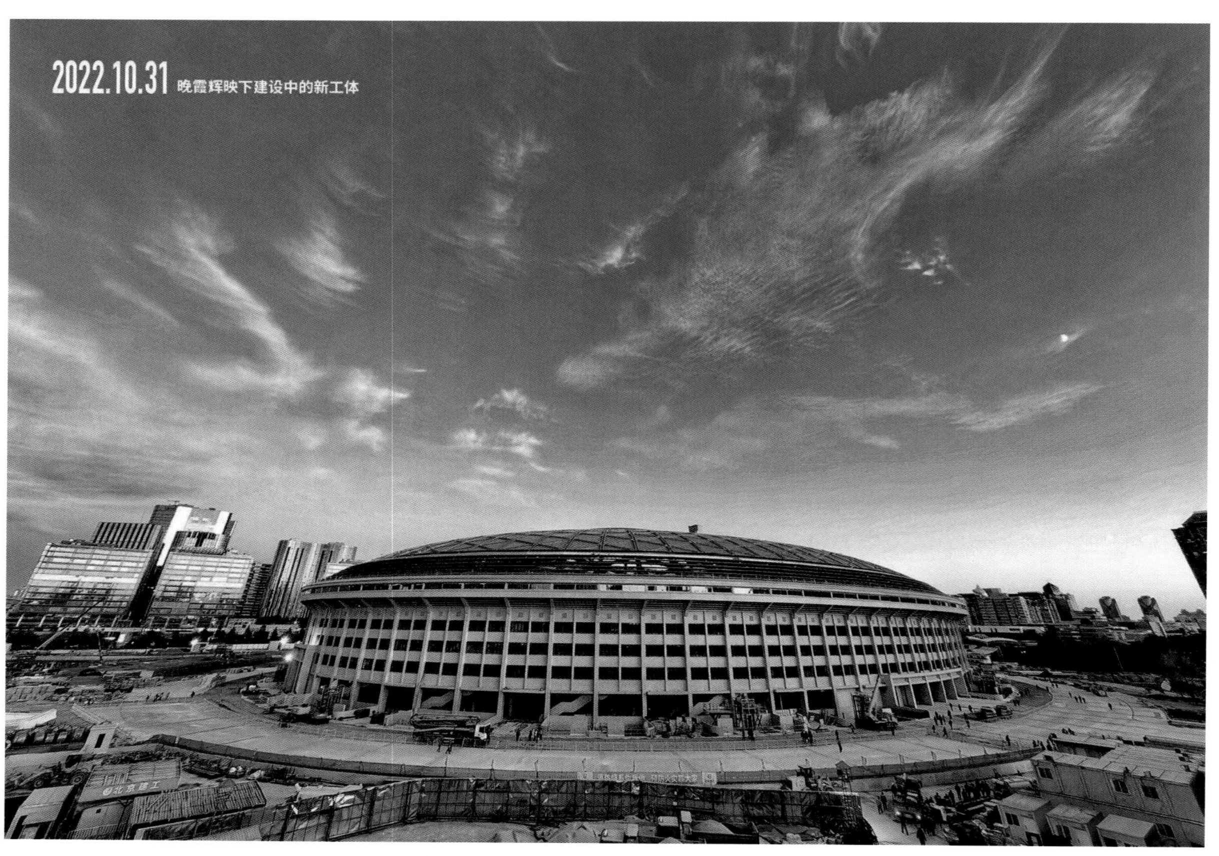
2022.10.31 晚霞辉映下建设中的新工体

2022.11.15 草坪铺设

2022.12.26 夜幕下的新工体屋面灯光调试

2022.12.31 《踏上新征程——2023 BRTV 跨年之夜》活动

2023.3.13 新工体内景

2023.3.15 新工体内景

2023.3.30 新工体内景

2023.3.30 新工体清水混凝土外立面

2023.4.10 新工体雕像

2023.4.12 由北京市总工会、北京市体育局共同主办的“奋进新时代、劳动创未来”——2023 年首都职工工间操千人展示活动，在改造复建完工后的北京工人体育场内中心场举行

2023.4.15 中超联赛在新工体正式拉开帷幕

2023.6.15 世界冠军阿根廷男足国家队与澳大利亚国家队国际足球友谊赛在北京工人体育场举行，这是新工体举办的首场国际足球赛事

2023.10.22 新工体第一场演唱会——乐队的夏天“再见·夏天”

2024.1.13—2.6 北京（工体）年货博览会在北京工人体育场北广场喜庆上演，5260m^2 室内展区约 300 家国内外商户带来数千种产品

2024.5.15—19 2024 做書图书市集在北京工人体育场顺利举办。170 家参展方参与，1 万多名读者陆续来到新工体，参加这场阅读盛会

2024.6.1 成团 25 年的爱尔兰男子演唱组合 WESTLIFE，在新工体给数万歌迷带来了一次难以忘怀的儿童节体验

2024.6.13—17 “工体三里乐动生活节”举行，音乐、美食、运动……市民朋友们可以找到新工体户外草坪的多种“打开方式”，共享夏日激情

2024.6.30 北京国安对阵山东泰山的焦点之战，新工体涌入了54180名观众现场观战，这一数字在中超历史上排名第7位

2024.8.31 新一代音乐天团告五人携其精心打造的“宇宙超有趣”大型户外巡演，于北京工人体育场震撼上演

2024.9.7 杨千嬅携全新巡回演唱会《MY TREE OF LIVE》登陆北京工人体育场

2024.9.15—16 传奇天后玛丽亚·凯莉中国个人演唱会在工体双场上演

2024.10.5 国潮星动演唱会六大实力唱将——王力宏、周传雄、林宥嘉、杨宗纬、黄子弘凡和菲道尔，在工体为歌迷带来一场前所未有的音乐狂欢

2024.11.16 全国最高量级的电竞赛事王者荣耀 KPL 年度总决赛在新工体上演，是历届决赛场馆面积最大、座位数最多的一次，超 3 万名观众共同见证冠军时刻

2024.12.23—2025.2.20 新工体开启了首届“燃 DONG 冰雪乐园”，吸引众多游客游玩体验。

2023 赛季北京工人体育场以 43769 的平均上座率位列全球第 37 位，亚洲第一
2024 赛季北京工人体育场以 46444 的平均上座率位列全球第 32 位，亚洲第一
未来可期，精彩继续……

后　记

工人体育场不仅是体育竞技的圣地，更是时代记忆的凝聚和文化传承的象征。在这个承载着无数光辉时刻与深情回忆的地方，我们决心以一本书的形式，记录其改造复建的心路历程。

编撰这本书的过程中，我们深感责任重大。每一篇文字，每一张图片，都是工人体育场历史与未来的见证。本书以北京工人体育场全过程项目管理为脉络，把建设过程的管理方法以及主要创新技术等内容图文并茂地展示出来，还原了改造复建的原色。十二个月的编撰过程，犹如一次心灵的洗礼，从最初的构思到最终的成书，每一个环节都充满了挑战与激情。我们希望通过这本书，让读者感受到工体的独特魅力，以及改造复建过程中所经历的挑战与成就。由于编撰过程时间紧张，不足之处在所难免，敬请谅解。

在这里，我们要感谢所有为工体改造复建项目付出努力的人们，正是你们的不懈奋斗，才使得这座历史建筑焕发新生。我们希望通过记录这些感人的瞬间，向所有为工体复建付出努力的人们致以最崇高的敬意。我们也要感谢所有关心和支持工体发展的读者朋友们，正是你们的关注与支持，让我们更加坚定信心，继续前行。

我们深信，北京工人体育场的改造复建，不仅是对历史的传承，更是对未来的开拓。愿工人体育场在新时代的风云变幻中，继续屹立不倒，成为永恒的城市地标，激励着一代又一代人勇往直前，追求卓越！

图书在版编目（CIP）数据

北京工人体育场改造复建项目全过程建设管理实践 = THE WHOLE PROCESS PROJECT MANAGEMENT PRACTICE OF BEIJING WORKERS' STADIUM / 丁大勇总策划；丁大勇等著 .—北京：中国建筑工业出版社，2024.7.

ISBN 978-7-112-30057-0

Ⅰ . TU245.1

中国国家版本馆 CIP 数据核字第 2024EL4223 号

责任编辑：陈小娟
封面摄影：孙　朔
责任校对：赵　力

北京工人体育场改造复建项目全过程建设管理实践
THE WHOLE PROCESS PROJECT MANAGEMENT PRACTICE OF
BEIJING WORKERS' STADIUM
丁大勇　总策划
丁大勇　宓　宁　宋　鹏　孟繁伟　高德强　牛　奔　著
*
中国建筑工业出版社出版、发行（北京海淀三里河路 9 号）
各地新华书店、建筑书店经销
北京海视强森文化传媒有限公司制版
临西县阅读时光印刷有限公司印刷
*
开本：880 毫米 × 1230 毫米　1/16　印张：21　字数：520 千字
2025 年 3 月第一版　2025 年 3 月第一次印刷
定价：**228.00** 元
ISBN 978-7-112-30057-0
（43060）